城市污水处理智能优化运行控制丛书

城市污水处理运行优化

韩红桂 张琳琳 侯 莹 张嘉成 著

科 学 出 版 社

北 京

内 容 简 介

本书系统地论述了城市污水处理运行优化相关知识，旨在帮助读者了解城市污水处理运行过程典型优化方法，理解和熟悉运行优化基本原理，特别是根据城市污水处理过程的不同特点设计目标模型和群智能优化方法。另外，结合作者在城市污水处理运行优化领域的多年科研成果，对城市污水处理运行优化的前沿技术、应用平台以及发展趋势也进行了系统介绍。

本书适合高校信息类与环境等专业本科生和研究生、城市污水处理智能系统运行管理人员，以及相关科技人员阅读。

图书在版编目(CIP)数据

城市污水处理运行优化 / 韩红桂等著. —北京：科学出版社，2023.11

(城市污水处理智能优化运行控制丛书)

ISBN 978-7-03-071023-9

Ⅰ. ①城… Ⅱ. ①韩… Ⅲ. ①城市污水处理-自动控制系统-系统优化 Ⅳ. ①X703

中国版本图书馆CIP数据核字(2021)第260791号

责任编辑：张海娜 纪四稳 / 责任校对：任苗苗

责任印制：肖 兴 / 封面设计：陈 敬

科 学 出 版 社 出版

北京东黄城根北街 16 号

邮政编码: 100717

http://www.sciencep.com

北京中科印刷有限公司 印刷

科学出版社发行 各地新华书店经销

*

2023 年 11 月第 一 版 开本：720 × 1000 1/16

2023 年 11 月第一次印刷 印张：20 3/4

字数：428 000

定价：180.00 元

(如有印装质量问题，我社负责调换)

作者简介

韩红桂 北京工业大学信息学部教授、博士生导师，北京工业大学研究生院副院长。长期从事城市污水处理过程智能优化控制理论与技术研究。2013年入选北京市科技新星计划，2015年入选中国科学技术协会青年人才托举工程，2016年获得国家自然科学基金优秀青年科学基金资助，2019年入选北京市高等学校卓越青年科学家，2020年入选中国自动化学会青年科学家，2021年获得国家杰出青年科学基金资助。先后主持国家重点研发计划项目、国家自然科学基金重大项目、教育部联合基金项目、北京市科技计划项目等。2012年获教育部科学技术进步奖一等奖，2016年获吴文俊人工智能科学技术进步奖一等奖，2018年获国家科学技术进步奖二等奖，2019年获中国自动化学会自动化与人工智能创新团队，2020年获中国发明协会发明创新奖一等奖(金奖)等。

张琳琳 北京工业大学信息学部博士研究生。主要研究方向为群智能优化计算、复杂工业过程多目标智能优化控制等。2020年获信息、控制论和计算机社会系统国际会议（IEEE ICCSS 2020）最佳会议论文奖；在 *IEEE Transactions on Cybernetics*、《自动化学报》等国内外权威期刊及会议上发表多篇学术论文；申请多项中国和美国发明专利及软件著作权。

侯　莹 北京工业大学信息学部助理研究员，硕士生导师。主要从事复杂系统智能优化控制方面的研究。主持国家自然科学基金青年科学基金项目 1 项，参与国家杰出青年科学基金项目 1 项、国家自然科学基金重点项目 1 项等。在 *IEEE Transactions on Neural Networks and Learning Systems*、*IEEE Transactions on Industrial Informatics*、《控制与决策》等国内外权威期刊及会议上发表学术论文 10 余篇；授权美国发明专利 2 项、中国发明专利 2 项，获吴文俊人工智能科学技术进步奖一等奖 1 项等。

张嘉成 北京工业大学信息学部博士研究生。主要研究方向为鲁棒优化、复杂工业过程优化控制等。在 *IEEE Transactions on Cybernetics*、*Science China Technological Sciences*、《化工学报》等国内外权威期刊及会议上发表多篇学术论文；申请多项发明专利及软件著作权。

前　言

城市污水处理主要包括初沉池沉淀、生物脱氮、生物除磷、厌氧生物处理以及二沉池沉淀等过程，具有多流程、大规模和时变等特点，能够有效降低污水中污染物浓度，促进水资源可持续利用。为了实现城市污水处理出水水质达标排放，城市污水处理过程需要调节曝气、回流量及药剂等，导致运行过程能耗、药耗等成本居高不下，降低运行成本已成为城市污水处理行业面临的主要瓶颈。因此，研究城市污水处理运行优化方法和技术，保证出水水质达标并降低运行成本，对城市污水处理行业具有重要意义。

城市污水处理运行优化的主要挑战包括：一方面，城市污水处理过程机理复杂，优化目标与变量之间存在非线性关系，难以准确构建城市污水处理运行目标与关键变量之间的映射；同时，城市污水处理不同生化反应过程的优化目标具有不同的时间尺度，因此如何建立精确的优化目标模型是城市污水处理优化运行面临的挑战。另一方面，城市污水处理过程进水水质、进水流量以及外部环境实时变化，导致运行过程变量动态变化，具有较强的时变特征和不确定性，难以实时获取城市污水处理运行优化操作变量设定点；同时，由于城市污水处理过程运行成本、出水水质等目标是相互耦合且相互冲突的，如何获得操作变量优化设定值是城市污水处理运行优化需要应对的另一挑战。

本书结合控制科学与工程、计算机科学与技术、环境科学与工程等多门学科，介绍城市污水处理运行优化的目标以及多种运行优化实现方法，分析城市污水处理过程的运行特点，重点阐述不同生化反应过程的优化目标模型构建以及优化策略实现，便于读者理解城市污水处理运行优化的实现流程；本书介绍城市污水处理运行优化的理论基础和整体架构，着重讲解城市污水处理生物脱氮过程、生物除磷过程、厌氧生物处理过程以及全流程生化反应过程运行优化策略的实现方式，帮助读者更好地理解城市污水处理运行优化的实现原理，以及城市污水处理运行优化的架构分析和方法设计。

本书在编排上力求做到概念表达准确，知识结构合理，内容循序渐进、深入浅出且突出重点，使读者能快速了解城市污水处理运行优化相关知识。本书设计了 10 章内容，简要介绍如下：第 1 章介绍城市污水处理运行机理、城市污水处理运行优化发展概况以及城市污水处理运行优化面临的挑战等，使读者了解城市污水处理运行优化的重要性及难点问题。第 2、3 章介绍城市污水处理运行优化基本原理和优化目标。第 4～6 章分别介绍生物脱氮过程、生物除磷过程和厌氧生物处理过程运行优化的设计和实现方法。第 7～9 章分别针对城市污水处理过程的动态特性、鲁棒性和多时间尺度特性设计相应的运行优化策略。第 10 章对城市污水处理运行优化的发展前景进行展望。

本书主要由韩红桂、张琳琳、侯莹、张嘉成撰写，全书由韩红桂统稿与定稿。感谢国家杰出青年科学基金项目（62125301）、北京市高等学校卓越青年科学家项目（BJJWZYJH01201910005020）、国家自然科学基金重大项目（61890930）、国家自然科学基金创新研究群体项目（620210039）、国家自然科学基金青年科学基金项目（61903010）、国家重点研发计划项目（2018YFC1900800）、北京市教委-市基金联合资助项目（KZ20211000500）等的支持。感谢参与本书撰写的黄琰婷、高慧慧、伍小龙、杨宏燕、孙浩源等老师。刘峥、白星、刘禹成、吴毅琳、肖福霞等研究生为本书的撰写出版做出了大量工作，没有他们的辛勤工作，本书无法顺利完成，在此表示衷心的感谢。另外，向参考文献的作者表示真诚的谢意。最后，感谢北京工业大学信息学部和研究生院的支持。

城市污水处理运行优化理论和技术目前仍处于快速发展时期，限于作者的学术水平，许多问题还未能充分地深入研究，一些有价值的新内容也来不及收入本书；另外，书中难免存在疏漏或不足之处，恳请广大读者批评指正。

目　录

第1章 绪 论

水资源短缺和水环境污染是我国生态系统面临的严峻问题，不但对人民生产生活以及生命安全构成很大威胁，而且制约了经济的发展[1,2]。为了缓解水资源短缺和水环境污染问题，中华人民共和国国务院颁布了《水污染防治行动计划》、全国人民代表大会常务委员会审议通过了《中华人民共和国水污染防治法》等，鼓励和支持水污染防治的科学技术研究和先进适用技术的推广应用，强化科技支撑，重点推广水净化、水污染治理及循环利用等适用技术，攻关研发前瞻技术，加快研发重点行业废水深度处理、生活污水低成本高标准处理等技术[3,4]。城市污水是稳定的淡水资源，对其进行有效处理可以实现水资源循环利用，不但能够降低污水排放造成水体污染的风险，减轻水资源的污染程度，而且有利于缓解水资源短缺的危机[5,6]。近年来，我国加快了城市污水处理厂的建设，已建成的城市污水处理厂超过 6000 座[7,8]。然而，我国大多数城市污水处理厂运行水平较低，出水水质超标现象时有发生，运行处理成本居高不下，面临着“运行过程成本高、出水水质不稳定”的问题[9,10]。因此，提高城市污水处理过程运行水平，保证出水水质达标排放，降低运行成本，实现城市污水处理运行优化，已成为城市污水处理行业发展的必然趋势。

城市污水处理过程主要包括生物脱氮、生物除磷和厌氧生物处理三个典型生化反应过程，具有大规模、多流程和时变等特点[11,12]。由于不同生化反应过程具有不同的优化运行特点，城市污水处理全流程运行优化难以实现[13,14]。城市污水处理生物脱氮、生物除磷和厌氧生物处理三个过程既相互独立，又相互影响，导致城市污水处理运行机理复杂，难以构建有效的机理模型表征过程变量之间的复杂关系，因此构建有效的优化目标模型，是实现城市污水处理运行优化的一个难点[15,16]。同时，由于城市污水处理过程进水水质、进水流量等不断变化，运行过程受外部环境影响严重，且受检测条件的限制，运行过程操作变量的响应时间不同，具有动态、多时间尺度等特性，导致城市污水处理过程操作变量的优化设定点获取困难，致使运行处理成本居高不下，出水水质不稳定[17,18]。综上所述，构建准确的城市污水处理过程优化目标模型，获取有效的操作变量优化设定点，是保证出水水质、降低运行成本、实现高效稳定运行的关键[19,20]。

1.1 城市污水处理运行流程机理

城市污水处理工艺主要包括活性污泥法工艺、生物膜处理法工艺以及氧化处理法工艺等[21,22]。其中，活性污泥法工艺发展至今已经有 100 余年历史，其结构和运行方式也经过了一系列改进。目前，我国 90%以上的城市污水处理厂采用活性污泥法工艺，典型的活性污泥法工艺包括初沉池、生化反应池和二沉池等，其中，生化反应池是污染物降解的核心区[23]。本节介绍城市污水处理运行流程及其三大主要运行单元，即生物脱氮单元、生物除磷单元和厌氧生物处理单元，分析城市污水处理运行流程特点。

1.1.1 城市污水处理运行流程简述

活性污泥法工艺以微生物絮凝体构成的活性污泥为主体，通过人工充氧产生一系列生化反应，将污水中的有机物降解，最终将水质达标的水排出系统[24]。常见的活性污泥法工艺包括氧化沟(oxidation ditch，OD)工艺[25]、厌氧/缺氧/好氧(anaerobic-anoxic-oxic，A^2/O)工艺[26]、缺氧/好氧(anaerobic-anoxic-oxic，A/O)工艺[27]和序批式(sequencing batch reactor，SBR)工艺等[28,29]，其中，A^2/O 工艺具有同步脱氮和除磷功能，相较于其他同步脱氮除磷工艺具有构造简单、总水力停留时间短、运行费用低、控制复杂性小、不易产生污泥膨胀等优点，已成为城市污水处理运行的最佳工艺[30-32]。

A^2/O 工艺的发展历程如表 1-1 所示。1932 年，Wuhrmann 首先构建了以内源代谢物质为碳源的单级活性污泥脱氮系统，成为最早的城市污水处理脱氮工艺，称为 Wuhrmann 工艺，该工艺主要包括两个串联的活性污泥生化反应池，污水在好氧池内进行含碳有机物、含氮有机物的氧化与硝化反应，产生的硝态氮进入缺氧池内，利用好氧池中微生物内源代谢物质作为碳源有机物，发生反硝化反应，去除污水中的氮[33]。Wuhrmann 工艺可以通过调整好氧反应池的供氧量，优化脱氮效率，但无法投加外部碳源，反硝化速率慢，导致城市污水处理过程脱氮效率较低。1962 年，Ludzack 和 Ettinger 提出了利用进水中可生物降解的物质作为脱氮能源的前置反硝化工艺，该工艺可通过调整外部碳源投加量，优化反硝化过程，提高了脱氮效率，但由于缺乏对两个反应池间液体的交换控制，仍然无法达到理想的脱氮效果[34]。1973 年，Bamard 在开发 Bardenpho 工艺时提出了改良型 Ludzack-Ettinger 脱氮工艺，又称 A/O 工艺。A/O 工艺的内回流量、曝气量与外部碳源投加量都可以进行优化设定，使反硝化脱氮充分进行[35]。然而，城市污水组分中往往不仅含有氮化合物，也含有磷化合物，而以上工艺均未考虑除磷过程。为了解决 A/O 工艺无法除磷的问题，1976 年，Bamard 在 Bardenpho 工艺的初级缺氧池前增加了厌氧池，实现了城市污水处理过程除磷，该工艺也称为 Phoredox 工艺或改良型 Bardenpho 工艺[36]。1980 年，Rabinowitz 提出了三阶段 Phoredox 工艺，即传统 A^2/O 工艺，该工艺流程如图 1-1 所示[37]。

表 1-1 A^2/O 工艺的发展历程

时间	工艺	反应池	优化指标	操作变量
1932年	Wuhrmann 工艺[33]	好氧池、缺氧池	氨氮含量	供氧量
1962年	前置反硝化工艺[34]	好氧池、缺氧池	总氮含量	供氧量、内回流量
1973年	A/O 工艺[35]	双好氧池、双缺氧池	总氮含量	供氧量、内回流量、碳源投加量
1976年	Phoredox 工艺[36]	厌氧池、双缺氧池、双好氧池	总氮含量、总磷含量	供氧量、内回流量、碳源投加量
1980年	A^2/O 工艺[37]	厌氧池、缺氧池、三好氧池	总氮含量、总磷含量	供氧量、内回流量、碳源投加量，外回流量

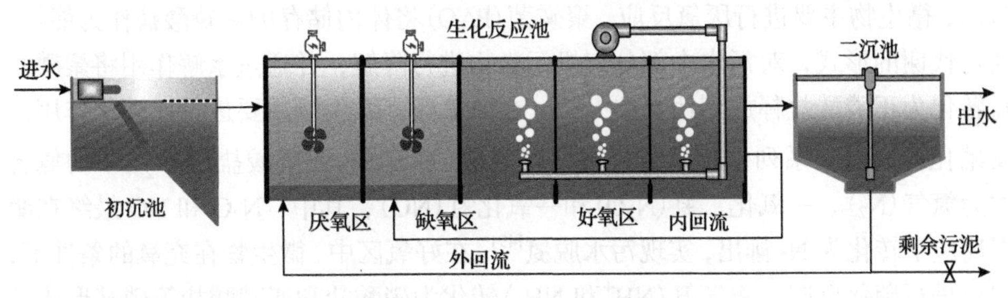

图 1-1 A^2/O 工艺流程示意图

A^2/O 工艺的进水在初沉池中进行沉淀，初沉池的出水与二沉池外回流带来的活性污泥汇聚，进入生化反应池厌氧区，然后与好氧区末端回流的水流共同进入缺氧区，在进行厌氧生物处理之后，流入好氧区进行一系列生化反应，最后流入二沉池进行沉淀，沉淀后的部分污泥通过外回流进入厌氧区，剩余污泥排出系统，二沉池最上层的澄清液作为出水排出系统，最终实现有机物的降解和分离。A^2/O 工艺可以通过调节曝气量、内回流量、外回流量和药剂等多个操作变量，提高氮、磷、有机物等多种污染物的去除效率[38,39]。为了更清晰地描述污水处理过程中的污染物去除机理，本节对 A^2/O 工艺中初沉池、生化反应池和二沉池的主要功能及作用进行介绍。

1. *初沉池*

初沉池是进水流过格栅进入城市污水处理系统后的第一个处理环节，主要进行预处理操作，包括进水口、水流槽、污泥斗和出水口等部分[40]。在初沉池中，污水中一些细小的固体絮凝体凝结成较大的颗粒实现沉淀，可沉淀物质通过沉淀去除，部分胶体通过吸附作用去除，最终实现固液分离[41,42]。初沉池的进水口可增加挡板，起到均匀水流和均衡水质的作用，能够有效限制进水流速，降低后续处理过程的冲击负荷。初沉池不仅可以去除大颗粒无机固体，而且在去除大颗粒有机物和降低化学需氧量(chemical oxygen demand，COD)等方面起到了一定的作用，可以有效避免大量有机负荷直接进入生化反应池，影响微生物氧化和分解过程[43,44]。

2. 生化反应池

生化反应池是活性污泥法城市污水处理过程的核心，主要以微生物为主体，以污水中有机污染物为培养基，通过人工充氧的方式，培养、驯化微生物群体，利用活性污泥吸附、凝聚和氧化降解污水中的有机物，达到净化水质的目的[45,46]。生化反应池主要包括三个反应区：厌氧区、缺氧区和好氧区。初沉池中流出的污水与二沉池中流出的含有微生物的活性污泥结合，进入厌氧区和缺氧区，在厌氧区内，微生物主要进行厌氧反应，聚磷菌(PAO)将体内储存的聚磷酸盐作为能量，通过代谢的形式，对污水中部分有机污染物进行降解，并通过水解作用将聚磷酸盐转化为正磷酸盐释放到污水中[47,48]。在缺氧区，微生物主要进行反硝化作用，反硝化菌通过一系列生化反应过程将硝酸盐(NO_3^-)和亚硝酸盐(NO_2^-)中的氮还原为氮气(N_2)、一氧化二氮(N_2O)和一氧化氮(NO)，其中，N_2O 和 NO 最终在酶促反应下转化为 N_2 排出，实现污水脱氮[49]。在好氧区中，微生物在充氧的条件下，主要进行硝化反应，将氨氮(NH_4^+和 NH_3)转化为硝酸盐和亚硝酸盐等硝基形式。典型的 A^2/O 工艺的各个生化反应池之间搭建有进水口和出水口，使污水能够顺利流入流出，在厌氧区和缺氧区，设有搅拌器搅拌混合液，能够使污泥与待去除的有机物更好地接触，促进反应充分进行[50]。在好氧区中，装有曝气设备进行人工充氧，用于搅拌水体及补充氧气，促进硝化反应充分进行[51]。好氧区和缺氧区之间设有回流泵，将硝化反应得到的硝态氮回流到缺氧区，提供反硝化反应所需的 NO_3^- 和 NO_2^-，保证生化反应正常进行[52,53]。

3. 二沉池

二沉池是活性污泥法城市污水处理过程的重要环节，位于生化反应过程后端，其主要功能为澄清混合液并回收、浓缩污泥，减少污染物的排放。二沉池共分为10层，好氧池出水在二沉池第6层流入，位于第10层的澄清液污染物浓度最低，第10层的澄清液作为出水排出系统。二沉池污水中的大颗粒沉淀物质会沉淀到下层，实现泥水分离和污泥浓缩，浓缩后的部分污泥通过外回流进入厌氧区，为厌氧区提供生化反应过程所需要的微生物及养分，剩余污泥则排出污水处理运行系统外[54,55]。此外，二沉池还具有高峰期间储存污泥的作用，一旦二沉池功能失效，悬浮物将和出水一起排出，不仅导致出水水质不达标，还会严重影响生化反应过程的正常进行[56]。

1.1.2　城市污水处理过程主要运行单元

城市污水处理过程涉及生物脱氮过程、生物除磷过程和厌氧生物处理过程，不同生化反应过程的反应场所和微生物产生的生化反应不同，其消耗物质和产生情况也不同[57,58]。

1. 生物脱氮单元

城市污水处理生物脱氮单元的作用是去除污水中的含氮有机物，其主要运行方式是在有机氮转化为氨氮的基础上，通过有氧条件下硝化菌和亚硝化菌的硝化作用，以及缺氧条件下厌氧菌的反硝化作用，将污水中的氮转化为N_2排出水面，最终实现污水脱氮[59]。

城市污水处理过程中实现硝化作用的反应主体是活性污泥自养微生物，在好氧条件下，自养微生物将氨氮(NH_4^+和 NH_3)氧化为亚硝酸盐氮和硝酸盐氮，主要过程为：先由亚硝化单胞菌将氨氮氧化为亚硝酸盐氮，再由硝化菌转化为硝酸盐氮[60]。硝化过程中存在多种酶和中间产物，并伴随着能量传递，如图 1-2 所示。城市污水处理过程中硝化反应进行不彻底，会导致处理后的污水中残留氨氮和硝化菌。若城市污水处理过程进水氨氮浓度较高且碱度较低，会影响硝化反应的正常进行，在这种情况下，需要投入氢氧化钠等碱性物质，以增加城市污水处理过程中的碱度，促进硝化反应正常进行[61]。

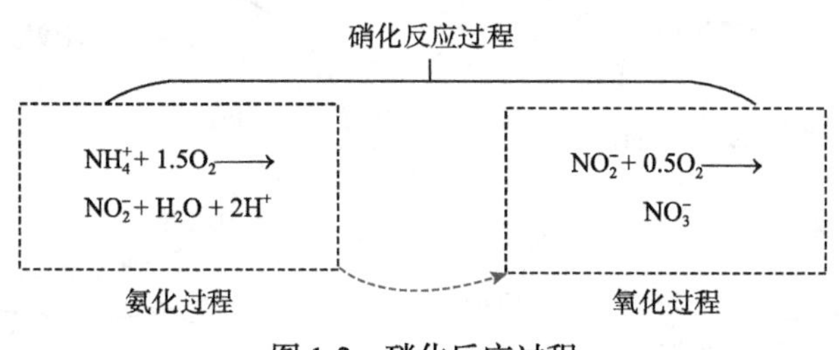

图 1-2　硝化反应过程

反硝化过程又称脱氮反应过程，是异养微生物在缺氧条件下的生化反应过程，如图 1-3 所示。参加反应的微生物主要是反硝化菌，反硝化菌能够在电子受体有机物的作用下，将亚硝酸氮和硝酸氮还原为 N_2、NO 和 N_2O。反硝化菌是兼性细菌，既可以进行有氧呼吸，也可以进行无氧呼吸，由于在有氧呼吸下会产生更多的能量，反硝化菌优先进行有氧呼吸，当氧气受到限制时，活性污泥中的反硝化菌以硝酸盐中的五氮阳离子(N^{5+})和三氮阳离子(N^{3+})作为受体，进行能量代谢，将氧离子(O^{2-})还原为水(H_2O)和羟基(OH^-)，并利用有机物作为碳源和电子受体为机体提供能量[62,63]。

反硝化反应易受溶解氧和有机物浓度的影响，为了保证脱氮反应过程顺利进

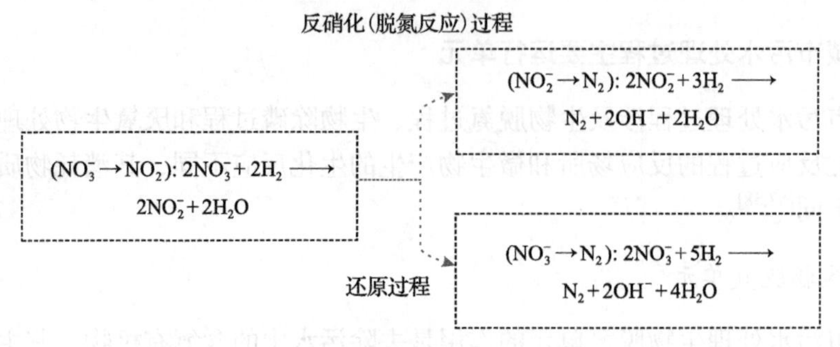

图 1-3 反硝化过程

行，要求在发生反硝化反应的生化反应池中，尽量降低溶解氧浓度，并保证生化反应池中有充足的有机物[64]。

2. 生物除磷单元

城市污水处理运行过程中磷通常以磷酸盐（$H_2PO_4^-$、HPO_4^{2-}、PO_4^{3-}）、聚磷酸盐和有机磷等形式存在。在城市污水处理生物除磷单元中，磷细菌能够从外部环境中摄取磷，并以聚合磷酸盐的形式储存于细胞内，当含磷污泥排出污水处理系统时达到除磷目的[65,66]，具体生物除磷机理如图 1-4 所示。

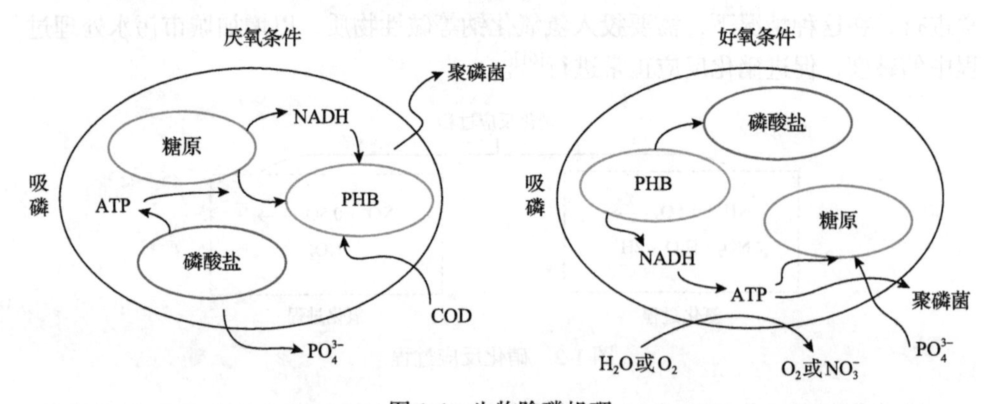

图 1-4 生物除磷机理

NADH 指烟酰胺腺嘌呤二核苷酸（nicotinamide adenine dinucleotide），是一种还原型辅酶

城市污水中的有机物在厌氧发酵产酸菌的作用下转化为挥发性脂肪酸（volatile fatty acid，VFA），活性污泥中的聚磷菌将吸收到体内的磷分解，并产生能量。这些能量一部分用于聚磷菌自身的生命活动，另一部分则用于主动吸收乙酸苷转化为聚 3-羟基丁酸盐（poly-3-hydroxybutyric，PHB）和糖原等营养物质并储存于体内。经过聚磷菌的分解作用，有机磷转化为无机磷并释放在污水中，污水中的聚磷酸盐浓度上升达到释磷的目的[67,68]。在有氧条件下，聚磷菌体内的 PHB 被分解产生大量的能量，部分能量供聚磷菌繁殖等的正常生命活动，部分能量供

聚磷菌摄取污水中的磷酸盐，以聚磷的形式储存于体内，此时所摄取的磷超过了厌氧条件下释放的磷，污水中的磷浓度大幅度降低。当剩余污泥排放出系统之外时，含磷微生物也会随之排出，从而达到除磷的目的[69]。生物除磷单元中部分生化反应指标变化如图 1-5 所示，污水中的正磷酸盐浓度在厌氧段呈非线性增长，在好氧段和缺氧段逐渐降低，最后储存于细胞体内随剩余污泥排出系统。

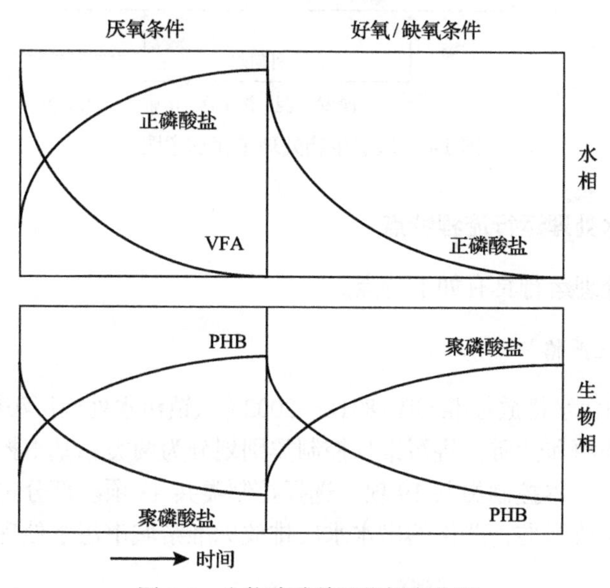

图 1-5 生物除磷单元指标变化图

3. 厌氧生物处理单元

厌氧生物处理单元中微生物主要通过厌氧反应对污水中的有机污染物进行降解，降解后生成的组分进入缺氧和好氧单元，进行下一步反应[70,71]。厌氧单元主要进行生物除磷的聚磷菌释磷作用，并除去污水中的 5 日生化需氧量(biochemical oxygen demand 5，BOD_5)，如图 1-6 所示。

初沉池流出的原污水与外回流活性污泥混合进入厌氧单元，在厌氧单元中进行除 BOD_5 和释磷反应，发生该反应的主要微生物来源于二沉池回流的活性污泥，聚磷菌在厌氧条件下消耗部分或全部溶解性有机物释放磷，污水中的磷浓度升高，BOD_5 降低。值得注意的是，厌氧单元中的微生物主要降解有机物和释磷，外回流活性污泥含有的微生物对厌氧生物处理起到了重要作用，但由于活性污泥的来源为二沉池沉淀污泥，该污泥经过好氧池的曝气过程后含有一定量的溶解氧，加之污水中含有的硝态氮直接随活性污泥进入厌氧区，可能会对厌氧反应产生影响[72-74]。

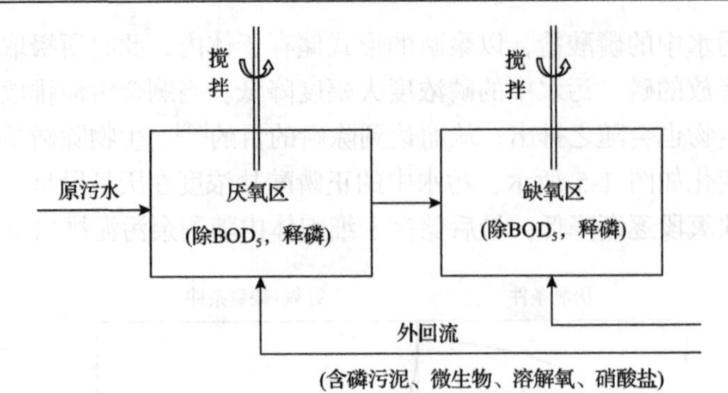

图 1-6 厌氧生物处理单元示意图

1.1.3 城市污水处理运行流程特点

城市污水处理运行具有如下特点。

1. 排放标准严格

现行的城镇污水排放标准 GB 18918—2002《城镇污水处理厂污染物排放标准》基于污染物的来源和性质，将污染物控制类别划分为两类：基本控制类和选择控制类[75]。其中，基本控制类共 19 项，选择控制类共 43 项。部分进水污染物浓度值远大于出水排放标准，严格的出水水质排放标准给城市污水处理厂带来了严峻的挑战[76]。

2. 运行过程动力学行为复杂

城市污水处理运行过程动力学行为复杂，主要表现在两方面：一方面，生化反应过程中微生物种类众多，不同微生物生化反应的条件不同，基质不同，活性状态不同，产物不同[77]。不同微生物会发生不同的生化反应，其降解的有机污染物类型和质量不同。在微生物的不同生长阶段，其活性也具有很大区别，即同一种微生物在不同时间段内具有不同的生化反应速率[78]。另一方面，在生化反应过程中，过程变量众多，且进水流量、进水水质以及外界环境是动态变化的，微生物生化反应过程也会受到影响，使其动力学表达更加复杂[79]。

3. 运行过程干扰大

城市污水处理过程涉及的干扰，不仅包含难以确定的内部干扰，如反硝化率、硝化率、二沉池内污泥沉降速率、环境内分泌干扰物质等[80]，而且包含从传感器检测到的外部干扰，如水质波动、水量变化、温度变化等[81,82]。城市污水处理过程内外部干扰变化大，具有显著的不确定性，且受到难以直接观察得到的系统结构和参数干扰的间接影响。因此，亟须深入理解系统受到的不确定干扰的传递、累积过程，并最终确定不确定性来源和干扰范围，制定有效的鲁棒性运行优化方法，减少不确定性对系统的影响[83,84]。

4. 运行变量时间尺度不一致

城市污水处理过程涉及的变量众多，如进水流量、进水温度、BOD_5浓度、COD浓度、总悬浮固体(total suspended solid, TSS)浓度、氨氮浓度和总氮(TN)浓度等，受测量方式和城市污水处理厂硬件条件的影响，不同变量采样频率可能不同，导致城市污水处理运行过程不同变量具有多个时间尺度[85,86]。由于活性污泥法城市污水处理过程的机理复杂，以及微生物生化反应的时间需求等因素，操作过程变量的响应时间从几秒到几小时不等，如城市污水处理曝气过程操作响应时间为分钟级、内循环过程操作响应时间为小时级等[87,88]。同时，城市污水处理多个运行指标通常受不同操作过程和控制变量的影响，具有不同的操作时间[89]，如城市污水处理曝气能耗、泵送能耗和出水水质同时受到不同过程变量的影响，其中，泵送能耗指标与硝态氮浓度有关，该运行指标的操作周期为2h，运行指标曝气能耗和出水水质的操作周期为0.5h[90]。

1.2 城市污水处理运行优化发展概况

城市污水处理运行优化过程主要包括生物脱氮过程、生物除磷过程、厌氧生物处理过程等多个生化反应过程，不同的生化反应过程的运行优化需求不同，在不同运行优化需求的驱动下，需要构建不同优化目标与相应变量之间的动态映射关系，设计不同的目标模型，并对目标模型进行优化，获取优化的操作变量，保证污水处理过程高效稳定运行[91,92]。因此，如何构建优化目标，求解操作变量优化设定值，是目前城市污水处理运行优化面临的主要挑战性问题。

1.2.1 城市污水处理运行优化目标研究

城市污水处理运行优化目标是根据运行需求，建立能够反映城市污水处理过程运行目标的运行指标。运行指标模型的构建，是表征城市污水处理运行过程动态特性，实现城市污水处理运行优化的前提[93-95]。

城市污水处理运行优化目标主要包括能耗、药耗、出水水质等。Machado等基于基准仿真模型1号(benchmark simulation model 1, BSM1)，描述了在膜生物反应器中，曝气能耗与溶解氧、硝态氮以及出水总固体悬浮物、出水COD等组分浓度的动态关系，实现了城市污水处理过程曝气能耗的表征，为城市污水处理过程优化控制提供了理论指导[96]。van Staden等基于城市污水处理过程动力学特性，建立了泵送能耗模型，实现了泵送能耗的有效预测[97]。Guerrero等提出了一种基于活性污泥模型 2d(activated sludge model 2d, ASM2d)的曝气和泵送能耗混合模型，实现溶解氧浓度、硝态氮浓度等过程变量与曝气和泵送能耗的关系表征，该混合能耗模型能够准确预测污水处理过程曝气和泵送能耗[98]。Hernández-Sancho 等基于西班牙某污水处理厂的实际运行数据，分析了污水处理厂规模、污水处理过程中有机物去除量以及生物反应器曝气规模与运行能耗之间的关系，基于非径向包络分析方法建立了该污水处理厂的能耗模型，该模型可以准确获取城市污水处理厂能耗水平[99]。Yang 等基于生物生态机理构建了一种污水处理过程能耗模型，该模型描述了能耗与多种过程变量间的关联关系，实现了对污水处理运行过程能耗的有效预测[100]。为了同时考虑城市污水处理过程的曝气能耗和泵送能耗，El Shorbagy 等根据硝化反应机理构建了操作能耗模型，采用硝态氮、溶解氧浓度和进水流量等变量来预测操作能耗，该模型能够实现对操作能耗的准确预测[101]。Gussem 等建立了基于流体动力学和 ASM2d 的能耗模型,实现了微生物活性与系统曝气量之间关系的有效描述，该模型已在实际城市污水处理厂成功应用[102]。Kirchem 等利用工艺模型和能源系统模型，建立了一种城市污水处理过程混合能耗模型，该模型考虑电力系统操作和污水处理过程操作之间的相互作用，可提高能耗预测的准确性[103]。

为了实现城市污水处理运行达标排放，基于机理分析的出水水质模型建立也得到了广泛的研究[104-106]。Benthack 等基于城市污水处理过程物料平衡方程设计了出水水质模型，描述了出水水质与溶解氧浓度、进水流量等变量之间的动态关系，该模型能够实现对出水水质的准确预测[107]。Plósz 基于城市污水处理反硝化过程动力学特性，建立了出水水质模型，该模型能够实现内回流比和出水水质之间关系的准确描述[108]。Shen 等基于 BSM1 建立了出水水质模型，该模型描述了溶解氧、硝态氮浓度等过程变量与出水水质之间的动态关系，能够有效表征城市污水处理过程动态特性[109]。Ekama 提出一种厌氧硝化的质量平衡稳态动力学模型，该模型建立了五种主要影响物与化学计量组合物的定量关系，可以实现污水特征的准确估计[110]。Nopens 等基于基准仿真模型 2 号(benchmark simulation model 2, BSM2)建立了出水水质模型，该模型能够有效表征关键变量与出水水质的动态关系[111]。Jeong 等基于活性污泥生化反应机理构建了出水 COD 预测模型，描述了出水 COD 与氧化还原电位、溶解氧浓度等关键变量之间的动态关系，能够实现出水 COD 的准确预测[112]。Bolyard 和 Reinhart 提出了一种基于生化反应过程机理的出水总氮模型，获得出水总氮与溶解氧浓度、硝态氮浓度等过程变量的动态关系，能够实现出水总氮浓度的有效预测[113]。Pallavhee 等基于活性污泥法运行机理提出出水水质模型，描述关键变量与出水水质之间的动态关系[114]。Mannina 等基于污水处理过程中的组分微分速率方程建立了出水水质指标模型，同时基于广义似然不确定估计算法，分析了进水量以及进水水质的不确定性对出水水质指标的影响，该模型能够反映过程变量和出水水质的关系[115]。为了同时构建能耗和出水水质模型，Chen 等基于 ASM2d 构建了城市污水处理过程综合运行指标模型，描述了出水总磷(TP)、出水氨氮和出水总氮(TN)浓度等出水水质与曝气能耗、污泥处理费用和泵送能耗等的动态特性，该模型能够实现出水水质、能耗及其关键变量非线性关系的有效表征[116]。Alsina 等设计了基于活性污泥模型的城市污水处理过程综合运行指标模型，描述了出水水质、操作能耗与溶解氧、硝态氮和悬浮物浓度等过程变量之间的动态关系，该模型能够实现活性污泥法城市污水处理过程动态特性的准确表达[117]。Alsina 等基于 BSM2 构建了包含出水水质、操作成本、温室气体排放量的多准则运行指标模型，描述了内回流量、外回流量、溶解氧浓度和悬浮物浓度等关键变量与出水水质、操作成本、温室气体排放量之间的非线性关系，该模型具有较高的精度[118]。

上述基于城市污水处理机理的运行指标模型能够实现运行状态的描述。但是，由于机理的运行指标模型存在建模参数多、决策变量单一等缺陷，模型自适应能力差，难以根据城市污水处理过程实际运行状态动态调整模型参数，导致模型精度低，难以满足实际城市污水处理运行优化需求[119,120]。

为了提高城市污水处理过程运行指标模型自适应能力，提升运行指标模型精度，有学者提出了数据驱动的运行指标模型构建方法[121,122]。Fernández 等基于偏最小二乘算法和高斯-牛顿方法，建立了曝气能耗模型，描述了曝气能耗与其关键过程变量溶解氧浓度之间的非线性映射关系，并通过污水处理厂实际空气消耗数据和模型预测结果完成了模型验证，该模型能够准确获取曝气能耗的动态特性，为实现曝气优化奠定基础[123]。Kusiak 等利用多层感知器，建立了基于污水进水流量等数据的能耗模型，该模型能够有效提高能耗的预测精度[124]。Zeng 等构建了基于混合整数非线性回归的泵送系统能耗模型，建立泵速与泵送能耗、泵送系统出水流量之间的关系表征，该模型能够有效提高泵送系统能耗的检测精度[125]。Zhang 等以水泵转速、污水流速等为模型输入变量，泵送系统能量消耗以及泵出水流速为模型输出变量，基于人工神经网络建立了污水处理厂泵送系统的能耗指标模型，并基于污水处理厂实际运行数据完成了模型训练，该模型具有较高的预测精度[126]。Torregrossa 等基于模糊逻辑构建了城市污水处理过程的泵送系统模型，描述了污水流量、能量与泵送系统能耗的动态关系，并将其应用于德国部分城市污水处理厂中，效果表明该模型能够识别和分析泵送系统能源效率，缓解泵送系统运行效率低下的问题[127]。Filipe 等基于自回归分析方法建立了关于泵送能耗的系统模型，描述了污水池液位、水流速率以及系统运行能耗成本之间的关系[128]。另外，为提升对出水水质指标预测的精度，Noori 等构建了基于支持向量机的 BOD_5 预测模型，以水体电导率、溶解氧浓度、硝酸盐浓度和水体总磷浓度等作为输入变量，以 BOD_5 作为输出变量，利用在萨菲德河流域采样获取的样本值，对模型进行校正，可以实现对水质指标 BOD_5 的有效预测[129]。Nezhad 等对位于德黑兰南部的某城市污水处理厂运行状况进行分析，利用人工神经网络，建立了关于 COD、TSS、pH 与出水水质之间关系的人工神经网络感知器模型，对出水水质指标进行预测[130]。Manu 和 Thalla 建立了基于自适应模糊推理和支持向量机的出水水质模型，构建了 COD、TSS、游离氨与出水凯氏氮浓度的关系，该模型有效描述了氨氮去除率以及各水质变量之间的关系[131]。

上述数据驱动的运行指标模型能够实现出水水质或能耗等单一运行指标与过程变量之间动态关系的描述，但是，城市污水处理过程中同时包括多个运行指标，仅考虑单一运行指标无法对多个运行指标进行同时优化。因此，建立多个运行指标的目标模型，实现多个运行指标的动态表征，才能保证城市污水处理运行优化效果[132-134]。

为了同时实现多个运行指标的动态表征，丛秋梅等设计了一种基于递阶神经网络的城市污水处理过程能耗和出水水质模型，描述了能耗、出水化学需氧量、出水氨氮浓度和出水悬浮物浓度之间的动态映射关系，该模型能够有效实现城市污水处理过程能耗和出水水质的动态表达[135]。Maere 等对膜生物反应器的机理过程进行分析，建立了曝气能耗模型，有效描述了膜生物反应器中的曝气能耗与出水 COD 以及溶解氧、硝态氮浓度之间随时间变化的动态关系[136]。Dürrenmatt 和 Gujer 通过分析城市污水处理过程机理和数据，建立了基于自组织映射的能耗和出水水质运行指标模型，描述城市污水处理过程能耗、出水水质以及关键变量之间的动态关系，该模型能够准确地评价出水水质和能耗[137]。Wu 等提出了一种数据驱动的城市污水处理过程出水水质和能耗模型，采用径向基神经网络实现了出水水质、能耗与相关过程变量之间的映射关系表征，并利用运行数据对模型参数和结构进行动态调整，保证了出水水质和能耗预测的准确性，有效表征了城市污水处理过程动态特性[138]。随着城市污水处理过程数据采集技术的提高和广泛应用，数据驱动的运行指标模型构建方法得到了进一步的研究和发展[139,140]。Chen 等建立了基于出水水质和能耗的过程综合运行指标模型，其中出水水质指标包括出水氨氮浓度、出水总氮浓度和出水总磷浓度，能耗指标包括污水处理过程中的曝气能耗、泵送能耗以及城市污水处理过程中的污泥处理费用[141]。Huang 等以氧化还原电位、pH、溶解氧浓度等关键过程变量为输入，以出水水质和曝气能耗为输出，构建了基于模糊神经网络的运行指标模型[142]。Qiao 和 Zhang 分析了城市污水处理过程运行数据，建立了基于模糊神经网络的综合运行指标模型，描述了城市污水处理过程操作变量和曝气能耗等的非线性关系[143]。

上述数据驱动的运行指标模型能够实现多个运行指标的动态表征，但是如何根据运行目标特点设计合适的运行指标模型，仍是当前城市污水处理运行优化面临的难题[144,145]。

1.2.2 城市污水处理运行优化方法研究

城市污水处理运行优化的目的是通过构建准确的运行指标优化模型和设计合理的优化算法，获取控制变量优化设定值，为决策者提供理论参考。然而，由于城市污水处理过程包含初沉池、生化反应池、二沉池等，是一个由多流程组成的复杂操作系统。同时，城市污水处理过程包含生化反应、物理反应和化学反应等，各流程间相互影响耦合。因此，如何获取城市污水处理运行优化设定值，是城市污水处理运行优化的另一个挑战性问题[146,147]。

为了获取控制变量优化设定值，一些学者提出了多种城市污水处理运行优化策略[148,149]。为了降低城市污水处理过程曝气能耗，Chachuat 等提出了一种曝气能耗优化策略，采用序列二次规划算法，对曝气能耗模型进行求解，获得了溶解氧浓度优化设定值，并利用比例-积分-微分(proportion-integration-differentiation, PID)控制器，实现优化设定值的跟踪，该能耗优化策略能够有效降低城市污水处理过程曝气能耗，提高城市污水处理运行效率[150]。Sharma 和 Li 采用进化算法优化曝气过程中曝气泵的频率，降低了曝气能耗，提升了生物处理过程混合器的节能降耗潜力[151]。Duzinkiewicz 等提出了一种城市污水处理过程能耗优化策略，设计了能耗优化模型，并利用遗传算法求解第五分区溶解氧浓度优化设定值，采用分层模型预测控制器对溶解氧浓度进行跟踪，该优化方法与跟踪控制方法结合能够改善城市污水处理运行性能，降低操作能耗[152]。为了提高出水水质，缓解出水水质超标问题，Amand 和 Carlsson 设计了一种基于遗传算法的出水水质优化策略，构建了出水水质指标模型，求解了第五分区溶解氧浓度的优化设定值，采用比例-积分(proportion-integration, PI)控制器跟踪溶解氧浓度优化设定值，该水质优化策略与氨氮反馈控制策略相比能耗显著降低，提高了城市污水处理过程的稳定性，实现了出水水质达标排放[153]。Delgado San Martin 等提出一种基于模型预测控制的污水处理运行设定点优化方法，采用进化算法，获取能耗模型和能耗费用对应的最优设定值，该方法降低了脱氮过程的能耗成本[154]。Sadeghassadi 等设计了一种城市污水处理运行曝气能耗优化策略，利用非线性优化策略对运行指标优化模型进行优化，求解溶解氧浓度优化设定值，实现城市污水处理运行优化，降低城市污水处理的曝气能耗[155]。Odriozola 等提出了一种基于模型的数学优化方法，求解氨氮浓度、硝态氮浓度和总固体悬浮物浓度的优化设定值，有效降低了城市污水处理的出水总氮浓度[156]。

出水水质达标和节能降耗是污水处理厂需要考虑的优化目标，一些学者将出水水质达标作为能耗目标优化过程的主要约束条件。针对出水水质超标和曝气能耗高的问题，Ruano 等设计了一种基于模糊逻辑的城市污水处理运行优化方法，以污水 pH 和出水氨氮浓度为约束条件，建立运行指标优化模型，采用模糊推理方法，求解曝气量和内回流量的优化设定值，保证了出水水质达标排放，降低了曝气能耗[157]。Åmand 和 Carlsson 通过分析不同出水氨氮浓度下的曝气运行状况，设计了一种基于平均日流量比例氨浓度约束的曝气优化方法，实验结果表明，该曝气优化方法比快速反馈控制方法的能耗降低 14%[158]。Gabarrón 等提出了一种膜生物反应器污水处理运行优化方法，利用基于模型的优化策略获取内、外回流量和溶解氧浓度的优化设定值，在不影响污泥性质和过滤性能的情况下，降低了运行能耗，减少了氮排放量[159]。Asadi 等提出了一种基于数据挖掘的曝气优化方法，以出水水质作为约束条件，构建数据驱动的曝气能耗优化模型，利用模拟退火算法求解控制变量优化设定值，该优化方法能在保证水质达标的情况下，显著降低曝气能耗[160]。

上述能耗优化方法主要通过将多目标问题转化为单目标优化问题进行求解，实现保证出水水质达标的条件下降低能耗。然而，城市污水处理运行优化问题是典型的多目标问题，多个目标之间存在耦合和冲突，单目标优化无法满足系统实际运行需求[161,162]。

为了实现城市污水处理多目标运行优化，Beraud 等设计了一种曝气和泵送运行优化策略，构建了曝气能耗和泵送能耗优化目标模型，采用精英非支配排序多目标遗传算法对模型进行求解，获取溶解氧和硝态氮浓度的优化设定值，有效提高了污水处理运行性能，降低了操作能耗[163]。Qiao 等设计了一种基于自适应动态规划的运行优化策略，通过对能耗和出水水质的评估结果，调整控制变量优化设定点，保证了出水水质达标，显著降低了能耗[164]。Bayo 和 López-Castellanos 提出了一种城市污水处理过程出水水质和操作成本优化策略，利用多目标遗传算法对出水水质和操作成本优化模型进行同时求解，获得控制变量优化设定值，能够有效改善出水水质，降低操作成本[165]。针对城市污水处理过程出水水质超标和能耗过高的问题，韩红桂等提出了一种基于多目标粒子群优化算法的污水处理运行优化策略，获得溶解氧和硝态氮浓度的优化设定值，实现了城市污水处理过程多目标实时优化，提高了污水处理过程操作效率[166]。乔俊飞等提出了一种基于进化知识的生化处理优化策略，在多目标粒子群的框架下构建知识库存储历史非支配解，平衡算法的探索与开发能力，获取了溶解氧和硝态氮浓度的优化设定值，能够在满足出水水质达标的前提下，有效降低污水处理过程的能耗成本[167]。李霏等提出了一种基于均匀分布 NSGA-II（带精英策略的非支配排序遗传算法）的城市污水处理运行优化策略，获得溶解氧和硝态氮浓度的优化设定点，提高了出水水质，降低了能耗[168]。杨壮等提出了一种基于分解的多目标进化算法，利用种群更替策略，通过更少的进化次数得到分布均匀的近似 Pareto 前沿，有效平衡出水水质和能耗[169]。Kegl 和 Kovač-Kralj 提出了一种厌氧硝化运行优化方法，利用梯度算法求解厌氧硝化数学模型，获取 pH、温度及细菌浓度等变量的优化设定值，显著降低了厌氧硝化处理成本[170]。

上述多目标优化方法有效改善了城市污水处理运行过程出水水质，降低了能耗，但是受天气、进水水质、进水流量等工况影响，城市污水处理过程具有动态性，需要设计能够适应不同工况的动态多目标运行优化策略，满足系统动态运行需求[171,172]。

一些学者通过分析城市污水处理过程的动态性，构建了动态优化目标模型，并设计合适的多目标优化方法对控制变量进行动态寻优[173,174]。Egea 和 Gracia 设计了基于散点搜索的多目标优化方法，选取曝气系数和内循环流量作为控制变量，建立具有多模态和噪声的动态多目标优化模型，采用散点搜索方法求取控制变量优化设定值[175]。实验结果表明，该方法能够动态求解控制变量优化设定值，有效提高了出水水质，降低了能耗。针对城市污水处理运行成本高和出水水质超标的问题，Zhang 等研究了一种基于动态多目标优化算法的优化策略，利用反向传播(back propagation, BP)和多目标优化遗传算法获取一组控制变量优化设定值，实现城市污水处理过程的运行成本和多个出水水质指标的同时优化[176]。Vega 等提出了一种分级运行优化方法，综合短期和长期污水处理运行状况，将城市污水处理过程分为静态优化和动态实时优化，求解控制变量优化设定值，在保证出水水质达标的情况下，使运行成本降低约 20%[177]。Sweetapple 等设计了基于非支配排序遗传算法的动态运行优化策略，通过求解控制变量的优化设定值，实现了城市污水处理过程出水水质、运行成本以及温室气体排放量的同时优化，有效提高了出水水质，降低了运行成本，减少了温室气体排放量[178]。针对城市污水处理化学和生物处理过程动态变化的特性，Dominic 等提出了基于经济关键性能指标的运行优化方法，采用自划分算法调整静态分量，利用梯度算法优化动态分量，结果表明，该方法能在运行过程存在干扰的情况下，获得有效的运行最优点[179]。de Faria 等设计了一种基于多目标进化算法的动态优化策略，利用生命周期评估理论建立以出水水质、运行成本和环境影响系数为运行目标的动态优化模型，采用基于档案库的多目标进化算法和自适应调整策略求解溶解氧浓度的优化设定值，实验结果表明，该策略能够完成城市污水处理动态实时优化[180]。Han 等根据城市污水处理运行过程存在多个冲突目标的特点，提出了一种基于动态多目标粒子群优化算法的运行优化方法，解决了污水处理过程中多个冲突目标的动态优化问题，显著提高了污水处理运行优化性能[181]。Chen 等提出了一种基于 ASM2d 的综合活性污泥模型的优化方法，采用遗传算法求解能耗和出水水质模型，获取溶解氧浓度的优化设定值，有效降低了能耗，显著提高了出水水质[182]。Heo 等提出了一种基于混合机器学习的城市污水处理多目标优化策略，通过对进水状态进行分析，利用模糊均值算法划分五种运行工况，采用非支配排序遗传算法，求解控制变量优化设定值，实验结果表明，该优化策略可以在保证出水水质达标排放的同时降低 8%的运行成本[183]。张璐等设计了一种基于动态分解多目标粒子群优化算法的城市污水处理运行优化方法，利用自适应核函数构建出水水质和能耗优化模型，根据优化解与参考向量的夹角更新档案库，实现控制变量优化设定值的实时动态求解，该优化方法能够有效提高污水处理过程运行性能[184]。针对污水处理过程污染大、能耗高的问题，Li 等提出了一种基于智能优化的污水处理厂综合框架，利用动态多目标免疫优化算法，实时获取高质量的控制变量优化设定值，并设计智能决策方案应对系统不同运行状态，基于该综合框架的运行优化策略，能够实现污水处理水质达标[185]。

上述城市污水处理动态运行优化策略能够实现多个运行指标的动态平衡，但是，由于城市污水处理是一个多操作时间尺度和不确定性的操作过程，如何针对这些复杂特性，设计相应的多目标运行优化策略，仍是城市污水处理运行优化亟待解决的挑战性难题[186,187]。

1.3　城市污水处理运行优化面临的挑战

1.3.1　城市污水处理生化反应过程运行优化挑战

活性污泥法城市污水处理生化反应过程包括生物脱氮、生物除磷以及厌氧生物处理过程。由于不同的生化反应过程具有不同的运行机理、相关变量和控制变量，城市污水处理生化反应过程运行优化需要构建不同的优化目标[188,189]。此外，由于不同生化反应过程运行特点不同，城市污水处理过程相关变量与优化目标之间关系的构建方式不同[190,191]。城市污水处理不同生化反应过程运行优化面临着各方面挑战。

城市污水处理生物脱氮是防止水体富营养化的有效措施之一，深度脱氮也是城市污水处理厂的重要需求[192,193]。城市污水处理运行优化的目标是保证处理后的污水排放符合规定，降低处理成本[194]。然而，城市污水处理厂的生物脱氮过程普遍存在电能消耗过大、外加碳源费用过高、脱氮效果差等问题。在满足出水总氮和氨氮浓度达标排放的基础上，如何降低运行成本，已经成为污水处理行业迫切需要解决的问题[195]。因此，基于现有的生物脱氮工艺技术，设计生物脱氮过程优化策略，保证脱氮过程出水水质达标和运行成本降低，是节能运行的关键。在实际生物脱氮过程中，氨氮、总氮浓度受多种因素影响，与泵送能耗和曝气能耗相关联，且具有一定的冲突性。因此，生物脱氮过程目标的构建和权衡是生物脱氮过程运行优化的关键。如何构建合理的优化目标模型，设计有效的生物脱氮过程运行优化策略，是城市污水处理生化反应过程运行优化面临的重要挑战[196]。

城市污水处理生物除磷是解决水体磷富营养化的有效措施，其生物除磷过程主要包括聚磷菌的吸磷和释磷[197]。然而，在生物除磷过程中，城市污水中的磷含量受多种因素的影响，导致聚磷菌在厌氧环境中释放的磷元素量远远小于聚磷菌在好氧区中吸收的磷元素量[198]。而且，活性污泥中聚磷菌的生存以及繁殖活动，对城市污水处理环境的外部条件、多种运行状态变量以及不同元素含量有一定的要求。城市污水处理生物除磷过程各指标、条件的有效控制是达到良好城市污水处理效果的前提[199,200]。因此，以分析城市污水处理生物除磷工艺过程为基础，描述相关反应现象和操作条件，提取关键变量，构建目标模型，设计运行优化策略寻找合适的优化设定值是城市污水处理生物除磷过程运行优化面临的重要挑战。

城市污水处理厌氧生物处理过程是活性污泥法除磷工艺的重要组成部分。厌氧生物处理过程无法去除污水中的氮和磷，需要通过微生物的厌氧硝化反应，有机物将氨和磷转化为氨氮和磷酸盐[201]。在厌氧处理过程中，只有少部分氨和磷被细胞合成利用，大部分含氨氮和磷酸盐的城市污水需要经过后续的缺氧或好氧工艺处理才能实现氮和磷的去除，以使排放的污水达到合格的出水水质[202,203]。然而，厌氧生物处理过程运行机理复杂，过程模型难以准确获取，现有的城市污水处理厂外加碳源主要依据经验添加，外部碳源过多会导致运行成本增加，增加过量的有机物也会增加出水污染物浓度，外部碳源过少会造成聚磷菌释磷需要的有机物不足，使磷释放不充分[204]。因此，如何针对厌氧处理过程，设计运行优化策略，降低运行成本，是亟待解决的重要问题。

1.3.2 城市污水处理全流程运行优化挑战

城市污水处理全流程运行优化的主要目标是保证出水水质达标并降低操作能耗。出水水质和操作能耗是相互耦合、相互冲突的运行指标，如何平衡出水水质和能耗的关系，提高污水处理效率是城市污水处理过程全流程运行优化面临的重要问题[205,206]。然而，由于城市污水处理过程具有动态性、不确定性以及多时间尺度等特点，全流程运行优化过程中操作变量的优化设定点难以实时有效获取。因此，如何根据城市污水处理全流程运行特点，设计合适的运行优化策略，获取可行的操作变量设定点，实现运行指标的动态平衡是城市污水处理全流程运行优化亟待解决的问题[207]。

城市污水处理全流程运行优化主要对出水水质和能耗进行优化，虽然出水水质和能耗两个运行指标具有一些相同的状态变量和一定的关联性，但是两个指标之间存在着很大的冲突，无法同时达到最优，必须设计合理的操作变量优化设定点权衡两者的关系。因此，城市污水处理全流程运行优化是典型的多目标优化问题。在该多目标优化问题中，与出水水质和能耗相关的多个变量，如进水水质、进水流量等，具有较强的动态时变性，运行指标与操作变量的关系表征以及优化设定点的获取方式，需要充分考虑城市污水处理运行动态特征。另外，在城市污水处理运行优化过程中，由于生化反应过程影响因素实时变化，所构建的运行指标模型也具有时变性。因此，建立准确的映射关系以描述污水处理过程的特征，同时及时更新获取当前的映射关系，是一个具有挑战性的问题。由于所构建的时变运行指标模型的真实 Pareto 前沿是时变的，如何设计求解城市污水处理全流程运行动态多目标优化问题的实时优化设定点，追踪动态变化的 Pareto 前沿是另一个亟待解决的问题。

城市污水处理过程涵盖了环境、经济、资源、技术等多个层次功能，其稳定高效运行可以给这些层次功能带来可靠效益。然而，在人口、经济、技术、资源环境和系统本身等不确定因素影响下，城市污水处理过程存在较大的干扰，包括内部干扰和外部干扰，这些干扰使污水处理过程运行指标具有很大的不确定性，导致城市污水处理过程优化目标模型构建的过程中，目标模型无法表征真实操作过程中的运行性能指标。因此，如何在不确定环境和参数影响下，实现城市污水处理运行指标构建，获取鲁棒优化目标模型是一个亟待解决的问题。而且，城市污水处理过程中的干扰也会对管理者优化决策产生很大的影响，这是由于在普通的运行优化策略中，很少考虑到干扰对决策变量产生的不确定性影响，从而难以对城市污水处理系统的整体性能进行合理评估，在这种情况下得到的操作变量优化设定值会与实际期望值产生偏移，甚至出现优化设定值失效的现象，严重影响运行效果。因此，如何设计具有鲁棒性的操作变量优化设定点获取方法，实现鲁棒运行优化是城市污水处理全流程运行优化面临的难题。

城市污水处理全流程运行具有机理复杂、动态特性难以表述的特点，且运行过程中出水水质和操作能耗构建的综合运行指标，具有其独特的运行规律，随着反应过程、操作时间等动态变化，呈现出多时间尺度的操作特点，例如，与出水水质和能耗密切相关的溶解氧和硝态氮浓度具有不同的时间尺度，在不同时间尺度下对它们进行调整，对城市污水处理过程运行效率影响很大。而且，出水水质和能耗之间的时间尺度也不同，很难形成统一的操作时间尺度，导致出水水质和能耗两个运行指标难以协同优化。因此，挖掘不同时间尺度运行指标之间的协同性，构建城市污水处理过程协同优化目标，是城市污水处理过程面临的挑战性问题。另外，由于污水处理过程机理复杂，操作条件动态变化，如何设计城市污水处理过程多时间尺度运行指标优化策略，协同处理不同时间尺度运行指标间的关系，求解不同时间尺度优化目标模型，实时获取过程变量优化设定点，实现出水水质和能耗的协同优化，提高运行效率，仍然是城市污水处理过程面临的挑战性难题。

1.4 章节安排

本书共 10 章，第 1～3 章分别对城市污水处理运行机理、城市污水处理运行优化原理以及优化运行目标进行分析；第 4～6 章对活性污泥法城市污水处理过程中的生物脱氮、除磷过程以及厌氧生物处理过程进行特征分析，并设计优化方法实现各个过程的优化运行；第 7～9 章针对城市污水处理运行的动态特性、鲁棒性以及多时间尺度特性，分别设计优化方法获取优化设定值；第 10 章对城市污水处理运行优化发展前景进行展望。具体内容如下：

第 1 章针对水环境现状以及城市污水处理运行管理等存在的问题，引出城市污水处理运行优化的必要性和紧迫性，描述城市污水处理过程特性，分析城市污水处理运行优化研究现状和存在的挑战性问题。

第 2 章描述城市污水处理运行优化原理，给出城市污水处理运行优化基本架构，分析城市污水处理优化运行的关键要素，对城市污水处理优化运行条件进行概括。

第 3 章详细介绍城市污水处理关键流程运行优化目标，给出城市污水处理运行优化需求，描述生物脱氮、生物除磷以及厌氧生物处理关键过程，介绍城市污水处理优化目标，包括水质、能耗、药耗目标。

第 4 章描述城市污水处理生物脱氮过程的特征，分析生物脱氮过程的内部机理和影响因素，建立生物脱氮过程优化目标模型，并设计优化算法求解目标模型，获取生物脱氮过程优化设定点，进行实验验证。

第 5 章介绍城市污水处理生物脱氮过程的特征和存在的问题，分析生物脱氮过程运行机理和影响因素，构建优化模型，设计优化算法对模型进行求解，获取关键变量优化设定值，并进行实验验证。

第 6 章介绍活性污泥法城市污水处理厌氧生物处理中存在的问题，针对厌氧生物处理建立优化目标模型，设计优化算法获取控制变量优化设定值，实现城市污水处理运行优化。

第 7 章详细分析城市污水处理动态特性，根据城市污水处理动态特征提取运行知识，建立动态多目标优化模型，实现城市污水处理运行指标的构建，设计动态多目标粒子群优化算法，实现城市污水处理过程溶解氧和硝态氮浓度的优化设定值的实时获取。

第 8 章分析城市污水处理过程的干扰产生的不确定性，介绍鲁棒性评价方法，提出鲁棒优化算法，获取具有较高鲁棒性能的优化设定点，增强城市污水处理过程优化设定值的抗干扰性。

第 9 章针对城市污水处理过程中不同变量的不同时间尺度特点，构建分层运行目标，设计多时间尺度优化算法，实现城市污水处理过程不同时间尺度特征下的优化设定值的获取。

第 10 章提出污水处理全流程优化是未来过程控制发展的主要方向，并分析城市污水处理过程运行指标建模、运行优化方法设计，以及城市污水处理运行优化系统的发展趋势。

第2章 城市污水处理运行优化基础概述

2.1 引　言

随着人们生活水平的提高和城市规模的扩大，城市污水排放量逐年增加，导致城市污水处理厂运行优化面临着巨大的挑战：一方面，出水水质不达标的污水排放到河流、湖泊、海洋等流域，容易引起水体富营养化，破坏生态系统的平衡。为了缓解污染物对环境的影响，各国先后推行相关政策严格限制城市污水处理出水水质的排放标准。另一方面，为了满足不断提高的排污标准，城市污水处理厂的工艺引进成本和处理过程运行能耗需求日益增长，加大了城市污水处理厂的经济压力，致使越来越多的城市污水处理厂面临着“建得起，养不起”的问题，不利于污水处理行业的可持续发展。由此可见，保证城市污水处理出水水质达标排放和降低污水处理厂运行能耗，已经成为城市污水处理厂持续稳定运行的关键。研究城市污水处理运行优化对实现城市污水处理过程出水水质达标排放，降低运行能耗具有重要意义。

城市污水处理运行包括生物脱氮、生物除磷和厌氧生物处理三个关键生化反应流程，包含微生物活性、反应机制等复杂反应机理。为了实现城市污水处理运行优化，需要深入分析影响生化反应过程的关键因素，构建城市污水处理运行优化框架，设计城市污水处理运行优化目标，研究城市污水处理运行优化算法，以获取城市污水处理过程运行最优设定值。因此，分析城市污水处理运行优化基本原理，概述运行优化基础，能够为城市污水处理运行优化的目标模型构建和方法设计提供参考。

在活性污泥法城市污水处理工艺中，反应机理复杂，影响出水水质和运行能耗的因素众多，运行效果受优化方法的影响大。如何确定主要生化反应过程的关键变量，构建优化目标函数模型，选择合适的优化算法，完成关键变量的最优设定值求取，是城市污水处理运行优化的重要研究内容。本章概述城市污水处理运行优化基础：首先，从运行优化方案和优化流程两个角度，描述城市污水处理运行优化的基本架构；其次，分析城市污水处理运行优化的关键要素，提供城市污水处理运行优化目标构建方法，以及优化方法的基本设计思路；最后，针对城市污水处理运行优化过程的影响因素和设备需求，介绍城市污水处理运行优化条件。

2.2　城市污水处理运行优化基本架构

城市污水处理运行优化基本架构以生化反应过程为主体，通过分析运行过程的关键影响因素，构建运行过程的优化目标，设计适合城市污水处理运行特点的优化策略，获取运行优化设定值。城市污水处理运行优化基本架构是保证污水处理过程安全、稳定运行，提高出水水质，实现节能减排的关键。然而，由于城市污水处理过程中多种环境因素的影响以及多个约束条件的制约，不同单元的反应机理区别显著。因此，针对城市污水处理三个关键生化反应过程及全流程运行优化问题，研究具体的优化运行方案与流程，是构建城市污水处理运行优化基本架构的重要内容。

2.2.1　城市污水处理过程运行优化方案

本节针对城市污水处理的三个关键生化反应过程和运行全流程，分别给出城市污水处理过程运行优化方案。

1. 主要生化反应过程运行优化

城市污水处理过程的三大生化反应过程包括生物脱氮过程、生物除磷过程和厌氧生物处理过程。不同生化反应过程的运行机理如下。

1) 生物脱氮过程

生物脱氮过程利用微生物的硝化和反硝化反应降低城市污水中的氮含量，以降低出水总氮的含量。其中，出水总氮包括出水水质中的氨氮和凯氏氮，代表硝化和反硝化两个反应过程的处理指标。生物脱氮的一般过程为：在供氧充足的条件下，亚硝酸菌将氨氮氧化成亚硝酸盐，硝酸菌将亚硝酸盐氧化成硝酸盐，反硝化菌在缺氧或厌氧的条件下，将亚硝酸盐和硝酸盐还原成氮气排出系统。生物脱氮过程中，充氧和硝态氮浓度的调节都会产生能耗，因此处理能耗也是需要考虑的因素之一。为了降低出水氮含量并减少处理能耗，以出水氮和能耗为优化目标，建立变量与优化目标之间的关系模型，设计合适的优化算法，获取溶解氧浓度和硝态氮浓度的优化设定点，以实现生物脱氮过程运行优化。

2) 生物除磷过程

生物除磷过程利用聚磷菌在厌氧条件下释放磷和在好氧条件下蓄积磷的特性，将污水中溶解性含磷物质转化为不可溶颗粒，使磷聚集到活性污泥中，再将不可溶颗粒固体排出系统。在厌氧条件下，除磷菌能分解体内的聚磷酸盐而产生腺嘌呤核苷三磷酸(adenosine triphosphate，ATP)，利用 ATP 将城市污水中的有机物摄入细胞，以有机颗粒的形式在细胞内储存，分解聚磷酸盐过程中产生的磷酸并排出细胞。在好氧条件下，除磷菌能够利用 BOD_5 和体内储存的有机颗粒氧化分解所释放的能量，吸收城市污水中的磷；吸收的磷一部分用来合成 ATP，剩余的绝大部分合成聚磷酸盐储存在细胞体内。因此，溶解氧浓度的设置，对于除磷过程至关重要。

3）厌氧生物处理过程

厌氧生物处理过程是指在厌氧条件下，通过厌氧菌和兼性厌氧菌的代谢作用，将有机污染物分解转化为 CO_2、H_2S、N_2 等可挥发性气体排出系统。除了生物除磷的厌氧反应，厌氧生物处理过程还存在微生物的降解作用，能够去除一些不包含氮和磷的有机物，并为微生物提供能量。

厌氧生物处理过程是维持城市污水处理过程稳定运行的重要过程，该阶段可以由产气量、出水溶解性 COD 浓度或挥发性脂肪酸的测定信息，来表征系统的稳定状态。依据供氧量，生物脱氮过程和生物除磷过程均可以划分为两个阶段，即供氧阶段和缺氧/厌氧阶段，并且生物脱氮和生物除磷过程中涉及的厌氧反应，是厌氧生物处理过程的两个子过程。生物脱氮过程、生物除磷过程和厌氧生物处理过程相互影响，又具有各自的特点，三者间的相互关系如图 2-1 所示。生物脱氮过程和生物除磷过程的厌氧阶段，即厌氧反硝化作用和厌氧释磷作用，发生在厌氧生物处理过程中，另外，生物脱氮过程和生物除磷过程，在厌氧阶段和好氧阶段，均利用生化反应产生能量，反应速率受到溶解氧浓度和硝态氮浓度的影响。

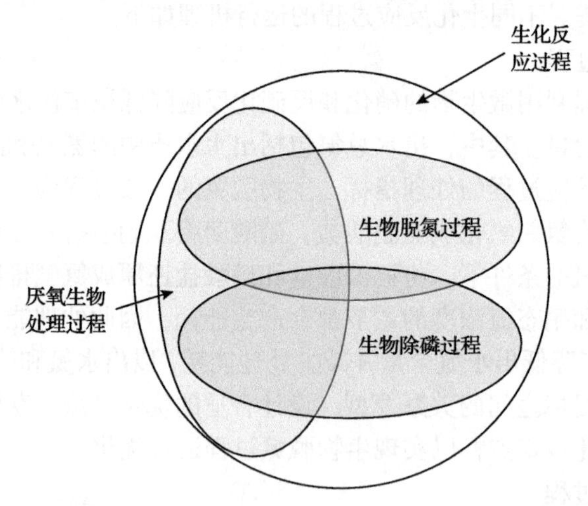

图 2-1　生物脱氮过程、生物除磷过程和厌氧生物处理过程的关系

2. 城市污水处理全流程运行优化

城市污水处理全流程是一个有机整体，每个流程之间既相互独立又相互联系。全流程运行优化中具有众多干扰因素和不确定性，例如，进水水质、进水流量具

有较高的动态特性，在进水水质、进水流量大幅度波动的条件下，很难保证出水水质达标。此外，受当前检测技术的限制，城市污水处理过程变量具有不同的时间尺度，难以进行同时间尺度下的测量，给城市污水处理过程运行优化的实施带来了巨大挑战。

城市污水处理全流程运行优化方案是基于软测量、智能控制、智能优化控制算法和监控调度技术，开发一套污水处理全流程优化控制系统。首先，分析系统总体需求，进行模块功能的设计；其次，研究高能耗单元的节能技术，引入软测量技术和智能控制技术，改进高能耗单元的处理工艺，同时利用编程实现优化控制算法的实际应用，优化关键变量的设定值；最后，在上位机软件上开发城市污水处理运行优化系统，部署城市污水处理全流程的数据采集、过程变量的实时显示、优化效果监测、报表自动生成以及调度优化等功能，实现城市污水处理厂运行的全流程优化。

3. 城市污水处理运行优化目标描述

城市污水处理过程的出水水质指标和运行能耗指标，都可以转化为成本，因此城市污水处理过程运行优化问题，可以描述为最小化单目标优化问题。对于单目标优化问题，目标的最小化和最大化之间可以相互转换，以优化目标函数最小化为例，给出通用的单目标优化问题数学模型：

$$\begin{aligned} &\min f(x) \\ &\text{s.t.} \quad x \in \Omega \end{aligned} \tag{2-1}$$

其中，$x=[x_1,x_2,\cdots,x_n]$为污水处理过程决策变量；Ω为可行域；$f(x)$为优化问题的目标函数。然而，城市污水处理过程的主要反应过程存在多种约束条件，城市污水处理过程单目标约束优化运行的数学模型表示如下：

$$\begin{aligned} &\min f(x) \\ &\text{s.t.} \quad g_j(x) \geqslant 0, \quad j=1,2,\cdots,J \\ &\qquad\;\; h_k(x)=0, \quad k=1,2,\cdots,K \end{aligned} \tag{2-2}$$

该优化问题包含J个不等式约束和K个恒等式约束，其中，$g_j(x)$为第j个不等式约束，$h_k(x)$为第k个等式约束。

城市污水处理过程单目标优化问题的优化方案如图 2-2 所示。根据优化目标，确定污水处理过程中与优化目标有关的影响因素，并提取优化过程关键变量，采用智能优化算法对过程进行寻优，获取关键变量的优化设定值，并采用跟踪控制方法，对优化设定值进行跟踪，实现城市污水处理主要过程运行优化的目的。

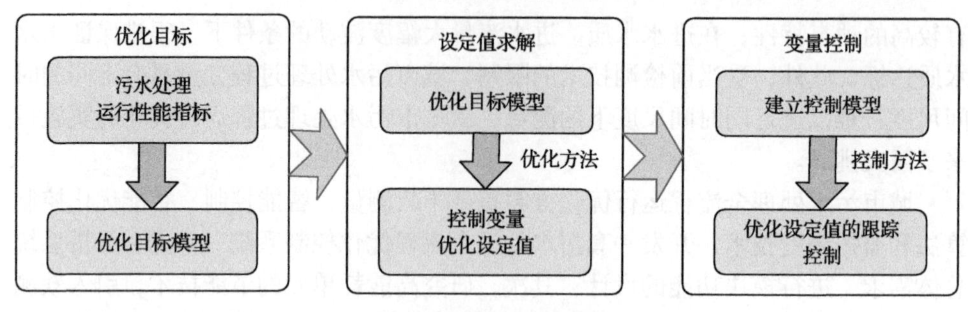

图 2-2　主要生化反应过程的优化方案

尽管城市污水处理运行单目标优化可以有效降低运行总成本，但是对于出水水质和运行能耗两个相互冲突的目标，采用单目标优化难以权衡两者的权重，难以保证出水水质长期稳定达标，导致城市污水处理过程运行不稳定。因此，将城市污水处理过程运行优化问题，描述为一个典型的多目标优化问题，其数学模型表达如下：

$$
\begin{aligned}
&\min F(x)=\left(f_1(x), f_2(x), \cdots, f_M(x)\right) \\
&\text{s.t.}\quad g_j(x) \geqslant 0,\ j=1,2,\cdots,J \\
&\qquad\ h_k(x)=0,\ k=1,2,\cdots,K
\end{aligned} \tag{2-3}
$$

其中，$F(x)$为目标函数向量，由M个相互冲突的目标函数决定。与单目标优化问题的不同点在于，多目标优化问题不存在唯一的最优解，而是一组最优解。这组最优解构成的集合称为 Pareto 解集，Pareto 解集中的解是互不支配的，不存在优劣之分。因此，求解多目标优化问题，就是要寻找到一组非支配解集。

2.2.2　城市污水处理过程运行优化流程

围绕城市污水处理的三个主要生化反应过程和全流程，本节给出城市污水处理运行优化流程。

1. 主要生化反应过程运行优化流程

城市污水处理过程各环节密切相关，处理效果直接决定污水排放对环境的影响程度。对污水进行有效处理，可以提高淡水资源的循环使用效率，是保护水生态环境的一个重要举措。为了严格管理污水处理过程，国家环保部门对城市污水处理厂出水指标制定了严格的污染物排放标准，净化后污水的出水水质各项污染物的含量，需严格低于相关部门规定的上限值，而且城市污水处理厂需要根据排放污染物的种类和数量，交纳一定的费用后才允许进行排污操作。因此，建立合适的经济优化指标，指导污水处理过程的优化运行，是实现污水处理厂效益最大化的有力途径。

在保证城市污水处理厂运行稳定的前提下，合理选择优化变量才能尽可能降低城市污水处理过程的投入成本，推动城市污水处理厂的可持续发展。活性污泥法是目前城市污水处理最常使用的处理工艺，曝气能耗、泵送能耗、污水处理过程的运行费用，以及污水处理厂日常运行的维护费用是污水处理过程的主要成本，其中，曝气能耗和泵送能耗占据主要的电力能源消耗，直接影响污水处理厂的运营效益。通常，不同规模和不同区域的城市污水处理厂的运行优化指标不同。因此，根据实际需求选择优化变量，是提高污水处理效果的关键。

城市污水处理过程的运行优化流程如图 2-3 所示，污水处理过程的主要单元包括初沉池、厌氧区、缺氧区、好氧区和二沉池，其中厌氧区、缺氧区和好氧区组成生化反应池。首先通过分析生化反应机理，完成优化目标的构建，然后进行优化算法设计，最终实现优化设定点跟踪。在城市污水处理运行优化过程中，优化方法与具体控制器组合成优化模块，对关键变量进行设定值优化与跟踪，提高污水处理过程的运行效益。

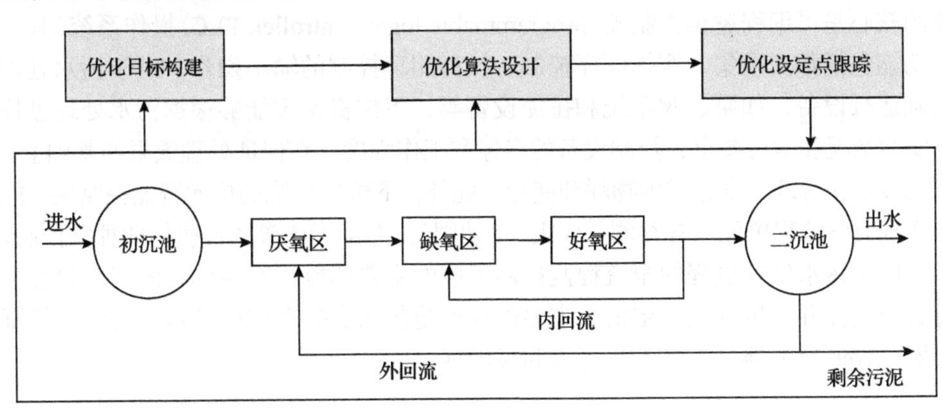

图 2-3　城市污水处理过程的运行优化流程

城市污水处理运行优化的一般流程描述如下：首先，结合主要反应过程的机理，提取关键变量，完成优化目标函数模型的构建；其次，根据优化目标函数的特点，选取合适的优化算法，设计城市污水处理运行优化方法；最后，搭建运行优化模块，关键变量作为优化模块的输入，优化算法作为优化模块的执行部分，优化算法执行完毕后，输出关键变量的最优设定值，并将该设定值传送回城市污水处理过程，将城市污水处理运行优化模块与污水处理全流程组成一个动态的闭环过程。

2. 污水处理全流程运行优化流程

城市污水处理过程处理机理复杂且各处理单元之间相互影响，是一个多变量、多回路的复杂系统。在一般的运行过程中，一个过程单元的行为会影响下游的单元，且相邻单元影响显著。城市污水处理过程包括多个过程单元，改变某个处理单元的状态，会对若干个下游单元甚至上游单元造成影响，例如，A^2/O 工艺中的内、外回流的影响范围，包括厌氧反应单元、缺氧反应单元和好氧反应单元。这种影响可以看成城市污水处理过程的内部干扰。然而，当工程技术人员对这种干扰缺乏认识时，可能会做出错误的判断和操作，导致城市污水处理全流程优化效果下降。因此，在各处理单元作为独立控制子系统的前提下，可以在中控调度室建立管控一体化的全流程优化调度系统，避免工程技术人员的误操作，提高生产效率。

城市污水处理的全流程优化系统中，上位机系统和下位机系统构成主要运行模块，上位机系统即中控调度的相关计算设备，其主要功能是对整个工艺流程的设备运行状态进行实时监控，存储在线检测的仪器仪表数值，记录设备运行状态和过程，分析参数的变化趋势，及时发布和报送历史情况，部署城市污水处理过程优化算法，实现运行参数的优化，建立多级控制协调机制上层系统。下位机系统的核心是可编程逻辑控制器(programmable logic controller, PLC)操作系统，其主要功能包括数据采集、逻辑顺序控制、执行闭环控制的输出操作。对于污水处理基础运行设备，如泵、阀系统和排泥设备等，下位机系统能够根据污水处理过程的实时情况和运行要求，控制设备的启停和工作强度，在保证处理效果的基础上，实现设备的合理调度，减少物耗和能耗。此外，下位机系统的单元智能控制层，能够实现对各流程单元及各类测量仪表、点动阀门、泵类设备等执行机构的独立控制。

城市污水处理过程的全流程监控调度层的主要功能是对各单元的运行状态进行集中监控并产生优化设定值，主要硬件设施包括数据存储服务器、视频监控服务器、Web 服务器、工作站计算机和显示屏。

2.3　城市污水处理运行优化关键要素

城市污水处理运行优化包括污水处理过程关键变量分析、优化目标构建和优化方法设计等步骤。污水处理运行优化与具体工艺流程关系密切，且污水处理工艺流程属于连续反应过程，具有时变的特点。因此，基于污水处理工艺，分析各个生化反应过程特点，准确提取运行优化关键变量，构建合理的优化目标和设计有效的优化方法，是实现城市污水处理运行优化的关键。

2.3.1　城市污水处理运行优化关键变量提取

城市污水处理运行优化关键变量是指生化反应过程中与运行优化效果密切相关的变量，对其进行准确提取是实施运行优化的基础和保证优化性能的关键。本节围绕三个主要生化反应过程的机理特征，分析基本工艺流程，挖掘生化反应与过程变量的关系，确定各反应过程的运行优化关键变量。

1. 生物脱氮过程

生物脱氮过程的机理分析如图 2-4 所示，主要包括硝化反应和反硝化反应。首先，硝化反应发生在好氧阶段，亚硝酸细菌通过短程硝化作用，将氨氮 NH_3 转化为亚硝酸盐 HNO_2，硝酸细菌通过全程硝化作用，将 HNO_2 转化为硝酸盐 HNO_3。其次，反硝化反应发生在厌氧阶段，异养型微生物在碳源(如 CH_3CH_2OH)作用下，利用反硝化脱氮，或者在氨气和硫酸作用下进行脱氮，将水体中的 HNO_3 和 NH_3 还原成气态氮。

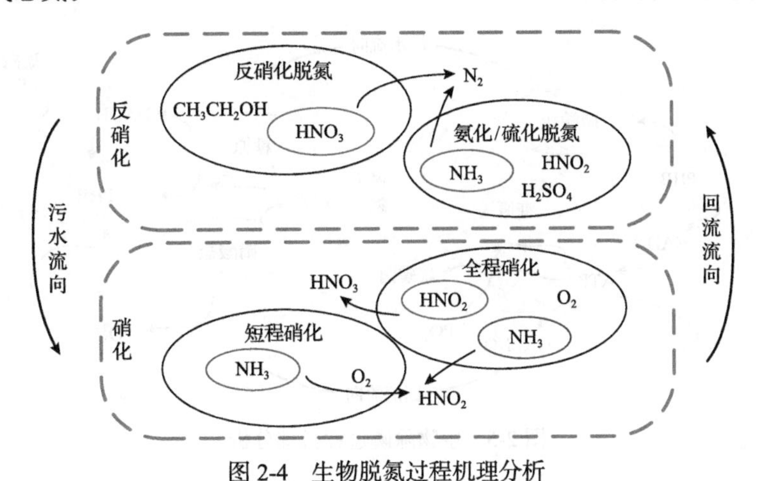

图 2-4　生物脱氮过程机理分析

生物脱氮过程涉及的变量如下。

1)混合液回流比

混合液回流比直接决定缺氧区反硝化硝酸盐的量，影响脱氮效果，该值在200%～300%时，脱氮效果较好。

2)溶解氧浓度

溶解氧为微生物参与生化反应提供充足的氧气来源，溶解氧浓度决定了生化反应是否充分，影响生化反应过程的效率和出水氨氮浓度。

3)硝态氮浓度

硝态氮浓度直接影响脱氮过程的运行效率，受总氮排放标准约束，硝态氮需要被降解，常见做法是经过反硝化反应将硝态氮转化为氮气。

4)碳源投加量

碳源为微生物生长代谢提供营养物质，影响生化反应的进程，由于反应池中硝化菌和反硝化菌相互制约和影响，碳源投加量的确定尤为重要。

在以上变量中，溶解氧浓度、硝态氮浓度和碳源投加量是影响硝化反应和反硝化反应进程的可操作变量，并且溶解氧浓度和硝态氮浓度是可检测和可控制的变量，是生物脱氮过程运行优化的关键变量。

2. 生物除磷过程

生物除磷过程的机理分析如图 2-5 所示，主要过程包括好氧吸磷阶段和厌氧释磷阶段。好氧吸磷阶段，聚磷菌利用线粒体素 NADH 将 PHB 转化为糖原，生成能量分子 ATP，并将污水中的PO_4^{3-}以磷酸盐的形式储存起来。厌氧释磷阶段，聚磷菌利用被氧化分解所获得的 ATP，大量吸收在好氧吸磷阶段吸收的磷和污水中的磷，完成磷的去除。

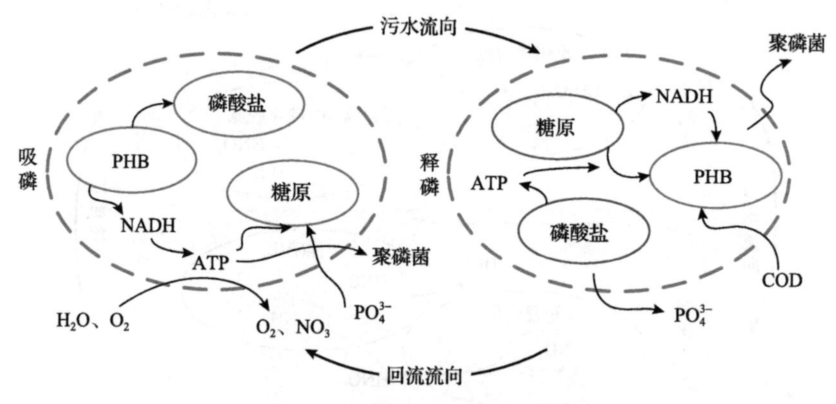

图 2-5　生物除磷过程机理分析

生物除磷过程可以描述为生物除磷前期和后期两个阶段。生物除磷前期，微生物的释磷和吸磷作用，主要由聚磷菌和兼性厌氧反硝化除磷细菌完成降解，聚磷菌在不同环境下发生的生化反应如图 2-6 所示，其中，E 是能量；g 是糖原；VFA

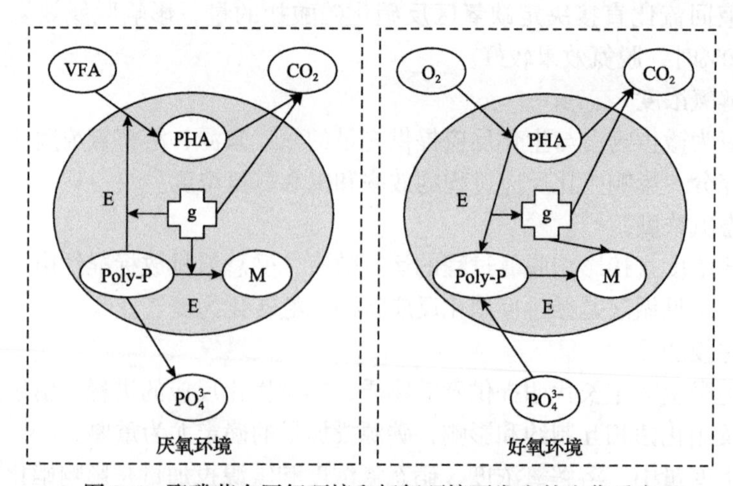

图 2-6　聚磷菌在厌氧环境和好氧环境下发生的生化反应

是挥发性脂肪酸；Poly-P 是聚磷酸盐；PHA (poly-hydroxyalkanoates，聚羟基脂肪酸酯) 是胞内聚酯，通常作为能源的储存性物质。厌氧环境中，聚磷菌迅速吸收低分子有机物，同化成胞内的能源储存物，如 PHB 及糖原等有机颗粒。好氧环境中，聚磷菌从污水中吸收超过其代谢所需的过量磷元素，并以聚磷酸盐化合物的形式储存在细胞内。兼性厌氧反硝化除磷细菌与聚磷菌的除磷原理类似，但兼性厌氧反硝化除磷细菌的吸磷过程，还可将部分 NO_3^- 转化成 N_2，实现脱氮除磷的有机结合。

生物除磷后期，化学辅助除磷，可以进一步降低出水中磷元素的含量，提高水质。此时除磷剂的投加系数 β 成为一个需要考虑的变量，其定义如下：

$$\beta = \frac{\mathrm{mol[Fe, Al]}}{\mathrm{mol[P]}} \tag{2-4}$$

其中，$\mathrm{mol[Fe, Al]}$ 为污水中铁元素和铝元素的摩尔质量；$\mathrm{mol[P]}$ 为污水中磷元素的摩尔质量。因此，投加系数 β 是指金属元素投加量与污水中磷元素含量的摩尔比，常见的三种表达方式如下：

$$\beta_1 = \frac{\mathrm{mol[Me_{dose}]}}{\mathrm{mol[P_{in}]}} \tag{2-5}$$

$$\beta_2 = \frac{\mathrm{mol[Me_{dose}]}}{\mathrm{mol[P_{prec}]}} \tag{2-6}$$

$$\beta_3 = \frac{\mathrm{mol[Me_{dose}]}}{\mathrm{mol[P_{rem}]}} \tag{2-7}$$

其中，$\mathrm{Me_{dose}}$ 为金属元素投加量；$\mathrm{P_{in}}$、$\mathrm{P_{prec}}$、$\mathrm{P_{rem}}$ 分别为进水的磷元素、吸附的磷元素和除去的磷元素。

由于生物除磷过程是厌氧释磷与好氧吸磷的综合过程，该过程中影响生化反应速率的主要变量是溶解氧浓度和碳源投加量。因此，溶解氧浓度和碳源投加量是优化生物除磷过程的关键变量。

3. 厌氧生物处理过程

由于城市污水处理过程的连续性，厌氧生物处理过程主要发生在厌氧池和缺氧池中。厌氧池和缺氧池中同时进行生物脱氮过程和生物除磷过程，两个过程无法完全分离，本书在厌氧生物处理过程中同时考虑了脱氮过程和除磷过程。因此，硝态氮浓度、碳源投加量和外回流量是厌氧生物处理过程的关键变量。

2.3.2　城市污水处理运行优化目标构建

城市污水处理运行优化的具体需求决定了待优化目标的个数。因此，本节分别从单目标优化和多目标优化的角度，分析污水处理工艺机理，确定城市污水处理运行优化的目标并对其进行定量描述。

1. 单目标优化问题优化目标的构建

降低城市污水处理厂的投入成本，实现污水处理过程经济效益和生态效益的最大化，是实施运行优化的目标之一。在城市污水处理过程中，运行能耗主要包括使用鼓风机对生化反应池进行曝气而产生的曝气能耗，以及利用循环泵进行内循环、外循环和污泥排放所产生的泵送能耗。因此，单目标优化目标的构建主要是对曝气运行和循环泵运行能源消耗的描述。典型的 A^2/O 工艺流程如图 2-7 所示，反应池包括初沉池、生化反应池和二沉池，其中，生化反应池共有 5 个反应单元，前两个单元是厌氧反应单元和缺氧反应单元，后三个单元是好氧反应单元。

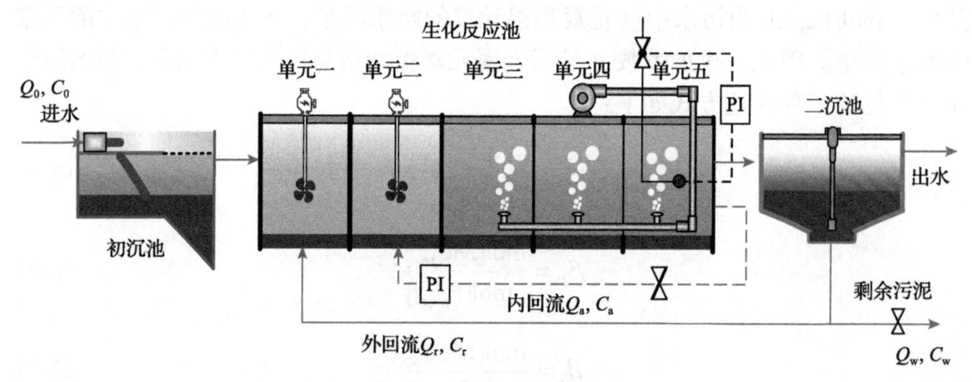

图 2-7　A^2/O 工艺流程图

反应过程中，Q_k 表示流量，C_k 表示各单元的组分浓度，$C=\{S_1, S_s, X_1, X_s, X_{B,H}, X_{B,A}, X_P, S_{NO}, S_{NH}, S_{ND}, X_{ND}, S_{ALK}\}$，$r=\sum v_{kj}\rho_j (j=1,2,\cdots,8)$ 表示各组分的反应速率。缺氧反应单元的体积为 $V_1=V_2=1000\text{m}^3$，好氧反应单元的体积为 $V_3=V_4=V_5=1333\text{m}^3$。各反应单元的物料平衡方程如下。

对于单元 1，$k=1$:

$$\frac{\mathrm{d}C_1}{\mathrm{d}t}=\frac{1}{V_1}\left(Q_a C_a + Q_r C_r + Q_0 C_0 + r_1 V_1 - Q_1 C_1\right) \tag{2-8}$$

对于其他单元，k=2～5:

$$\frac{\mathrm{d}C_k}{\mathrm{d}t}=\frac{1}{V_k}\left(Q_{k-1} C_{k-1} r_k V_k - Q_k C_k\right) \tag{2-9}$$

其中，$Q_1= Q_a+ Q_r+ Q_0$，Q_a、Q_r、Q_0 分别为混合液回流量、污泥回流量和进水流

量，Q_k=Q_{k-1}。

根据 2.3.1 节对三个主要生化反应过程的关键变量分析可知，溶解氧浓度是多个生化反应过程的关键变量，其物料平衡表示为

$$\frac{\mathrm{d}S_{\mathrm{O},k}}{\mathrm{d}t}=\frac{1}{V_k}\left[Q_{k-1}S_{\mathrm{O},k}-1+r_kV_k-Q_kS_{\mathrm{O},k}+\left(K_{\mathrm{La}}\right)_kV_k\left(S_{\mathrm{O,sat}}-S_{\mathrm{O},k}\right)\right] \quad (2\text{-}10)$$

其中，K_{La} 为氧气转换速率；$S_{\mathrm{O,sat}}$ 为饱和溶解氧浓度。

通过分析污水处理工艺的机理，可定量描述曝气能耗（aeration energy, AE）和泵送能耗（pumping energy, PE）：

$$\begin{aligned}\mathrm{AE}&=\frac{S_{\mathrm{O,sat}}}{T\times1.8\times1000}\int_{t=1}^{14}\sum_{i=1}^{5}V_iK_{\mathrm{La}i}(t)\mathrm{d}t\\ \mathrm{PE}&=\frac{1}{T}\int_{t=1}^{14}\left(0.004Q_{\mathrm{a}}(t)+0.008Q_{\mathrm{r}}(t)+0.05Q_{\mathrm{w}}(t)\right)\mathrm{d}t\end{aligned} \quad (2\text{-}11)$$

其中，t 为时间，单位为天；V_i 为第 i 个反应单元的体积；Q_{a}、Q_{r} 和 Q_{w} 分别为回流量、污泥回流量和污泥排放量。

2. 多目标优化问题优化目标的构建

城市污水处理厂实现节能减排的运行目标，需要降低运行成本并满足出水水质达标。因此，这里将能耗目标和水质目标作为城市污水处理多目标优化问题的优化目标。能耗目标反映了系统的运行成本，描述了污水处理过程的功率和耗电量，主要包括曝气能耗（AE）和泵送能耗（PE）。水质目标反映了处理后的排放水质是否达标，主要是指出水水质（effluent quality, EQ）指标。

$$\begin{aligned}\mathrm{EQ}=\frac{1}{1000T}\int_{t=1}^{14}&\left(2\mathrm{TSS_e}(t)+\mathrm{COD_e}(t)+3S_{\mathrm{NKj,e}}(t)+10S_{\mathrm{NO,e}}(t)+2\mathrm{BOD_{5,e}}(t)\right)\\&\cdot Q_{\mathrm{e}}(t)\mathrm{d}t\end{aligned} \quad (2\text{-}12)$$

其中，$\mathrm{TSS_e}(t)$、$\mathrm{COD_e}(t)$、$S_{\mathrm{NKj,e}}(t)$、$S_{\mathrm{NO,e}}(t)$ 和 $\mathrm{BOD_{5,e}}(t)$ 分别为出水固体悬浮物浓度、COD 浓度、凯氏氮浓度、硝态氮浓度和 $\mathrm{BOD_5}$ 浓度；Q_{e} 为上清液排出量。

由污水处理工艺可知，污水处理过程机理复杂，难以基于机理准确建立优化目标。采用数据驱动方法建立优化目标函数，可以有效避免复杂且难以保证精度的机理建模。常见的数据驱动方法，如基于高斯核函数的建模方法，能够从历史运行数据中提取优化目标关键变量，作为每个优化目标模型的输入变量，建立自适应优化目标模型。在 t 时刻的优化目标模型为

$$\min F(x(t)) = (f_1(x(t)), f_2(x(t)), f_3(x(t)))^{\mathrm{T}} \tag{2-13}$$

其中

$$f_1(x(t)) = \sum_{r=1}^{R} W_{1r}(t) \times \mathrm{e}^{-\|x(t)-c_{1r}(t)\|^2/(2b_{1r}^2(t))} + W_{10}(t) \tag{2-14}$$

$$f_2(x(t)) = \sum_{r=1}^{R} W_{2r}(t) \times \mathrm{e}^{-\|x(t)-c_{2r}(t)\|^2/(2b_{2r}^2(t))} + W_{20}(t) \tag{2-15}$$

$$f_3(x(t)) = \sum_{r=1}^{R} W_{3r}(t) \times \mathrm{e}^{-\|x(t)-c_{3r}(t)\|^2/(2b_{3r}^2(t))} + W_{30}(t) \tag{2-16}$$

$f_1(x(t))$为 AE 模型；$f_2(x(t))$为 PE 模型；$f_3(x(t))$为 EQ 模型。各模型的输入为$x(t) = [S_{\mathrm{NH}}(t), \mathrm{MLSS}(t), S_{\mathrm{O}}(t), S_{\mathrm{NO}}(t)]$，$S_{\mathrm{NH}}(t)$为氨氮浓度，$\mathrm{MLSS}(t)$为混合液悬浮固体浓度，$S_{\mathrm{O}}(t)$为溶解氧浓度，$S_{\mathrm{NO}}(t)$为硝酸盐浓度。$W_{1r}(t)$为$f_1(x(t))$模型第$r$个核函数的连接权重，$c_{1r}(t)$为$f_1(x(t))$模型第$r$个核函数的中心向量，$b_{1r}(t)$为$f_1(x(t))$模型第$r$个核函数的宽度向量，$W_{10}(t)$为$f_1(x(t))$模型输出偏移量，$W_{2r}(t)$为$f_2(x(t))$模型第$r$个核函数的连接权重，$c_{2r}(t)$为$f_2(x(t))$模型第$r$个核函数的中心向量，$b_{2r}(t)$为$f_2(x(t))$模型第$r$个核函数的宽度向量，$W_{20}(t)$为$f_2(x(t))$模型输出偏移量，$W_{3r}(t)$为$f_3(x(t))$模型第$r$个核函数的连接权重，$c_{3r}(t)$为$f_3(x(t))$模型第$r$个核函数的中心向量，$b_{3r}(t)$为$f_3(x(t))$模型第$r$个核函数的宽度向量，$W_{30}(t)$为$f_3(x(t))$模型输出偏移量。

2.3.3 城市污水处理运行优化方法设计

在选择城市污水处理优化方法时，需要根据优化目标的个数、复杂性等特点，设计相应的运行优化方法，以保证城市污水处理过程运行优化效果。

1. 单目标优化方法

单目标优化问题的数学模型可表示为

$$\begin{aligned} &\min f(x) \\ &\text{s.t.} \quad g_j(x) \geqslant 0, \quad j = 1,2,\cdots,J \\ &\qquad\; h_k(x) = 0, \quad k = 1,2,\cdots,K \end{aligned} \tag{2-17}$$

其中，x为决策变量，$x \in \Omega$，Ω为可行域；$g_j(x)$为第j个不等式约束条件；$h_k(x)$为第k个等式约束；不等式约束和等式约束的个数分别为J和K。当优化问题存在多个约束时，合理利用约束信息，有助于加快优化过程和提高解集质量。约束优化中，处理约束的方法可分为惩罚函数法、约束支配准则、ε 约束法、多目标法、混合法和其他方法。

城市污水处理运行单目标优化是指基于单个运行指标，获取关键变量的最优设定值。根据优化算法的特点，单目标优化方法包括精确算法、启发式算法等。精确算法忽略了运行过程中的一些限制条件，其实质是将复杂的优化问题转换成简单的优化问题，获得的最优设定值与实际运行结果存在较大偏差，因而难以解决实际的污水处理过程运行优化问题。启发式算法采用迭代搜索生成近似最优解，具有良好的鲁棒性和收敛性，已被广泛应用于多个工程领域。因此，设计基于启发式算法的单目标优化方法，是解决城市污水处理运行优化问题的有效途径。

1) 基于精确算法的单目标优化方法

精确算法是最早用于求解优化问题的一类方法，其具有操作简便、能够给出最优解等优点，适用于计算复杂度较低的简单优化问题。然而，当优化问题的计算复杂度较高，如决策变量维数较多或者目标维数较高时，采用精确算法进行求解，容易出现“组合爆炸”问题。因此，对于复杂优化问题，精确算法的寻优效率和寻优性能将显著下降，应改用计算效率更高的优化方法。

2) 基于启发式算法的单目标优化方法

启发式算法利用过去的经验和推理分析，以一定的概率给出近似最优解，具有通用性高和稳定性强等优点。在启发式算法中，群智能优化算法得到了广泛的研究与应用。

群智能优化算法是从生物行为中得到启发，通过群体的更新完成寻优，能够有效解决复杂优化问题。目前，已有多种群智能优化算法成功应用于城市污水处理过程运行优化，其中，求解单目标优化问题的方法包括但不限于以下算法：遗传算法 (genetic algorithm, GA)、粒子群优化 (particle swarm optimization, PSO) 算法、人工蜂群 (artificial bee colony, ABC) 算法、萤火虫算法 (firefly algorithm, FA) 和人工免疫算法 (immune algorithm, IA) 等。各算法对应的寻优原理和实现流程如下。

(1) 遗传算法。

遗传算法是早期进化算法的一大分支，借助生物进化思想，实现对复杂优化问题的有效求解，其设计思想如图 2-8 所示。

遗传算法的实现流程如图 2-9 所示，t 表示迭代计数器，在生成初始种群后，遗传算法对初始种群依次进行选择、交叉和变异三种进化操作，在给定的终止条件下完成多次迭代，算法的最终输出将作为优化问题的近似最优解。其中，选择操作是依据优化解的适应度，完成择优进化。根据优化解的编码方式，交叉操作和变异操作的类型有所不同，交叉操作的类型包括模拟二进制交叉、算术交叉等交叉形式，变异操作的类型包括二进制变异和实值变异等。采用遗传算法完成寻优前，可根据实际需要，设置交叉操作和变异操作的类型。

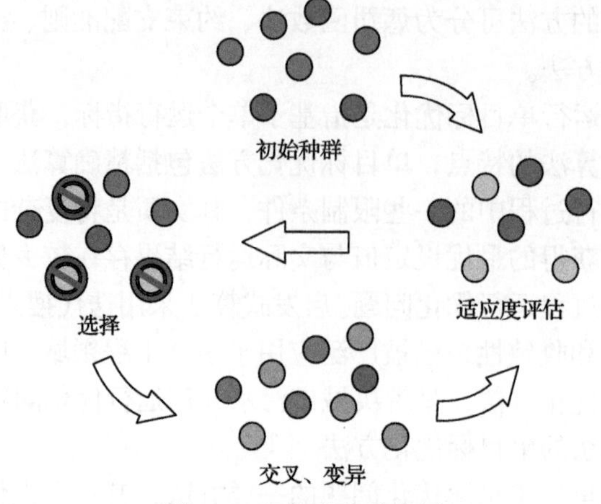

图 2-8　遗传算法示意图

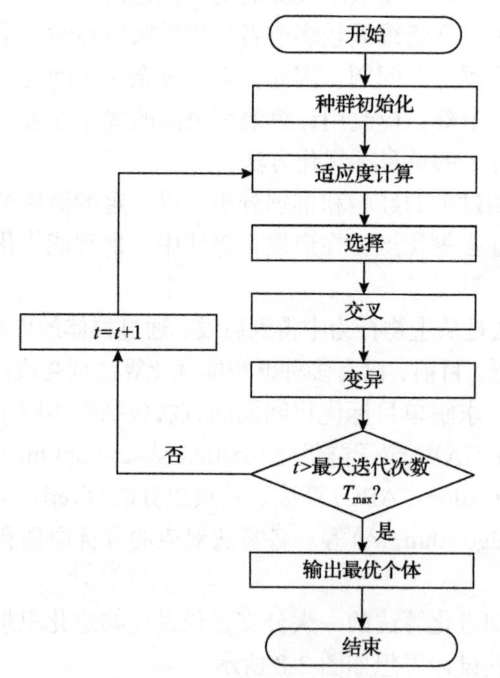

图 2-9　遗传算法流程图

(2)粒子群优化算法。

粒子群优化算法是一种受鸟群觅食启发而提出的随机搜索算法，涉及的参数包括粒子惯性权重和学习因子。粒子群优化算法的寻优过程是通过粒子调整飞行方向和更新速度实现的，如图 2-10 所示。在粒子群的搜索过程中，粒子位置和速度的更新，由粒子飞行实现。此外，在迭代中，每一个粒子均可以追踪全局最优解和个体最优解，并与它们进行信息交换，从而更新自身的位置和速度信息。

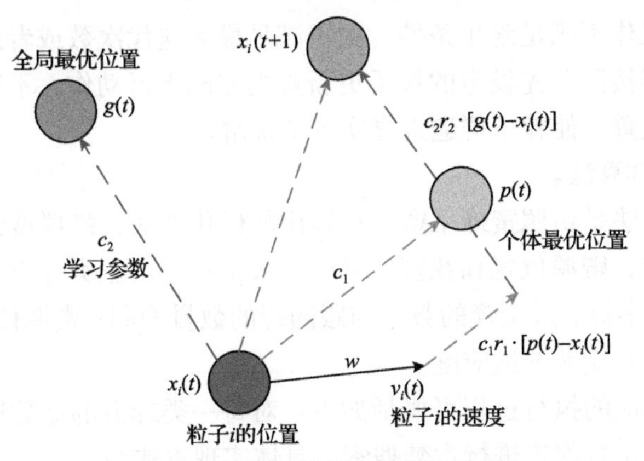

图 2-10　粒子群优化算法示意图

粒子群优化算法的整体流程如图 2-11 所示。粒子群优化算法不断更新全局最

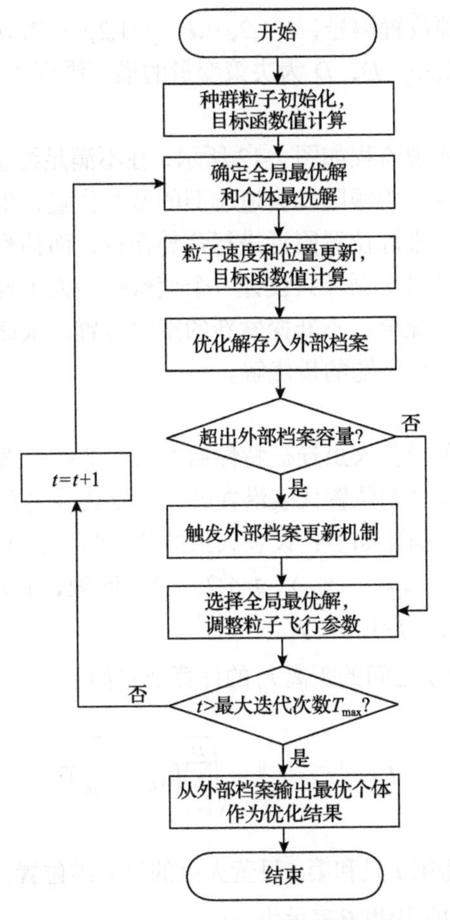

图 2-11　粒子群优化算法流程图

优解，当寻优操作不满足终止条件，如不满足最大迭代次数或者最大适应度评价次数时，粒子群按照预先设定的粒子更新规则完成飞行动作，不断调整每一粒子的飞行速度和位置，使粒子群逼近真实的最优解。

(3)人工蜂群算法。

人工蜂群算法是仿照蜜蜂采蜜过程提出的优化算法，蜂群搜索过程的基本要素包括人工蜂群、蜜源位置和花蜜。其中，人工蜂群由三类蜂组成，分别是采蜜蜂、跟随蜂和侦察蜂，采蜜蜂的数量与跟随蜂的数量相同；蜜源位置表示潜在解，花蜜的含量表示对应解的适应度。

人工蜂群算法的执行过程可概括如下：对每一类蜂群的参数进行初始化，每个采蜜蜂在蜜源位置附近进行贪婪搜索，具体实现方式为

$$v_{ik} = x_{ik} + \phi_{\text{rand}} \cdot (x_{ik} - x_{jk}) \tag{2-18}$$

其中，i 和 j 均为蜜源位置编号，$i=1,2,\cdots,P$，$j=1,2,\cdots,P$，$i \neq j$，P 为蜂群规模，k 为决策变量维度，$k=1,2,\cdots,D$，D 为决策变量的最高维度；ϕ_{rand} 为介于-1 和 1 之间的随机数。

人工蜂群算法的实现流程如图 2-12 所示，在不满足终止条件时，若搜索过程出现适应度更高的蜜源，则跟随蜂会遗忘旧的蜜源位置，根据被遗忘的位置和采蜜蜂所记住的位置，在蜜源位置附近进行贪婪搜索，而侦察蜂只记住搜索过程适应度最好的位置，并且每次循环只设计一个侦察蜂。人工蜂群算法通过采蜜蜂、跟随蜂和侦察蜂的相互配合，不断探索新的蜜源位置，最终找到适应度最佳的蜜源，该蜜源位置就是优化问题的最优解。

(4)萤火虫算法。

萤火虫算法是一种受萤火虫迁徙特性启发设计的随机搜索算法，在萤火虫算法的寻优过程中，萤火虫的位置代表潜在解，亮度代表潜在解的适应度。

萤火虫算法的数学描述如下：设萤火虫的数量为 N，维度为 D，第 i 只萤火虫的位置表示为 $x_i = (x_{i1}, x_{i2}, \cdots, x_{iD})$，$i=1,2,\cdots,N$；同理，第 j 只萤火虫的位置表示为 $x_j = (x_{j1}, x_{j2}, \cdots, x_{jD})$，$j=1,2,\cdots,N$。

萤火虫 i 和萤火虫 j 之间的距离 r_{ij} 的计算公式如下：

$$d_{ij} = \left\| x_i - x_j \right\| = \sqrt{\sum_{k=1}^{D} \left(x_{ik} - x_{jk} \right)^2} \tag{2-19}$$

其中，x_{ik} 和 x_{jk} 分别为第 i 只和第 j 只萤火虫的第 k 维位置。

萤火虫的亮度 I 和吸引度 θ 表示为

$$I = I_0 e^{-\gamma d_{ij}^2} \tag{2-20}$$

$$\theta = \theta_0 e^{-\gamma d_{ij}^2} \tag{2-21}$$

其中，I_0 为萤火虫初始亮度；θ_0 为萤火虫初始吸引度；γ 为光强吸收系数。亮度会随着距离的增加和传播媒介的吸收而减弱。

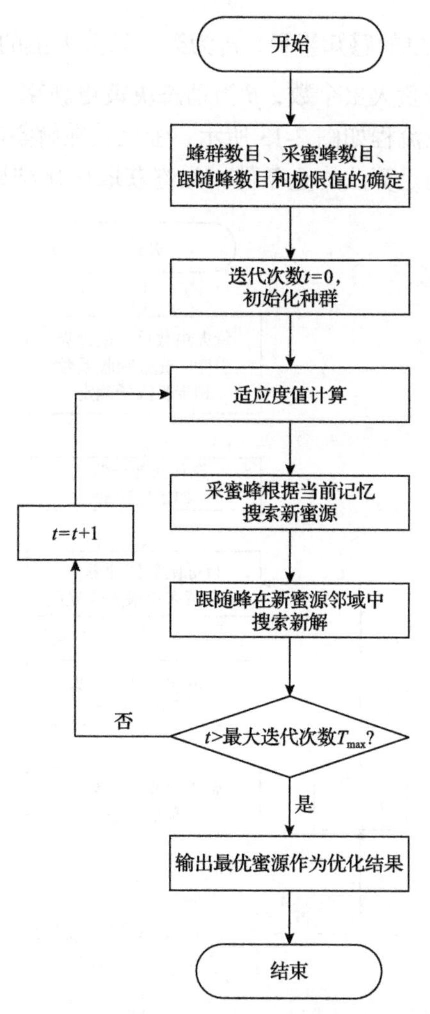

图 2-12　人工蜂群算法流程图

萤火虫的荧光素浓度和位置更新公式表示为

$$l_i(t) = (1-\rho) l_i(t-1) + \gamma J(x_i(t)) \tag{2-22}$$

$$x_{ik}(t+1) = x_{ik}(t) + \beta\left(x_{jk}(t) - x_{ik}(t)\right) + \alpha_i(t)\varepsilon \tag{2-23}$$

其中，$x_{ik}(t)$为第 i 只萤火虫的第 t 代第 k 维位置；$\alpha_i(t)$为第 i 只萤火虫的第 t 代步长因子；ε 服从均匀分布，取值范围为[−0.5, 0.5]。

此外，萤火虫的感知区域是通过调整动态决策域半径来更新的，表示为

$$r_{ik}(t+1)=\min\left\{r_{\mathrm{s}},\max\left\{0,r_{ik}(t)+\beta\left(n_i-\left|N_i(t)\right|\right)\right\}\right\} \tag{2-24}$$

其中，r_{s}为第 i 只萤火虫的感知半径；n_i为第 i 只萤火虫的邻居数；$\left|N_i(t)\right|$为第 i 只萤火虫邻域内的邻居萤火虫个数；β 为动态决策更新率。

萤火虫算法的实现流程如图 2-13 所示，萤火虫在解空间中，不断向亮度更高的萤火虫移动，直到满足算法终止条件，最终获取优化结果。

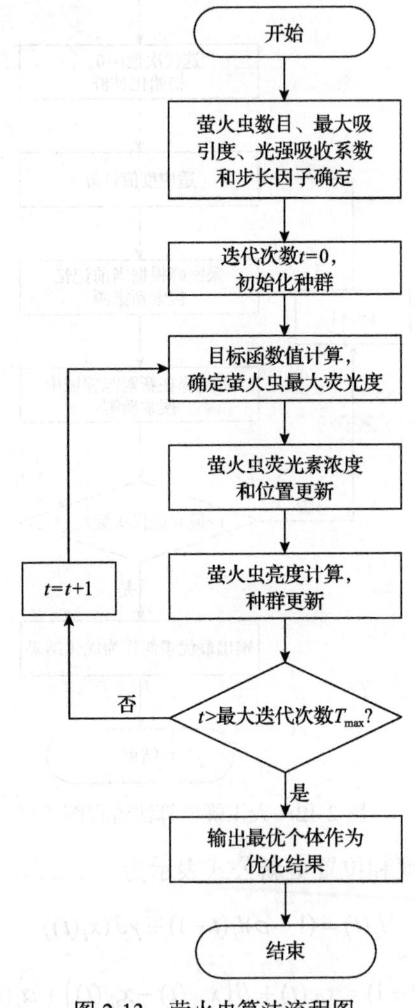

图 2-13　萤火虫算法流程图

(5) 人工免疫算法。

人工免疫算法是模拟克隆选择和免疫记忆等免疫学原理设计的群智能搜索方法。在搜索过程中，抗原表示优化问题，抗体表示优化解，抗体对抗原的亲和度表示优化解的适应度，个体克隆过程表示种群的更新过程。抗体的产生，在搜索过程中会受到促进和抑制作用，具体表现如下：亲和力高的抗体受到促进作用，更有机会被保留至下一代；相反，亲和力低的抗体受到抑制作用，不易被保留。

人工免疫算法的实现流程如图 2-14 所示。首先，人工免疫算法预先识别抗原，然后设置克隆因子、变异率和期望选择概率，完成初始免疫种群的构建。其次，在亲和力活化记忆单元，将亲和度高的抗体加入记忆单元完成免疫操作。最后，对抗体进行选择、克隆和变异产生新抗体，直至满足算法终止条件。

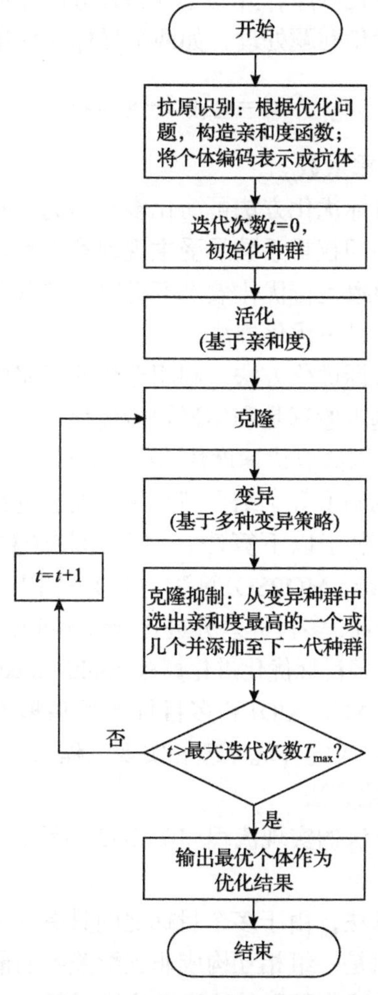

图 2-14　人工免疫算法流程图

2. 多目标优化方法

多目标优化涉及多个相互冲突的目标，需要依据 Pareto 支配关系来选择优化解，最终输出一组优化解，作为最优解集。因此，城市污水处理运行多目标优化，就是针对多个相互矛盾的运行指标，寻找一组 Pareto 解集。

按照目标函数的处理方式，多目标优化方法可分为基于加权表示的多目标优化方法和基于智能计算的多目标优化方法。

1）基于加权表示的多目标优化方法

基于加权表示的多目标优化方法是指对不同目标赋予不同的权重系数，将多目标优化问题转化为单目标优化问题进行求解。具体地，通过分析目标与变量之间的关系，确定目标的优化顺序，并为不同目标分配相应的权重系数，将多目标优化问题简化成单目标优化问题处理，如两个目标的优化问题可以表示为

$$f(x) = pf_1(x) + qf_2(x) \tag{2-25}$$

其中，p 和 q 均为目标权重系数。

基于加权表示的多目标优化方法可简化多目标优化问题，但是权重系数的设计具有随机性和主观性，即权重系数易受主观因素影响。因此，该方法难以权衡不同目标之间的关系，导致运行优化效果不稳定，难以广泛应用。

2）基于智能计算的多目标优化方法

基于智能计算的多目标优化方法，利用迭代搜索完成寻优操作，能够同时考虑多个冲突的目标，其基本原理是利用群智能优化算法，获取一组代表关键变量最优设定值的解集。这种方法寻优速度快、易于集成，被广泛用于工业生产领域，如电网优化、车间流水线调度等。结合城市污水处理过程多目标运行特点，可采取的优化方法包括但不限于以下算法：多目标粒子群优化（multiple objective particle swarm optimization, MOPSO）算法、非支配排序遗传算法（non-dominated genetic algorithm, NSGA-II）、多目标差分进化（multi-objective differential evolution, MODE）算法、基于分解的多目标优化进化算法（multi-objective evolutionary algorithm based on decomposition, MOEA/D）和多目标布谷鸟搜索（multi-objective cuckoo search, MOCS）算法等，对应的寻优原理和实现流程如下。

（1）多目标粒子群优化算法。

多目标粒子群优化算法的实现流程如图 2-15 所示，其搜索原理与粒子群优化算法保持一致。

不同于粒子群优化算法，由于多个目标之间具有冲突关系，MOPSO 算法输出的不是一个最优解，而是一组相互构成非支配关系的最优解集。

标准的粒子群优化算法中粒子的速度和位置更新公式如下：

$$v_{id}(t+1) = wv_{id}(t) + c_1 r_1 (p_{id}(t) - x_{id}(t)) + c_2 r_2 (g_d(t) - x_{id}(t)) \tag{2-26}$$

$$x_{id}(t+1) = x_{id}(t) + v_{id}(t+1) \tag{2-27}$$

其中，$v_{id}(t)$、$p_{id}(t)$和$g_d(t)$分别为第 i 个粒子在第 t 代的速度、个体最优位置和全局最优位置，d=1,2,⋯,D，D 为决策变量的维度；w 为惯性权重；c_1 和 c_2 为学习因子；r_1 和 r_2 为[0, 1]内的随机数。在求解多目标优化问题时，个体最优解和全局最优解通常通过支配关系确定。

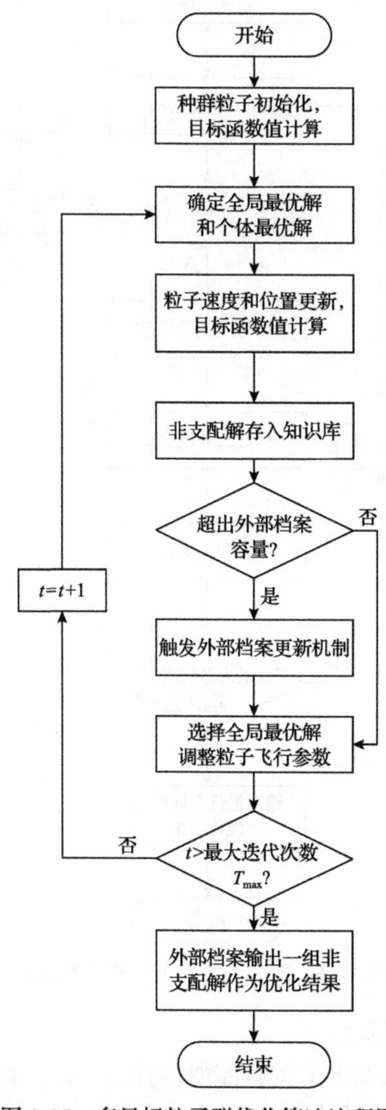

图 2-15　多目标粒子群优化算法流程图

(2) 非支配排序遗传算法。

非支配排序遗传算法在求解复杂多目标优化问题中得到了广泛应用，该算法的核心操作是环境选择和种群的交叉变异，其中环境选择的主要依据是快速非支配排序，实现流程如图 2-16 所示。

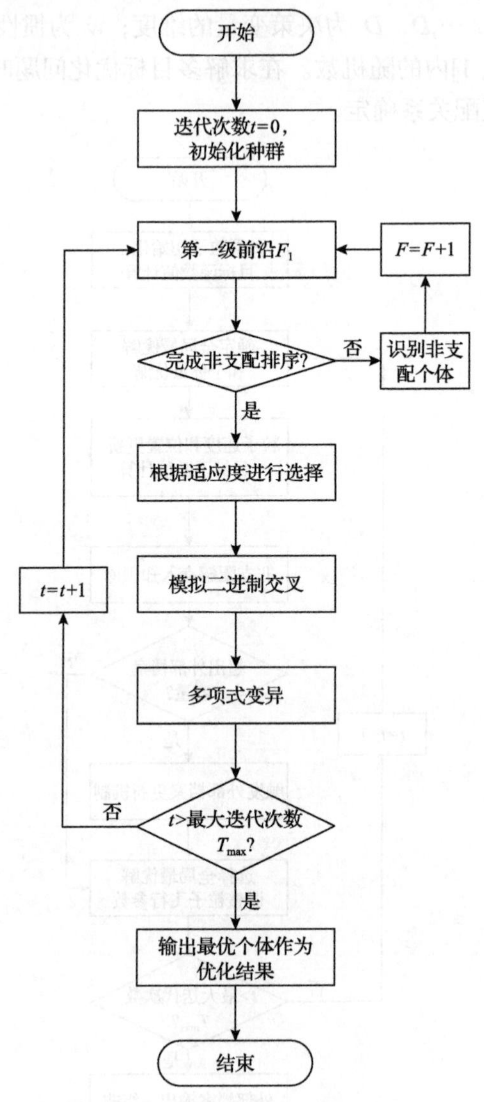

图 2-16　非支配排序遗传算法流程图

(3) 多目标差分进化算法。

多目标差分进化算法与非支配排序遗传算法一样，具有交叉、变异和选择操作，但这三个遗传算子的操作顺序和形式发生了改变。如图 2-17 所示，在多目标差分进化算法中，完成种群初始化后，通过对种群依次进行变异、交叉和选择操作完成寻优。而且，在多目标差分进化算法中，变异操作是利用同一代种群个体的差分向量，引导种群移向可行域，故又称差分变异操作，这也是多目标差分进化算法最关键的过程。差分变异操作不仅能加快算法的寻优效率，还能提高最优解集的质量。另外，变异操作中的变异率和交叉操作中的交叉率，是影响算法性能的两个重要参数，设计者可以根据经验或实验等方法，确定变异率和交叉率。

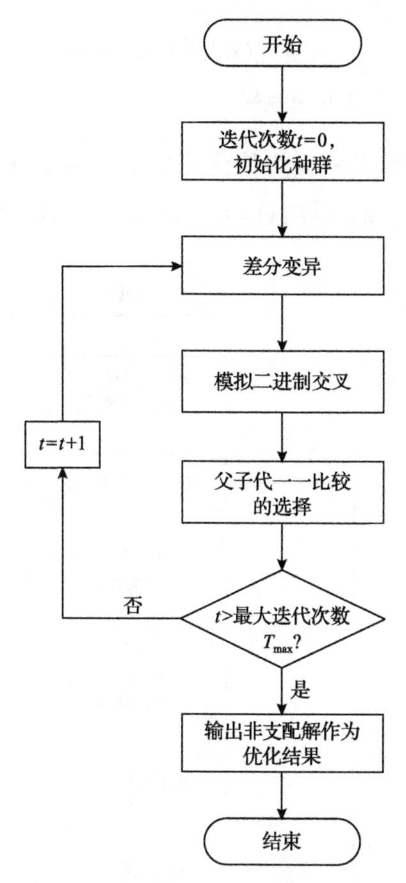

图 2-17　多目标差分进化算法流程图

(4)基于分解的多目标优化进化算法。

基于分解的多目标优化进化算法是一种将多目标优化问题分解为多个标量子问题的进化优化方法，寻优获取的 Pareto 前沿对应所有子问题的组合解集，即多目标优化问题的解，其实现流程如图 2-18 所示。在基于分解的多目标优化进化算法中，子问题间的关联程度由聚合系数向量决定，常用的分解方法包括加权求和方法(式(2-28))、切比雪夫聚合方法和边界交叉方法，对应的计算公式为

$$\begin{cases} \arg\min g^{\mathrm{ws}}(x|\lambda) = \sum\limits_{i=1}^{M} \lambda_i f_i(x), \ 1 \leqslant i \leqslant M \\ \text{s.t.} \ \ x \in \Omega \end{cases} \tag{2-28}$$

$$\begin{cases} \arg\min g^{\mathrm{te}}(x|\lambda, z^*) = \max\left\{\lambda_i |f_i(x) - z^*\right\}, \ 1 \leqslant i \leqslant M \\ \text{s.t.} \ \ x \in \Omega \end{cases} \tag{2-29}$$

$$\begin{cases} \min g^{\mathrm{bip}}(x|\lambda, z^*) = d_1 + \theta d_2 \\ \text{s.t.} \ \ x \in \Omega \end{cases} \tag{2-30}$$

其中，$g^{\mathrm{ws}}(x|\lambda)$ 为目标函数；x 为待优化变量；$\lambda=(\lambda_1,\lambda_2,\cdots,\lambda_m)^{\mathrm{T}}$ 为权重向量；$d_1 = \left\|(z^* - F(x))^{\mathrm{T}}\lambda\right\| / \|\lambda\|$；$d_2 = \left\|F(x) - (z^* - d_1\lambda)\right\|$；$\theta > 0$ 为预设的惩罚参数。

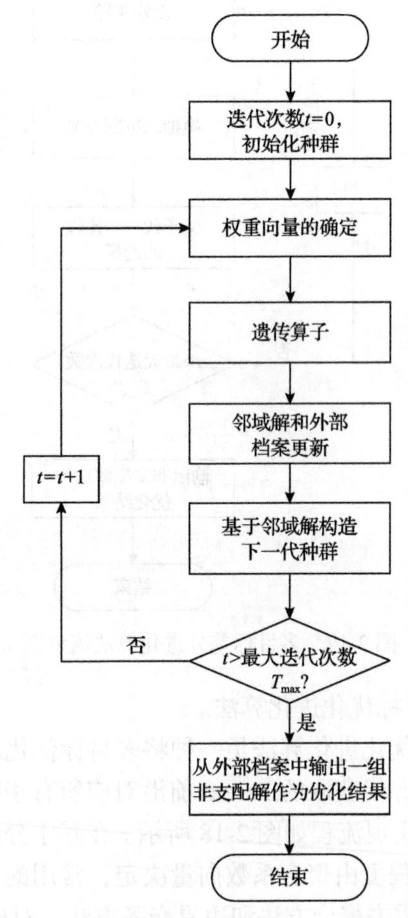

图 2-18　基于分解的多目标优化进化算法流程图

(5)多目标布谷鸟搜索算法。

多目标布谷鸟搜索算法是一种受布谷鸟繁殖行为启发的群智能优化算法，其具体实现流程如图 2-19 所示。

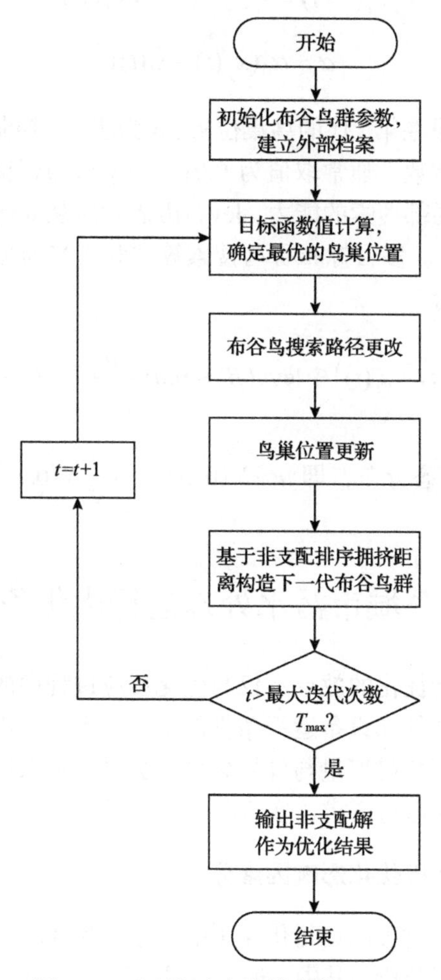

图 2-19　多目标布谷鸟搜索算法流程

在多目标布谷鸟搜索算法中，布谷鸟种群不断搜索新的鸟巢位置，在满足终止条件时，输出一组最优解集，从而完成寻优。可知，与大部分采用进化思想完成寻优的多目标优化算法一样，多目标布谷鸟搜索算法采用非支配排序构建最优解集。

在搜索过程中，布谷鸟的搜索路径和位置表示优化解，布谷鸟的健康程度表示适应度，通过随机游走的方式，搜索得到一个最优的鸟巢来孵化自己的鸟蛋，鸟蛋成功孵化并长大后，原有的布谷鸟则会死去，不断选用适应度更好的布谷鸟，直到满足迭代次数或者精度要求。

布谷鸟的搜索路径及位置更新公式如下：

$$x_i(t+1)=x_i(t)+\alpha\oplus\text{levy}(\beta) \tag{2-31}$$

$$\alpha=\alpha_0(x_j(t)-x_i(t)) \tag{2-32}$$

其中，$x_i(t)$为第 i 个鸟巢在第 t 代的鸟巢位置；α 为步长，控制布谷鸟搜索范围；$\oplus$ 为点对点乘法；α_0 为常数，通常取值为 0.01；levy 分布保证了多目标布谷鸟搜索算法平衡全局探索和局部搜索的能力，levy (β) 表示服从 levy 分布的随机步长，即 levy～$u=t^{-1-\beta}$ ($0<\beta\leqslant 2$)。多目标布谷鸟搜索算法利用当前最优解提供的信息时，levy 飞行算子可表示为

$$\alpha_0\left(x_j(t)-x_i(t)\right)\oplus\text{levy}(\beta)\sim 0.01\frac{u}{|v|^{1/\beta}}\left(x_j(t)-x_i(t)\right) \tag{2-33}$$

其中，u 和 v 均服从正态分布，即 $u\sim N(0,\delta_u^2)$，$v\sim N(0,\delta_v^2)$，δ_u^2 和 δ_v^2 为对应分布的方差。

2.4 城市污水处理运行优化条件

城市污水处理运行优化的效果不仅与生化反应过程中的关键要素有关，而且在很大程度上受外界条件和设备运行条件的影响。因此，需要根据生化反应过程的运行机理，分析内部关键变量与外界条件的关系，提取城市污水处理过程的外界运行条件，明确设备运行需求，实现各个生化反应过程的运行优化。

2.4.1 城市污水处理运行优化影响因素分析

针对城市污水处理过程的运行优化影响因素，从环境因素和城市污水处理过程的重要影响因素进行分析，其中，进水流量、温度、pH 和营养物质属于环境因素，污泥龄、水力停留时间、碳源、溶解氧浓度、曝气量和回流比属于城市污水处理过程的重要影响因素。

1. 进水流量

城市污水处理系统中，进水流量是一个重要的指标，水质与水量的变量息息相关，当水量超出设计负荷时，可能会造成出水水质严重超标。进水流量与部分污染物的去除相关，当进水流量在一定范围内变化时，其对除磷效果的影响较小，而当进水流量超过一定范围后，整个系统对水中磷元素的去除效果骤降。

2. 温度

在活性污泥法城市污水处理过程中，温度影响微生物的活性，是重要的生态因子之一。温度为 20℃反应器中的优势菌群为聚磷菌，30℃时优势菌群变为聚糖菌，35.5℃时优势菌群为异养菌。值得注意的是，在较高的反应温度下，由于生物活性下降，聚磷菌难以成为优势菌种。当温度低于 20℃时，聚磷菌和聚糖菌具有相近的乙酸吸收速率。温度在 20～30℃时，维持聚磷菌生命活动所需的能量远低于聚糖菌，聚磷菌的优势减弱。因此，适宜微生物生存的温度一般在 10～45℃。

在典型 A^2/O 工艺流程中，各单元获取的污水和污水回流百分比如图 2-20 所示。经过初沉池后分到预缺氧段、厌氧段、兼氧段和好氧段的污水量占比分别约为 35%、35%、10%和 20%，硝化液经过内回流后在缺氧单元相对进水比例高达 150%，污泥经过外回流在厌氧单元的占比在 50%～100%。各个单元获取的污水和污水回流百分比会受温度影响，具体表现为影响主要生化反应过程的微生物活性，例如，温度提高，酶催化反应速率和基质扩散速率上升，反硝化速率在 10～30℃时最高，且会随着温度上升而升高；相反，在低温环境下，A^2/O 工艺中各种微生物的体内作用水平降低，如内源代谢、细胞增殖和絮状结构等，以及反应功能，如吸附性能、沉降性能等均受到一定的影响。因此，保障 A^2/O 系统安全运行的温度应为 15～35℃。

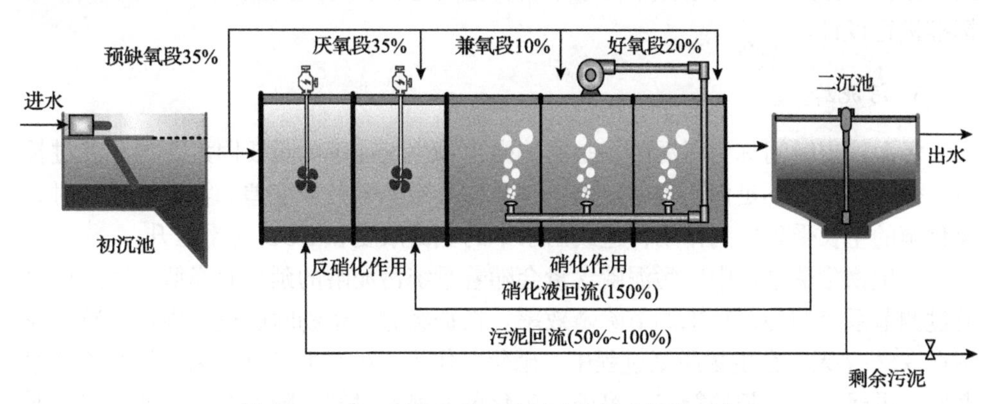

图 2-20　A^2/O 工艺各单元的污水和污水回流百分比

3. pH

pH 对微生物的各项生命活动具有显著影响，是维持反硝化系统正常运行的重要运行参数。适合微生物作用的 pH 在 7.0～8.0。pH 为 7.5 时，系统具有最高的反硝化效率；pH 低于 6.5 和高于 9.0 时，亚硝酸盐还原酶受到抑制作用，系统的脱氮效率明显下降。同时，pH 影响着生物除磷过程的厌氧释磷效率，pH 在 5.5～

8.5 时，厌氧释磷菌的释磷能力和乙酸的吸收比例呈现线性相关关系；当 pH 高于 8.5 时，除磷效果得到提高。

4. 营养物质

微生物的生长、繁殖及代谢等生命活动，需要从污水中吸收营养物质，合成细胞质，从而提供细胞进行生命活动所需的能量，并作为微生物产能反应的电子受体。

污水处理过程的营养物质一般是指具有碳元素、氮元素和磷元素的有机化合物，碳元素是微生物能量来源必不可少的元素之一，其中，含碳有机物是细菌获取能源的重要渠道。研究表明，以 BOD_5 为基础进行计算，微生物对污水中碳源有机物的需求量不低于 100mg/L，当缺乏碳源时，可向反应池投加甲醇或其他碳含量高的药物。氮作为菌体合成蛋白质和核酸的重要元素，以污水中的氮含量为标准，总氮浓度较低时，微生物难以合成新的细胞，此时污水中的有机物无法被彻底去除。铵离子能够通过酮酸的氨化作用形成谷氨酸，因此微生物可以直接利用无机氮(氨态氮和硝态氮)和有机氮。对于城市污水中氮含量的把控，可以按照 COD∶N=100∶5 的标准进行设计。磷作为微生物需要的营养元素，其主要作用是合成核酸和磷脂，污水中缺少磷时，微生物的生长作用和有机物的去除作用将受到抑制。根据经验，对于城市污水中磷含量的把控，可以按照 COD∶P=100∶1 的标准进行设计。

5. 污泥龄

污泥停留时间称为污泥龄，是影响微生物生长速率的重要因素。污泥龄过长时，会因有机质不足而出现“自溶”现象，导致除磷效果变差。污泥龄过短时，硝化菌的生长受到抑制作用，造成出水中的氨氮浓度和 COD 含量上升。

在生物除磷过程中，污泥磷含量会随着系统污泥龄的延长而降低，因此可以通过调节系统的污泥龄来调节除磷效率。根据经验，生物除磷过程中污泥龄应控制在 3.5～7 天。在生物脱氮过程中，硝化菌作为一种自养型好氧菌，具有繁殖速度慢、世代间隔较长的特点。另外，硝化菌的繁殖时间会随着季节的变化出现明显的转变，在冬季，硝化菌的繁殖时间达到 30 天以上；而在夏季，硝化菌在污泥龄小于 5 天的系统中，硝化作用十分微弱。一般地，生物脱氮过程污泥龄应控制在 5 天，一般为 10～15 天。

6. 水力停留时间

水力停留时间(hydraulic retention time, HRT)是指待处理污水在反应池内的平均停留时间。不同反应池的 HRT 长短通常会产生不同的影响，例如，延长厌氧区的 HRT 将会导致磷的二次释放，而延长好氧区的 HRT 将会导致细胞所需能量减少，致使聚磷菌失去竞争力，导致聚糖菌成为优势菌群。

厌氧区的最佳 HRT 主要取决于挥发性脂肪酸的吸收速率和发酵速率，而好氧区最佳的 HRT 主要依赖厌氧生化反应过程中细胞内合成能源物质的含量和预期的出水磷浓度。另外，不同季节下的 HRT 通常有不同的要求。对于 A^2/O 工艺下的城市污水，夏季的反硝化 HRT 一般设定在 1～2h，硝化 HRT 一般设定在 3～4h；冬季的反硝化 HRT 则增加到 2～3h，硝化 HRT 增加到 5～6h。

7. 碳源

在城市污水处理过程中，碳源是微生物维持自身新陈代谢所需的营养物质与能量来源，直接影响微生物的生命周期，进而影响生化反应效率，是影响污水处理过程运行优化效率的主要因素。

在生物脱氮除磷过程中，碳源主要用于反硝化作用、释磷作用以及异养菌的代谢阶段。值得注意的是，容易降解的碳源，特别是挥发酸的浓度，会对反硝化作用和释磷作用的反应速率产生较大的影响。在生物除磷过程中，乙酸是主要的碳源，乳酸、丁酸、戊酸等其他碳源和葡萄糖等非挥发性脂肪酸，必须转化为乙酸或丙酸后才能被微生物利用。因此，乙酸与丙酸是生物除磷过程的基础碳源。当仅使用单一碳源时，污水处理过程将会出现除磷效果恶化的现象；当共同使用或者交替使用两种碳源时，反而能够达到更好的除磷效果。研究表明，每去除 1mg 的溶解磷大概需要 20mg 的挥发性脂肪酸，且只有进水 BOD_5∶TP 的值在 20～30 范围内时，基质浓度才能满足聚磷菌的生长需求，使出水中磷的浓度在 1mg/L 以下。

此外，碳源还会影响生物脱氮效率，碳源浓度较高时，好氧硝化阶段的异养细菌生长作用被促进，硝化菌的生长作用被抑制，减弱生物脱氮过程的硝化作用，从而降低生物脱氮过程的有效性。

8. 溶解氧浓度

控制氧气在水中的浓度即溶解氧浓度，是促进好氧微生物生长作用的重要手段。较高的溶解氧浓度能够提高好氧微生物的活性，而较低的溶解氧浓度会破坏微生物的生长规律。

根据经验，在好氧硝化反应过程中，溶解氧浓度应控制在 2～3mg/L，过高的溶解氧浓度不仅会增加曝气的运行成本，而且会造成微生物代谢活动增强，营养物质供应不足，出现自身氧化的现象。

9. 曝气量

曝气量间接反映了生化反应过程的处理效果，当曝气量过大时，难以形成包裹污水中某些可降解物质的絮状污泥，并且易造成微生物处于内源呼吸状态，降低其活性。为保证污水处理过程正常运行，在污泥培养初期，曝气量一般控制在正常值的1/2左右。

10. 回流比

这里讨论的回流比包括混合液回流比和污泥回流比。混合液回流比对硝化、反硝化以至于释磷、吸磷都有重要影响。增大混合液回流比，可以提高脱氮率，同时增加动力消耗和运行费用，甚至破坏缺氧环境。减少混合液回流比，会影响系统的脱氮效果，降低进入缺氧池内的硝态氮负荷，从而影响反硝化脱氮和除磷的性能，因此研究混合液回流比对脱氮除磷的影响是非常有必要的。

污泥回流比与磷的释放量成反比，与硝酸盐的浓度成正比。当污泥回流比增大时，会将更多的溶解氧及硝酸盐带入生化反应池的厌氧区，溶解氧浓度的增加，会破坏厌氧释磷所需的环境，硝酸盐的增多，对厌氧反硝化菌的正常生长繁殖活动是有利的，反硝化菌进行反硝化作用，将消耗生化反应系统中的有机基质，而厌氧区中有机基质的减少，会抑制聚磷菌对磷元素的释放。一般而言，污泥回流比为60%左右时，可以使聚磷菌在厌氧区中实现充分的释磷操作。

2.4.2 城市污水处理运行优化设备需求

城市污水处理运行优化设备需求是指运用各种污水处理设备和污水处理工艺，有效分离并去除污水中的有害物质，通过微生物的降解作用，将有害物质转化为无害或有用物质，达到净化污水和合理利用再生资源的目的。城市污水处理运行优化过程，是以物料平衡调度为主要优化对象、连续性较强的慢处理过程，主要控制对象为格栅、泵房、沉砂池、生物反应池、沉淀池、加氯加药间、污泥处理装置、鼓风机房、发电机等。

运行优化控制过程涉及大量的机械设备，如阀门、泵、风机、刮泥机等，这些设备要在一定的程序、时间和逻辑关系设定下，定时进行开或停的操作。因此，对设备进行规范的自动化操作，可以保证污水处理质量，减轻工人劳动强度，方便生产管理，提高设备利用率，最终达到节能降耗的效果。

下面从污水处理运行优化设备的选择、安装和管理三方面展开详细说明。

1. 污水处理运行优化设备的选择

1）检测设备

表2-1是根据2021年发布的国家标准GB 50014—2021《室外排水设计标准》，对室外排水检测设备相关规定的总结。为保证城市污水处理过程的正常运行，除

了表 2-1 中提到的有关规定，还需要根据污水处理单元，合理进行检测设备的选型与安装。

表 2-1　检测设备的相关规定

项目	编号	规定
一般规定	1	应对检测设备进行检测
	2	污水处理过程应根据工程规模、工艺流程、运行管理要求确定检测的内容
	3	自动化仪表和控制系统应保证污水处理过程的安全和可靠，便于运行，改善劳动条件，提高科学管理水平
	4	排水管网关键节点宜设液位、流速和流量监测装置，并应根据需要增加水质监测装置
设计要求	1	污水处理厂进出水应按国家现行排放标准和环境保护部门的要求，设置相关项目的检测仪表
	2	以下位置应设置相关监测仪表和报警装置： ①排水泵站，用于检测硫化氢(H_2S)浓度； ②硝化池，用于检测污泥气(含 CH_4)浓度； ③加氯间，用于检测氯气(Cl_2)浓度； ④地下式泵房、地下式雨水调蓄池和地下式污水厂箱体，用于检测硫化氢(H_2S)、甲烷(CH_4)浓度； ⑤其他易产生有毒有害气体的密闭房间或空间，用于检测硫化氢(H_2S)浓度
	3	排水泵站和污水处理厂各处理单元宜设置生产控制、运行管理所需的检测和监测仪表
	4	控制和管理的机电设备应设置工作与事故状态的检测装置

对于一般规模的城市污水处理厂，在污水预处理单元，应安装 pH 计、液位计和液位差计等常用的仪表仪器；在污水处理单元，应安装溶解氧检测仪和氧化还原电位检测仪等；在污水回流单元，应安装回流污泥流量计，并采用能满足污泥回流量调节要求的设备；在污泥排放单元，应安装剩余污泥流量计，条件允许时可增设污泥浓度计，用于监测和统计污泥排出量。对于大型污水处理厂，在设置一般规模检测设备的基础上，宜在污水预处理单元增设化学需氧量检测仪、悬浮物检测仪和流量计等先进检测设备与仪器，在污水处理单元增设污泥浓度计等。另外，总磷检测可采用实验室检测方式，除磷剂能够根据设定值进行自动投加，大型污水处理厂宜安装总氮和总磷的在线监测仪，用于指导工艺的运行。

2）曝气设备

曝气设备是进行污水处理的一种重要设备，具有结构简单、充氧效果好、几乎无噪声等优点。在选择曝气设备时，应综合考虑待处理的污水水质、工艺要求和操作维修等因素。中、微孔曝气设备的技术性能应符合 HJ/T 252—2006《环境保护产品技术要求 中、微孔曝气器》标准中的相关规定。

针对 A^2/O 工艺下各个反应池起到的作用，应注意以下设备需求：好氧池（区）的曝气设备应合理布局，不留死角和空缺区域；曝气设备的数量，应根据曝气池的供气量和单个曝气设备的额定供气量及服务面积确定；曝气池的供气主管道和供气支管道应当合理配置，保证末梢支管连接曝气设备组的供气压力，满足曝气设备的工作压力。另外，根据 GB 50014—2021 中对设计流量的计算标准，当污水以自流方式进入反应池时，应按每期的最高日最高时流量计算。当污水以提升方式进入反应池时，应按每期工作水泵的最大组合流量，调节管渠配水能力。生物反应池的设计流量，需根据生物反应池的类型和曝气时间确定。曝气时间较长时，设计流量可适当减小。不同城市污水类型的设计流量和水质标准如表 2-2 所示。

表 2-2　室外排水设计流量与设计水质的相关规定

项目	编号	规定
生活污水量和工业废水量	1	城镇旱流污水设计流量，应按以下公式计算： $Q_{dr}=Q_d+Q_m$ 其中，Q_{dr}为截留井以前的旱流污水设计流量(L/s)；Q_d为综合生活污水量(L/s)；Q_m为工业废水量(L/s)
	2	居民生活污水定额和综合生活污水定额应根据当地的用水定额，并结合建筑内部给排水设施水平和排水系统普及程度等因素确定，如设定为当地相关用水定额的 80%～90%
	3	综合生活污水量总变化系数可根据当地综合生活污水量变化的资料确定，没有相关资料时，可参考以下经验值：平均日流量(L/s)为 5、15、40、70、100、200、500、≥1000 时，对应的总变化系数分别为 2.3、2.0、1.8、1.7、1.6、1.5、1.4、1.3
	4	工业区内生活污水量、沐浴污水量的确定，应符合 GB 50015—2019《建筑给水排水设计标准》的有关规定
	5	工业区内工业废水量和变化系数的确定，应根据工艺特点，并与国家现行的工业用水量有关规定协调
雨水量	1	雨水设计流量，应按以下公式计算： $Q_s=q\Psi F$ 其中，Q_s为雨水设计流量(L/s)；q为设计暴雨强度(L/(s·hm^2))；Ψ为综合径流系数；F为汇水面积(hm^2)，当汇水面积大于 2hm^{2}时，应考虑区域降雨和地面渗透性能的时空分布不均匀性和管网汇流过程等因素
	2	径流系数可参考以下经验值： 地面种类为各种屋面、混凝土或沥青路面，大块石铺砌路面或沥青表面处理的碎石路面，级配碎石路面，干砌砖石或碎石路面，非铺砌土路面和公园或绿地时，Ψ的取值范围分别为 0.85～0.95、0.55～0.65、0.40～0.50、0.35～0.40、0.25～0.35 和 0.10～0.20
	3	综合径流系数可参照规定或按地面种类进行加权平均
	4	综合径流系数可参考以下经验值： 城市建筑密集区、城市建筑较密集区和城市建筑稀疏区的综合径流系数Ψ的取值范围分别为 0.60～0.70、0.45～0.6 和 0.20～0.45
	5	暴雨强度应按下面公式计算： $q=\frac{167A_1(1+C\lg P)}{(t+b)^n}$ 其中，q为设计暴雨强度(L/(s·hm^2))；t为降雨时间(min)；P为设计重现期(年)；A_1、C、n、b均是参数，根据统计方法确定

续表

项目	编号	规定
雨水量	6	雨水管渠的降雨历时，应按下面公式计算： $$t = t_1 + t_2$$ 其中，t 为降雨时间(min)；t_1 为地面集水时间(min)，视汇水距离、地形坡度和地面铺盖情况而定，一般为 5～15min；t_2 为管渠内雨水流行时间(min)
	7	综合径流系数高于 0.7 的地区应采用渗透、调蓄等措施
合流水量	1	截流井前合流管道的设计流量，应按下面公式计算： $$Q = Q_d + Q_m + Q_s$$ 其中，Q 为设计流量(L/s)；Q_d 为设计综合生活污水流量(L/s)；Q_m 为设计工业废水量(L/s)；Q_s 为雨水设计流量(L/s)
	2	截流井以后管渠的流量，应按下面公式计算： $$Q' = (n_o + 1) \times (Q_d + Q_m)$$ 其中，Q' 为截流后污水管道的设计流量(L/s)；n_o 为截流倍数
	3	截流倍数 n_o 应根据旱流污水的水质、水量、受纳水体的环境容量和排水区域大小等因素经计算确定，一般为 2～5。在同一排水系统中可采用不同截流倍数
设计水质	1	城镇污水的设计水质应根据调查资料确定，或参照邻近城镇、类似工业区和居住区的水质确定。无调查资料时，可参考以下标准： ①生活污水的五日生化需氧量可按每人每天 40～60g 计算； ②生活污水的悬浮固体量可按每人每天 40～70g 计算； ③生活污水的总氮量可按每人每天 5～12g 计算； ④生活污水的总磷量可按每人每天 0.9～2.5g 计算； ⑤工业废水的设计水质，可参照类似工业的资料采用，其五日生化需氧量、悬浮固体量、总氮量和总磷量，可折合人口当量计算
	2	污水处理厂内生物处理构筑物进水的水温宜为 10～37℃，pH 宜为 6.5～9.5，营养组合比(BOD_5:N:P)宜为 100:5:1。有工业废水进入时，应考虑有害物质的影响

3)鼓风机与鼓风机房

鼓风机通常设置在室内，鼓风机所在的场所称为鼓风机房。选择鼓风机时，应考虑污水处理过程中所需风量和风压。

一般情况下，小型污水处理厂和工业废水处理站，宜选择罗茨鼓风机；大、中型污水处理厂，宜选择单级高速离心鼓风机或多级低速离心鼓风机。罗茨鼓风机和单级高速曝气离心鼓风机，应分别符合 HJ/T 251—2006《环境保护产品技术要求 罗茨鼓风机》和 HJ/T 278—2006《环境保护产品技术要求 单级高速曝气离心鼓风机》的有关规定，鼓风机的备用设备应符合 GB 50014—2021 的有关规定。另外，鼓风机及鼓风机房应采取隔音降噪措施，并符合 GB 12523—2011《建筑施工场界环境噪声排放标准》中相关规定。

4)搅拌设备

在污水处理过程的厌氧池(区)和缺氧池(区)中，宜采用安装角度可调的机械搅拌器。机械搅拌器的选择，需考虑设备转速、桨叶尺寸、性能曲线和反应池的池形，并符合 HJ/T 279—2006《环境保护产品技术要求 推流式潜水搅拌机》的有关规定。

设备有序的摆放和运行不仅是污水处理过程有效性的基础，也是保护设备和人员安全性的有效措施。机械搅拌器的布置间距和位置，需根据实验确定或由供货厂方提供，保证搅拌器的轴向有效推动距离大于反应池的池长，确保径向搅拌效果。一般情况下，每个反应池内需安装 2 台以上的搅拌器，若将反应池分割成若干廊道，则每条廊道中至少应安装 1 台搅拌器。

5)加药设备

加药设备通常设置在统一的加药间，另外，由于部分药剂的化学特性会影响污染物的检测与控制，如氯氧化钠和次氯酸钠，这部分药剂的加药口通常单独设置在加药间的入口处。

当进入反应池的 BOD_5 或总凯氏氮(total Kjeldahl nitrogen, TKN)小于 4mg/L 时，宜在缺氧池(区)中投加碳源类药物；当出水总磷浓度达不到排放标准时，宜采用化学除磷作为辅助手段。药剂的种类、投加量和投加点，需进行实验或参照类似工程确定。药剂储存罐的容量，应为理论加药量 4～7 天的总投加量。加药系统应多于 2 套，并采用计量泵完成投加操作。值得注意的是，接触铝盐和铁盐等腐蚀性物质的设备和管道，应采取防腐措施。此外，不少污水处理厂已采用先进的加药自动控制技术，完成不同药剂的自动投加。例如，采用 PLC 系统作为主控制单元实现加药自动化，如图 2-21 所示，根据药剂特点采取不同的检测方法，将数据传输到 PLC 系统，PLC 系统通过与预先设定的药剂投加点进行比较，得出药剂投加量，实现不同药剂量的自动调节。

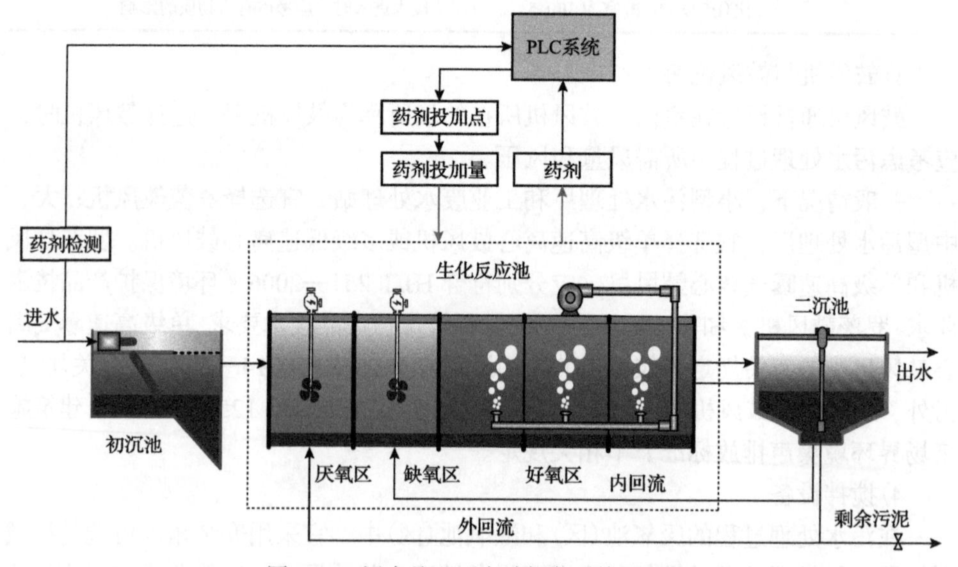

图 2-21 污水处理厂自动加药系统原理图

污泥在脱水前，需要进行加药操作，此阶段的加药需符合以下两点要求：一是需根据污泥的性质和出路确定药剂具体类型，根据实验或运行经验确定药剂投加量；二是需对经过加药处理的污泥立即进行混合反应，并送入脱水机中脱水。

6) 回流设备

回流设备是指不易产生复氧作用的离心泵、潜水泵、混流泵、螺旋泵和空气提升器等设备。其中，离心泵是污水处理过程最常见的回流设备，其主要作用是输送和提升污水，安装形式包括立式安装和卧式安装两种；潜水泵和混流泵安装在水下，具有扬程低、流量大的特点。

在一个反应池内的回流设备应多于 2 台，并设计备用设备，各台回流设备宜具有流量调节的功能。值得注意的是，在 A^2/O 工艺下，由于厌氧区（池）和缺氧区（池）的存在，宜选用不复氧的回流污泥设备。另外，回流设备的主要参数通常根据生化池中的最大污泥回流比和最大混合液回流比进行选择。

完成回流操作后，剩余污泥量可按污泥龄计算：

$$\Delta X = \frac{VX}{\theta_c} \tag{2-34}$$

其中，ΔX 为剩余污泥量（kg/天）；V 为生物反应池的容积（m^3）；X 为生物反应池内混合液悬浮固体浓度（g/L）；θ_c 为污泥龄（天）。

剩余污泥量还可根据污泥产率系数、衰减系数及不可生物降解和惰性悬浮物进行计算：

$$\Delta X = YQ(S_{in} - S_e) - K_d V X_V + fQ(SS_{in} - SS_e) \tag{2-35}$$

其中，Y 为污泥产率系数（kgVSS/kgBOD_5）（VSS 指挥发性悬浮物），20℃时设置为 0.4～0.8；Q 为设计平均日污水量（m^3/天）；S_{in} 为生物反应池进水 BOD_5（kg/m^3）；S_e 为生物反应池出水 BOD_5（kg/m^3）；K_d 为衰减系数（天$^{-1}$）；X_V 为生物反应池内混合液挥发性悬浮固体平均浓度（gMLSS/L）；f 为固体悬浮物（solid suspended, SS）的污泥转换率，需根据实验资料确定，无实验资料时可取 0.5～0.7（gMLSS/gSS）；SS_{in} 为生物反应池进水悬浮物浓度（kg/m^3）；SS_e 为生物反应池出水悬浮物浓度（kg/m^3）。

7) 污泥处理与传输设备

污泥处理方式和污泥浓缩池的设计，应符合 GB 50014—2021 的规定，具体如表 2-3 所示。污水处理过程中的污泥处理与传输设备，常采用刮泥机、刮吸泥机和螺杆泵等设备，并采用不同的污泥输送管道处理剩余污泥。

刮泥机和刮吸泥机在试车时，为了减少与池底的摩擦，可向沉淀池内注入少量水，以免损坏刮板，水深为 200～300mm 即可。污泥流动性比水差，污泥中一般含有沉砂，易堵塞输送设备和管道，因此安装螺杆泵通常还需要安装冲洗装置，并且在每次停用前，清洗泵体和出口管道中的污泥。

表 2-3 污泥处理与处置的相关规定

项目	编号	规定
污泥处理方式	1	污泥常见处置方式包括土地利用、建筑材料利用和填埋等，污泥处理处置应从工艺全流程角度确定各工艺段的处理工艺
	2	污泥处理过程中产生的污泥水应单独处理或返回污水处理构筑物进行处理
	3	污泥处理构筑物个数不宜少于 2 个
	4	污泥处理宜根据污水处理除砂和除渣情况设置相应的预处理工艺
	5	污泥处理过程中产生的臭气，应收集后进行处理
污泥浓缩	1	浓缩活性污泥时，重力式污泥浓缩池的设计应符合下列要求： ①污泥固体负荷宜采用 30～60kg/(m²·天)； ②浓缩时间不宜小于 12h； ③由生物反应池后二沉池进入污泥浓缩池的污泥含水率为 99.2%～99.6%时，浓缩后污泥含水率可为 97%～98%； ④有效水深宜为 4m； ⑤采用栅条浓缩机时，其外缘线速度一般宜为 1～2m/min，池底坡向泥斗的坡度不宜小于 0.05
	2	污泥浓缩池宜设置去除浮渣的装置
	3	当采用生物除磷工艺进行污水处理时，不应采用重力浓缩
	4	当采用机械浓缩设备进行污泥浓缩时，设计参数宜根据实验资料或类似运行经验确定
	5	污泥浓缩脱水可采用一体化机械

8) 污泥机械脱水设备

完成污泥机械脱水的设备，如压滤机、离心机等，其选型和运行参数需满足 GB 50014—2021 中的设计规范，具体要求如表 2-4 所示。

表 2-4 污泥机械脱水的相关规定

项目	编号	规定
一般规定	1	污泥脱水机械的类型，应按污泥的脱水性质和脱水泥饼含水率要求，经技术经济比较后选用
	2	污泥进入脱水机前的含水率一般不应大于 98%
	3	经硝化后的污泥，可根据污水性质和经济效益考虑在脱水前淘洗
	4	机械脱水间的布置，应按 GB 50014—2021 对泵房的有关规定执行，并考虑泥饼运输设施和通道
	5	脱水后的污泥应卸入污泥外运设备，或设污泥料仓储存；当污泥输送至外运设备时，应避免污泥洒落地面，污泥料仓的容量应根据污泥出路和运输条件等确定
	6	污泥机械脱水间应设置通风设施，换气次数可为 8～12 次/h

续表

项目	编号	规定
压滤机	1	压滤机宜采用带式压滤机、板框压滤机、箱式压滤机或微孔挤压脱水机，其泥饼产率和泥饼含水率应根据实验资料或类似运行经验确定
	2	污泥脱水负荷应根据实验资料或类似运行经验确定，也可根据以下标准确定： ①初沉原污泥为 250kg/(m·h)，初沉硝化污泥为 300kg/(m·h)； ②混合原污泥为 150kg/(m·h)，混合硝化污泥为 200kg/(m·h)
	3	应按带式压滤机的要求配置空气压缩机，至少设置 1 台备用
	4	应配置冲洗泵，其压力范围为 0.4～0.6MPa，流量可按 5.5～11m³/(m(带宽)·h)进行设计，至少设置一台备用
	5	板框压滤机和箱式压滤机的设计应符合下列要求： ①过滤压力不应小于 0.4MPa； ②过滤周期不大于 4h； ③每台压滤机可设污泥压入泵一台； ④压缩空气量为每立方米滤室不小于 2m³/min(按标准工况计)
离心机	1	离心脱水机房应采取降噪措施，离心脱水机房内外噪声应符合国家标准 GB/T 50087—2013《工业企业噪声控制设计规范》规定
	2	采用卧螺离心脱水机脱水时，其分离因数应小于 3000g(g 为重力加速度)
	3	离心脱水机前应设置污泥切割机，切割后的污泥粒径不大于 8mm

9)消毒设备与消毒系统

城市污水处理过程对消毒设备和消毒系统的设计需求，应符合 GB 50014—2021 的有关规定，详见表 2-5。

表 2-5　消毒设备和消毒系统设计的相关规定

项目	编号	规定
消毒设备	1	污水厂消毒后的出水不应影响生态安全
	2	污水消毒程度应根据污水性质、排放标准或再生水要求确定
	3	采用紫外线或二氧化氯、次氯酸钠和液氯对污水消毒，也可采用上述方法的联合消毒方法
	4	消毒设备的选型和安装，应符合现行国家标准 GB 50013—2018《室外给水设计标准》相关规定
紫外线	1	污水的紫外线剂量需根据实验资料或类似运行经验确定，也可根据下列标准确定： ①二级处理的出水宜为 15～25mJ/cm²； ②再生水宜为 24～30mJ/cm²
	2	紫外线照射渠的设计应符合以下要求： ①照射渠水流均匀，灯管前后的渠长度不宜小于 1m； ②水深应满足全部灯管的淹没要求
	3	紫外线照射渠不宜少于 2 条，仅采用 1 条时，宜设置超越渠

续表

项目	编号	规定
二氧化氯、次氯酸钠和液氯	1	二级处理出水的加氯量应根据实验资料或类似运行经验确定。无实验资料时，二级处理出水的加氯量范围取为5～15mg/L，再生水的加氯量按卫生学指标和余氯量确定
	2	二氧化氯、次氯酸钠或液氯消毒后进行混合接触，时间不小于30min

10）控制设备

依据GB 50014—2021对控制的规范，采用A^2/O工艺的污水处理厂排水工程运行，应设置自动化系统，宜设置信息化系统和智能化系统，建立遥测和遥控等远程控制系统。值得注意的是，采用成套控制设备时，设备自身的控制系统需要与污水处理厂已有的控制系统相匹配，实现两者的有效结合。自动化、信息化和智能化控制的相关规定，具体如表2-6所示。

表2-6　自动化、信息化和智能化控制的相关规定

项目	编号	规定
自动化	1	自动化系统应能监视和控制全部工艺流程及设备的运行，并应具有信息收集、处理、控制、管理和安全保护功能
	2	排水泵站和排水管网宜采用“少人（无人）值守、远程监控”的模式，建立自动化系统，设置区域监控中心进行远程运行监控、控制和管理
	3	污水厂应采用“集中管理、分散控制”的控制模式设立自动化系统，应设中央控制室进行集中运行监控、控制和管理
	4	自动化系统的设计应符合下列规定： ①系统宜采用信息层、控制层和设备层三层结构形式； ②设备应设基本、就地和远控三种控制方式； ③应根据工程具体情况，经技术经济比较后选择网络结构和通信速率； ④操作系统和开发工具应运行稳定、易于开发、操作界面方便； ⑤电源应做到安全可靠，留有扩展裕量，采用在线式不间断电源作为备用电源，并应采取过电压保护等措施
	5	排水工程宜设置能耗管理系统
信息化	1	信息化系统应根据生产管理、运营维护等要求确定，分为信息设施系统和生产管理信息平台
	2	排水工程应进行信息设施系统建设，并应符合下列规定： ①应设置固定电话系统和网络布线系统； ②宜结合智能化需求设置无线网络通信系统； ③可根据运行管理需求设置无线对讲系统、广播系统； ④地下式排水工程可设置移动通信室内信号覆盖系统
	3	排水工程宜设置生产管理信息平台，并应具有移动终端访问功能
	4	信息化系统应采取工业控制网络信息安全防护措施

续表

项目	编号	规定
智能化	1	智能化系统应根据工程规模、运营保护和管理要求等确定
	2	智能化系统宜分为安全防范系统、智能化应用系统和智能化集成平台
	3	排水工程应设安全防范系统，并应符合以下规定： ①应设视频监控系统，包含安防视频监控和生产管理视频监控； ②厂区周界、主要出入口应设入侵报警系统； ③重要区域宜设门禁系统； ④根据运行管理需要可设电子巡更系统和人员定位系统； ⑤地下式排水工程应设火灾报警系统，并应根据消防控制要求设计消防联动控制
	4	排水工程应设置智能化应用系统，并宜符合以下规定： ①鼓风曝气宜设智能曝气控制系统； ②加药工艺宜设智能加药控制系统； ③地下式排水工程宜设智能照明系统； ④可根据运行管理需求设置智能检测、巡检设备
	5	排水工程宜设置智能化集成平台，对智能化各组成系统进行集成，并具有信息采集、数据通信、综合分析处理和可视化展现等功能

在满足工艺控制条件的基础上，应根据污水处理厂的规模，合理选择集散控制系统(distributed control system, DCS)或 PLC 自动控制系统。10 万 m^3/天规模以下的污水处理厂(站)的主要生产工艺单元，可采用自动控制系统；10 万 m^3/天及以上规模的污水厂则宜采用集中管理监视、分散控制的自动控制系统。

2. 污水处理运行优化设备的安装

1) 离心泵

离心泵是整个污水处理系统的原动力之一，具有耐腐蚀、无噪声等优点。离心泵的设备安装需求如下：在安装前，需要保证离心泵捆扎是合理的，其重心在中间线，保证泵内无杂质和松动零件，起重过程中负载平稳；确保起重设备和绳索状况良好，具备起重能力；对预留孔进行测量放线，符合要求后，进行基础安装和交接。

在众多用于回流污泥的水泵中，离心泵主要用于生化反应池好氧区的污泥回流。离心泵的泵吸入口为水平方向，泵排出口则根据需要安装成水平或者垂直方向。一个离心泵主要由叶轮、泵体、泵轴、轴承、密封环和填料函六部分组件构成，成功安装离心泵后，要实现离心泵的高效运行，除了考虑所在单元的环境，还需要结合这六部分组件，区分不同种类离心泵的特性曲线，从而延长使用寿命。

安装过程中，先确定吊车位置，再通过调整将设备对准后，灌浆固定在基座上，并在调平后进行二次灌浆。泵与电机连接前，要进行位置校正，保证端面跳动控制在 0.03mm 以内，直径方向控制在 0.05mm 以内。进水管与排水管连接后，需要再次检查泵与泵轴的校准情况，安装完毕后检查所有实心螺栓及连接螺栓。值得注意的是，在离心泵的临时储存、运输和安装过程中，要保护泵轴、连接环等器件的加工表面，并用塑料堵塞泵的所有开口。

2）格栅除污机

机械式格栅除污机是污水处理的主要设备之一，GB 50014—2021 中对格栅的选型和安装要求的具体规定如表 2-7 所示。

表 2-7　格栅选型和安装的相关规定

格栅	编号	规定
格栅栅条间隙宽度	1	格栅栅条间隙宽度应符合下列要求： ①对于粗格栅，机械清除时为 16～25mm，人工清除时为 25～40mm，特殊情况下最大间隙可为 100mm； ②对于细格栅，宜为 1.5～10mm； ③对于超细格栅，不宜大于 1mm； ④水泵前，根据水泵要求确定
格栅除污机	1	污水过栅流速范围为 0.6～1.0m/s。除转鼓式格栅除污机，机械清除格栅的安装角度为 60°～90°，人工清除格栅的安装角度为 30°～60°
	2	格栅除污机底部前端距井壁尺寸，钢丝绳牵引除污机或移动悬吊葫芦抓斗式除污机应大于 1.5m；链动刮板除污机或回转式固液分离机应大于 1.0m
	3	格栅上部必须设置工作平台，其高度应高出格栅前最高设计水位 0.5m，工作平台上应有安全和冲洗设施
	4	格栅工作平台两侧边道宽度宜采用 0.7～1.0m。工作平台正面过道宽度，采用机械清除时不应小于 1.5m，采用人工清除时不应小于 1.2m
	5	粗格栅栅渣采用带式输送机输送，细格栅栅渣采用螺旋输送机输送，输送过程宜进行密封处理
	6	格栅间应设置通风设施和监测有毒有害气体的检测与报警装置

格栅除污机安装前，需要检查土建尺寸、各安装面水平标高、池深/池宽是否满足图纸要求，检查紧固螺栓、连接螺栓，在安装面上预画出支撑座位置，吊装就位时支撑座需与此重合。其中，池深、池宽需控制在 5mm 偏差以内，平台预埋钢板需平直，尺寸满足图纸要求。

在格栅除污机的安装过程中，将格栅根据安装角度进行定位后，调整垫铁组将基础支撑座水平放置在基座上。初步安装完成后，需要检查格栅垂直度、水平度、安装角度，确认格栅方向与工艺水流方向一致后，再进行连接紧固。调试正常后，再将格栅除污机底部与池底间隙部分进行二次灌浆填实，进一步牢固格栅除污机。

3）螺旋输送机

螺旋输送机是污水处理的另一个关键设备。在安装前，需要将不锈钢 U 形支架固定在螺栓上，U 形超高分子耐磨板应放置在料槽底部，将发动机减速器固定在法兰盘上，凹凸面要协调。安装时，连接螺旋轴支架和衰减器输出轴，将无轴螺旋变送器安装到位，并调整至合适角度。安装后，需要检查底面设置、水平图、料池，以保证螺旋体平面图同心圆误差小于等于 5/1000。一般情况下，多为无轴螺旋运输，因此螺旋输送机只需与基础连接或与底座焊接。

在完成上述安装工作后，需要对设备进行调试和运行。首选，选择一块污水处理区域，试运行刚刚安装好的机械设备，在设备运行过程中记录设备的各种参数和性能指标，调整不同的运行模式，观察不同模式下的变化。其次，对参数变化进行分析，确定合适的污水处理机械设备参数，进而调整、优化设备的运行方式，提高工作效率和质量。

在污水处理过程中，要注意对设备进行监测，如果设备出现问题，必须立刻停机进行检测；如果设备性能良好，可在运行过程中进行相应调试。另外，大部分设备长期浸泡在污水中，部分零件会受到侵蚀，为了避免零件的过度损坏，需要定时定期进行更换。

3. 污水处理运行优化设备的管理

1) 设备选择管理

选择城市污水处理设备时，首先，需要考察设备的污水处理能力和节能性；其次，结合设备的使用寿命进行设备选择，一般需要选择耐久性强并且抗侵蚀的设备，以降低机械设备的维修和更换成本；再次，关注设备运行的安全性，保证设备在整个污水处理过程中的安全运行；最后，要保证各个设备间具有较强的兼容性，以提高设备的工作效率，减少因不兼容而产生设备故障，确保设备整体性能的良好。

2) 设备使用管理

我国大多数污水处理厂处理污水量逐年增多，污水处理厂基本处于满负荷运行状态，部分地区甚至存在污水处理厂 24h 开工的情况，超负荷工作严重影响了设备的使用寿命，导致设备的损耗严重，易发生故障。

设备使用部门应结合污水排放量和设备处理能力，进行合理的总体规划，避免设备损耗过大。设备管理部门应准备好主要设备的相关零部件，并在需要时及时进行更换，以减少因零部件更换不及时而影响污水处理工作效率的问题。对于进口设备，在某些进口产品配置合理的情况下，可以更换传统零件，若进口设备与传统部件不符，则需要到生产单位定制零部件，做好设备的管理和维护。

3) 设备运行管理

在设备运行管理过程中，落实专业化管理是实现污水处理过程有序运行的重要内容，主要包括以下几点：

(1)定期检查污水处理设备，发现安全问题和隐患，要立即进行整改。

(2)严格按照安全设计的既定执行批准工作，每天按时完成安全检查报告。

(3)建立完整的安全管理规则体系，对设备进行运行管理。

(4)根据污水处理过程当前的运行状态，建立针对性的安全管理体系，加强设备的使用规范。

(5)将设备安全管理工作分配到人，并提供对应设备类型、标准等信息。

(6)按照国家标准和规范进行污水处理，不能随意延长工作时间，增加机械设备的能耗。污水处理厂值班员可以在中控室内监控各个单元设备的运行状态，通过组态软件的可视化操作，对设备进行实时监控，从而完成污水处理厂的集中管理。另外，值班员还应按照规定定期进行实地考察，确保设备处于正常运行状态。

4)设备数据管理

设备数据的管理主要分为三个方面：①全面了解设备的说明书和各种相关图纸、资料，定期组织操作人员学习；对于进口设备，需要专业人员将设备手册翻译成中文，分中文和英文两个版本进行保管。②记录实际运行数据时，要保证内容的真实性，针对不同类型的设备故障，应认真制定措施和相应的操作方法。③建议以明细表的形式，记录发生设备故障的设备型号、维修次数、资金使用情况和故障原因。

第3章　城市污水处理关键流程运行优化目标

3.1　引　言

城市污水处理过程是一项复杂的、持续性的系统工程，采用多级处理工艺，按照城市污水处理要求的不同，一般分为一级处理工艺、二级处理工艺和三级处理工艺。各级处理工艺中包含多个污水处理流程，主要包括生物脱氮流程、生物除磷流程和厌氧生物处理流程，每个流程要实现的污水处理效果不同，关注的运行优化目标各异。研究城市污水处理关键流程运行优化目标是达到既定污水处理效果，实现污水处理要求，完成污水处理运行优化的重要内容。

城市污水处理过程中的各反应流程发生在不同的处理单元，共同影响污水处理效果。为了确定关键流程运行优化目标，需要从城市污水处理运行优化需求出发，调研污水处理厂的规模和所处环境，明确污水处理厂建设需求、关键流程、工作单元及效益期望，分析关键处理工艺，确定运行总需求和流程需求。另外，需要进一步分析城市污水处理关键流程，明确城市污水处理生物脱氮流程、生物除磷流程以及厌氧生物处理流程的生化反应原理，确定不同生化反应过程优化目标，分析影响各优化目标的主要因素。因此，分析城市污水处理工艺特点，研究运行优化总需求和运行流程需求，提取关键流程生化反应特征，设计合理的运行优化目标，是实现城市污水处理运行优化的基础和前提。

城市污水处理过程包含繁杂的生物化学反应，各生化反应相互影响，相互制约。如何分析城市污水处理过程运行需求，定量描述关键流程中的生化反应机理，是构建城市污水处理关键流程优化目标的关键。本章围绕城市污水处理关键流程优化目标设计问题，对城市污水处理过程关键流程运行优化目标的构建方法进行研究。首先，分析城市污水处理全流程工艺特点，描述城市污水处理运行总需求，剖析各级处理工艺的反应机理，确定城市污水处理运行各流程需求。其次，针对生物脱氮流程、生物除磷流程以及厌氧生物处理流程，分析城市污水处理生化反应机理，研究不同生化反应过程关键影响因素。最后，以提高出水水质、降低运行成本、提高运行效率、实现节能减排为主要目标，将出水水质目标、运行能耗目标和药耗目标，确定为城市污水处理运行优化目标，并对以上优化目标进行准确描述。

3.2　城市污水处理运行优化需求

城市污水处理过程由不同运行单元组成，总体优化目标是降低环境污染，提高水资源循环利用率。分析城市污水处理工艺要求，基于各运行单元的具体状态，充分研究污水处理运行总需求和运行流程需求，是建立城市污水处理过程运行优化目标的关键。因此，本节旨在明确城市污水处理运行总需求和各流程需求，为构建城市污水处理运行优化目标奠定基础。

3.2.1　城市污水处理运行总需求

城市污水处理运行优化总需求包括工艺需求和运行需求。

1. 工艺需求

1)出水水质达标排放

国家高度重视城市污水处理行业的发展，2019 年以来，生态环境部、财政部、住房和城乡建设部等各部委陆续出台多项政策法规，助力城市污水处理环保事业稳步推进，如表 3-1 所示。

表 3-1　城市污水处理行业部分相关政策

发布时间	发布部门	政策名称
2019 年 4 月	住房和城乡建设部、生态环境部、国家发展和改革委员会	《城镇污水处理提质增效三年行动方案(2019—2021 年)》
2019 年 6 月	财政部	《城市管网及污水处理补助资金管理办法》
2020 年 2 月	财政部	《财政部办公厅关于印发污水处理和垃圾处理领域 PPP 项目合同示范文本的通知》

由表 3-2 中的全国重点水域污水厂污染物排放标准可知，不同地区的污染物排放要求不同，各地污水处理厂应综合考虑不同区域环境的污水排放要求，制定适用于当地环境要求的排放指标。

表 3-2　全国重点水域污水厂污染物排放标准　(单位：mg/L)

标准号	适用范围	类别		COD 浓度	S_{NH}	TN 浓度	TP 浓度
GB 18918—2002	全国范围	一级 A	—	50	5(8)	15	0.5
DB32/ 1072—2018	安徽省太湖流域	一、二级保护区	—	40	3(5)	10(12)	0.3
		其他区域	—	50	4(6)	12(15)	0.5

续表

标准号	适用范围	类别		COD 浓度	S_{NH}	TN 浓度	TP 浓度
DB33/ 2169—2018	安徽省太湖流域	新建城镇污水厂	—	30	1.5(3)	10(12)	0.3
		现有城镇污水厂	—	40	2(4)	12(15)	0.3
DB34/ 2710—2016	安徽省巢湖流域	现有城镇污水厂	I 类别	50	5(8)	15	0.5
			II 类别	100	5(8)	—	0.5
		新建城镇污水厂	I 类别	40	2(3)	10(12)	0.3
			II 类别	50	5	15	0.5
DB5301/T 43—2020	昆明市	A 级	—	20	1(1.5)	5(10)	0.05
		B 级	—	30	1.5(3)	10(15)	0.3
		C 级	—	40	3(5)	15	0.4
		D 级	—	40	5(8)	15	0.5
		E 级	—	70	—	—	2

注：I 类别为接纳污水中工业废水量＜50%的城镇污水厂；II 类别为接纳污水中废水量≥50%的城镇污水厂；括号外数值为水温＞12℃时的控制指标，括号内数值为水温≤12℃时的控制指标。

我国工、农业污水和生活污水排放量巨大，如表 3-3 所示。在经济发展和环境保护需求增长的双重压力下，污水排放标准日益提高。GB 18918—2002《城镇污水处理厂污染物排放标准》中规定了城镇污水处理厂出水水质和废气排放限制值，以及 19 项影响水环境的一类污染物和 43 项对环境有较长期危害污染物的排放标准。该标准中明确了受体地表水域的环境保护目标，结合污水处理厂的处理工艺类型制定了不同的常规污染物排放标准等级：一级标准(包括一级 A 标准+一级 B 标准)、二级标准、三级标准。一类重金属污染物和选择优化项目不进行分级。

表 3-3　全国工、农业污水和生活污水排放情况　　(单位：t)

年份	工业污水	农业污水	生活污水
2016	1228259	571053	4735478
2017	909631	317661	4838155
2018	813894	245404	4768014

为实现出水水质达标排放，污水处理过程的采样点位、采样频率和排水定额等应根据实际需求进行选择。例如，在研究城市污水处理过程氮类营养物时，可采用采样点设置方式，充分结合生化反应机理，选择合理的采样点，图 3-1 给出了城市污水处理过程中氮类营养物研究中的采样点示例。

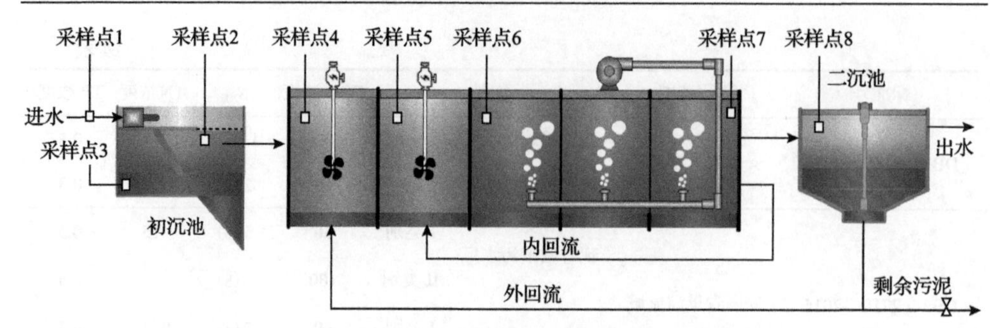

图 3-1　城市污水处理过程中氮类营养物研究采样点示例

城市污水处理厂的核心管理目标是综合自身所处区域类型和周围环境对排放污水水质的要求，选择合适的工艺类型，保证出水水质达标排放。因此，城市污水处理厂亟须规范运行操作方法，保证出水水质达到法规要求，提高城市污水处理过程效率。

2)具有较强的抗干扰能力

城市污水处理过程中的干扰包括系统内部干扰和系统外部干扰。系统内部干扰主要来源于生化反应过程涉及的活性微生物浓度及活性，包括聚磷菌、硝化菌、反硝化菌等微生物。系统外部干扰主要分为需水侧干扰和供水侧干扰两种，需水侧干扰来源于污水处理厂所处环境的人口分布情况、城市工业增长值情况，以及城镇化情况；供水侧干扰来源于生化处理过程中各功能区长度、水流速度、流量和污染物衰减系数。

表 3-4 分析了城市污水处理过程不同工艺单元的系统内部干扰。在城市污水处理过程内部，诸多复杂的微生物反应相互影响，极易受到干扰，影响生化反应过程。因此，需要利用城市污水处理工艺，在系统中维持一定量的活性微生物浓度，保持良好的沉淀性能和泥水液混合状态，避免沉淀池超负荷运行，减少沉淀池内发生反硝化反应。

表 3-4　各工艺单元系统内部干扰

工艺单元	执行操作	产生效果
格栅	刮渣	堵塞
提升泵	污水提升	流量变化
生化单元	曝气	增加溶解氧浓度、降低污染物浓度、产生污泥
二沉池	固液分离	反硝化、固体悬浮物超标、污泥膨胀
除磷	投加絮凝剂	絮凝剂剩余或出水总磷超标
消毒池	杀菌	减少病原菌
污泥处理	污泥浓缩脱水	产生高浓度废水

表 3-5 分析了城市污水处理过程不同工艺单元的系统外部干扰。不同工艺单元的运行情况，不仅影响本单元的处理效果，而且对后续环节产生影响，这种影响始终存在，甚至逐级增强。表 3-6 分析了不同工艺单元间干扰的相关性，工艺单元间耦合性严重，一个工艺单元会同时干扰其他多个单元，产生不同程度的影响。表 3-7 分析了城市污水处理过程数据的相关性，关键变量众多且变量间关系复杂。因此，各类干扰对城市污水处理效果的影响不容忽视。

表 3-5　各工艺单元系统外部干扰

工艺单元	受到干扰	产生影响
格栅	进水流量	频繁刮渣
提升泵	进水流量	改变编组运行
生化单元	流量、浓度、污泥回流量	改变需氧量、污泥量、除磷效果
二沉池	污泥性能、流量、溶解氧浓度、污泥回流量	固液分离效果、污泥层厚度、反硝化
除磷	磷浓度、流量	改变需药量、絮凝反应效果
消毒池	水量过大	杀菌效果差
污泥处理	排泥量、污泥性能	浓缩脱水效果、改变泥饼量和需药量

表 3-6　各工艺单元间干扰相关性分析

工艺单元	操作	效果	受体单元	影响
格栅	刮渣不及时	流量减少	提升泵	s
			格栅	–s
			生化单元	–b
		流量冲击	二沉池(沉淀)	–b
提升泵房	污水提升	流量突减	消毒池	–s
			除磷	–s
			生化单元	–b
		生物除磷	化学除磷	+/–b
化学除磷	投加絮凝剂过多	絮凝剂剩余量大	二沉池	+s
二沉池	污泥回流	改变污泥的分布	生化单元	b
污泥处理	污泥浓缩脱水	高浓度废水回流	生化单元	b

注：“–”表示不利影响；“+”表示有利影响；“b”表示显著影响；“s”表示微弱影响。

表 3-7　城市污水过程数据相关性分析

项目	好氧前端 DO	好氧末端 TSS	进水 TP	出水 pH	温度	进水 SS	出水 COD	进水氨氮	缺氧前端 ORP
好氧前端 DO	1	0.050	0.160	0.024	0.099	0.310	0.910	0.067	0.350
好氧末端 TSS	—	1	0.430	0.041	0.730	0.250	0.350	0.033	0.340
进水 TP	—	—	1	0.108	0.570	0.093	0.290	0.170	0.230
出水 pH	—	—	—	1	0.088	0.280	0.021	0.006	0.004
温度	—	—	—	—	1	0.100	0.180	0.035	0.140
进水 SS	—	—	—	—	—	1	0.150	0.300	0.170
出水 COD	—	—	—	—	—	—	1	0.210	0.350
进水氨氮	—	—	—	—	—	—	—	1	0.470
缺氧前端 ORP	—	—	—	—	—	—	—	—	1

注：DO 指溶解氧浓度；ORP 指氧化还原电位。

综上所述，工艺设计对城市污水处理过程运行优化的效果至关重要。城市污水处理厂在选择工艺时，不仅需要保证处理工艺能够满足不同行业和不同时段的要求，灵活设置排水水质的标准，实现出水水质的达标排放，而且需要考虑处理工艺实际运行时面临的不确定因素，使工艺能够承受来自系统内部和外部的各种干扰，具有较强的抗干扰能力。

2. 运行需求

1) 运营要求

城市污水处理是一项半公益性质的事业，污水处理厂的运营费用由各级政府委托企业缴纳，主要包括处理过程用料费用和运营管理费用。其中，运营管理费用包括固定资产基本折旧费、大修基金提存、日常维护检修费和工资福利费等。以日处理量 3 万 t 的城镇污水处理厂为例，日常维护检修费占运营费用的 78.6%，人员费用占 9.5%，其他费用 4.8%。强化管理制度，定期对设备进行保养，可以在满足污水处理厂运营要求的同时，有效降低运营成本。

因此，强化管理、定期保养设备、降低日常维护检修费用，是降低污水处理运营成本的主要途径。

2) 电耗要求

城市污水处理是一项能源密集型产业，我国城市污水处理厂一级和二级处理的电耗均值分别如表 3-8 和表 3-9 所示。

表 3-8　我国城市污水处理厂一级处理电耗均值

污水处理单元	耗电量/(kW·h/m^3)	比例/%
进水泵	0.060	80

续表

污水处理单元	耗电量/(kW·h/m³)	比例/%
格栅、沉砂池、沉淀池、浓缩机、排泥机	0.006	8
化验室、办公室等附属建筑	0.009	12
总计	0.075	100

表 3-9　我国城市污水处理厂二级处理电耗均值

污水处理单元	耗电量/(kW·h/m³)	比例/%
进水泵	0.060	22.6
格栅、沉砂池、沉淀池、浓缩机、排泥机	0.006	2.3
回流污泥泵	0.020	7.5
曝气池供氧设备(氧利用率 10%)	0.145	54.5
污泥处理(真空脱水，无硝化工艺)	0.028	10.5
化验室、办公室等附属建筑	0.007	2.6
总计	0.266	100

不同城市污水处理厂使用的工艺和侧重指标不同，在各环节用电量上往往存在较大差异，但总体而言，电力消耗在总能源消耗中占比较大。统计显示，我国城市污水处理厂处理废水平均用电量约为 0.34kW·h/m³，城市污水处理厂运行所需的电力消耗约占全国用电量的 1%，由于地域特点和当地排污标准不同，华北和东北地区的污水处理耗电量均高于平均值，特别是北京地区耗电量较大。我国城市污水处理厂的平均能耗与日本(0.2～0.26kW·h/m³)以及欧洲发达国家(0.14～0.23kW·h/m³)相比，仍有节能空间。

因此，考虑区域差异，根据地域特点调节节能目标，制定合适的污水排放标准，采用更适宜的污水处理技术，是提高能源使用效率、降低电耗的关键。

3)生化原料要求

为保证城市污水处理过程各环节的正常、稳定运行，提高出水水质，实现达标排放，需要外加碳源、除磷剂、脱水剂、消毒剂等多种化学品。

碳源对于出水水质有直接影响，适当提高碳浓度，能够促进微生物的活性，增强城市污水处理能力。据统计，我国 90%以上的城市污水处理厂采用生物处理工艺，每年约消耗各种化学品 10 万 t，其中使用量最大的是外加碳源。据统计，我国约 6%的城市污水处理厂需要额外添加碳源，一级 A 标准、一级 B 标准和二级标准的城市污水处理厂碳源投加量分别为 23.28mg/L、18.90mg/L 和 16.60mg/L。常用的碳源可以分为 A 类 VFA，B 类供给微生物能量的乙醇、葡萄糖，以及 C 类与微生物组成相关的丁酸、乳酸类。缺氧反硝化阶段只有在满足一定碳含量要求的条件下才能正常进行，否则将阻碍反硝化过程，异养好氧细菌无法正常增殖，使得氨氮(NH_4-N)同化作用不足，影响最终的脱氮效果。

另一种大量使用的药剂是除磷剂，表 3-10 给出了我国城市污水处理厂除磷剂投加情况，包括铁盐、铝盐、铁铝混合盐以及生石灰等。我国约有 35%以上的城市污水处理厂在污水处理过程中使用化学除磷剂。适量的除磷剂可以通过沉淀、凝聚、絮凝作用，去除污水中未能完全处理的总磷。使用较多的除磷剂有聚合氯化铝、聚合硫酸铁、硫酸铝、三氯化铁、聚合氯化铝铁、硫酸亚铁、氧化钙、聚合氯化铁等。

表 3-10 我国城市污水处理厂除磷剂投加情况 （单位：%）

除磷剂类型	投加厂数量占比	投加厂规模占比
聚合氯化铝	68.85	61.08
聚合硫酸铁	10.97	10.36
硫酸铝	5.32	10.67
三氯化铁	4.28	5.74
聚合氯化铝铁	2.95	6.78
其他	7.63	5.37

综上所述，城市污水处理过程运行要求包括运营要求、电耗要求和生物原料要求。在城市污水处理过程中，不断优化处理工艺，平衡电耗与排污量，改进污水处理技术，是降低运营成本、减少电耗和生化原料量的主要途径。

3.2.2 城市污水处理运行过程需求

为达到更好的污水处理效果，城市污水处理厂在实际工艺设计中采用多级处理工艺，如图 3-2 所示。其中，一级处理过程主要负责对原污水进行初步净化，

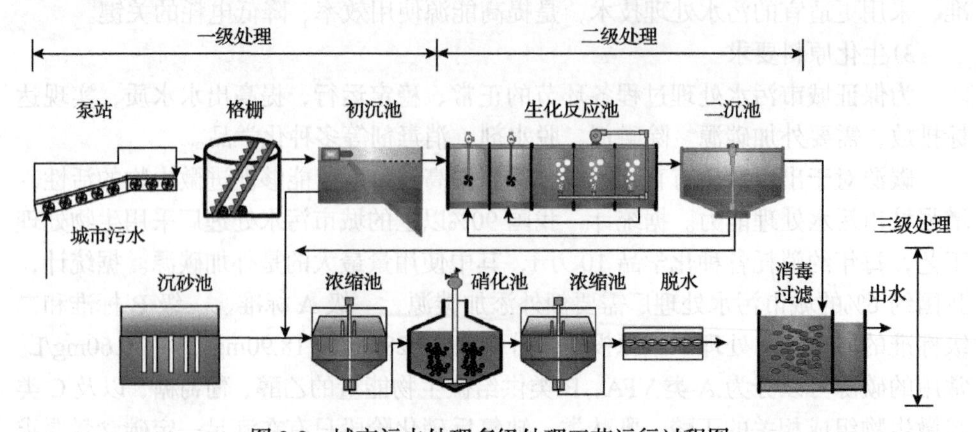

图 3-2 城市污水处理多级处理工艺运行过程图

去除大颗粒物质与少量可溶性污染物；二级处理过程主要负责去除氮、磷、碳等可溶性污染物；三级处理过程主要负责去除二级处理中难以去除的可溶性有机物，并对污水进行消毒处理。经过以上三级污水处理过程，待排放污水即可达到国家规定的排放标准。

分析城市污水处理工艺的运行特点，确定各级工艺功能要求和运行过程需求，是研究污水处理运行优化目标的基础。

1. 一级处理运行过程需求

一级处理工艺主要包括泵站、格栅和初沉池，实现的主要功能是通过机械处理，去除污水中的石块、砂石、脂肪和油脂等。一级处理工艺的运行过程需求包括去除大颗粒固体物质与悬浮性固体物质。

1) 去除大颗粒固体物质

固体物质的去除主要由一级出水过滤过程完成，使用的主要设备是滤布滤池和旋转带式过滤机。滤布滤池的过滤材料在不断发展，堆状的过滤结构使得滤布具有 3～5mm 的有效过滤深度，可以实现在很宽范围内截留颗粒物，这种滤池往往又称深层滤布滤池。美国某再生水厂进行了为期 2 年的一级出水过滤中试研究，滤布滤池及可压缩滤料滤池被用于污水的一级过滤，数据表明一级出水过滤效果稳定，固体悬浮物的去除率约为 45%，可生化降解有机物的去除率为 30%左右，反冲洗水量为 5%～10%。

旋转带式过滤机也被广泛应用于一级过滤，与滤布过滤的不同之处在于过滤孔径不同，旋转带式过滤机的孔径通常为 200～400μm，而深层滤布过滤孔径通常小于 10μm。旋转带式过滤机通常需要设置在格栅和沉砂池之后，水中的悬浮物在环形旋转滤网上截留下来，旋转滤网速度可调，截留下的污泥含固率为 3%～8%，无须进一步浓缩可直接脱水。对于有厌氧硝化的污水处理厂，过滤截留下的固体物质可以提高厌氧产能，提高污水处理厂的能源自给率。

2) 去除悬浮性固体物质

城市污水一级处理工艺虽然投资少、能耗低但去除有机物和悬浮固体的效率比较低，达不到控制有机污染的目的。为此，在大颗粒固体物质去除的基础上，利用化学混凝法进行强化絮凝，有效去除悬浮性固体物质，大幅度削减运行费用，两种较常见的化学混凝物为硫酸铝($Al_2(SO_4)_3$)与三氯化铁($FeCl_3$)。

表 3-11 为投加 $Al_2(SO_4)_3$ 的沉降效果，由表中数据可知，污水的去浊率和 COD 去除率随 $Al_2(SO_4)_3$ 投加量的增加而增大，这是因为压缩双电层和吸附电中和等作用破坏了胶体的稳定性。但是，去浊率在投加量为 10mL 时都达到最大，在 11mL 时呈下降趋势，可见，加入过量的 $Al_2(SO_4)_3$ 混凝效果反而下降，这是因为胶体因吸附电中和作用而带上相反的电荷，重新达到稳定状态。因此，10g/L 的 $Al_2(SO_4)_3$

作为混凝药剂时，其最佳投加量为 10mL。

表 3-11 投加 $Al_2(SO_4)_3$ 的沉降效果

序号	$Al_2(SO_4)_3$ 投加量/mL	浊度/NTU	COD 含量/(mg/L)	pH	去浊率/%	COD 去除率/%
1	5	10.3	91.25	7.44	96.54	46.45
2	7	6.5	86.42	7.36	97.82	49.28
3	8	5.9	84.21	7.11	98.02	50.58
4	9	5.6	83.59	7.2	98.12	50.94
5	10	4.52	78.26	7.2	98.48	54.07
6	11	6.6	80.56	7.24	97.79	52.72

表 3-12 为投加 $FeCl_3$ 的沉降效果，当 $FeCl_3$ 作为混凝剂时，有利于降低污水浊度，而对 pH 与 COD 含量的影响较小。随着 $FeCl_3$ 投加量的增大，去浊率逐渐上升，并在投加量在 9mL 时达到最优去浊率。然而，COD 去除率的变化大致呈现先上升后下降的变化趋势，在 8mL 时达到峰值。因此，综合去浊率和 COD 去除率，$FeCl_3$ 最佳投加量为 8mL。

表 3-12 投加 $FeCl_3$ 的沉降效果

序号	$FeCl_3$ 投加量/mL	浊度/NTU	COD 含量/(mg/L)	pH	色度/度	去浊率/%	COD 去除率/%
1	3	15.63	81.26	7.24	45	95.57	39.99
2	5	10.2	73.74	7.32	45	96.46	45.54
3	7	6	84.27	7.21	45	97.92	37.76
4	8	4.7	64.71	7.25	50	98.37	52.21
5	9	2.76	69.22	7.23	50	99.04	48.88
6	10	2.97	72.23	7.3	55	98.97	46.65

2. 二级处理运行过程需求

二级处理工艺主要包括生化反应池与二沉池，实现的主要功能是通过生物处理，降解污水中的污染物，并将其转化为污泥。二级处理工艺的运行过程需求主要是控制污水中的溶解氧浓度与硝态氮浓度。

1) 控制溶解氧浓度

可溶性污染物的去除主要发生在生化反应池中，去除效果由脱氮反应、除磷反应与厌氧生化反应共同决定，通过曝气控制溶解氧浓度是维持上述三种生化反应正常运行的主要途径。

现有曝气控制系统已经相对成熟，如表 3-13 所示，不同类型曝气系统具有不同的优势。传统的曝气控制系统，虽然操作简单且所需资金投入相对较小，但控制效果不好，精度较差。新型曝气控制系统虽然快速性好，但是所需经济成本较高，对设备的精细化程度要求较高。在实际污水处理厂中，需要根据处理厂规模和运营状况，选配适当的曝气控制系统。

表 3-13　曝气控制系统的优缺点

曝气控制系统	传统曝气控制系统	新型曝气控制系统	
		精确曝气控制(数学模型为核心)	智能曝气控制(规则推理为核心)
控制方式	DO-风量-阀门控制	在线 DO 控制，前馈控制；好氧率(oxygen uptake rate, OUR)、氧转移率(oxygen transfer efficiency, OTE)联合控制	模糊控制
优点	操作简单，投资小	快速精确稳定 DO 值，监测值能够反映实际需氧量，基于“动态平衡”的本质	依靠历史数据建立规则，智能推理得到关键参数
缺点	控制波动大，有滞后性，精度不高	DO 不能代表实际需氧量，成本高，设备精细化程度要求高	操作者要求经验丰富
优化方案	快速调节，精细化调节	控制：优化 DO 设定值；硬件：优化阀门、流量计等	—

曝气控制系统中的重要设备是风机，表 3-14 对比了三种常见风机的性能和经济性。在实际曝气控制系统中，应根据污水处理厂的实际需求，配备不同性能的风机。

表 3-14　三种常见风机性能及经济性

项目	离心通风机	多级离心鼓风机	罗茨鼓风机
压力高效区	1000～3000Pa	30000Pa 以上	20000Pa 以上
冷却形式	不需要专门冷却系统	水冷/油冷	水冷/油冷
噪声	低	高	最高
附属建筑物	不需要附属建筑物	鼓风机房	鼓风机房
运行维护方法	与车间通风设备相同，无须特殊维护	风机、电机、冷却系统均须专门维护	风机、电机、冷却系统均须专门维护
设备价格	低	高	高
运行费用	低	高	高

2)控制硝态氮浓度

由污水处理工艺可知，缺氧反应器除氮效果与内回流比关系较大。在求解最优回流比时，假定缺氧反应器和好氧反应器中的生物反硝化效率和硝化效率均为100%，即好氧段氮元素均被硝化成 NH_3-N，回流至缺氧段的 NH_3-N 也均被反硝化成氮气。

其他条件不变时，增大内回流比，可以提升污水处理系统脱氮效果，降低出水总氮值。但是，内回流比对系统脱氮效率也存在负面影响，内回流比增大，从好氧段至缺氧段的溶解氧浓度增加，缺氧段溶解氧浓度增加，影响反硝化菌的反硝化作用，使得缺氧段出水脱氮效率下降。通过计算发现，当缺氧段溶解氧浓度增加至 0.5mg/L 时，缺氧环境已被完全破坏，出水脱氮率几乎为零。为此，需结合污水处理要求调整内外回流比，控制硝态氮浓度，保证 A^2O 工艺处理效果。

3. 三级处理运行过程需求

三级处理是污水的深度处理，主要功能包括深度除氮、深度除磷、去除难降解有机物、去除可溶性无机物和去除病原体等，并处置污水处理过程中产生的剩余污泥，实现污水资源的有效回收。三级处理运行过程需求是多方面的，需要根据污水性质进行具体分析。

1）深度除氮

沸石对铵离子的交换吸附能力，优于沸石对钙、镁和钠等离子的交换吸附能力，利用这个性能设计选择性离子交换法，实现去除污水氨氮的目的。经过二级处理的污水，大约以每小时 10 倍滤床体积的滤速流经沸石滤池，能有效滤除水中残余的氨氮。

2）深度除磷

最有效和实用的除磷方法是化学沉淀法，即投加石灰或铝盐、铁盐，形成难溶性的磷酸盐沉淀。石灰与污水中的磷酸根离子发生如下反应而形成难溶的羟基磷灰石沉淀，铝盐和磷酸根反应生成的磷酸铝在 pH 为 6 时沉淀效果最好，铁盐和磷酸根反应生成的磷酸铁在 pH 为 4 时沉淀效果最好。

3）去除难降解有机物

臭氧氧化法和活性炭吸附法配合使用，往往能更有效地去除有机物，并延长活性炭使用寿命。臭氧能将有机物氧化降解，减轻活性炭的负荷，还能将一些难以生物降解的大分子有机物分解为易于生物降解的小分子有机物，便于被活性炭吸附和生物降解。

4）去除可溶性无机物

离子交换、电渗析和反渗透是常见的处理工艺，一般高效除盐膜反渗透装置的总溶解性固体可去除 90%～95%，磷酸盐可去除 95%～99%，氨氮可去除 80%～90%，硝酸盐氮可去除 50%～85%，悬浮物可去除 99%～100%，总有机碳可去除 90%～95%。但是，反渗透膜容易被污染物堵塞，需要清洗。有些三级处理系统由超过滤装置和反渗透装置串联组成，前者主要去除有机污染物，后者主要去除溶解性无机物。

5）去除病原体

混凝沉淀、石灰消毒、臭氧消毒是常用的消毒方式。一般情况下，铝盐和铁盐混凝沉淀，可有效去除 99%以上的病原体，如需进一步提高去除率，可增加滤池进行过滤。

6)处置剩余污泥

剩余污泥经过浓缩、硝化、干燥等工序后，一部分回收使用，另一部分消毒后进行填埋处理。污泥处理成本很大程度上取决于产生的污泥量和污染负荷，小容量三级污水处理厂的平均污泥处理成本约为 5.6 万元/年，中型和大型三级污水处理厂的平均污泥处理成本约为 29 万元/年和 34 万元/年。

3.3　城市污水处理关键流程

城市污水处理过程包括物理沉淀和生化反应，可以滤除大体积垃圾，净化污水中含氮、含磷有机物。其中，基于活性污泥工艺的城市污水处理技术及其衍生改良工艺，是处理城市污水最广泛使用的方法。活性污泥工艺城市污水处理过程设置了沉降处理工艺和二级生物处理工艺，针对厌氧、脱氮、除磷三个过程进行控制变量的调节，具有净化效果好、经济性高的优点，且不会对环境造成二次污染。典型的活性污泥工艺城市污水处理过程往往需要对厌氧、缺氧、好氧交替组合，下面详细描述其关键流程。

3.3.1　城市污水处理生物脱氮流程

在城市污水处理过程中，生物脱氮过程主要包括氮元素氨化、硝化、反硝化和同化作用四部分，图 3-3 为氮元素与微生物反应示意图。

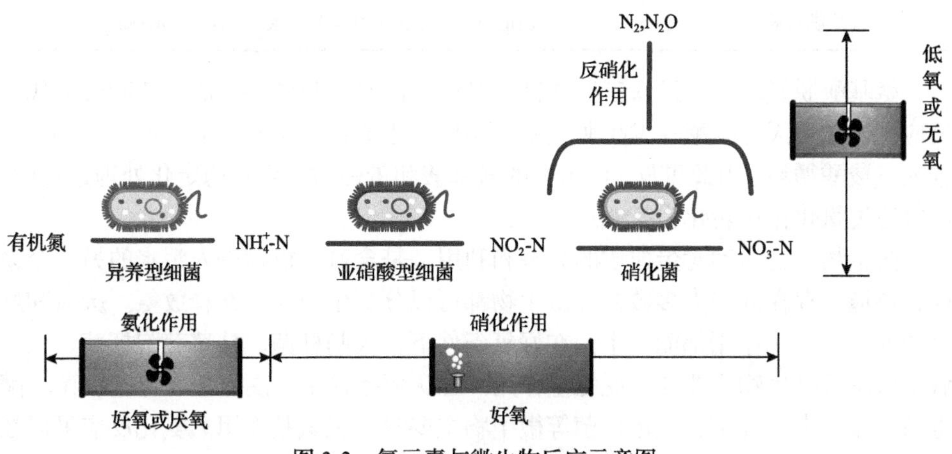

图 3-3　氮元素与微生物反应示意图

1. 氨化作用

氨化作用是指微生物将污水中的溶解性有机氮化合物进行降解，释放出氨的过程。溶解性有机氮化合物，包括微生物和动、植物残体，及其代谢物、排泄物中的含氮有机化合物。

氨基酸和蛋白质是污水中有机氮化合物的主要存在形式。羧酸分子中羟基上的氢原子被氨基($—NH_2$)取代后生成的物质即氨基酸，而氨基酸之间通过肽键结合生成的高分子化合物即蛋白质。蛋白质可以作为微生物作用的底物，其氨化过程需在蛋白质水解酶的催化作用下进行。首先，蛋白质在微生物所产生的蛋白酶作用下发生水解，生成多种多肽和二肽；然后，经肽酶发生进一步的水解作用产生氨基酸。蛋白质的水解过程可以在细胞外进行，也可以在细胞内进行，蛋白质水解过程可以表示为

$$\text{蛋白质} \xrightarrow{\text{蛋白酶}} \text{多肽(二肽)} \xrightarrow{\text{肽酶}} \text{氨基酸} \tag{3-1}$$

脱氨基作用是$—NH_2$原子团从氨基酸分子上去除的过程，如表 3-15 所示。氨基酸能够以多种方式发生脱氨基作用，例如，在脱氨基酶作用下发生水解脱氨基、氧化脱氨基、还原脱氨基反应，生成相应的有机酸，并释放出氨气。

表 3-15　脱氨基反应

过程	化学反应方程式
氧化脱氨基	$R-CHCOOH-NH_2+\frac{1}{2}O_2 \xrightarrow{\text{氧化}} R-COCOOH+NH_3$
水解脱氨基	$R-CHCOOH-NH_2+H_2O \xrightarrow{\text{水解}} R-CHOHCOOH+NH_3$
还原脱氨基	$R-CHCOOH-NH_2+2H \xrightarrow{\text{还原}} R-CH_2COOH+NH_3$

氨基酸脱氨基后，进入三羧酸循环过程，同时参与各种合成代谢和分解代谢反应。例如，天冬氨酸在发生脱氨基作用后，生成铵离子和丁酮二酸，丁酮二酸进入三羧酸循环。由此可见，污水中的氨基酸和蛋白质在生物稳定化处理过程中，可以通过氨化作用转化为氨氮。

微生物生物活动对蛋白质的分解和利用，是含氮有机物进入污水的另一个途径，环境中存在的绝大多数异养微生物都可以分解蛋白质，并释放氨。厌氧和好氧条件下，氨化作用都能发生。在好氧条件下，大肠杆菌、枯草芽孢杆菌、荧光假单胞菌等微生物主要参与脱氨基作用。在厌氧条件下，腐败梭状芽孢杆菌、酵母菌、兼性大肠杆菌、变形杆菌等微生物主要参与脱氨基作用。氨化反应可以在一般的生物反应器中完成，速度很快，不需要对其特殊考虑。

在城市污水生物处理过程中，可生物降解有机氮会在氨化反应的作用下转化为氨氮。生化反应过程中需要硝化的氨氮，不仅包括污水中的氨氮，而且包括通过有机氮氨化作用所释放出的氨氮。这比只根据出水氨氮浓度和污水氨氮浓度的

差值(扣除同化作用去除的氨氮部分)，计算出生物硝化的氨氮需求量要大得多。因此，为了正确计算城市污水中有脱氮功能的微生物需求量，城市污水中可生物降解的有机氮浓度也必须考虑在内。

2. 硝化作用

城市污水处理过程硝化作用是指以异养菌有机物为底物，将氨氮转换为亚硝酸盐，再进一步通过氧化反应转化为硝酸盐的过程。硝化作用主要发生在有氧环境中，参与硝化反应的细菌被统称为硝化菌，其主要包含氨化细菌、亚硝酸氧化细菌等，硝化菌主要从氧化反应过程中得到所需的能量，从碱性物质中得到所需的碳源。在硝化过程中，如果硝化反应进行不彻底，会导致处理后的城市污水中仍含有氨氮和硝化菌。

3. 反硝化作用

反硝化作用是指对硝酸盐的还原反应过程。在该过程中，微生物将硝酸盐作为最终电子受体，进行生物异化还原反应生成气态氮 N_2 溢出水面，或通过生物同化过程转化为氨氮进行生物合成。

4. 同化作用

同化作用是指污水中部分氮元素被转化为微生物细胞体的组成成分。污水中氮元素往往以有机氮或氨氮的形式存在，一部分细胞中的氮元素会通过微生物体的溶菌作用和内源呼吸以氮和有机氮的形式返回污水中，同时，通过氧化作用来合成细胞物质和其他活动所需要的能量，根据同化作用来合成新的细胞物质。干重计算条件下，微生物细胞中氮元素含量约为12.5%。微生物内源呼吸残留物及细胞中的氮元素，将以废弃活性污泥的形式，在二沉池中排除，以实现氮元素的去除。

在经过微生物同化作用之后，达到去除效果的(氨)氮量 $N_{合成}$ 可以表示为

$$N_{合成}=0.125X_{B,H} \tag{3-2}$$

其中，$N_{合成}$ 为在同化作用的氮去除量(kgN/天或mg/L)；$X_{B,H}$ 为活性生物固体产量(kgVSS/天或mgVSS/L)。

城市污水处理厂接收的来自各方的污水中，总氮(TN)含量主要以有机氮和无机氮两种形态存在，前者主要包括但不限于污水中存在的蛋白质、尿素、氨基酸、重氮化合物以及硝基化合物等，而后者主要由氨氮以及各种硝酸盐氮和亚硝酸盐氮组成，有机氮和氨氮的组合即凯氏氮，与硝态氮、亚硝态氮一同构成总氮。

对污水中的含氮化合物进行脱氮处理时，可以划分为以下过程：首先，含氮

化合物在进入城市污水处理流程中的生化反应池后，发生氨化反应，反应池中的微生物将其迅速氨化，转化为氨氮，氨化反应过程对反应池中溶解氧浓度的要求并不严格，在有氧环境和无氧环境下均可进行；氨化反应之后，污水进入好氧池发生硝化反应，此时污水中氨氮经亚硝化菌、硝化菌分解，产生亚硝酸盐和硝酸盐。其中，硝化菌为自养型好氧微生物，可以将有机碳化合物作为碳源，通过氨氮的氧化反应获得能量，进行繁殖，在城市污水处理脱氮过程中具有重要作用。

活性污泥法城市污水处理过程中，微生物的存在往往对环境条件有一定的要求。脱氮过程中硝化阶段和反硝化阶段的环境指标参考，如表3-16所示。

表3-16　脱氮过程环境指标参考

脱氮过程	溶解氧浓度	水温	pH
硝化阶段	2～3mg/L	20～28℃	7.5～8.5
反硝化阶段	小于5mg/L	20～40℃	6.5～7.5

在硝化阶段，活性污泥以菌胶团的形式存在，溶解氧渗透菌胶团的过程需要一定的时间和浓度比，只有合理的浓度才可以保证溶解氧进入菌胶团内部，保证硝化所需的溶解氧供给。因此，只有将溶解氧浓度优化在一定范围内，才能使硝化过程更彻底，提高硝化效率。同其他微生物一样，城市污水处理过程中所用到的活性菌对环境温度、pH也有一定的要求，过高或者过低都会影响活性菌的活性，影响城市污水处理效果。

3.3.2　城市污水处理生物除磷流程

城市污水处理生物除磷过程，是通过微生物与环境的相互作用，去除污水中的磷元素。城市污水处理过程中磷元素分为无机磷和有机磷，无机磷主要以正磷酸盐、偏磷酸盐、聚合磷酸盐和磷酸二铵盐的形式存在，而有机磷多为农药残余流入污水中。

与脱氮过程不同，污水中磷的去除主要依赖于排泥环节，由于聚磷菌在好氧段吸附了大量的磷，如果不以排泥的方式将其脱离出系统，则无法排出。城市污水生物除磷的本质，是利用聚磷菌对污水中磷酸盐过量摄取，将其以不溶性聚磷酸盐的形式积累于胞内，通过排放富含磷的废弃活性污泥，去除污水中的磷元素。

在采用活性污泥法的生物除磷工艺系统中，厌氧区的设置可以实现对储磷微生物的选择。在这种短暂的厌氧条件下，与非储磷菌相比，由于储磷菌可以更快地吸收底物中的低分子物质（发酵终产物），并将其进行同化和储存，厌氧区的设置为储磷菌提供了一定的竞争优势。

在厌氧条件下，兼性细菌通过发酵作用将污水中的溶解性 BOD_5 转化成低分子发酵产物，即 VFA。而且，聚磷菌可分解自身细胞内的聚磷酸盐，产生 ATP，并利用该 ATP 将污水中存在的低分子发酵产物等有机物摄入细胞体，最终转化为聚羟基戊酸酯(poly-3-hydroxyvalerate, PHV)、PHB 及糖原等有机颗粒物储存在细胞内。该过程所需的能量大多来源于细胞内的糖酵解反应和聚磷酸盐的水解反应过程，伴随着聚磷酸盐分解所产生的磷酸排出。另外，大量的聚磷酸盐激酶在细胞内被诱导产生。

聚磷菌的厌氧放磷现象，是指一些聚磷酸盐分解后产生的无机磷酸盐被释放至聚磷菌体外的现象。在好氧环境条件下，PHB 氧化分解作用将会释放一定的能量，聚磷菌在这些能量的助力下将污水中的磷摄取至体内。一般来说，聚磷菌在厌氧环境中磷的释放量，少于好氧环境条件下对磷的摄取量。

聚磷物质的水解作用和细胞内糖的酵解作用，是同化和储存发酵产物的主要能量来源。储存的聚磷物质可以为乙酰乙酸盐(PHB 合成前体)的形成以及底物的主动运输提供能量，这也为储磷菌提供了充足的能量，从而在生物除磷系统中实现对微生物的选择性增殖，并通过含磷污泥的排出操作，达到磷元素去除的目的。

细菌在厌氧阶段正常发酵所产生的底物量与生物除磷系统的除磷率，以及除磷菌对发酵产物的同化量和储存量为正相关关系。不同规模与运行背景的处理厂对生物除磷工艺要求不尽相同。在实际城市污水处理过程中，许多处理厂需同时具有脱氮和除磷功能。除磷脱氮型工艺系统多为厌氧、缺氧和好氧三种基本环境状态交替。为提高处理效率，需限制各阶段的环境指标。溶解氧浓度是一个重要的限制指标，在厌氧池中，过高的溶解氧浓度会抑制聚磷菌厌氧释磷，当这部分聚磷菌进入好氧段后，无法充分吸取磷元素，严重影响污水处理过程中磷元素的去除。与此相反，在好氧段的聚磷菌则需要足够的溶解氧，以满足聚磷菌对储存于体内的 PHB 降解的需求，并依靠此过程释放的能量有效地吸磷。因此，除磷过程的不同环节，溶解氧浓度的要求不同。与脱氮过程类似，除磷过程对温度和 pH 也有相应要求，相较于脱氮环节较为宽松，水温在 8～30℃，pH 在 6.5～8.0。

对于有除磷要求的城市污水处理厂，除磷工艺不仅是城市污水处理厂总体工艺流程中的一个重要部分，而且对前期和后续处理也有重要影响。严格地说，在工艺概念的范畴内，除磷脱氮工艺是对池型、污泥龄、流态、电子受体、电子供体等工艺概念与特定(曝气混合)设备进行不同组合形成的一大类单元操作部分的总称。因此，在生物除磷工艺的设计中，应该充分考虑到不同的经济条件、环境条件和水质目标，从基本概念和原理出发，针对具体情况进行对理论的灵活应用，并把各种可能性进行组合，形成最合理且可行的工艺。对于生物处理工艺设计中参数的选择和确定，需要根据实际的污泥质量目标和水质目标进行分析。

根据城市污水处理特定的运行需求，在除磷系统设计的过程中，需要考虑的参数和单元包括但不限于固体悬浮物(SS)浓度、好氧区的溶解氧、发酵池。

出水 SS 浓度对出水总磷(TP)浓度有重要影响。所有二级处理环节的出水中都含有一定量的悬浮固体，而主流除磷工艺系统出水 SS 的磷含量一般可以达到6%以上。这些悬浮固体中所含的磷元素，往往在生物除磷系统的出水 TP 中占有相当大的比例。因此，采取降低出水 SS 浓度的措施是必要的，包括增设出水过滤措施和增加二沉池设计的安全系数。

对于好氧区的溶解氧浓度控制，由于磷元素在好氧条件下被吸收，磷的吸收速度与溶解氧浓度呈正相关关系，但吸收的磷量并不会随溶解氧浓度提高而增大。在生物除磷工艺系统中，好氧区的最佳溶解氧浓度设置点范围为 1.5～3.0mg/L，这是因为低溶解氧浓度，会导致除磷效果变差以及硝化反应过程恶化，以及污泥沉降性能的变差；溶解氧浓度过高，则会造成回流液硝态氮浓度增大，反硝化能力下降，从而影响厌氧区的除磷效果和正常运行。

发酵池的设计目标是将初沉污泥的硝化控制在酸化阶段并产生 VFA，避免生成甲烷和硫化氢。因此，在生化反应过程中可将初沉污泥发酵生成的 VFA 投加到厌氧区中，以提高生物除磷效果。通常发酵池固体停留时间设定为 3 天左右，可以控制初沉污泥在酸性发酵阶段。而且，采用沉淀污泥的回流，可以有效避免发酵过程中甲烷和硫化氢的产生。因此，从稳定和安全运行角度考虑，在污水处理过程中设计两组发酵池是必要的。

根据对城市污水处理过程的阶段分析，在实际操作过程中可参考表 3-17 进行过程优化。常用的主流生物除磷工艺的设计要点，主要考虑厌氧区的设计、污泥处置方法和污泥龄的合理选择，以使出水满足磷排放要求。

表 3-17　生化池各反应功能区关键指标控制点及优化措施

反应功能区	关键指标控制点	优化措施
进水水质	FSS/BOD_5＜1.5，BOD_5/COD＞0.3 BOD_5/TKN＞4，BOD_5/TP＞17	高负荷初沉发酵池 水解酸化池
厌氧区	DO＜0.2mg/L，ORP≤−150mV VFA≥25mg/L，VFA/TP≈7 硝酸盐浓度低于 1.0mg/L	调整厌氧区进水比例，投加碳源 调整污泥回流 采取措施降低污泥回流硝酸盐浓度，投加填料
缺氧区	DO≤0.5mg/L 末端硝酸盐浓度约为 1.0mg/L	调整缺氧区进水比例，投加碳源 调整混合液回流，在好氧区设置 20～30min 非曝气区，投加填料
好氧区	DO=1.5～2.5mg/L	调整曝气量，投加填料

注：FSS 指溶解基质。

厌氧区是生物除磷工艺系统中最重要的组成部分，也是所有生物除磷系统的必备组成部分。厌氧区可以给聚磷菌提供环境条件和充足的停留时间，同化和储存进水溶解性有机物。厌氧区的容积，一般以保证 0.9～2.0h 的水力停留时间确定，若在进水中进行快速生物降解的有机物浓度较高，则厌氧区的水力停留时间需要选择低限值。

污泥在最终处置前通常需要稳定化和浓缩。污泥处置过程处于厌氧条件，此时废弃污泥中的磷元素将会被重新释放，污泥处置回流液的磷含量增加，导致进水磷负荷也相应增大。生物脱氮除磷系统的硝化能力、磷去除能力、反硝化能力和污泥的稳定化程度，会受到污泥停留时间的间接影响。

污泥龄与生物处理系统的除磷要求密切相关。理论与实践均已证明，生物处理系统单位 BOD_5 的除磷量与污泥龄之间存在密切关系。污泥龄越长，对生物除磷的最终效果越不利，尤其是当进水 BOD_5/TP 值低于 20 时。在生物脱氮除磷系统中，各个反应区中的污泥停留时间比城市污水处理系统的总污泥停留时间更重要，因为它们控制着包括碳氧化、反硝化、硝化和除磷在内的各种反应。好氧污泥是在好氧段参与反应的污泥所占的比例，它是设计生物除磷脱氮系统的重要参数之一。因为聚磷菌和硝化菌只能在好氧环境下生长繁殖，并且在好氧段除碳，所以好氧区污泥龄的选择相当重要。污泥龄越大，生化反应过程中的污泥稳定性和硝化效果越好，但除磷效果越低。因此，好氧区的污泥龄满足硝化功能即可，不应该过大，一般范围设置在 4～12 天。

3.3.3　城市污水处理厌氧生物处理流程

厌氧生物处理过程主要发生于厌氧区，少部分发生在缺氧区。下面进一步介绍厌氧生物反应。在除磷阶段，生化反应池中存在的聚磷菌，在好氧区吸收磷元素至体内形成聚磷颗粒，并随污水处理过程转至厌氧区，继而进行磷元素释放。研究表明，在用活性污泥法进行生物除磷操作的过程中，好氧区泥样中聚磷菌体内的聚磷颗粒内磷含量可达 25%以上，而在厌氧区中聚磷菌体内的 PHB 有所增加，与此同时，聚磷菌体内的聚磷颗粒分散或消失，最终释放积聚在菌体内的磷元素。

由于城市污水处理过程的连贯性，污水在厌氧区的停留时间有限，不足以进行进水颗粒性 BOD_5 的水解和转化。由于各种活性微生物的存在，会产生一些发酵产物。同时，聚磷菌通过水解其体内的聚磷颗粒产生供给自身生命活动的能量，以促进发酵产物的储存和吸收。正是因为聚磷菌可以在厌氧条件下吸收系统中的发酵产物，所以可将其用于在活性污泥系统进行生物除磷的操作中。聚磷菌随着污水处理过程的进行进入好氧区，并将其细胞体内的底物全部耗尽。同时，菌体超量吸收污水中的溶解磷，并将其中的磷元素以聚磷颗粒的形式储存起来。在此过程中，作为底物利用的产物，聚磷菌将不断生长繁殖。

因此，对磷元素的去除程度与底物量浓度相关，这种底物无法被其他种类的微生物在厌氧条件下利用。不同于其他微生物，聚磷菌能在厌氧条件下实现对此类发酵产物的吸收和储存。

3.4 城市污水处理优化目标

城市污水处理是典型的能耗密集型行业，需要对城市污水处理各流程进行能耗分析，必要时投加药剂，以提高城市污水处理效率，实现节能减排，降低总运行成本。从城市污水处理厂运行环境和工艺需求出发，综合考虑各种因素，制定合理的出水水质目标、能耗目标和药耗目标，是维持城市污水处理厂正常运行和提高运行优化效率的关键。

3.4.1 城市污水处理水质目标

城市污水处理水质目标是指处理后的水质组分要满足国家规定的污水排放标准，主要包括基本控制类组分和选择控制类组分。其中，基本控制类组分是指影响水环境的常规污染物以及部分一类污染物，是重要的水质监控目标，在GB 18918—2002《城镇污水处理厂污染物排放标准》中，基本控制类组分的日均最高排放浓度标准如表 3-18 和表 3-19 所示。值得注意的是，金属元素有统一的标准限值，非金属元素可以根据不同污水处理级别采用不同的排放标准。

表 3-18　基本控制类组分日均最高排放浓度标准(金属元素)

基本优化项	标准	单位
总汞	0.001	mg/L
烷基汞	0	mg/L
总镉	0.01	mg/L
总铬	0.1	mg/L
六价铬	0.05	mg/L
总砷	0.1	mg/L
总铅	0.1	mg/L

表 3-19　基本控制类组分日均最高排放浓度标准(非金属元素)

基本优化项	一级 A 标准	一级 B 标准	二级标准	三级标准	单位
COD	50	60	100	120	mg/L
BOD_5	10	20	30	60	mg/L
悬浮物	10	20	30	50	mg/L
动植物油	1	3	5	15	mg/L
石油类	1	3	5	15	mg/L
阴离子表面活性剂	0.5	1	2	3	mg/L

续表

基本优化项	一级 A 标准	一级 B 标准	二级标准	三级标准	单位
总氮	15	20	—	—	mg/L
氨氮	5(8)	8(15)	25(30)	—	mg/L
总磷	0.5	1	3	5	mg/L
色度(稀释倍数)	30	30	30	30	mg/L
粪大肠菌群数	10^2	10^4	10^4	—	个/L
pH			6～9		

注：①当进水 COD 大于 350mg/L 时，对 BOD_5 和 COD 的排放标准中去除率应大于 60%；
②当进水 BOD_5 大于 160mg/L 时，对 BOD_5 和 COD 的排放标准中去除率应大于 50%；
③表中括号内数值表示水温≤120℃时的最高允许排放浓度，括号外数值为水温>120℃时的最高允许排放浓度。

根据国家污水水质排放标准，BSM1 作为城市污水处理方法的常用仿真模型对出水水质进行了限制，其限制标准如表 3-20 所示。

表 3-20　BSM1 中的出水水质限值

序号	水质指标	限值
1	总氮	＜18mg/L
2	氨氮	＜4mg/L
3	BOD_5	＜10mg/L
4	COD	＜100mg/L
5	TSS	＜30mg/L

城市污水水质检测能够定性和定量测量 pH、温度、污染物浓度等组分，是评价水质目标的关键，主要检测方式包括分光光度法、离子色谱法、污水色度检测法和光谱法等。参照国家标准 CJ/T 51—2018《城镇污水水质标准检验方法》，具体方法如表 3-21 所示。在进行组分检测时应充分考虑环境以及污水处理厂的设施特点，结合所测元素、物质自身的化学特性选择合适的检测分析方法。

表 3-21　城市污水水质检验方法

序号	检测内容	检测方式			
1	pH	测定电位法	—	—	—
2	SS	测定重量法	—	—	—
3	易沉固体	测定体积法	—	—	—
4	总固体	测定重量法	—	—	—
5	BOD_5	稀释与接种法	—	—	—

续表

序号	检测内容	检测方式			
6	COD	测定重铬酸钾法	—	—	—
7	油	测定重量法	—	—	—
8	氨氮	纳氏试剂分光光度法	测定容量法	—	—
9	亚硝酸盐氮	分光光度法	离子色谱法	—	—
10	硝酸盐氮	紫外分光光度法	离子色谱法	电极法	—
11	氰化物	异烟酸-吡唑啉分光光度法	银量法	巴比妥酸分光光度法	—
12	硫化物	对氨基二甲基苯胺分光光度法	碘量法	—	—
13	硫酸盐	测定重量法	铬酸钡容量法	离子色谱法	—
14	可溶性磷酸盐	氯化亚锡分光光度法	—	离子色谱法	—
15	氟化物	离子选择电极法	—	离子色谱法	—
16	氯化物	—	银量法	离子色谱法	—
17	苯胺类	测定偶氮分光光度法	—	—	—
18	苯系物	测定气相色谱法	毛细管柱气相色谱法	吹扫捕集/气相色谱-质谱法	—
19	总锌	二硫腙分光光度法	火焰原子吸收光谱法	萃取-火焰原子吸收光谱法	原子荧光光谱法
20	总铜	二乙基二硫代氨基甲酸钠分光光度法	火焰原子吸收光谱法	萃取-火焰原子吸收光谱法	电感耦合等离子体发射光谱法
21	总铬	二苯碳酰二肼分光光度法	火焰原子吸收光谱法	—	电感耦合等离子体发射光谱法
22	总镉	二硫腙分光光度法	火焰原子吸收光谱法	萃取-火焰原子吸收光谱法	电感耦合等离子体发射光谱法
23	总砷	二乙基二硫代氨基甲酸银分光光度法	原子荧光光度法	—	—
24	总氮	蒸馏后滴定法	蒸馏后分光光度法	碱性过硫酸钾消解紫外分光光度法	—
25	总磷	抗坏血酸还钼蓝分光光度法原	氯化亚锡还原分光光度法	过硫酸钾高压消解-氯化亚锡分光光度法	溶剂萃取-毛细管柱气相色谱法
26	总有机氮	非色散红外法	—	—	—

3.4.2 城市污水处理能耗目标

城市污水处理是典型的能耗密集型行业，能耗成本在污水处理厂总运行成本中占 71.2%～85.1%。在一级 A 排放标准的要求下，我国已经通过重新建造或对原厂进行改造，建成了一大批具有高排放标准的城市污水处理厂，并且已经取得了良好的环境效益。然而，由于运营管理水平较低或设计不当，城市污水处理过程能耗居高不下的问题成为该行业管理优化的巨大挑战。因此，对城市污水处理厂进行运行优化，实现节能减排，降低运行成本，必须把最小化能耗作为重要的运行优化目标。

下面详细分析城市污水处理能耗和节能措施，为构建能耗优化目标提供参考。

1. 城市污水处理能耗分析

按照城市污水处理流程，可将总能耗分为预处理单元能耗、生物处理单元能耗、深度处理单元能耗和污泥处理单元能耗。

1) 预处理单元能耗

预处理单元的主要目的是通过污水提升泵站、格栅间和曝气沉砂池的整体运行，去除进水悬浮物。市政管网和水厂进水口连接处存在一定的高度差，污水先借助提升泵的压力，被提升到水厂进水口。污水提升泵站的设备数量较多，产生的能耗约为预处理单元能耗的 75%。格栅的主要作用是去除较大的悬浮物，如塑料袋等。曝气沉砂池，主要由鼓风机供给能量，该环节能耗占比约为预处理单元的 15%。

因此，针对预处理过程，在保证污水能正常提至污水厂进水口的基础上，优化污水提升泵站的设备使用方案，对于减少电能损耗、实现城市污水处理厂的节能减排是至关重要的。

2) 生物处理单元能耗

生物处理单元作为关键处理单元，利用鼓风机曝气增强微生物活性，提高污染物去除率，鼓风机供电过程设备利用率不高，通常不足 70%，其能耗占比超过 50%。不同类型的鼓风机各有优缺点，表 3-22 给出了四种常见鼓风机的性能指标。在实际城市污水处理过程中，需要根据具体情况选择合适的鼓风机。

表 3-22　四种常见鼓风机性能指标

性能比较	罗茨鼓风机	单级高速离心式鼓风机	多级离心式鼓风机	空气悬浮离心鼓风机
噪声	＞90dB	＞90dB	＜85dB	＜80dB
振动	高	高	低	低
风量调节范围	通过调节转速法和旁路放风阀法调节 30%～110%	通过导叶片角度来调节 50%～110%	可通过变频调速调节 60%～110%	可通过变频调速调节 70%～110%
占地面积	占地面积大	占地面积较大	占地面积较大	占地面积小
日常维护	维护工作量小	经常维护	维护简便	维护工作量小

续表

性能比较	罗茨鼓风机	单级高速离心式鼓风机	多级离心式鼓风机	空气悬浮离心鼓风机
优点	价格低，能够很好地控制和维护	流量大，占地面积小；便于规模扩大，满载效率高	可靠性高，使用寿命长；成本低，没有复杂的润滑系统	不受事故停电的任何影响
缺点	流量＞$120m^3/min$时占地大；不便于规模扩大	噪声高，不能采用变频调速；设备投资大	满载效率低于单级离心风机	价格较高

3）深度处理单元能耗

深度处理单元的能耗主要来源于紫外消毒设备，该运行过程的设备使用率较高，能耗占比超过70%，与前两个单元相比，节能降耗的空间有限。

4）污泥处理单元能耗

污泥处理单元能耗主要产生于离心式脱水机对污泥进行脱水处理过程，该阶段的设备利用率达99%，但其能耗在整个城市污水处理厂总能耗中占比较小。

2. 城市污水处理能耗目标

污水处理厂的能耗复杂多样，下面分析污水处理厂能耗的构成要素，利用污水处理厂历史能耗数据，采用快速聚类法，对污水处理厂的能耗数据进行定量分析，设计符合实际需求的能耗目标。

1）城市污水处理能耗影响因素

城市污水处理厂外部因素包括污水处理厂所处位置的社会环境特征和自然环境，污水处理厂内部因素包括污水处理厂所用工艺、各处理单元工作性质、所接纳的工业废水比例和污染物去除量等。需要注意的是，在进行详细分类时，结论的可靠性与样本数量相关，特别是在用实际处理能力计算平均能耗时，个别的异常数值可能对计算结果产生较大影响。因此，对于样本数小于50的情况，需要进一步进行数据筛查，筛查手段可采用非参数检验中的Kruskal-Wallis方法（KW检验方法，也称H检验方法）。

首先，自然环境和社会经济因素。基于全国污水处理厂的调研数据，KW检验结果表明了不同地区污水处理平均能耗的显著差异。各地区的能耗均值如下（括号中为对应的样本数），西北（32）、东北（35）、华北（74）、西南（70）、华中（51）、华东（235）、华南（61），处理每立方污水的能耗分别为0.369kW·h、0.315kW·h、0.285kW·h、0.275kW·h、0.239kW·h、0.220kW·h、0.194kW·h。根据以上平均能耗数据可知，均值为0.214kW·h的华东、华中、华南属于较低能耗地区，而其他均值为0.308kW·h的地区则归为较高能耗地区。

统计分析表明，年均气温、降水量、单位国内生产总值（gross domestic product, GDP）能耗、单位GDP电耗等变量与污水处理电耗的线性相关性好。可以得出以下结论，气温低、降水量少的地区污水处理能耗较高，而总体能耗、电耗水平低的地区污水处理能耗也较低。因此，各地区城市污水处理的能耗，受自然环境特征与该地区总能耗水平影响显著。

其次，处理级别和工艺类型因素。KW 检验结果表明，城市污水处理过程中一级处理与二级处理之间的电耗存在显著差异，各种二级处理工艺之间的能耗之间也存在较大差异。二级处理工艺平均能耗数据如下：延时曝气(13)、SBR(103)、生物膜(36)、氧化沟(170)、A/O(48)、传统活性污泥法(36)、A^2/O(87)、土地处理和人工湿地(10)、AB(17)，处理每立方米废水的能耗分别为 0.340kW·h、0.336kW·h、0.330kW·h、0.302kW·h、0.283kW·h、0.269kW·h、0.267kW·h、0.253kW·h、0.219kW·h。

由以上数据可知，氧化沟工艺在能耗上并不具备优势，而 A^2/O 工艺则具有较高的节能潜力，因此许多城市污水处理厂采用 A^2/O 工艺和生物处理技术。

最后，城市污水处理厂所属单位性质因素。城市污水处理厂根据归属的单位，可划分成六类：国有企业、合资企业、外资企业、事业单位、民营企业和其他组织。根据 KW 检验结果，不同单位性质的城市污水处理厂的能耗无明显差异，即单位性质不影响城市污水处理能耗。

2) 城市污水处理能耗目标描述

城市污水处理能耗中占比最大的是设备电耗，主要受实际污水处理量和实际污染物去除量的影响。根据过程数据，利用回归分析法给出电耗与实际污水处理量和污染物去除量之间的定量关系，建立能耗目标的数学表达式。

电耗与实际污水处理量间的定量关系，可描述成如下幂函数形式：

$$Y = 0.34X_{\mathrm{A}}^{-0.168} \tag{3-3}$$

其中，Y 为单位污水处理量对应的电耗(kW·h)；X_{A} 为实际污水处理量(万 m^3/天)。

污水处理厂的设计规模是反映污水处理能力的重要参数，同样需要对其进行统计分析。由回归分析法，得到电耗与污水处理厂设计规模的定量关系，满足幂函数关系，表示为

$$Y = 0.383X_{\mathrm{D}}^{-0.182} \tag{3-4}$$

其中，X_{D} 为设计规模(万 m^3/天)。由式(3-3)和式(3-4)可知，设计规模比实际污水处理量对电耗的影响更明显。当设计规模是原来的 2 倍时，单位电耗降低更快。通常，实际污水处理量越接近设计规模，减少的能耗越多。

在分析电耗与实际污染物去除量的定量关系之前，需要明确实际污染物对应的变量，包括 COD、BOD_5、SS、NH_3-N、TN 和 TP。基于回归分析得到的电耗与实际污染物去除量的幂函数关系，如表 3-23 所示，所有污染物的去除量与电耗

均呈负相关。回归方程表明，由于幂次不同，不同污染物对电耗的影响存在差异，其中 SS 对电耗的影响最明显，其次是 BOD_5，而 NH_3-N 对电耗的影响最小。

表 3-23　实际污染物去除量与单位电耗定量分析

污染物类型	回归方程	样本数
COD	$Y = 0.650X_1^{-0.090}$	464
BOD_5	$Y = 0.638X_2^{-0.096}$	446
SS	$Y = 0.722X_2^{-0.108}$	451
NH_3-N	$Y = 0.370X_4^{-0.041}$	392
TN	$Y = 0.382X_5^{-0.042}$	193
TP	$Y = 0.407X_6^{-0.073}$	366

3.4.3　城市污水处理药耗目标

城市污水处理厂仅依靠生化反应处理污水，出水水质不足以满足 GB 18918—2002《城镇污水处理厂污染物排放标准》一级 A 排放标准，适时投加药剂提高污染物去除率，降低出水的基本优化项浓度，是污水处理过程的必要措施。药物投加与生化反应的有机结合，能够促进污水处理运行优化。优化药物投加量，并在合适的时间点投放药物，有利于降低药物费用，减少药品消耗，降低运行成本。

城市污水处理过程所需药品可以分为碳源和化学试剂，常用的碳源有甲醇、乙酸钠和葡萄糖，化学试剂的选择取决于处理工艺和污水所含污染物，例如，为了尽可能去除磷，会向污水中加入铝盐、铁盐和复合除磷剂。药品消耗取决于碳源和化学除磷剂的投加量、投加时刻。分析碳源在生化过程和化学除磷剂在生物除磷过程的作用原理，有利于建立药品消耗目标模型。在城市污水处理过程中，充分发挥系统自身的生物除磷作用，以降低辅助化学除磷药耗，也可有效降低化学除磷药耗。

1. *碳源*

生化反应过程处在厌氧或缺氧条件下时，降解有机物能力不足，需要投加外部碳源，如式(3-5)所示，此时的碳源并非为反硝化反应提供碳，而是作为还原剂提供电子。

$$5CH_3COOH + 8NO_3 \longrightarrow 6H_2O + 10CO_2 + 4N_2 + 8OH^- \tag{3-5}$$

在生物脱氮过程，甲醇为一种常用的碳源，相关的化学反应式如下：

$$6NO_3^- + 5CH_3OH \longrightarrow 3N_2 + 5CO_2 + 7H_2O + 6OH^- \tag{3-6}$$

与葡萄糖作为碳源参与反硝化反应相比，甲醇作为碳源时反应速率更快。但是甲醇存在一定毒性，不慎进入人体后，会在新陈代谢中氧化成毒性更强的甲醛和甲酸。葡萄糖作为碳源时，易引起细菌的大量繁殖，引发污泥膨胀，但是以出水水质为主要目标时，葡萄糖不失为一种不错的选择。乙酸钠属于小分子有机酸，易溶于水，易被反硝化菌利用改善脱氮效果，常被用作冬天投加的碳源，但其缺点是价格和产生的污泥量高于其他碳源。

A^2/O 城市污水处理工艺碳源投加过程，通常采用单一指标优化，该方式下碳源投加量难以确定，脱氮效率低下。因此，确定碳源投加量的最优设定值是优化药耗的重点之一。

2. 化学除磷剂

化学除磷剂通常用于生物除磷过程后期，即在污水处理过程中加入金属盐等物质，进一步降低水中的总磷含量。目前，最有效的方法之一是过滤分离或沉淀分离的方法。具体实现原理为：首先，金属离子和磷酸盐在化学药剂的作用下迅速结合，形成磷酸盐化合物并以沉淀的形式存在污水中；其次，磷酸盐化合物经过沉淀、絮凝、混凝和固液混凝等从液态转变为固态，实现固液分离。因此，化学除磷效果与除磷工艺、除磷剂投加方案和环境酸碱度有关。

综上所述，多数城市污水处理厂需要通过添加药剂的方式影响微生物生化反应过程，进而去除污水中的污染物，提高出水水质。对于不同污水处理运行需求，需要添加不同类型和不同质量的药剂，才能有效发挥药剂的作用，提高城市污水处理运行效率，保证城市污水处理过程安全稳定运行。

第4章 城市污水处理生物脱氮过程运行优化

4.1 引 言

随着我国城镇的快速发展以及各类工业化工单位的技术变革，城市污水排放量逐年增多，水体富营养化问题日益严重。尽管我国近年来加大了水污染的治理力度，但目前地表水污染情况仍不容乐观，当过量的氮元素进入水体后，水体富营养化过程加速，造成人为富营养化。因此，治理污染源、控制污染物排放量，是控制水体富营养化、防止水体污染的根本途径。目前，世界各国的污水排放标准日益严格，以控制富营养化为目的的脱氮要求，成为城市污水处理的主要目标。在我国最新颁布的污水排放标准中，明确规定了所有排污单位出水的氮含量要求，即氨氮浓度小于 5mg/L，总氮浓度小于 15mg/L（一级标准）。

目前，城市污水处理厂面临着污水深度脱氮的挑战。而城市污水处理厂的运行状况仍不容乐观，电能消耗过大，外加碳源费用过高，运行成本居高不下，已经成为我国城市污水处理厂“建得起，养不起”的主要原因。为了满足国家规定的污水排放要求，并最大限度地降低污水处理厂能耗，城市污水处理中生物脱氮过程的运行优化，成为城市污水处理厂提高运行效率的关键。利用生物脱氮技术，获得满意的脱氮效果，设计生物脱氮过程优化策略，并对城市污水处理过程进行优化，是提高城市污水处理质量、降低城市污水处理成本的关键。然而，由于城市污水处理过程的动态特性，在生物脱氮过程中，如何获取优化目标与关键变量之间的关系，构建有效的优化目标模型，并获取决策变量优化设定点，是生物脱氮运行优化过程中面临的主要挑战。

为了实现城市污水处理生物脱氮过程出水总氮和能耗的平衡，本章设计生物脱氮过程运行优化策略。首先，对城市污水处理生物脱氮过程进行特征分析，并在特征分析的基础上建立城市污水处理运行优化模型；其次，设计自组织多目标粒子群优化（self-organizing MOPSO，SOMOPSO）算法求解优化设定点；再次，对生物脱氮过程运行优化策略进行仿真实验，并结合 PID 控制器，实现对生物脱氮过程的多目标运行优化；最后，设计城市污水处理生物脱氮过程运行优化系统应用平台，通过对应用平台的搭建和集成，完成系统应用效果验证。

4.2　城市污水处理生物脱氮过程特征分析

城市污水处理的生物脱氮过程，主要包括氨化、硝化、反硝化等环节。图 4-1 为城市污水处理生物脱氮过程，其运行主要存在以下特征。

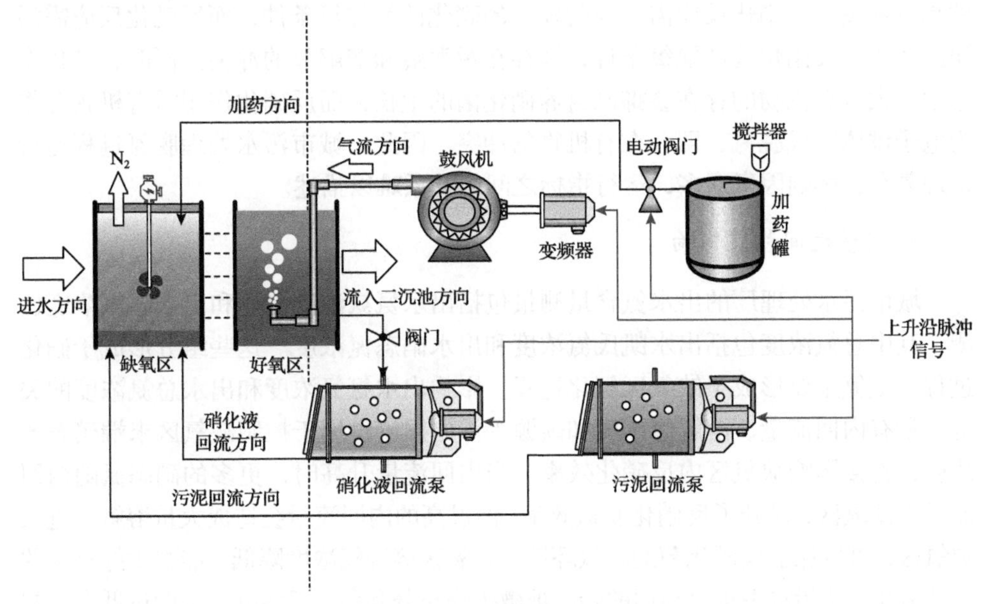

图 4-1　城市污水处理生物脱氮过程

1. 运行机理复杂

氨化作用是脱氮过程的初始步骤，是微生物将有机氮化合物转化为氨氮的过程。硝化作用是在氨化作用的基础上，利用好氧条件及亚硝化单胞菌和硝化杆菌的协同作用，将氨氮转化为亚硝酸盐氮和硝酸盐氮的生化反应过程，主要分为两步：首先，氨氮由亚硝化单胞菌氧化为亚硝酸氮；其次，亚硝酸氮由硝化杆菌氧化为硝酸盐氮，涉及多种酶和中间产物，并伴随复杂的电子(能量)传递。此时，环境温度不但会影响硝化菌的增长速率，而且会影响硝化菌的活性，进而影响硝化速率。由于硝化菌具有强好氧性，溶解氧会影响硝化菌的生长速率和硝化速率。而且硝化菌对环境 pH 非常敏感，环境为弱碱性时活性最强，若 pH 变化剧烈，则其活性将急剧下降，因此 pH 也是影响硝化速率的重要因素。反硝化作用是由反硝化菌完成的生化反应过程。在缺氧条件下，反硝化菌以亚硝酸氮和硝酸氮为电子受体，以有机物为电子供体进行无氧呼吸，并由外加碳源提供能量，将亚硝酸氮和硝酸氮还原成氮气，溢出水面释放到大气。此时，温度对反硝化速率的影响与硝酸盐负荷率有关，当硝酸盐负荷率较低时，温度对反硝化速率影响较小；当负荷率较高时，温度对反硝化速率影响较大。溶解氧会抑制反硝化过程，主要是由于氧会与硝酸盐竞争电子供体，并且分子态氧也会抑制硝酸盐还原酶的合成及其活性。此外，碳源物质不同，反硝化速率也不同，用内源代谢产物作为碳源的反硝化速率，远低于用甲醇作为碳源时的反硝化速率。生物脱氮过程中，反应条件具有冲突性，硝化反应需污泥龄较长的硝化菌和好氧条件，而反硝化反应需污泥龄较短的反硝化菌和缺氧条件，即存在污泥龄和溶解氧的冲突。同时，硝化作用中，大量有机物的存在会抑制自养硝化菌的生长，而反硝化作用需有机碳源作为电子供体完成脱氮，即存在有机物的冲突。因此，城市污水处理脱氮过程运行机理复杂，影响因素众多，运行指标之间的关系难以描述。

2. 变量之间相互影响

城市污水处理厂的出水氮含量测量包括出水氨氮浓度检测和出水总氮浓度检测，其中总氮浓度包括出水凯氏氮浓度和出水硝态氮浓度。这些组分形成于硝化过程，氨氮主要形成于缺氧区氨化过程。影响出水氨氮浓度和出水总氮浓度的关键变量有内回流量、溶解氧浓度和碳源等。内回流量用于控制缺氧区末端硝态氮浓度，直接影响缺氧区内反硝化效率。当内回流量升高时，更多的硝态氮随内回流进入缺氧区，提升了反硝化脱氮效率，但过高的内回流量会造成大量溶解氧进入缺氧区，难以保证反硝化菌的缺氧环境。好氧区溶解氧浓度降低，能减少好氧区的无效氧化，使污水中难以利用的碳源被微生物充分利用，但溶解氧浓度过低会抑制好氧区的硝化作用，导致氨氮的去除效果变差。碳源是反硝化作用的限制因素，投加碳源是提升低碳源污水脱氮效果最有效的方法。外部碳源的投加量必须严格核算，投加过度会增加污泥的产量和成本，而投加不足则出水氮含量无法达标。因此，城市污水处理脱氮过程变量间相互影响，需根据当前运行状态信息，优化污水处理过程，保证出水氮浓度达标。

3. 能耗高

在城市污水处理脱氮过程中，能耗主要包括曝气能耗和泵送能耗。曝气能耗是由鼓风机对反应池进行曝气产生的，而好氧反应过程中需要有充足的溶解氧，通常情况下鼓风机的运行曝气能耗占操作能耗的50%左右。泵送能耗是由回流泵引起的，内回流将硝化液回流入缺氧区，直接影响脱氮效果，当内回流量较大时可提高脱氮率。外回流将大量的硝态氮引入缺氧池中，有利于脱氮过程。污水内回流、外回流是维持污水处理过程稳定运行的必要条件，也产生了不可忽视的泵送能耗。在城市污水处理厂，泵送能耗约占工厂操作能耗的10%。脱氮过程能耗主要受溶解氧浓度、硝态氮浓度影响，溶解氧浓度过高会引起过量曝气耗能，硝态氮浓度过高会引起过量泵送耗能。因此，在生物脱氮过程中，如何在保证出水氮浓度达标的情况下降低操作能耗是一个亟须解决的问题。

4.3　城市污水处理生物脱氮过程运行优化目标模型

城市污水处理生物脱氮过程运行优化的目标包括出水总氮浓度(本章用TN表示)浓度、出水氨氮浓度(S_{NH})和能耗(EC)，本节通过分析生物脱氮过程的主要目标和影响因素，得到影响 TN、S_{NH} 和 EC 的关键特征变量，并且采用基于自适应核函数的数据驱动方法，对优化目标建模，以描述生物脱氮过程运行优化目标与关键特征变量之间的动态关系。

4.3.1　生物脱氮过程主要目标及影响因素

1. 生物脱氮过程的主要目标

城市污水处理厂排放的污水中，氮污染物含量增加的主要原因是出水氨氮和出水总氮含量增加。水体中氮污染物含量过高，含氮物质的输入输出失去平衡将引起水体的富营养化，导致藻类及其他浮游生物迅速繁殖，水体溶解氧量下降，水体生态系统物种分布失衡，进而破坏系统中物质与能量的流动，造成生态环境恶化，动植物的生存也会因此受到威胁。

氨氮浓度含量较高的污水排入外部环境之后，氨氮在硝化菌的作用下会氧化成亚硝酸盐和硝酸盐，而完全氧化 1mg 氨氮需要 4.57mg 溶解氧，对溶解氧的大量消耗使得水体溶解氧浓度过低，影响水生动植物的生存。例如，氨氮浓度对鱼鳃中氧的传递有影响，水体中氨氮对鱼的致死量约为 1mg/L。对城市污水的氨氮排放量加以控制，才能避免氨氮对水生动植物生存环境产生的不良影响。因此，降低出水氨氮浓度，是城市污水处理生物脱氮过程的一个主要目标。

出水总氮浓度是出水水质中的硝态氮和凯氏氮浓度之和，在水体中以亚硝酸盐和硝酸盐的形态存在。一般水体中硝酸盐含量不大于 15mg/L，亚硝酸盐含量极少超过 1mg/L。然而，近 20 年来多数国家的水体中硝酸盐含量呈稳步上涨趋势，造成这种形式的一个重要原因是，污水处理过程主要强调污水的硝化处理，忽视了硝态氮反硝化过程的重要性。而水体中的亚硝酸盐被人体或动物摄入后，在人体或动物体中亚硝酸盐能很快地被肠胃吸收，被吸收的亚硝酸盐能够与人体中的血红蛋白发生反应，形成高铁变性血红蛋白，进而引发变性血红蛋白血症，这种疾病在婴幼儿以及年幼的动物中更容易发生。另外，硝酸盐在人体或动物体中还可能会转化为亚硝胺，这是一种致变、致畸、致癌物，对人体以及动物的生命造成严重威胁。因此，降低出水总氮浓度，是城市污水处理生物脱氮过程的另一主要目标。

此外，城市污水处理生物脱氮过程会不可避免地造成大量能耗。随着我国城市污水处理规模的日渐增加，脱氮过程造成的能耗也越来越高，2018 年我国污水处理厂电耗占全国总电耗的 0.26%。污水处理生物脱氮过程能耗逐年递增，导致城市污水处理厂的运行成本居高不下，而主要能耗来自于火力发电。火电厂生产电能带来的排放物会对环境产生恶劣影响。这些排放物包括燃料燃烧过程产生的尘粒、二氧化硫、氧化氮等，以及电厂各类设备运行中排出的废水、粉煤灰渣，电厂运行时发出的噪声等。因此，降低城市污水处理生物脱氮过程的能耗，也是需要考虑的重要目标。

2. 生物脱氮过程影响因素

1）温度

城市污水处理生物脱氮过程可以在 4～45℃的环境下进行，温度对硝化菌的活性和增长速度都有一定影响。在可行温度范围内，随着温度的升高，硝化反应的速度也增加。当温度低于 15℃时，硝化菌活性被抑制，易产生亚硝酸盐，当温度低于 4℃时，硝化菌基本失去活性。另外，温度对反硝化速率也起到促进作用，由于微生物悬浮生长、硝酸盐负荷率在不同工艺有所差异，温度对反硝化过程的影响程度并不相同。

2）pH

在城市污水处理生物脱氮过程中，pH 对微生物的生命活动影响较大，不仅会影响代谢过程中的酶活性，也会对污水处理过程中物质的离解状态产生影响。硝化与反硝化过程对环境 pH 的需求是相近的，硝化过程中的耗碱产酸反应将会降低污水中的 pH。而 pH 的变化将会引起底物和细菌体内酶蛋白的荷电状态变化，硝化菌对 pH 的变化非常敏感，亚硝化菌和硝化菌分别在 pH 为 7.0～7.8、7.7～8.1 时拥有最高的生物活性，而反硝化反应过程适宜 7.0～7.5 的 pH 条件。研究表明，低 pH 对硝化菌群的影响弱于高 pH，同时反硝化过程耗酸产碱，对城市污水处理过程反应池的 pH 一般控制在 6.0～8.5。当 pH 低于 6.5 时，不利于细菌和微生物的生长，尤其会对菌胶团细菌造成不利影响。相反，较高的 pH 有助于霉菌及酵母菌的生长，从而破坏污泥的吸附和絮凝能力，引发丝状菌污泥膨胀。

3）溶解氧浓度

溶解氧对污水处理生物脱氮过程两个反应工序的作用是相对立的，硝化菌具有强烈的好氧性，高溶解氧浓度对硝化速率和硝化菌增长率起促进作用，因此硝化过程建立在充足的曝气条件下。而在反硝化过程中，生物膜或生物絮体内部的溶解氧浓度会消耗硝态氮所需的电子供体，抑制硝酸盐还原酶活性。若好氧池中溶解氧浓度不足，则会对微生物的生长活动产生一定的抑制作用，进而影响城市污水处理生物脱氮进程和活性污泥的生存环境。好氧区内溶解氧浓度需维持在

3～4mg/L，且不低于 2mg/L，而在好氧区的某些局部区域，如好氧池进口区，此处污水中有机物浓度较高，好氧速率较高，溶解氧浓度应当保持在 2mg/L 左右，且不应低于 1mg/L。如图 4-2 所示，随着溶解氧浓度的增加，出水总氮浓度逐渐降低，当溶解氧浓度增加至 1.5～2mg/L 时，出水总氮浓度相对最低(最小值为 19.2mg/L)，随后再增加溶解氧浓度，出水总氮浓度不变。出水硝态氮浓度随着溶解氧浓度的增加逐渐增加，当溶解氧浓度大于 2mg/L 时，增加幅度逐渐减小。出水氨氮浓度随着溶解氧浓度的增加逐渐降低，当溶解氧浓度增至 2mg/L 时，出水氨氮浓度降为 4.8mg/L，硝化速率增加到 0.097mg/L，溶解氧浓度继续增加，出水氨氮浓度降低有限，硝化速率增加也不明显，出水总氮浓度反而有略微升高。

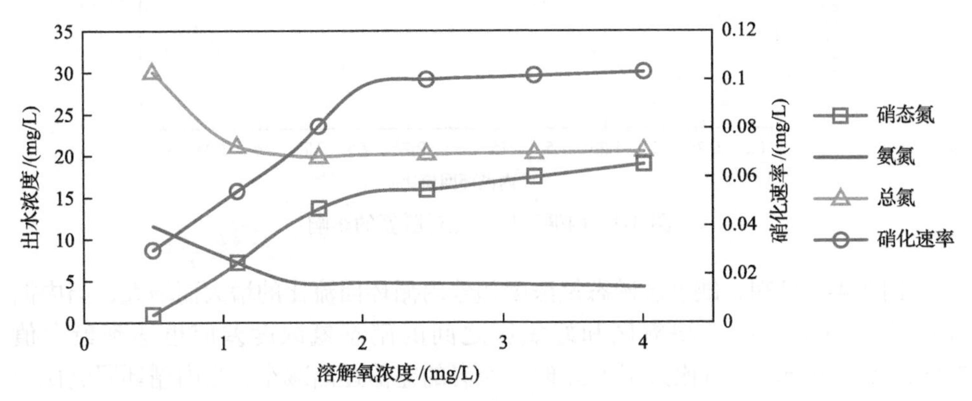

图 4-2　溶解氧浓度对脱氮和硝化速率的影响

硝化反应的进行必须保持好氧区溶解氧浓度在 2.0mg/L 以上。图 4-2 中溶解氧浓度增加为 1.5mg/L 时，出水氨氮浓度基本上满足 5mg/L 的排放标准，与溶解氧浓度为 2.0mg/L 时相比，可节约 8%～10%的曝气能耗。活性污泥法脱氮过程中，当好氧区溶解氧浓度维持在 0.5mg/L 时，也可以获得较好的硝化效果，然而出水硝态氮以亚硝态氮为主。因此，应当根据进水氨氮浓度和排放标准，控制好氧区溶解氧浓度，避免在进水氨氮浓度较高时，由于好氧区溶解氧浓度低而造成出水氨氮浓度不能达标排放的问题；同时还应当避免在进水氨氮浓度较低时，由于好氧区溶解氧浓度太高而造成能源浪费。因此，为保障出水氮浓度达标，降低曝气能耗，城市污水处理厂决策管理者应为好氧区设置合适的溶解氧浓度。

4) 内循环回流比

内循环回流将好氧区的硝态氮混合液回流到缺氧区，反硝化反应才会顺利进行。若缺氧区末端硝态氮浓度太低，会导致反硝化速率低，硝态氮去除率降低。因此，需有效控制内循环回流比以提高系统反硝化速率，降低出水总氮浓度。如图 4-3 所示，随着内循环回流比的增加，出水氨氮浓度并无明显变化，这说明内循环回流比的变化并不影响氨氮的去除，而出水硝态氮浓度和总氮浓度逐渐降低。

当内循环回流比增至 1.25 时，出水硝态氮浓度和总氮浓度相对最低，这与内循环回流比 R 和脱氮效率 R_N 呈 $R_N = R/(R+1)$ 的关系相矛盾。如继续增加内循环回流比，出水硝态氮浓度和总氮浓度反而升高。实验证明，提高内循环回流比并不一定可以提高硝态氮去除率，反硝化速率还与进水碳源是否充足和缺氧区的反硝化潜力有关。

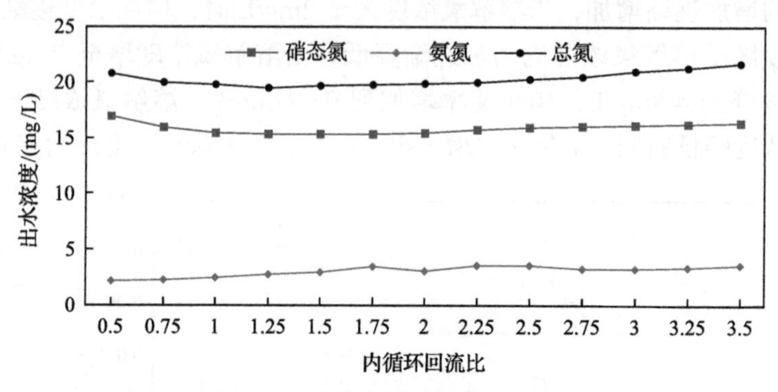

图 4-3 内循环回流比对脱氮的影响

由图 4-4 可知，缺氧区硝态氮浓度随着内循环回流比的增大而增大，当内循环回流比为 1.25 时，缺氧区和好氧区之间的硝态氮浓度差值也达到最大值 2.35mg/L，内循环回流比大于 1.25 时，两者的差值逐渐减小，当内循环回流比为 4.5 时达到最低值 1.2mg/L，这说明提高内循环回流比并不一定能提高硝态氮的去除率，较高的内循环回流比会使得大量溶解氧进入缺氧区，而当存在溶解氧时，反硝化菌将会优先以溶解氧作为电子受体氧化有机物，这将破坏反硝化环境，并不能提高氮的去除率。因此，在缺氧反应器中增加硝态氮负荷意味着在这个反应器中将有更高的 COD 去除率。

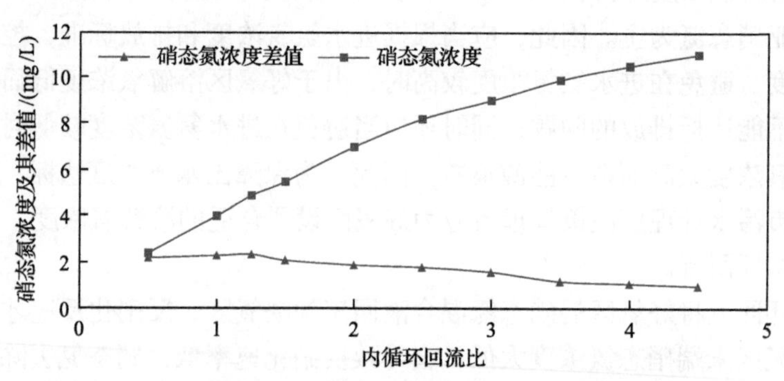

图 4-4 不同内循环回流比下缺氧区硝态氮浓度及其差值

然而，在不同内循环回流比下，进水氨浓度越高，硝化速率越高。内循环改善了反应器内微生物群落分布的均匀性，提高了反硝化菌对 COD 的去除效率。高内循环回流比可避免反应器中高氨氮浓度可能造成的抑制作用，该比例的增加降低了出水中硝酸盐和亚硝酸盐的浓度，提高了脱氮效率，增加了经济成本。因此，内循环回流比需要平衡去除效率和成本。

5)污泥回流比

回流污泥中的微生物是各段反应菌种生长、繁殖的基础。生物脱氮过程通过回流污泥来维持反应器中所需污泥浓度，使之进行生化反应。过低的污泥回流比，会降低反应器的污泥浓度和参与硝化反应的硝化菌的数量，使硝化效果变差；相反，污泥回流比过高时，反应器中污泥浓度的增加会加大污泥的内源耗氧量，增加二沉池水力负荷和扰动，对泥水分离过程和出水水质造成影响。

图 4-5 描述了污泥回流比对脱氮的影响，图 4-6 描述了污泥回流比对反应器混合液悬浮固体浓度和出水悬浮物浓度的影响。当污泥回流比从 0.3 增加到 2 时，出水氨氮浓度从 21.8mg/L 下降到 0.9mg/L，出水总氮浓度从 27.13mg/L 降到 19.6mg/L，而出水硝态氮浓度从 5.1mg/L 增至 18.42mg/L。污泥回流比的增加使反应器污泥浓度增加，反应器混合液悬浮固体浓度从 1710mg/L 增至 2640mg/L，由于污泥回流比的增加导致二沉池水力扰动的加大，影响了二沉池泥水分离过程，出水悬浮物浓度逐渐增加，由 20mg/L 增加到 100mg/L。由图 4-5 可知，当污泥回流比为 0.75 时，就可满足出水氨氮浓度的排放标准 5mg/L，对应的氨氮和总氮去除率分别为 93.8%和 63.2%，当污泥回流比大于 0.75 时，氨氮和总氮去除率并未明显增加。这是由于反应器污泥浓度增加后，为维持好氧区设定的溶解氧浓度需加大供气量。基于以上分析，污泥回流比对氮的去除会造成较大影响，需随进水负荷的变化合理调节污泥回流比，另外还需考虑污泥的沉淀性能。当进水氨氮负荷增加或反应器内温度降低时，为了保证较好的硝化效果，增大污泥回流比；相反则减小污泥回流比。一般地，城市污水处理过程中的污泥回流比，设置为(1～3) Q_{in}(Q_{in} 为进水流量)。

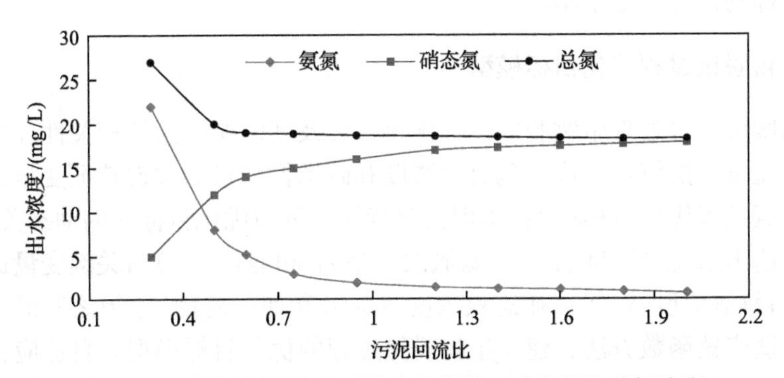

图 4-5　不同污泥回流比下的出水氨氮、硝态氮和总氮浓度

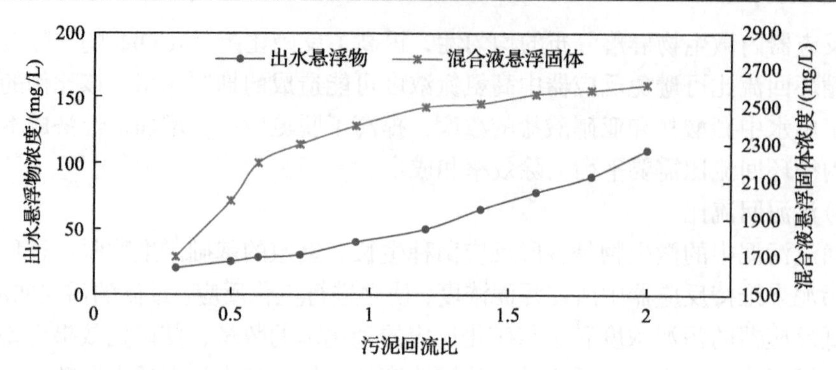

图 4-6　不同污泥回流比下混合液悬浮固体浓度和出水悬浮物浓度的变化

6) 有机碳源

有机碳源(含碳有机物)是细菌获取能源的重要渠道，添加外部碳源是城市污水处理生物脱氮过程常用的处理方式。反硝化过程兼性厌氧菌的反应，是利用硝酸盐作为电子受体，以有机物为碳源和电子供体发生还原反应。有机碳源作为生物脱氮过程的重要原料之一，在反硝化环节起到重要的作用。当微生物对污水中碳源有机物的需求量大于污水中碳源实际含量时，应向污水中投加含碳量高的有机物质。在碳源的选取上，碳源原料不同，产生的效益也不同。甲醇和乙醇是较为理想的碳源物质，可以有效提高反硝化过程的反应速率。反硝化过程的研究中指出，营养比与溶解氧的质量浓度是反硝化菌进行反硝化的关键因素，当营养比为 4～5 时，可以得到最佳的反硝化活性，该营养比在缺氧反硝化时所需要的营养高。另外，碳负荷和氨负荷越高，反硝化效果也越好。

因此，生物脱氮过程的主要影响因素包括温度、pH、溶解氧浓度、内循环回流比、污泥回流比和碳源投加量。其中，温度与 pH 是不可控变量；污泥回流比可根据进水流量进行设定；内循环回流比通过硝态氮浓度反映；碳源投加量可采用加药流量($q_{cc}(t)$)进行设定；溶解氧浓度可直接进行设定。影响因素的分析为后续优化目标的构建奠定了基础。

4.3.2　生物脱氮过程优化目标模型

根据城市污水处理生物脱氮过程优化目标及其影响因素的相关性和可控性，选择进水流量、溶解氧浓度、硝态氮浓度和碳源投加量为关键特征变量，用于构建生物脱氮过程优化目标模型，实现关键特征变量与优化目标间的动态关系描述。为精确表达出水总氮浓度(TN)、氨氮浓度(S_{NH})和能耗(EC)与关键变量进水流量 $Q_{in}(t)$、溶解氧浓度 $S_O(t)$、硝态氮浓度 $S_{NO}(t)$ 和加药流量 $q_{cc}(t)$ 之间的关系，本节基于自适应核函数方法，建立生物脱氮过程的优化目标模型。自适应核函数方法在理论上能够拟合任意的非线性函数，适用于具有强非线性特征的污水处理生物脱氮过程。在提出的核函数建模方法中，S 表示关键特征变量的状态空间，由 Mecer 定理可知，存在一个希尔伯特空间 H 和从 S 到 R 的映射，表示为

$$k(S_i,S_j)=\left\langle \theta(S_i),\theta(S_j)\right\rangle \tag{4-1}$$

其中，$\langle\cdot,\cdot\rangle$ 是 H 的内积；$\theta(\cdot)$ 是映射函数。为了更清晰地表示 TN、S_{NH} 和 EC 与关键特征变量间的关系，采用如下自适应核函数：

$$\begin{cases} f_1(t)=W_{10}(t)+\sum\limits_{q=1}^{Q}W_{1q}(t)\cdot K_{1q}(t) \\ f_2(t)=W_{20}(t)+\sum\limits_{q=1}^{Q}W_{2q}(t)\cdot K_{2q}(t) \\ f_3(t)=W_{30}(t)+\sum\limits_{q=1}^{Q}W_{3q}(t)\cdot K_{3q}(t) \end{cases} \tag{4-2}$$

其中，$f_1(\cdot)$、$f_2(\cdot)$ 和 $f_3(\cdot)$ 分别为 TN、S_{NH} 和 EC 与关键变量间的核函数模型；Q 为核函数个数；$W_{1q}(t)$、$W_{2q}(t)$、$W_{3q}(t)$、$W_{10}(t)$、$W_{20}(t)$ 和 $W_{30}(t)$ 为核函数权重参数；$K_{1q}(t)$、$K_{2q}(t)$ 和 $K_{3q}(t)$ 为自适应核函数：

$$K_{1q}(t)=\mathrm{e}^{-\left\|x(t)-c_{1q}(t)\right\|^2/(2b_{1q}^2(t))} \tag{4-3}$$

$$K_{2q}(t)=\mathrm{e}^{-\left\|x(t)-c_{2q}(t)\right\|^2/(2b_{2q}^2(t))} \tag{4-4}$$

$$K_{3q}(t)=\mathrm{e}^{-\left\|x(t)-c_{3q}(t)\right\|^2/(2b_{3q}^2(t))} \tag{4-5}$$

其中，$x(t)=[S_{\mathrm{O}}(t),S_{\mathrm{NO}}(t),q_{\mathrm{cc}}(t)]$ 分别为 TN、S_{NH} 和 EC 模型的输入变量；$b_{1q}(t)$、$b_{2q}(t)$ 和 $b_{3q}(t)$ 分别为 TN、S_{NH} 和 EC 模型的核宽度；$c_{1q}(t)$、$c_{2q}(t)$ 和 $c_{3q}(t)$ 分别为 TN、S_{NH} 和 EC 模型的核中心。

基于自适应核函数的生物脱氮过程优化目标模型可设计为

$$\min F(t)=[f_1(t),f_2(t),f_3(t)] \tag{4-6}$$

其中，$F(t)$ 为生物脱氮过程优化目标模型，该模型同时最小化 $f_1(\cdot)$、$f_2(\cdot)$ 和 $f_3(\cdot)$，即同时最小化 TN、S_{NH} 和 EC。

此外，考虑脱氮过程的动态特性，本节设计基于自适应二阶 L-M (Levenberg-Marquardt) 的参数调整算法对模型参数进行调整，以保证模型的有效性。在设计的基于自适应核函数的 TN、S_{NH} 和 EC 模型中，模型参数(包括权重参数、核函数

宽度以及核函数中心)均需进行自适应调整。基于自适应核函数的 TN、S_{NH} 和 EC 模型参数可表示为

$$\Phi_1(t)=\left[W_{11}(t),\cdots,W_{1Q}(t),c_{11}(t),\cdots,c_{1Q}(t),b_{11}(t),\cdots,b_{1Q}(t)\right] \tag{4-7}$$

$$\Phi_2(t)=\left[W_{21}(t),\cdots,W_{2Q}(t),c_{21}(t),\cdots,c_{2Q}(t),b_{21}(t),\cdots,b_{2Q}(t)\right] \tag{4-8}$$

$$\Phi_3(t)=\left[W_{31}(t),\cdots,W_{3Q}(t),c_{31}(t),\cdots,c_{3Q}(t),b_{31}(t),\cdots,b_{3Q}(t)\right] \tag{4-9}$$

其中，$\Phi_1(t)$、$\Phi_2(t)$ 和 $\Phi_3(t)$ 是包含相应核函数的参数向量，其更新公式为

$$\Phi_1(t+1)=\Phi_1(t)+[(\psi_1(t)+\lambda_1(t)\times I)^{-1}\times\Omega_1(t)]^{\mathrm{T}} \tag{4-10}$$

$$\Phi_2(t+1)=\Phi_2(t)+[(\psi_2(t)+\lambda_2(t)\times I)^{-1}\times\Omega_2(t)]^{\mathrm{T}} \tag{4-11}$$

$$\Phi_3(t+1)=\Phi_3(t)+[(\psi_3(t)+\lambda_3(t)\times I)^{-1}\times\Omega_3(t)]^{\mathrm{T}} \tag{4-12}$$

$\psi_1(t)$、$\psi_2(t)$ 和 $\psi_3(t)$ 为逆黑塞(Hessian)矩阵，其计算过程为

$$\psi_1(t)=j_1^{\mathrm{T}}(t)j_1(t) \tag{4-13}$$

$$\psi_2(t)=j_2^{\mathrm{T}}(t)j_2(t) \tag{4-14}$$

$$\psi_3(t)=j_3^{\mathrm{T}}(t)j_3(t) \tag{4-15}$$

$j_1(t)$、$j_2(t)$ 和 $j_3(t)$ 的计算过程为

$$j_1(t)=\left[\frac{\partial e_1(t)}{\partial W_{11}(t)},\cdots,\frac{\partial e_1(t)}{\partial W_{1Q}(t)},\frac{\partial e_1(t)}{\partial c_{11}(t)},\cdots,\frac{\partial e_1(t)}{\partial c_{1Q}(t)},\frac{\partial e_1(t)}{\partial b_{11}(t)},\cdots,\frac{\partial e_1(t)}{\partial b_{1Q}(t)}\right] \tag{4-16}$$

$$j_2(t)=\left[\frac{\partial e_2(t)}{\partial W_{21}(t)},\cdots,\frac{\partial e_2(t)}{\partial W_{2Q}(t)},\frac{\partial e_2(t)}{\partial c_{21}(t)},\cdots,\frac{\partial e_2(t)}{\partial c_{2Q}(t)},\frac{\partial e_2(t)}{\partial b_{21}(t)},\cdots,\frac{\partial e_2(t)}{\partial b_{2Q}(t)}\right] \tag{4-17}$$

$$j_3(t)=\left[\frac{\partial e_3(t)}{\partial W_{31}(t)},\cdots,\frac{\partial e_3(t)}{\partial W_{3Q}(t)},\frac{\partial e_3(t)}{\partial c_{31}(t)},\cdots,\frac{\partial e_3(t)}{\partial c_{3Q}(t)},\frac{\partial e_3(t)}{\partial b_{31}(t)},\cdots,\frac{\partial e_3(t)}{\partial b_{3Q}(t)}\right] \tag{4-18}$$

$\Omega_1(t)$、$\Omega_2(t)$ 和 $\Omega_3(t)$ 为梯度向量，其计算过程可表示为

$$\Omega_1(t)=j_1^{\mathrm{T}}(t)e_1(t) \tag{4-19}$$

$$\Omega_2(t)=j_2^{\mathrm{T}}(t)e_2(t) \tag{4-20}$$

$$\Omega_3(t)=j_3^{\mathrm{T}}(t)e_3(t) \tag{4-21}$$

I为单位矩阵；$\lambda_1(t)$、$\lambda_2(t)$和$\lambda_3(t)$为自适应学习率，其更新过程为

$$\lambda_1(t)=\mu_1(t)\lambda_1(t-1) \tag{4-22}$$

$$\lambda_2(t)=\mu_2(t)\lambda_2(t-1) \tag{4-23}$$

$$\lambda_3(t)=\mu_3(t)\lambda_3(t-1) \tag{4-24}$$

$$\mu_1(t)=\frac{\tau_1^{\min}(t)+\lambda_1(t-1)}{\tau_1^{\max}(t)+1} \tag{4-25}$$

$$\mu_2(t)=\frac{\tau_2^{\min}(t)+\lambda_2(t-1)}{\tau_2^{\max}(t)+1} \tag{4-26}$$

$$\mu_3(t)=\frac{\tau_3^{\min}(t)+\lambda_3(t-1)}{\tau_3^{\max}(t)+1} \tag{4-27}$$

其中，$\tau_1^{\max}(t)$和$\tau_1^{\min}(t)$分别为$\psi_1(t)$的最大特征值和最小特征值；$\tau_2^{\max}(t)$和$\tau_2^{\min}(t)$分别为$\psi_2(t)$的最大特征值和最小特征值；$\tau_3^{\max}(t)$和$\tau_3^{\min}(t)$分别为$\psi_3(t)$的最大特征值和最小特征值，且有$0<\tau_1^{\min}(t)<\tau_1^{\max}(t)(0<\lambda_1(t)<1)$，$0<\tau_2^{\min}(t)<\tau_2^{\max}(t)\ (0<\lambda_2(t)<1)$，$0<\tau_3^{\min}(t)<\tau_3^{\max}(t)(0<\lambda_3(t)<1)$。

自适应核函数是一种用于实现非线性函数建模的有效方法，本节基于自适应核函数建立的优化目标函数模型，能够精确反映$Q_{\mathrm{in}}(t)$、$S_{\mathrm{O}}(t)$、$S_{\mathrm{NO}}(t)$和$q_{\mathrm{cc}}(t)$与TN、S_{NH}和EC间的复杂关系，描述城市污水处理生物脱氮过程的运行关键变量与优化目标的动态关系，所采用的二阶L-M算法能够实现所构建的目标函数模型学习率的自适应调整，为$S_{\mathrm{O}}(t)$、$S_{\mathrm{NO}}(t)$和$q_{\mathrm{cc}}(t)$设定点的精确求解提供保障。

4.4　城市污水处理生物脱氮过程优化设定点求解

生物脱氮过程优化设定点的求解是一个典型的多目标优化问题，本节设计一种SOMOPSO算法，通过分析性能指标与种群规模之间的关系，建立一种种群规模判断依据，实现进化过程中种群规模的有效判断。此外，设计一种种群规模自组织机制和自适应参数调整机制，在进化过程中动态地调整算法的种群规模和参数，提高SOMOPSO算法的搜索能力，获得更好的优化设定点。

4.4.1 种群规模分析

种群规模的大小对 MOPSO 算法的性能影响很大，目前对 MOPSO 算法的研究主要围绕算法参数的调整，而 MOPSO 算法的种群规模通常是固定的。较大规模种群的 MOPSO 算法，会促进种群在优化过程中探索更多的未知区域，提高算法的多样性，但会造成计算成本增加，降低收敛速度；较小规模种群的 MOPSO 算法，会提高开发能力，降低计算成本，提高算法的收敛性，但是容易陷入局部最优。因此，如何自动调节算法的种群规模，提高算法性能以获得更好的优化设定点，是生物脱氮过程运行优化算法设计的难点。

1. 收敛程度指标

在 MOPSO 算法中，反映收敛性的指标包括代距(generational distance, GD)、逆代距(inverse generational distance, IGD)等。代距，是当前迭代时刻已经找到的 Pareto 前沿与真实的 Pareto 前沿之间的距离；逆代距，是当前迭代周期已经找到的 Pareto 前沿与真实的 Pareto 前沿之间的距离以及覆盖程度，该指标可以同时评估算法收敛性和多样性。本节根据 GD 和 IGD 原理设计收敛程度指标，指标公式如下：

$$C(A(t), A(t-1)) = \frac{1}{n}\sqrt{\sum_{i=1}^{n} d_i^2(t)} \tag{4-28}$$

其中，$A(t)$为算法在第 t 次迭代获得的 Pareto 前沿；$A(t-1)$为算法在第 $t-1$ 次迭代获得的 Pareto 前沿；n 为 $A(t)$中解向量的个数；$d_i(t)$为 Pareto 前沿 $A(t)$中第 i 个解与 Pareto 前沿 $A(t-1)$中距离最近的解之间的欧氏距离。在 MOPSO 算法中，该收敛程度指标可以反映 MOPSO 算法的进化状态。当 $C(A(t), A(t-1))>0$ 时，算法处于进化阶段；当 $C(A(t), A(t-1))=0$ 时，算法处于停滞阶段。

当算法处于进化阶段时，应该增大算法的种群规模，确保有足够多的粒子在搜索空间中去探索更多未知的区域，从而得到更好的非支配解；当算法处于停滞阶段时，认为粒子群已经基本收敛到真实 Pareto 前沿，此时可以根据多样性指标或收敛性指标来判断 MOPSO 算法应该增加还是减少种群规模。

2. 多样性指标

多样性指标是评价算法性能的重要指标，对算法的进化过程具有非常重要的指导作用。优化解的多样性好，说明算法具有较好的全局搜索能力，反之则说明算法具有陷入局部最优的风险。在 MOPSO 算法中保持较好的多样性，对提高算法的性能至关重要。种群规模对多样性指标有一定的影响，种群规模越大，粒子在搜索空间内的分布越均匀，多样性越好；种群规模小，在搜索空间内粒子数少，则优化解的多样性变差，导致算法陷入局部最优。因此，优化解的多样性指标可以判断算法中的种群规模是否过大或过小，给出指导种群规模调节的参考意见。

本节通过建立优化解的多样性指标，度量每次迭代算法产生的 Pareto 前沿中每个解与其邻解的方差范围，描述种群多样性，优化得到的解集越均匀，指标 S 的值越小，说明优化解的多样性越好。算法在每一次迭代产生的 Pareto 前沿的多样性描述如下：

$$S(t)=\sqrt{\frac{1}{\mathrm{NS}(t)-1}\sum_{i=1}^{\mathrm{NS}(t)}(d^{*}(t)-d_{i}(t))^{2}} \tag{4-29}$$

其中，$S(t)$为算法第 t 次迭代产生的 Pareto 前沿的多样性值；$\mathrm{NS}(t)$为算法在第 t 次迭代时获得的 Pareto 前沿中解的数量；$d_i(t)$为算法在第 t 次迭代时获得的 Pareto 前沿中第 i 个解与其他解之间的最小欧氏距离；$d^{*}(t)$为所有 $d_i(t)$的平均值。该多样性指标的优点是无需真实的 Pareto 前沿，能够有效应用于真实前沿难以获得的实际问题。

假设上一次迭代的多样性指标值为 $S(t-1)$，当前迭代的多样性指标值为 $S(t)$，若当前迭代产生的多样性指标值比上一次迭代产生的多样性指标值大，即 $S(t)>S(t-1)$，则说明当前次迭代产生的 Pareto 前沿的种群多样性变差，种群规模可能比较小；反之，说明当前次迭代产生的 Pareto 前沿的种群多样性比上一次更好，种群规模相对较大。当 $S(t)>S(t-1)$时，应该采用种群规模增加策略来增加算法的种群规模，从而使得解空间中有更多的粒子，提高算法的多样性；当 $S(t)<S(t-1)$时，则说明算法的多样性变好，此时算法的种群规模相对较大，应该采用种群规模减小策略来减少算法的种群规模，从而降低算法的计算复杂度。

3. 有效解所占比例

有效解所占比例可反映非支配解在当前种群中所占的比例，其数学描述为

$$R(t)=\mathrm{e}^{\mathrm{NS}(t)/(N(t)-1)} \tag{4-30}$$

其中，$R(t)$为第 t 次迭代时的有效解所占比例；$N(t)$为第 t 次迭代时算法的种群规模。$R(t)$的值越大则当前种群中的有效粒子越多，反之则当前种群中的有效粒子越少。

若当前迭代产生的 Pareto 前沿计算出的有效解所占比例的值，比上一次迭代产生的 Pareto 前沿所计算出的有效解所占比例值大，即 $R(t)>R(t-1)$，则说明在当前次迭代中算法的有效粒子多，种群规模可能比较小；反之，则说明算法的无

效粒子过多，算法的种群规模可能相对较大。若 $R(t) > R(t-1)$，则应采用种群规模增加策略来扩大算法的种群规模，使搜索空间内有更多的粒子，从而获得更好的非支配解；若 $R(t) \leqslant R(t-1)$，则应采用种群规模减小策略来减小算法的种群规模，加快算法收敛。

4. 种群规模判断依据

本小节通过评估迭代过程中算法收敛程度、多样性、有效解所占比例的变化，确定算法当前所处状态，提出一种种群规模判断依据，为 MOPSO 算法的种群规模调整提供指导。该判断依据通过每次迭代计算得到的 $C(A(t), A(t-1))$ 值、$S(t)$ 值和 $R(t)$ 值的变化设计，具体设计如下。

判断依据 1：收敛程度指标大于零：

$$C(A(t), A(t-1)) > 0 \tag{4-31}$$

该式说明算法处于进化阶段。粒子数量越多越可能寻找到更好的解，但计算成本更高。所以，应当在计算成本允许的情况下尽可能增加种群规模。

判断依据 2：收敛程度指标等于零，多样性指标 $S(t)$ 大于 $S(t-1)$，有效解所占比例指标 $R(t)$ 大于 $R(t-1)$：

$$C(A(t), A(t-1)) = 0 \quad \& \quad S(t) > S(t-1) \quad \& \quad R(t) > R(t-1) \tag{4-32}$$

该式说明算法处于停滞阶段，种群的有效粒子在 t 次迭代时比第 $t-1$ 次迭代时多，但较少的粒子数会导致算法的多样性差，因此应该增加种群规模。

判断依据 3：收敛程度指标等于零，多样性指标 $S(t)$ 大于 $S(t-1)$，有效解所占比例指标 $R(t)$ 小于 $R(t-1)$：

$$C(A(t), A(t-1)) = 0 \quad \& \quad S(t) > S(t-1) \quad \& \quad R(t) < R(t-1) \tag{4-33}$$

该式说明算法在停滞阶段有足够多的粒子，然而由于可能陷入局部最优，算法在第 t 次迭代时的多样性比在第 $t-1$ 次迭代时的多样性差，在这种情况下，应该增加种群规模以促进算法跳出局部最优。

判断依据 4：收敛程度指标等于零，多样性指标 $S(t)$ 小于 $S(t-1)$，有效解所占比例指标 $R(t)$ 小于 $R(t-1)$：

$$C(A(t), A(t-1)) = 0 \quad \& \quad S(t) < S(t-1) \quad \& \quad R(t) < R(t-1) \tag{4-34}$$

该式说明算法处于停滞阶段，算法在第 t 次迭代时的多样性足够好，但是由于种群中可能有太多无用的粒子，增加了算法的计算复杂度，在这种情况下，应该减小算法的种群规模以降低计算复杂度。

判断依据 5：收敛程度指标等于零，多样性指标 $S(t)$ 小于 $S(t-1)$，有效解所

占比例指标 $R(t)$ 大于 $R(t{-}1)$：

$$C(A(t), A(t-1)) = 0 \quad \& \quad S(t) < S(t-1) \quad \& \quad R(t) > R(t-1) \tag{4-35}$$

该式说明算法在停滞阶段有足够多有效粒子和较好的多样性，种群规模不变。

本小节分析了 MOPSO 算法性能指标与种群规模的关系，通过权衡每个性能指标的优先级，设计了一种种群规模判断依据，实现了种群规模的自动增加或删减，从而为 MOPSO 算法种群规模的调整提供了一个标准，提高了算法的收敛性和多样性。

4.4.2　生物脱氮过程优化设定点求解流程

本节采用 SOMOPSO 算法进行生物脱氮过程优化设定点的求解，种群规模自组织机制是其中最关键的部分，该机制基于 MOPSO 算法的性能指标，构建有效的种群规模判断依据，设计出 5 个种群规模自组织策略，可以为 SOMOPSO 算法在进化过程中调整合适的种群规模，满足 MOPSO 算法对于多样性和收敛性的需求，实现优化问题的高效求解，获得更好的优化设定点。

1. 种群规模自组织机制

本小节根据种群规模判断依据，设计种群规模自组织机制，该机制包括种群规模增加机制和种群规模减小机制，该自组织机制可以在进化过程中动态地调整 MOPSO 算法的种群规模，使 MOPSO 算法的种群规模能够满足当前的进化需求，进而提高算法的优化性能。其中，种群规模增加机制的目的是增加算法中的粒子数目，确保搜索过程中有充足的粒子去探索解空间，发现新的可行解，提高算法多样性。种群规模减小机制的目的是减少算法中的粒子数目，在确保种群多样性的情况下，通过删减较差的粒子加速算法的收敛，增强算法的开发能力，提高算法的收敛性。

基于种群规模判断依据，本小节提出一种种群规模自组织机制自动调整 MOPSO 算法的种群规模，该方法包括 5 个种群规模调节策略及其判断依据，如算法 4-1 所示。

算法 4-1　种群规模自组织机制

输入： 最优解集 $x^*(t)=[S_{\mathrm{O}}^*(t), S_{\mathrm{NO}}^*(t), q_{\mathrm{cc}}^*(t)]$

输出： 种群规模 N

1　计算收敛程度值 $C(A(t), A(t{-}1))$

2　**若** $C(A(t), A(t{-}1)) > 0$，**则**

3　$$N(t+1)=[N(t)\cdot(1+\gamma(t))] \tag{4-36}$$

4 若 $C(A(t), A(t-1)) = 0$，则
5 计算种群多样性信息 $S(t)$
6 计算在当前种群中有效解所占比例 $R(t)$
7 若 $S(t) > S(t-1)$ & $R(t) > R(t-1)$，则
8 $$N(t+1)=N(t)\cdot(1+e^{S(t)-1}) \tag{4-37}$$
9 若 $S(t) > S(t-1)$ & $R(t) < R(t-1)$，则
10 $$N(t+1)=N(t)\cdot(1+R(t)e^{S(t)-1}) \tag{4-38}$$
11 若 $S(t) < S(t-1)$ & $R(t) < R(t-1)$，则
12 $$N(t+1)=N(t)\cdot(1-R(t)) \tag{4-39}$$
13 若 $S(t+1) < S(t)$ & $R(t+1) > R(t)$，则
14 $$N(t+1)=N(t) \tag{4-40}$$
15 结束
16 结束

种群规模自组织机制具体如下。

策略 1：根据种群规模判断依据 1，设计快速增长策略获得更好的解，具体如式(4-41)所示：

$$N(t+1) = [N(t)\cdot(1+\gamma(t))] \tag{4-41}$$

其中，$N(t+1)$ 为 MOPSO 算法在 $t+1$ 次迭代时的种群规模；$\gamma(t)$ 为 $C(A(t), A(t-1))$ 的标准化处理，具体如式(4-42)所示：

$$\gamma(t) = \frac{C(A(t), A(t-1)) - C_{\min}}{C_{\max} - C_{\min}} \tag{4-42}$$

其中，$C_{\max}$ 和 $C_{\min}$ 分别是 $C(A(t), A(t-1))$ 的最大值和最小值。

策略 2：根据种群规模判断依据 2，设计增长策略改善算法的种群多样性，具体如式(4-43)所示：

$$N(t+1) = [N(t)\cdot(1+e^{S(t)-1})] \tag{4-43}$$

根据上述公式，在 $t+1$ 次迭代时 MOPSO 算法的种群规模可以由第 t 次迭代时的多样性信息决定。

策略 3：根据种群规模判断依据 3，设计增长策略帮助算法跳出局部最优，具体如式(4-44)所示：

$$N(t+1) = [N(t)\cdot(1+R(t)e^{S(t)-1})] \tag{4-44}$$

在该策略中，新增加的粒子由多样性信息和有效解所占比例决定，有助于算

法跳出局部最优。

策略 4：根据种群规模判断依据 4，设计减少策略降低 MOPSO 算法的计算复杂度，具体如式(4-45)所示：

$$N(t+1)=[N(t)\cdot(1-R(t))] \tag{4-45}$$

在该策略中，减少的粒子由有效解所占比例决定，通过减少冗余粒子来降低算法的计算复杂度，加快算法收敛。

策略 5：根据种群规模判断依据 5，因为种群具有合适的规模，所以种群规模不会发生变化，具体如式(4-46)所示：

$$N(t+1)=N(t) \tag{4-46}$$

基于种群规模判断依据设计的种群规模自组织机制，能够自动更新 MOPSO 算法的种群规模，从而提高算法的性能。

在整个算法结束之后再进行种群规模离线调节，是根据最终结果判断算法的种群规模是否合适，然后进行调节；而种群规模的在线调节，是在算法的进化过程中，根据迭代过程中计算得到的相关指标的变化情况，判断算法当前的种群规模是否合适，然后进行调节。假设算法是 300 次迭代，离线调节是在 300 次迭代结束之后再进行种群规模的调节，而在线调节是根据 300 次迭代过程中每一次迭代产生的非支配解信息在线调节算法的种群规模。在线种群规模调节方法，需要在每一次迭代之后，判断算法的种群规模是否合适，并进行调节，虽然从单次迭代来看，计算复杂度增大且耗时更长。但是，在这种种群规模在线调节方法中，种群规模是有增有减地发生变化，所以从总体上来看，算法的时间复杂度并不一定会增加。

2. 自适应参数调整机制

本小节通过对迭代过程中算法的收敛性和多样性的变化比较，确定算法在运行过程中的不同情况，设计 MOPSO 算法的自适应参数调整机制。根据进化过程中的三种不同进化状态，提出三种飞行参数自适应调整策略来动态地调整 MOPSO 算法的飞行参数，如表 4-1 所示。

表 4-1　自适应参数调整机制

情况	$C(A(t),A(t-1))>0$	$C(A(t),A(t-1))=0$ & $S(t)>S(t-1)$	$C(A(t),A(t-1))=0$ & $S(t)<S(t-1)$
进化状态	进化阶段	前停滞阶段	后停滞阶段
自适应参数调整机制	$\omega(t+1)=\omega(t)\cdot(1+\gamma(t))$ $c_1(t+1)=c_1(t)\cdot(1+\gamma(t))$ $c_2(t+1)=c_2(t)\cdot(1-\gamma(t))$	$\omega(t+1)=\omega(t)\cdot(1+e^{S(t)-1})$ $c_1(t+1)=c_1(t)\cdot(1+e^{S(t)-1})$ $c_2(t+1)=c_2(t)\cdot(1-e^{S(t)-1})$	$\omega(t+1)=\omega(t)\cdot(1-e^{S(t)-1})$ $c_1(t+1)=c_1(t)\cdot(1-e^{S(t)-1})$ $c_2(t+1)=c_2(t)\cdot(1+e^{S(t)-1})$

自适应飞行参数调整机制具体如下。

进化策略：当 MOPSO 算法处于进化阶段时，需要增加惯性权重，并增加学习因子 c_1、减小 c_2 从而增强算法的探索能力，该进化策略的数学描述如下：

$$\begin{cases}\omega(t+1)=\omega(t)\cdot(1+\gamma(t))\\ c_1(t+1)=c_1(t)\cdot(1+\gamma(t))\\ c_2(t+1)=c_2(t)\cdot(1-\gamma(t))\end{cases} \tag{4-47}$$

其中，$\gamma(t)$ 为收敛程度指标 $C(A(t),A(t-1))$ 的标准化处理；$\omega(t+1)$、$c_1(t+1)$ 和 $c_2(t+1)$ 分别为算法在第 $t+1$ 次迭代时的惯性权重和学习因子；$\omega(t)$、$c_1(t)$ 和 $c_2(t)$ 分别为算法在第 t 次迭代时的惯性权重和学习因子。

前停滞策略：当算法处于前停滞阶段时，说明算法的探索能力需要得到提高，因此提出前停滞策略来调节算法的惯性权重和加速因子，具体的策略描述如下：

$$\begin{cases}\omega(t+1)=\omega(t)\cdot(1+\mathrm{e}^{S(t)-1})\\ c_1(t+1)=c_1(t)\cdot(1+\mathrm{e}^{S(t)-1})\\ c_2(t+1)=c_2(t)\cdot(1-\mathrm{e}^{S(t)-1})\end{cases} \tag{4-48}$$

其中，$S(t)$ 为进化过程中第 t 次迭代的多样性信息；$\omega(t+1)$、$c_1(t+1)$ 和 $c_2(t+1)$ 分别为算法在第 $t+1$ 次迭代时的惯性权重和学习因子；$\omega(t)$、$c_1(t)$ 和 $c_2(t)$ 分别为算法在第 t 次迭代时的惯性权重和学习因子。

后停滞策略：当算法处于后停滞阶段时，说明算法的开发能力需要进一步提高，因此提出后停滞策略调节算法的惯性权重和加速因子，具体策略如下：

$$\begin{cases}\omega(t+1)=\omega(t)\cdot(1-\mathrm{e}^{S(t)-1})\\ c_1(t+1)=c_1(t)\cdot(1-\mathrm{e}^{S(t)-1})\\ c_2(t+1)=c_2(t)\cdot(1+\mathrm{e}^{S(t)-1})\end{cases} \tag{4-49}$$

自适应参数调整机制，通过调整 MOPSO 算法的飞行参数权衡算法的全局搜索能力和局部开发能力，不仅可以根据进化状态和多样性指标来更新 MOPSO 算法的飞行参数，而且可以使 MOPSO 算法的飞行参数与种群规模相匹配，从而提高 MOPSO 算法的优化性能。

3. SOMOPSO 算法求解优化设定点

SOMOPSO 算法包括种群规模自组织机制和自适应参数调整机制，为了更清晰地显示出提出的 SOMOPSO 算法，图 4-7 给出了 SOMOPSO 算法的框架(自适应参数调整部分以惯性权重调节为例)。

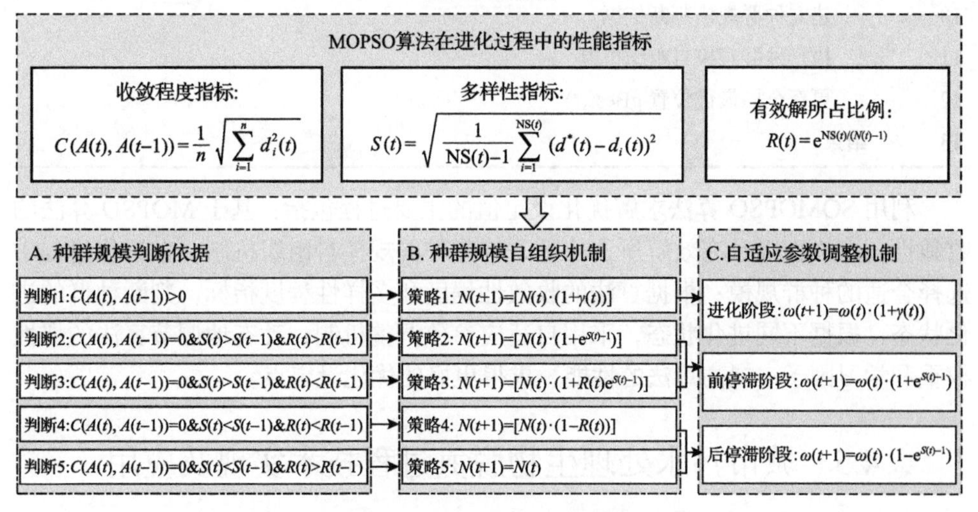

图 4-7　SOMOPSO 算法框架

SOMOPSO 算法求解设定点的具体步骤如算法 4-2 所示。在 SOMOPSO 算法的设计中，种群规模自组织机制基于 MOPSO 算法的性能指标，构建了有效的种群规模判断依据，设计了五个种群规模自组织策略，所提出的方法可以为 SOMOPSO 算法在进化过程中自动地调整种群规模，以满足 MOPSO 算法对进化过程中多样性和收敛性需求，获得更好的优化性能。此外，根据算法的性能指标，确定了进化阶段、前停滞阶段和后停滞阶段三种不同的进化状态，基于不同的进化状态，设计了自适应参数调整机制，有效地调节算法的惯性权重和学习因子。

算法 4-2　SOMOPSO 算法求解设定点

输入： 惯性权重 ω 、学习因子 c_1 和 c_2 、初始种群规模 N、粒子的位置 $x(0)$ 和速度 $v(0)$ 、最大迭代次数

输出： 优化设定点 $x^*(t)=[S_{\mathrm{O}}^*(t), S_{\mathrm{NO}}^*(t), q_{\mathrm{cc}}^*(t)]$

1　**循环** t=1 到最大迭代次数
2　　更新粒子位置 $x_i(t)$ 和速度 $v_i(t)$
3　　更新惯性权重 $\omega(t)$ 、学习因子 $c_1(t)$ 和 $c_2(t)$
4　　评价粒子适应度值
5　　更新外部档案
6　　更新个体历史最优位置 $\mathrm{pBest}_i(t)$
7　　计算收敛程度指标 $C(A(t), A(t-1))$
8　　计算多样性指标 $S(t)$
9　　计算有效解所占比例指标 $R(t)$

10	建立种群规模判断依据
11	执行种群规模自组织机制
12	更新全局最优位置 gBest(t)
13	**结束**

利用 SOMOPSO 算法求解优化设定值的主要过程包括：基于 MOPSO 算法的收敛性、多样性以及有效解所占比例，构建种群规模自组织机制，在进化过程中选择合适的种群规模；根据算法的收敛性程度和多样性程度指标，判断种群的进化状态，根据不同进化状态，采用自适应参数调整机制，动态地调节算法的惯性权重和学习因子，提高算法的性能，求得更好的优化设定点。

4.5 城市污水处理生物脱氮过程技术实现及应用

为了评价基于 SOMOPSO 算法的城市污水处理生物脱氮过程运行优化策略的有效性，本节在晴天、雨天和暴雨三种不同的天气条件下，对运行优化策略进行验证，获得 TN、S_{NH} 和 EC 的模型预测结果和优化结果，并将该运行优化策略与其他运行优化策略的优化结果进行比较。

4.5.1 实验设计

为了验证城市污水处理生物脱氮过程运行优化策略，本节采用 PID 控制器对溶解氧和硝态氮进行跟踪，获取优化目标的运行效果，实现生物脱氮过程的运行优化，如图 4-8 所示。

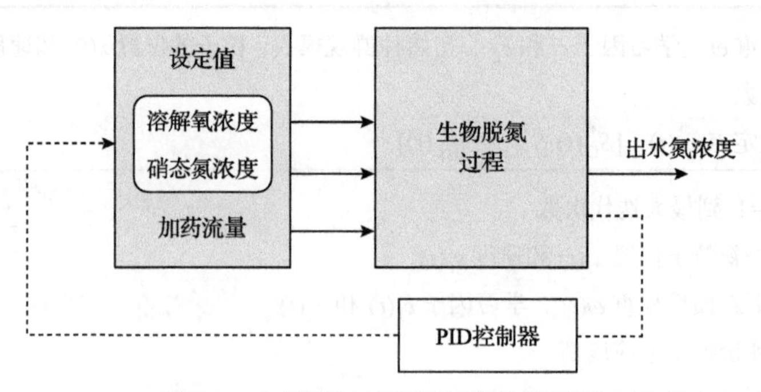

图 4-8 生物脱氮过程运行优化结构图

为了评价所提出的城市污水处理生物脱氮过程运行优化策略及其对比优化策略的性能，本节基于 BSM1 进行验证。BSM1 的进水过程设计主要根据实际污水处理厂的运行情况，在收集和整理大量实际污水处理厂进水数据特征的基础上，提取晴天、雨天和暴雨天三种典型的运行工况数据，对三种典型运行工况环境下的进水流量和组分浓度进行描述。

1. 晴天

在晴天天气下，无任何外界环境变化所带来的干扰，城市污水处理系统稳定运行，生化反应过程正常进行。进水流量和污染物浓度呈周期性变化，夜晚比白天低，周末(周六和周日)比周中(周一到周五)低，这是由于排污单位在夜晚和周末会减产或停产，此规律符合城市居民日常的生产生活习惯。相应地，进水的组分浓度也呈现周期性变化，且变化趋势与进水流量一致，两者间存在一定的时延。该晴天天气工况条件适用于展现污水处理系统日常平稳运行的状态特征，以获得稳定的运行数据。

2. 雨天

雨天天气下，前 7 天城市污水处理系统处于晴天天气，进水流量及污水组分浓度平稳，在第 8～11 天，由于受到降雨的影响，进水流量持续处于较高水平，污水组分浓度发生明显变化。雨天时的进水流量和污染物浓度整体上呈现夜晚比白天低、周末比周中高的规律。前 7 天的进水情况与晴天时基本一致，从第 8 天开始受到持续性降雨的影响，进水流量猛增，导致污染物浓度明显降低，系统稳定性遭到破坏，直至第 11 天降雨结束，系统进水流量和污染物浓度回归晴天时的平稳状态。此工况条件适用于检测污水处理系统受到外界天气干扰时的稳定性。

3. 暴雨天

暴雨天气下，前 7 天城市污水处理系统处于晴天，进水流量及污水组分浓度平稳，在第 9 天和第 11 天，突发两次强暴雨，进水流量急剧上升，污水组分浓度发生剧烈变化。暴雨天气时进水流量和污染物浓度仍然遵循夜晚比白天低、周末比周中低的规律。前 7 天的进水情况与晴天时基本一致，在第 9 天和第 11 天时发生两次短时强降雨，进水流量激增，导致可溶性组分浓度在降雨当天明显下降，雨后恢复正常，鉴于排污管道中颗粒性物质的影响，在第一次强降雨时，雨水冲刷管道造成不可溶组分浓度增加，在第二次强降雨时，管道已被冲刷干净，故不可溶组分浓度下降。此工况条件适用于检测污水处理系统受到强干扰响应能力。

将所提出的 SOMOPSO 算法应用于 BSM1 进行验证，在不同的天气条件下进行优化，取采样间隔为 15min，仿真时间为 14 天，优化周期为 2h。在该实验中，通过建立 TN、S_{NH} 和 EC 的优化目标函数模型，利用 SOMOPSO 算法获取 $S_O(t)$、$S_{NO}(t)$ 和 $q_{cc}(t)$ 的优化设定值。SOMOPSO 算法的初始种群规模设定为 40，迭代次数为 100，实现优化设定值 $S_O^*(t)$、$S_{NO}^*(t)$ 和 $q_{cc}^*(t)$ 的实时获取。同时，为了验证所提出策略的性能，以出水总氮浓度、出水氨氮浓度、平均每日能耗和每日药耗

(CC)为评价指标(每日 CC 通过 $q_{cc}^*(t)$ 计算获得)，在不同天气条件下，将提出的 SOMOPSO 优化策略(SOMOPSO optimization strategy，SOMOPSO-OS)与其他运行优化策略进行对比，包括基于聚类多目标粒子群优化算法的运行优化策略(cluster MOPSO optimization strategy，clusterMOPSO-OS)、基于多目标粒子群优化算法的运行优化策略(MOPSO-OS)以及基于非支配排序遗传算法的运行优化策略(nondominated sorting genetic algorithm-OS，NSGA-OS)。

4.5.2 运行结果

在三种天气(晴天、雨天和暴雨天)条件下，分析 TN、S_{NH} 和 EC 的模型预测结果和优化运行结果，并将该 SOMOPSO-OS 与其他运行优化策略的优化结果进行比较，具体结果如下。

1. 晴天天气下的运行结果

1) 目标模型预测结果

基于自适应核函数的数据驱动建模方法，所建立的 TN 模型在晴天天气下的预测结果及误差如图 4-9 和图 4-10 所示，该模型能够逼近真实的 TN 值。图 4-9 给出了 TN 模型预测结果，从图中可以看出所提出的基于自适应核函数的 TN 预测模型能够准确地追踪到实际 TN 的变化趋势，完成对 TN 值的准确预测，其预测误差如图4-10所示，从中可以看出TN模型的预测误差能够保持在$[-2\times10^{-5}, 1.5\times10^{-5}]$mg/L 范围内，结果验证了所提出的 TN 模型能够实现对出水总氮浓度的准确预测。

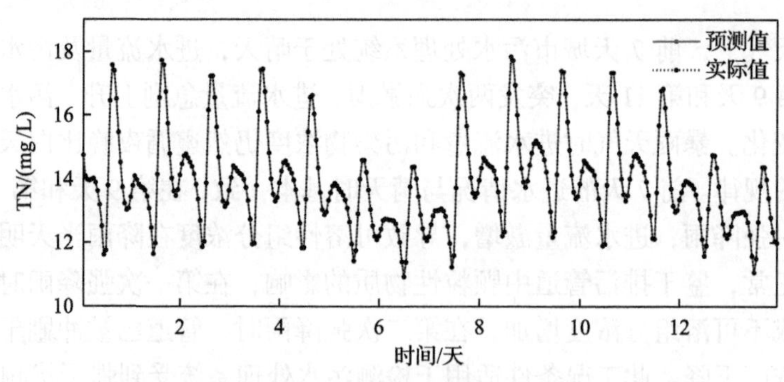

图 4-9 晴天天气下自适应核函数 TN 模型预测结果

所建立的自适应核函数 S_{NH} 模型预测结果及误差如图 4-11 和图 4-12 所示，该模型能够逼近真实的 S_{NH} 值。图 4-11 给出了 S_{NH} 模型的预测结果，可以看出所提出的基于自适应核函数的 S_{NH} 模型，能够实现与 S_{NH} 的变化趋势的精确拟合，其模型预测误差如图 4-12 所示，可知 S_{NH} 模型的预测误差能够保持在[−0.2, 0.075]mg/L 范围内，结果验证了所提出的 S_{NH} 模型能够实现对出水氨氮浓度的准确预测。

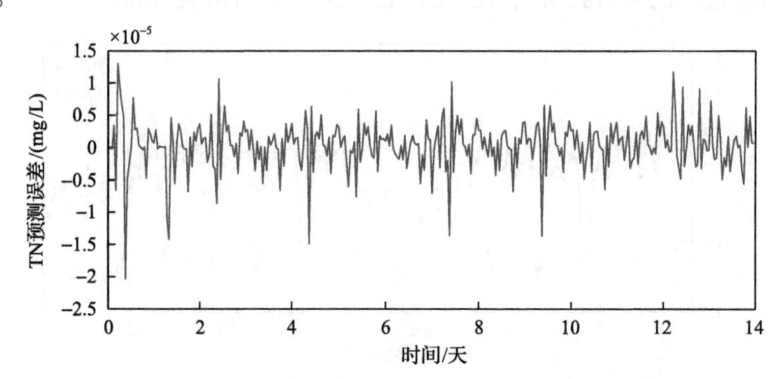

图 4-10　晴天天气下自适应核函数 TN 模型预测误差

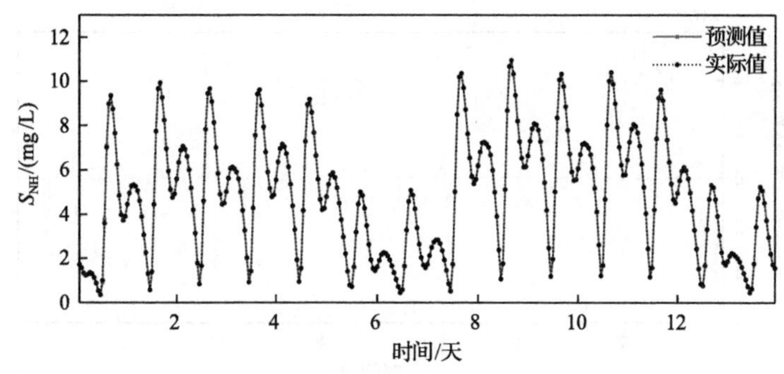

图 4-11　晴天天气下自适应核函数 S_{NH} 模型预测结果

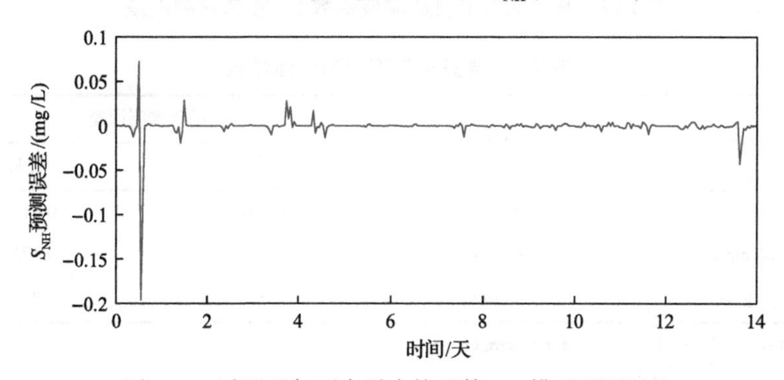

图 4-12　晴天天气下自适应核函数 S_{NH} 模型预测误差

晴天自适应核函数 EC 模型的预测结果及误差如图 4-13 和图 4-14 所示，该模型能够逼近真实的能耗值。图 4-13 为 EC 模型的预测结果，可知所提出的基于自适应核函数的 EC 预测模型能够对实际能耗变化趋势实现准确预测。如图 4-14 所示，能耗模型的预测误差在$[-6\times10^{-3}, 6\times10^{-3}]$kW·h 范围内，因此所提出的 EC 预测模型能够实现对运行指标的准确预测。根据表 4-2 所示模型预测结果，比较 TN、S_{NH} 和 EC 的模型精度，可得模型均能够实现准确预测。其中，TN 模型的 RMSE

值最小，S_{NH}模型的 RMSE 值最大。因此，TN 模型的精度最高。

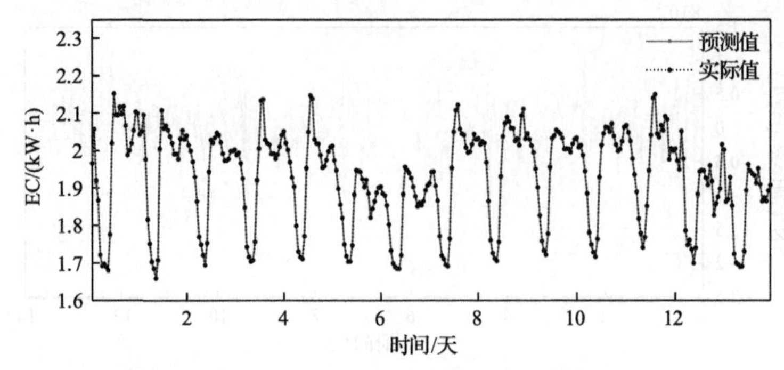

图 4-13 晴天天气下自适应核函数 EC 模型预测结果

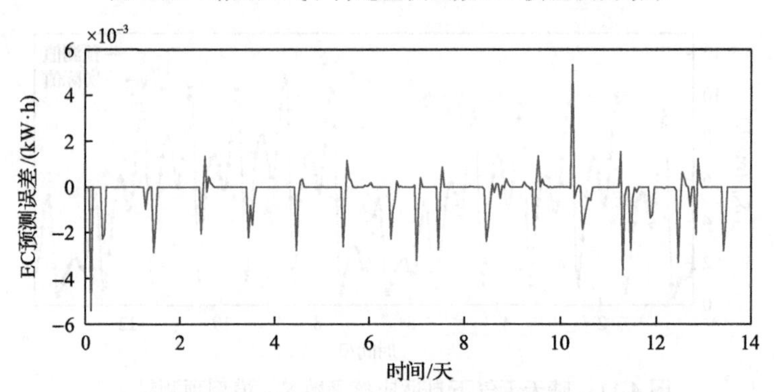

图 4-14 晴天天气下自适应核函数 EC 模型预测误差

表 4-2 晴天天气下模型预测结果

模型	RMSE	晴天预测误差	
		平均	最大
TN/(mg/L)	0.0038	0.0084	0.0193
S_{NH}/(mg/L)	0.0130	0.0217	0.1725
EC/(kW·h)	0.0094	0.0573	0.0253

注：RMSE 指均方根误差(root mean square error)。

2)优化结果

在晴天天气下，利用 BSM1 运行数据对 SOMOPSO-OS 进行验证，出水氨氮浓度及出水总氮浓度变化曲线如图 4-15 和图 4-16 所示。结果显示，所提出的 SOMOPSO-OS 的脱氮效果良好并能够实现满意的优化性能。

为了验证 SOMOPSO-OS 的运行优化性能，分别与 clusterMOPSO-OS、MOPSO-OS、NSGA-OS 在晴天天气下进行对比。由于能耗(EC)为泵送能耗(PE)和曝气能耗(AE)之和，分别给出泵送能耗和曝气能耗的均值。图 4-17 是不同算法获得的平均泵送能耗对比图，结果显示，与其他策略相比，SOMOPSO-OS 下平均泵送能耗值最小。图 4-18 是四种运行优化算法获得的平均曝气能耗值对比，从图中可知，SOMOPSO-OS 能有效降低曝气能耗，减少污水处理过程操作成本。

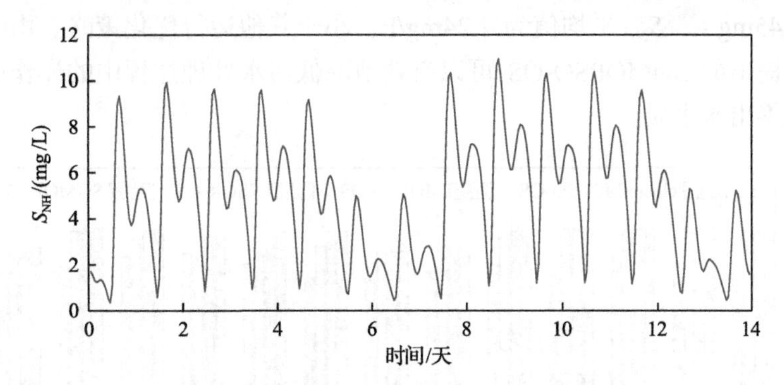

图 4-15　晴天天气下出水氨氮浓度变化曲线

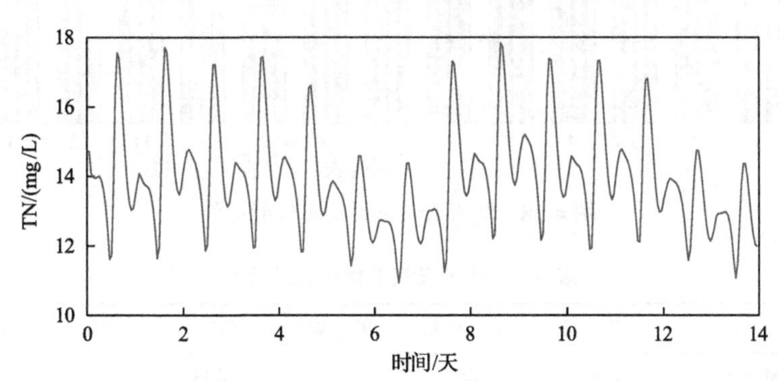

图 4-16　晴天天气下出水总氮浓度变化曲线

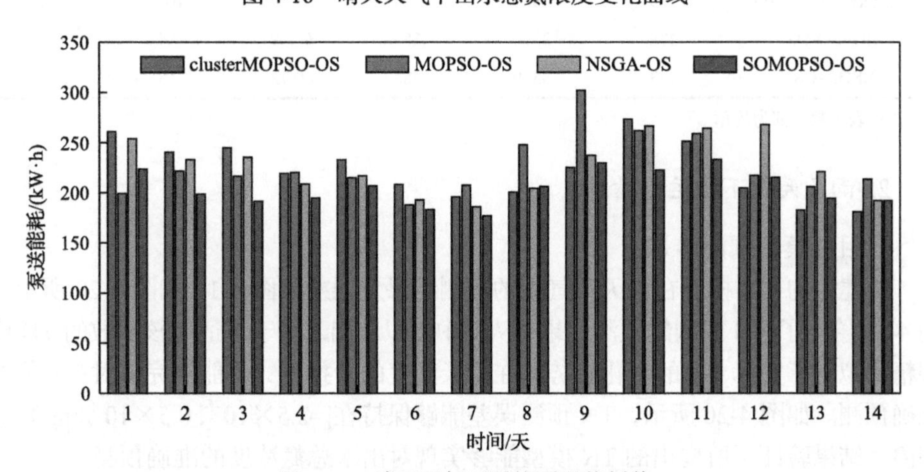

图 4-17　晴天天气下平均泵送能耗值

表 4-3 给出了四种基于不同优化算法的优化策略的效果对比。从表中可以看

出，通过 SOMOPSO-OS 得到的平均泵送能耗(PE)和曝气能耗(AE)值分别为 244kW·h 和 3236kW·h，操作能耗(泵送能耗和曝气能耗之和)小于其他优化策略。SOMOPSO-OS 得到的药耗(CC)值为 52.44L，小于其他优化策略。此外，TN 平均值为 8.45mg/L，S_{NH} 平均值为 2.24mg/L，小于其他运行优化策略。由实验结果可知，所提出的 SOMOPSO-OS 可以有效地降低污水处理过程中的操作能耗，并且有效改善出水水质。

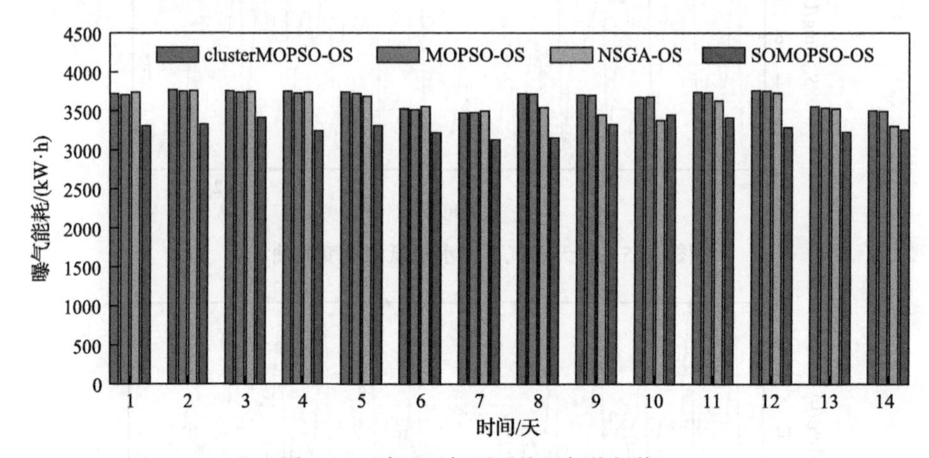

图 4-18　晴天天气下平均曝气能耗值

表 4-3　晴天天气下优化性能比较

方法	PE/(kW·h)	AE/(kW·h)	EC/(kW·h)	CC/L	TN/(mg/L)	S_{NH}/(mg/L)
SOMOPSO-OS	244	3236	3480	52.44	8.45	2.24
clusterMOPSO-OS	259	3584	3843	63.74	9.61	2.92
MOPSO-OS	278	3590	3868	66.89	15.84	2.53
NSGA-OS	243	3589	3832	69.72	12.15	3.08

注：表中数据都为均值。

2. 雨天天气下的运行结果

1) 目标模型预测结果

所建立的 TN 模型在雨天天气下的预测结果及误差如图 4-19 和图 4-20 所示。图 4-19 给出了 TN 模型的预测结果，从图中可以看出，基于自适应核函数的 TN 模型精确拟合了实际 TN 的变化趋势，在雨天天气的干扰下，仍能够完成对 TN 值的准确预测。如图 4-20 所示，TN 预测误差能够保持在$[-2.5\times10^{-5}, 0.5\times10^{-5}]$mg/L 范围内，结果验证了所提出的 TN 模型能够实现对出水总氮浓度的准确预测。

基于自适应核函数的数据驱动建模方法，所建立的 S_{NH} 模型在雨天天气下的预测结果及误差如图 4-21 和图 4-22 所示。图 4-21 给出了 S_{NH} 模型的预测结果，从图中可以看出，S_{NH} 模型能够快速地追踪上实际 S_{NH} 的变化趋势，其预测误差如图 4-22 所示，S_{NH} 模型的预测误差在[–0.1, 0.4]mg/L 范围内，结果验证了所提出的 S_{NH} 模型能够实现对出水氨氮浓度的准确预测。

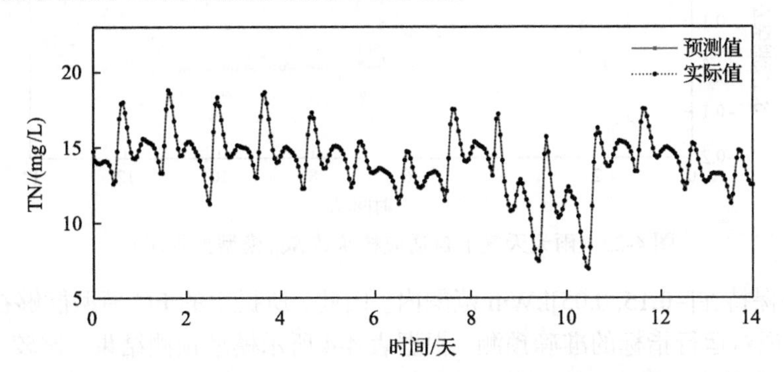

图 4-19　雨天天气下自适应核函数 TN 模型预测结果

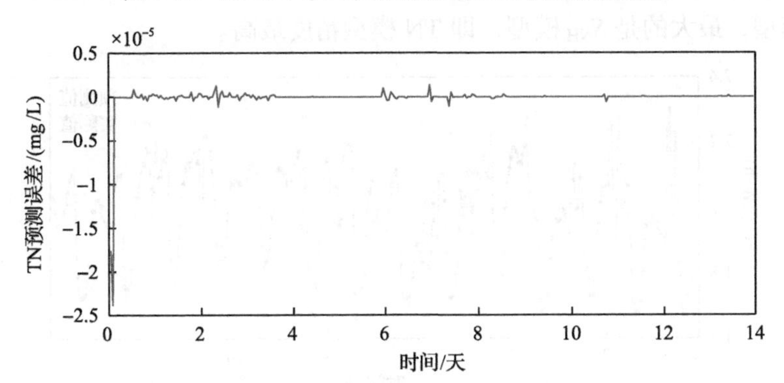

图 4-20　雨天天气下自适应核函数 TN 模型预测误差

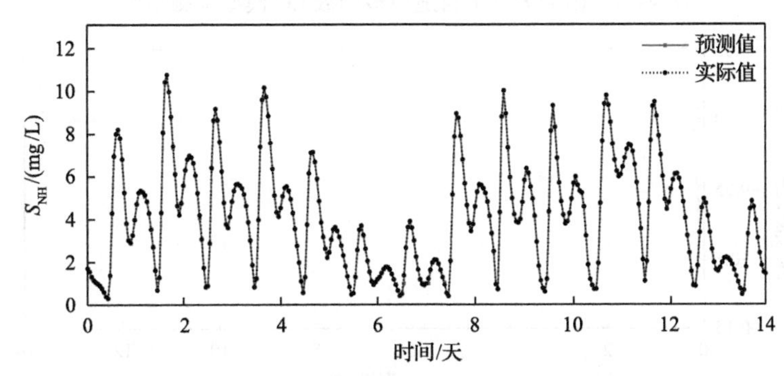

图 4-21　雨天天气下自适应核函数 S_{NH} 模型预测结果

所建立的 EC 模型在雨天天气下的预测结果及误差如图 4-23 和图 4-24 所示。从图 4-23 中可得，基于自适应核函数的 EC 预测模型能够准确地追踪实际能耗的变化趋势，实现对能耗值的准确预测。预测误差如图 4-24 所示，能耗模型的预测

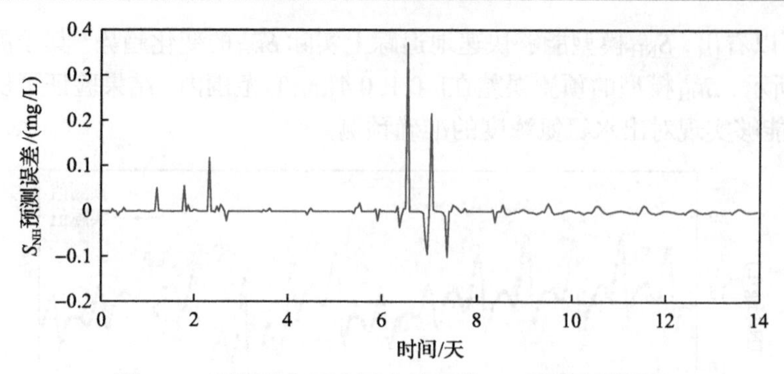

图 4-22　雨天天气下自适应核函数 S_{NH} 模型预测误差

误差能够保持在[–0.15, 0.05]kW·h 范围内。因此，所提出的 EC 模型能够在雨天天气下，实现对运行指标的准确预测。根据表 4-4 所示模型预测结果，比较 TN、S_{NH} 和 EC 的模型精度可知，模型能够在雨天天气下实现准确预测。RMSE 值最小的是 TN 模型，最大的是 S_{NH} 模型，即 TN 模型精度最高。

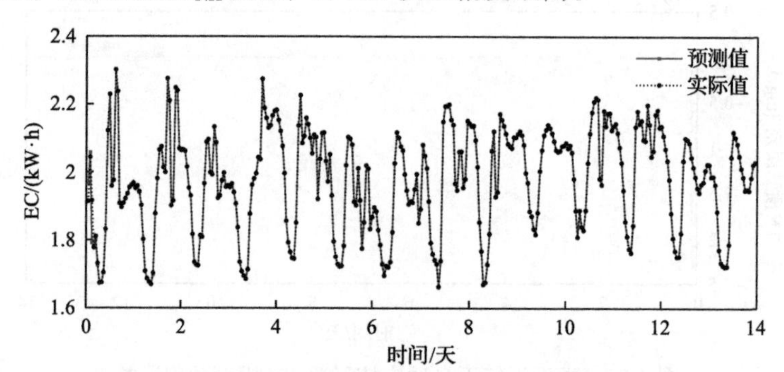

图 4-23　雨天天气下自适应核函数 EC 模型预测结果

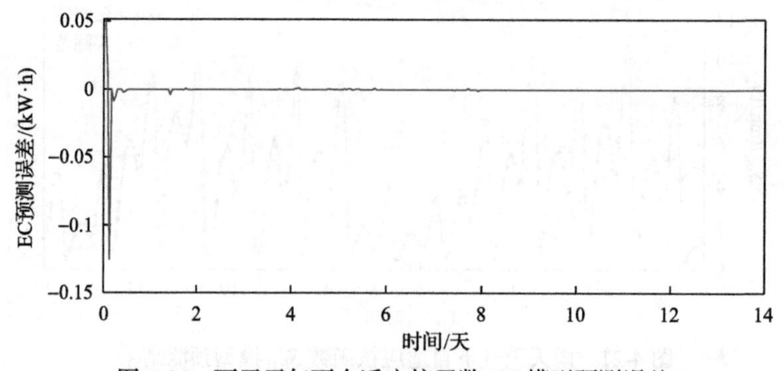

图 4-24　雨天天气下自适应核函数 EC 模型预测误差

2) 优化结果

在雨天天气下，利用 BSM1 运行数据对 SOMOPSO-OS 进行验证。出水氨氮浓度及出水总氮浓度变化曲线如图 4-25 和图 4-26 所示。结果显示，所提出的

SOMOPSO-OS 脱氮效果较好，并能够实现满意的优化性能。

表 4-4　雨天天气下模型预测结果

模型	RMSE	雨天预测误差	
		平均	最大
TN/(mg/L)	0.0016	0.0008	0.0113
S_{NH}/(mg/L)	0.0265	0.0017	0.3721
EC/(kW·h)	0.0075	0.0022	0.1315

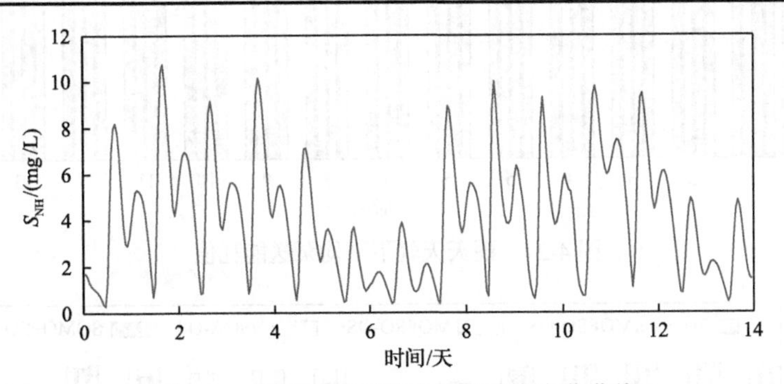

图 4-25　雨天天气下出水氨氮浓度变化曲线

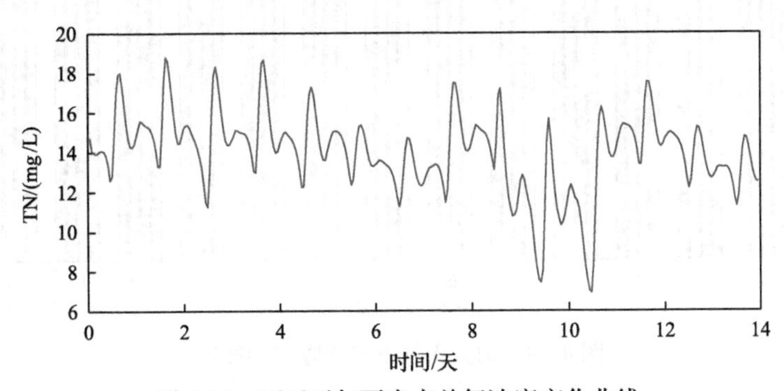

图 4-26　雨天天气下出水总氮浓度变化曲线

图 4-27 是雨天天气下不同优化算法获得的平均泵送能耗值。实验结果表明，所提出的 SOMOPSO-OS 平均泵送能耗值最小。图 4-28 是四种运行优化算法获得的雨天天气下平均曝气能耗值的对比，可以看出，SOMOPSO-OS 能有效地降低曝气能耗，降低污水处理过程的运行能耗。为了进一步验证该方法的有效性，将 SOMOPSO-OS 与其他运行优化策略进行定量对比，结果如表 4-5 所示。

由表 4-5 可以看出，SOMOPSO-OS 的平均泵送能耗(PE)和曝气能耗(AE)值分别为 347kW·h 和 3339kW·h，能耗小于其他优化策略。SOMOPSO-OS 下药耗(CC)为 49.55L，小于其他优化策略。同时，平均 TN 值为 15.23mg/L，平均 S_{NH} 值为 2.93mg/L，小于其他优化策略的 TN 值和 S_{NH} 值。结果表明，在雨天天气下，所提出的 SOMOPSO-OS 能够在改善出水水质的同时，有效地降低污水处理过程中的能耗。结果验证了 SOMOPSO-OS 能够有效应用于城市污水处理过程。

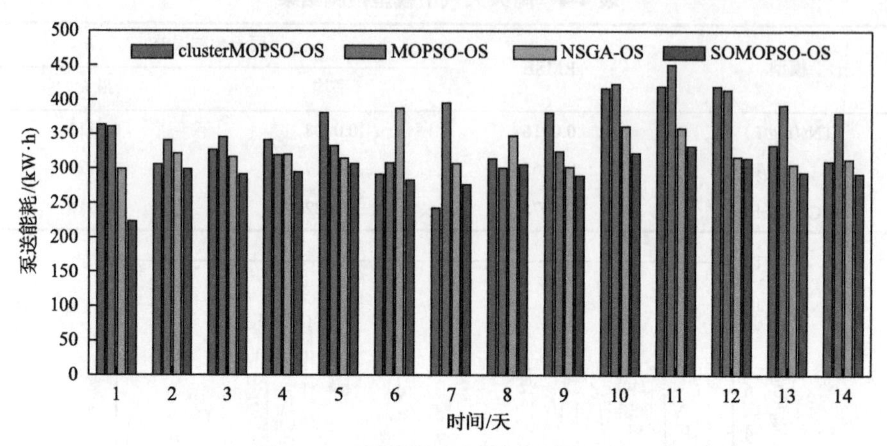

图 4-27　雨天天气下平均泵送能耗值

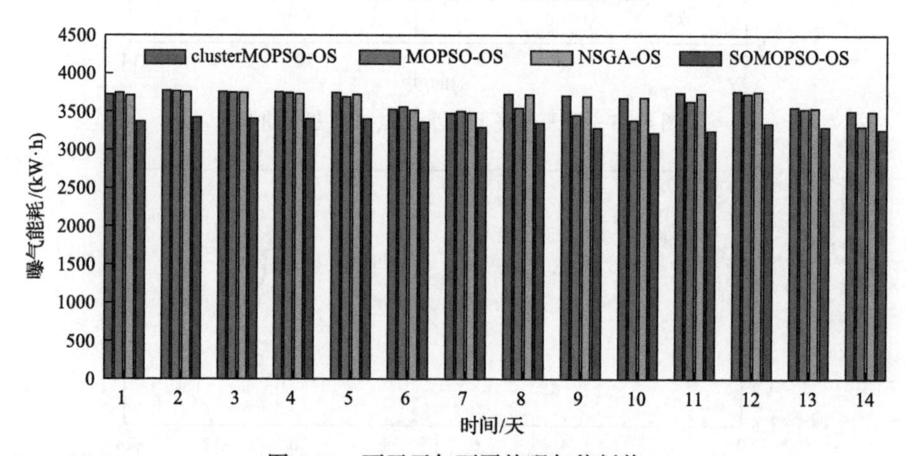

图 4-28　雨天天气下平均曝气能耗值

表 4-5　雨天天气下优化性能比较

方法	PE/(kW·h)	AE/(kW·h)	EC/(kW·h)	CC/L	TN/(mg/L)	S_{NH}/(mg/L)
SOMOPSO-OS	347	3339	3686	49.55	15.23	2.93
clusterMOPSO-OS	361	3491	3852	53.94	16.78	3.16
MOPSO-OS	388	3387	3775	55.78	16.03	3.04
NSGA-OS	352	3694	4046	57.27	16.29	3.58

3. 暴雨天气下的运行结果

1）模型预测结果

所建立的 TN 模型在暴雨天气下的预测结果及误差如图 4-29 和图 4-30 所示。

图 4-29 给出了 TN 模型的预测结果，可以看出所提出的基于自适应核函数的 TN 模型能够快速地追踪上实际 TN 的变化趋势，完成对 TN 值的准确预测，其预测误差如图 4-30 所示，可以看出 TN 模型的预测误差能够保持在[-2.5×10^{-5},1.5×10^{-5}]mg/L 范围内，结果验证了 TN 模型能够实现对出水总氮浓度的准确预测。

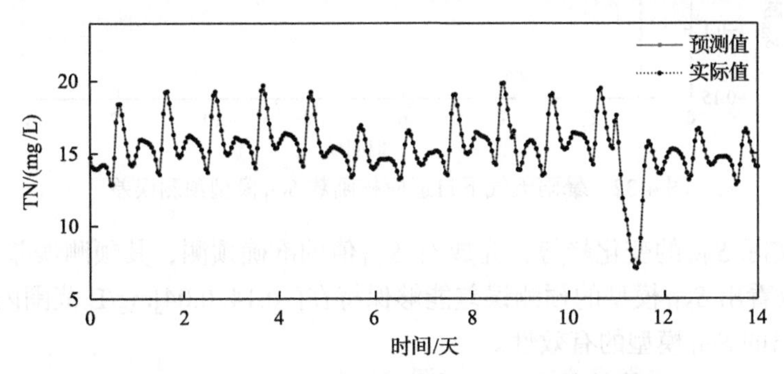

图 4-29　暴雨天气下自适应核函数 TN 模型预测结果

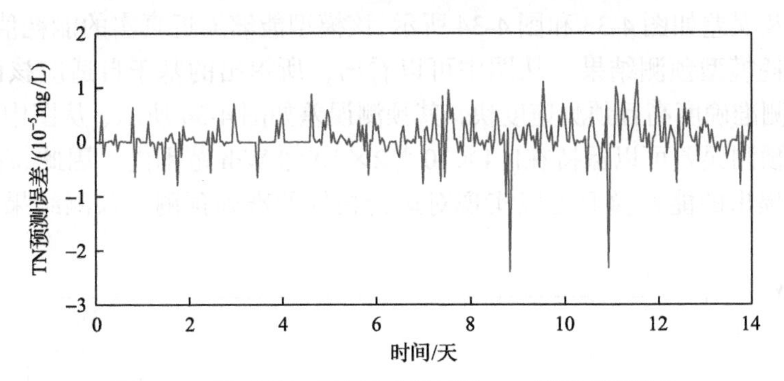

图 4-30　暴雨天气下自适应核函数 TN 模型预测误差

基于自适应核函数的数据驱动建模方法所建立的 S_{NH} 模型在暴雨天气下的预测结果如图 4-31 和图 4-32 所示，该模型能够逼近真实的 S_{NH} 值。图 4-31 给出了 S_{NH} 模型的预测结果，从图中可以看出所提出的基于自适应核函数的 S_{NH} 模型能快

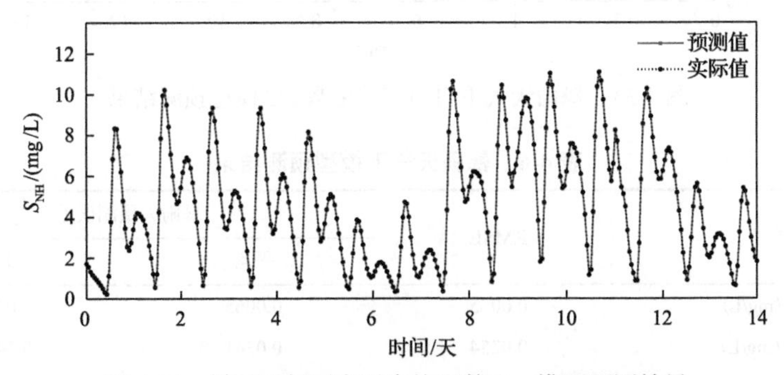

图 4-31　暴雨天气下自适应核函数 S_{NH} 模型预测结果

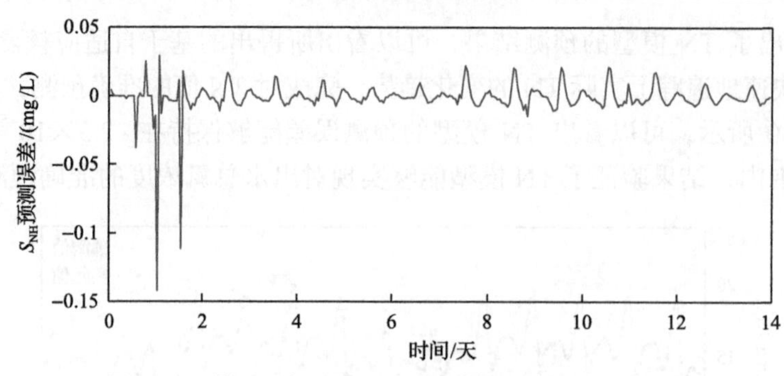

图 4-32　暴雨天气下自适应核函数 S_{NH} 模型预测误差

速地拟合实际 S_{NH} 的变化趋势，完成对 S_{NH} 值的准确预测，其预测误差如图 4-32 所示，可以看出 S_{NH} 模型的预测误差能够保持在[−0.14, 0.04]mg/L 范围内，结果验证了所提出的 S_{NH} 模型的有效性。

基于自适应核函数的数据驱动建模方法所建立的能耗模型在暴雨天气下的预测结果及误差如图 4-33 和图 4-34 所示，该模型能够逼近真实的能耗值。图 4-33 给出了能耗模型预测结果，从图中可以看出，所提出的基于自适应核函数的能耗模型预测准确度高且预测速度快，其预测误差如图 4-34 所示，从图中可知，能耗模型的预测误差可以保持在$[-4\times10^{-3}, 2\times10^{-3}]$kW·h 范围内。因此，在暴雨天气下，所提出的能耗模型可以实现对运行指标的准确预测，预测结果如表 4-6 所示。

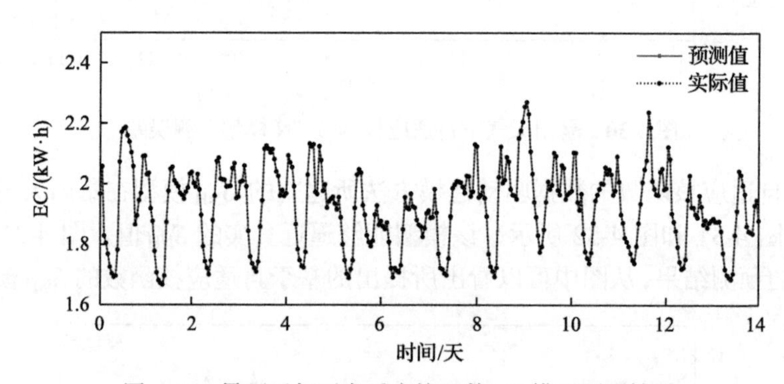

图 4-33　暴雨天气下自适应核函数 EC 模型预测结果

表 4-6　暴雨天气下模型预测结果

模型	RMSE	暴雨天预测误差	
		平均	最大
TN/(mg/L)	0.0035	0.0065	0.0018
S_{NH}/(mg/L)	0.0254	0.0341	0.1493
EC/(kW·h)	0.0044	0.0668	0.0157

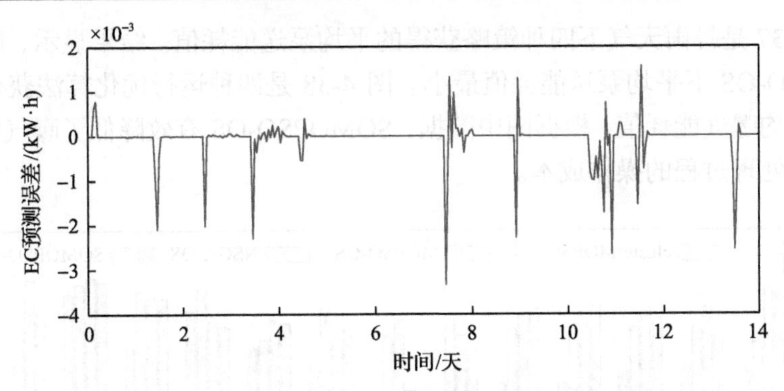

图 4-34　暴雨天气下自适应核函数 EC 模型预测误差

2)优化结果

在暴雨天气下，利用 BSM1 运行数据对 SOMOPSO-OS 进行验证。出水氨氮浓度及出水总氮浓度变化曲线如图 4-35 和图 4-36 所示。结果显示，在受到暴雨天气干扰时，污水处理生物脱氮过程仍能够使出水总氮浓度和出水氨氮浓度达标，所提出的 SOMOPSO-OS 的脱氮效果较好。

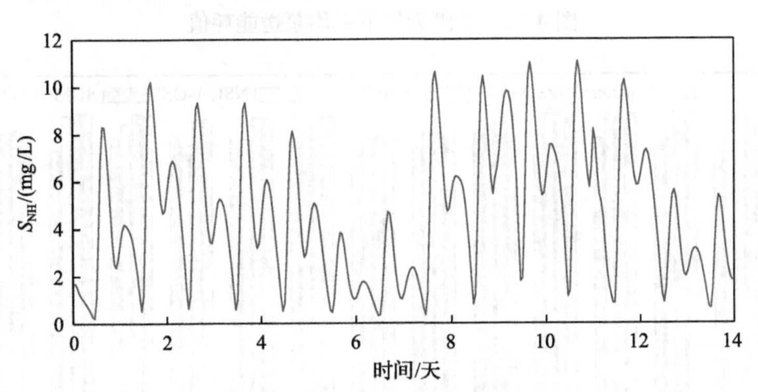

图 4-35　暴雨天气下出水氨氮浓度变化曲线

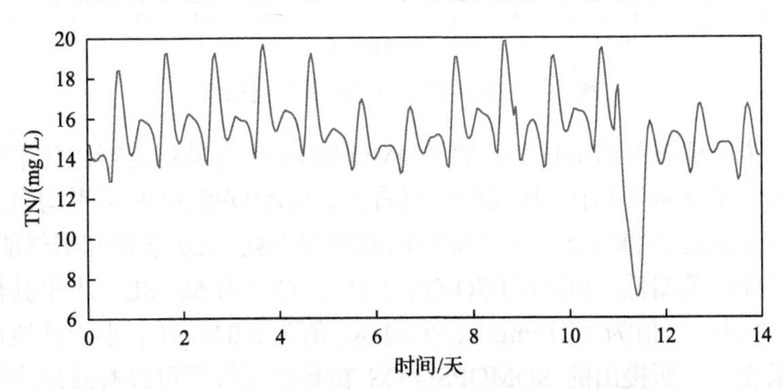

图 4-36　暴雨天气下出水总氮浓度变化曲线

图 4-37 是暴雨天气下四种策略获得的平均泵送能耗值。结果显示，所提出的 SOMOPSO-OS 下平均泵送能耗值最小。图 4-38 是四种运行优化算法获得的暴雨天气下平均曝气能耗值，根据图中数据，SOMOPSO-OS 有效降低了曝气能耗，降低了污水处理过程的操作成本。

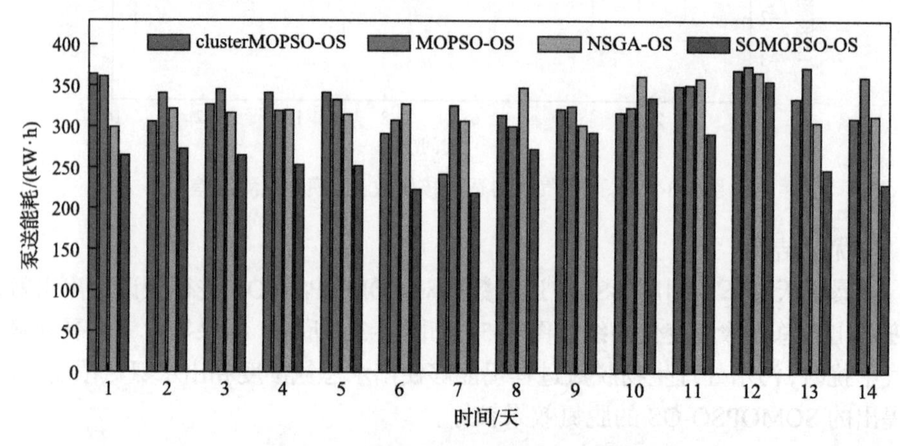

图 4-37　暴雨天气下平均泵送能耗值

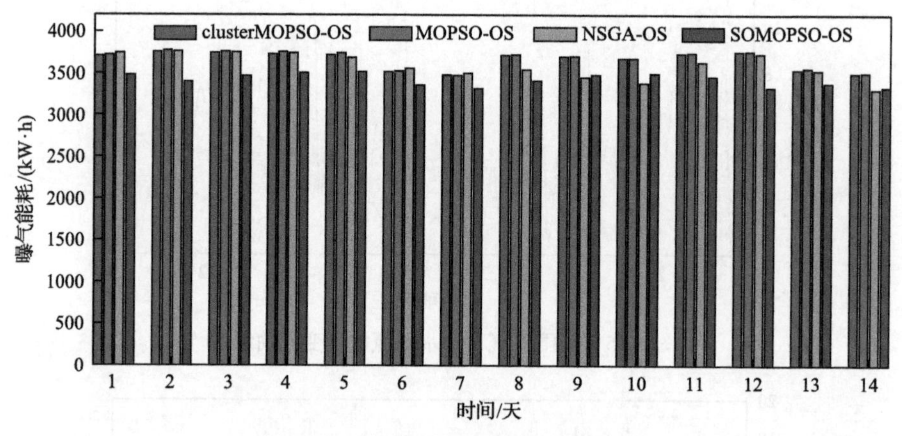

图 4-38　暴雨天气下平均曝气能耗值

为进一步验证该方法的优势，将 SOMOPSO-OS 与其他运行优化策略进行对比，具体结果如表 4-7 所示。从表中可以看出，SOMOPSO-OS 下平均泵送能耗和曝气能耗值分别为 273kW·h 和 3423kW·h，其操作能耗（泵送能耗和曝气能耗之和）比其他运行优化策略低。SOMOPSO-OS 下药耗（CC）为 52.78L，小于其他优化策略。同时，平均 TN 值为 15.16mg/L，平均 S_{NH} 值为 3.04mg/L，小于其他运行优化策略。结果表明，所提出的 SOMOPSO-OS 在暴雨天气下可以有效地降低污水处理过程中的操作能耗，并有效改善出水水质。进一步，所提出的 SOMOPSO-OS

可以有效地应用于不同天气下的城市污水处理过程。

表 4-7　暴雨天气下优化性能比较

方法	PE/(kW·h)	AE/(kW·h)	EC/(kW·h)	CC/L	TN/(mg/L)	S_{NH}/(mg/L)
SOMOPSO-OS	273	3423	3696	52.78	15.16	3.04
clusterMOPSO-OS	311	3586	3897	59.52	16.24	3.26
MOPSO-OS	328	3674	4002	60.97	16.15	3.31
NSGA-OS	394	3782	4176	60.33	17.13	3.48

城市污水处理生物脱氮过程运行优化策略，综合考虑了出水总氮浓度、出水氨氮浓度和能耗，建立了城市污水处理生物脱氮过程运行优化目标函数，基于自组织多目标粒子群优化算法，求解最佳设定值，获得溶解氧浓度、硝态氮浓度和加药流量的设定值，实现了污水处理生物脱氮过程出水氮浓度和能耗的同时优化。仿真结果表明，该优化方案能够在不同天气条件下，保证出水总氮浓度和出水氨氮浓度达标，并有效减少污水处理生物脱氮的能耗。

4.6　城市污水处理生物脱氮过程运行优化系统应用平台

为进行城市污水处理生物脱氮过程运行优化策略的实际运行与应用验证，本节以活性污泥法城市污水处理生物脱氮过程为研究背景，开发城市污水处理生物脱氮过程运行优化系统，搭建、集成运行优化系统平台，展示平台应用效果。

4.6.1　城市污水处理生物脱氮过程运行优化系统平台搭建

本节开发的城市污水处理生物脱氮过程运行优化系统，运行于北京市某城市污水处理小试平台，平台采用活性污泥工艺，日处理能力可达 10 万 t。该平台进水流量动态变化，随时间、气候、用水量等大幅度波动。针对小试平台的操作特点，在城市污水处理运行设备、操作工况以及优化方法等基础上，开发了城市污水处理生物脱氮过程运行优化系统，结合 PLC 底层控制回路以及网络通信等，开发了城市污水处理过程中控室和相关运行优化软件，并在实际应用中进行调试和完善。

本节开发的城市污水处理生物脱氮过程运行优化系统，包含污水处理脱氮过程数据采集模块、污水处理脱氮过程运行优化目标模型模块、污水处理脱氮过程优化设定模块，如图 4-39 所示。

污水处理脱氮过程数据采集模块在运行过程中实时采集数据。污水处理脱氮过程运行优化目标模型模块，可对关键过程参数和生产指标进行动态实时预测，

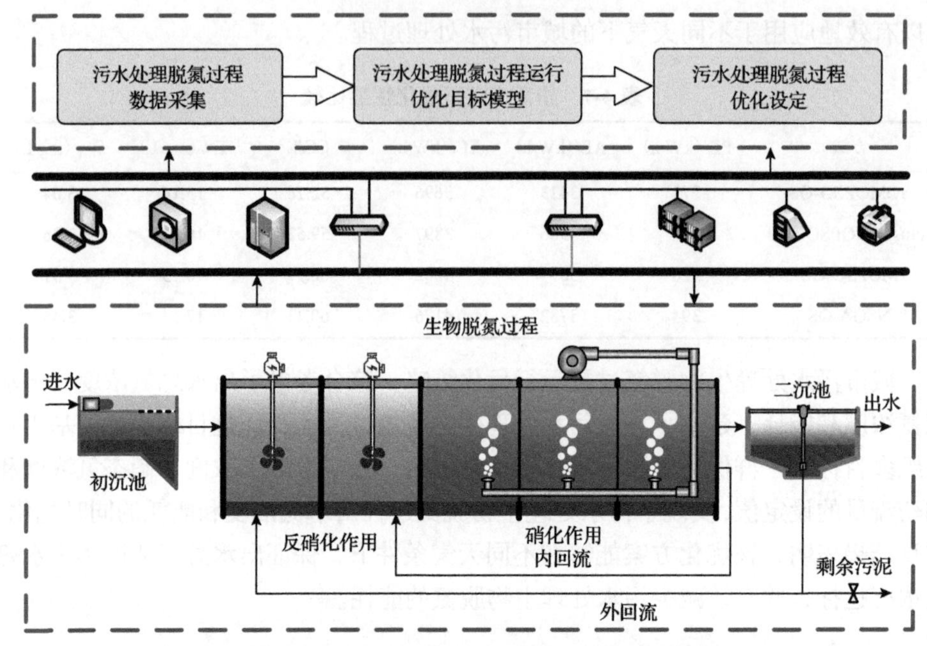

图 4-39　城市污水处理生物脱氮过程运行优化系统

显示出水总氮浓度、出水氨氮浓度、能耗等状态，将评价模型算法通过合理配置植入模块中，根据需求功能实时输出信号，为优化设定提供依据。污水处理脱氮过程优化设定模块，根据参数和指标信息获取优化设定值，为各流程的子环节提供运行参考，将本章设计的 SOMOPSO 算法植入该模块，根据参数和性能评价指标特征获取溶解氧浓度、硝态氮浓度和加药流量的优化设定点，实现城市污水处理生物脱氮过程的优化运行。

4.6.2　城市污水处理生物脱氮过程运行优化系统平台集成

城市污水处理生物脱氮过程运行优化系统，包括上位机功能模块和下位机功能模块。上位机功能模块包括用户管理平台和运行优化平台；下位机功能模块接收上位机的命令，控制底层设备。

1. 上位机功能模块

上位机功能模块中，用户管理平台包括用户注册模块和用户登录模块，运行优化平台包括过程数据采集与处理模块、生物脱氮过程运行优化目标模型模块和生物脱氮过程优化设定模块。

1) 用户管理平台

用户管理平台用于新用户的注册、新老用户的登录以及对用户信息的管理。

2) 运行优化平台

运行优化平台的功能是数据采集、处理与存储，对出水总氮浓度、出水氨氮浓度和能耗的预测以及求取优化设定值等。其中，数据采集与处理模块的功能是获取并存储城市污水处理过程运行数据，通过传输接口与城市污水处理厂的中控室上位机连接，通过传输协议完成数据的传输、调用与查看等。生物脱氮过程运行优化目标模型模块的功能是对出水总氮浓度、出水氨氮浓度和能耗进行实时预测。该模块包含了自适应核函数，通过运行数据对运行指标模型进行训练；同时，运行指标模型的训练结果、训练误差、预测结果以及预测误差等的变化曲线可以在界面中显示并保存，供工程人员或用户随时查看。生物脱氮过程优化设定模块，根据城市污水处理生物脱氮过程的优化目标模型信息，动态获取操作变量的优化设定值，为实现城市污水脱氮过程运行优化提供保障。该模块包含本章设计的 SOMOPSO 算法。算法优化后获取的优化设定值可实时显示在界面中，供工程人员或用户查看和调用。

2. 下位机功能模块

下位机功能模块依据通信协议接收上位机命令，并根据命令控制底层设备。底层设备主要包括 PLC、鼓风机及其变频器等。

1) PLC

本系统主站使用的是西门子 S7-300 系列 PLC，该设备具有模块化结构简单、可完成分布式控制、抗振动冲击效果好、电磁兼容性强等优点。其 CPU(中央处理器)具有数字量和模拟量输入/输出点，具有 PROFIBUS-DP 通信接口或信息传递接口(message passing interface, MPI)。CPU 显示面板中包含状态故障显示灯、模式开关选择以及存储器模块盒。从站采用的是 S7-200 系列的 PLC，其主要优点是结构紧凑、实时性好、速度快且通信功能强大。该系列 PLC 具有统一的模块化设计，无 CPU，只与基本操作单元相连接，用于扩展输入/输出点数。

2) 鼓风机及其变频器

本系统采用罗茨鼓风机，该风机进气口和排气口均为螺旋结构，风机的进气和排气均随着转子的旋转进行，保证运转平衡。该风机的转子曲线采用复合曲线，具有密封好且其输出空气清洁、不包含任何油质等优点。风机齿轮采用 20CrMnTi 经渗碳处理，齿面耐磨，轴承采用承载能力较大的双排滚子进口轴承。鼓风机的变频器选择 ABB 公司生产的大功率变频器，其频率值与转速相对应，可通过 1 或 0 控制鼓风机的运行状况。在使用鼓风机时，应先对变频器进行设置，再通过变频器的控制面板实现对鼓风机的远程调节与控制。完成 PLC 与变频器之间的控制线路连接后，可将变频器切换至远程操作模式，当给 PLC 的变频端口设置给定速度信号且变频器启动后，便可控制运转速度。

4.6.3　城市污水处理生物脱氮过程运行优化系统平台应用验证

目前的城市污水处理生物脱氮过程，大多基于人工经验调整优化设定值或直接将其设为常值。但是由于城市污水处理生物脱氮过程的动态特性，工程人员难以通过城市污水处理运行状态或运行指标变化，对操作变量设定值进行实时动态调整。这不仅会造成城市污水处理过程出水总氮浓度和出水氨氮浓度的不达标排放，还会导致较高的能耗。本节设计的城市污水处理生物脱氮过程运行优化系统，可根据城市污水处理运行指标实时获取优化设定值，并通过用于过程控制的对象链接与嵌入(object linking and embedding for process control, OPC)通信、以太网等将命令传送至 PLC 和鼓风机等设备，实现对城市污水处理生物脱氮过程的动态调整。

城市污水处理生物脱氮过程运行优化系统操作界面如图 4-40 所示，其运行优化目标模型结果显示如图 4-41 所示。系统能够实时获取城市污水处理过程的运行数据，建立优化目标模型，得到出水总氮浓度、出水氨氮浓度和运行能耗的预测结果。

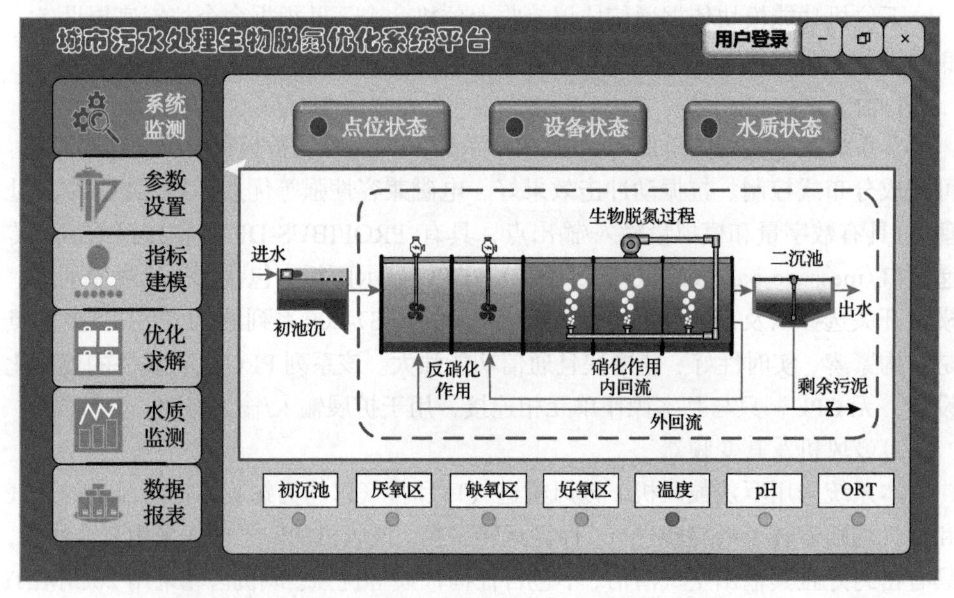

图 4-40　城市污水处理生物脱氮过程运行优化系统操作界面

综上，本章开发的城市污水处理生物脱氮过程运行优化系统，能够根据优化设定模块获得实时的优化设定值，将其输送至下位机运行设备，并通过 PLC 与鼓风机及其变频器之间的协作来完成接收到的命令，实现城市污水处理生物脱氮过程的运行优化，保证出水氮浓度达标的同时有效降低能耗。

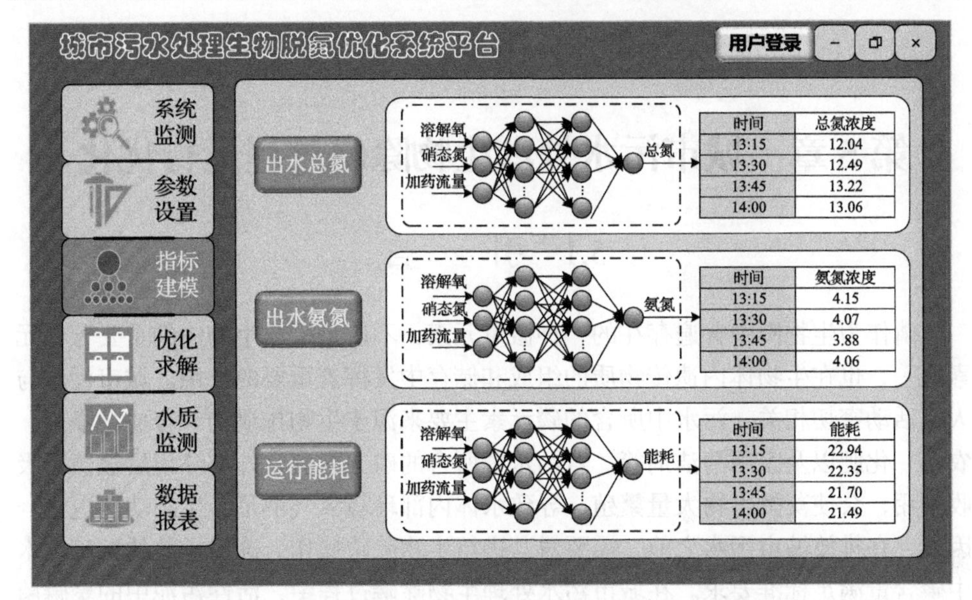

图 4-41　城市污水处理生物脱氮过程运行优化目标模型界面

第5章 城市污水处理生物除磷过程运行优化

5.1 引　　言

磷作为生物圈中普遍存在的一种微量元素，不仅是构成生物体的重要营养元素之一，也在生物体内遗传物质的组成和储存中发挥着重要的作用。城市污水与人类活动密切相关，污水中所含的磷元素主要来源于生物排泄物、合成洗涤剂、农药、化肥以及家用清洁剂等。若污水中所含的磷元素流入外部环境后被藻类吸收利用，会使藻类生物大量繁殖，导致水体内部环境氧气不足、生态功能退化。因此，在排放城市污水之前，需要对其进行生物除磷操作，确保排放的城市污水中磷含量满足标准要求。在城市污水处理生物除磷过程中，活性污泥中的聚磷菌通过吸收磷和释放磷，去除城市污水中的磷元素。优化除磷过程中各指标和条件可使除磷效果达到最佳。

城市污水处理生物除磷过程运行优化是通过求解与运行指标相关的运行过程变量的优化设定点，调整水体中的变量使其跟踪优化设定点，实现运行指标的优化。该优化过程包含两个阶段，分别为运行优化指标建立阶段与优化设定点求解阶段。然而，在实际城市污水处理过程中，工艺过程烦琐，物理、化学、生物反应过程复杂，系统内部与外部影响因素众多，导致城市污水处理生物除磷过程运行优化难以实现。而且，在优化运行指标建立阶段，微生物生化反应动力学的强非线性、过程变量间的强耦合性，以及运行过程的动态时变性，导致运行指标难以建立。在优化设定值求解阶段，目标函数的复杂性与各目标函数间的冲突性，导致过程变量设定值难以求解。

在城市污水处理过程中，如何设计运行优化目标模型，构建生物除磷过程中优化运行目标与各个运行过程变量之间的动态关系，求解生物除磷过程变量的优化设定值，是城市污水处理生物除磷过程的重点研究问题。本章围绕城市污水处理生物除磷过程进行优化方法的设计与实现，对城市污水处理除磷过程进行特征分析，设计一种数据驱动方法建立城市污水处理生物除磷过程运行优化目标模型，设计一种多目标优化算法求解生物除磷过程变量优化设定值，并将以上方法应用于城市污水处理生物除磷实际运行过程中，构建生物除磷系统，进行平台搭建、集成，实现应用效果验证。

5.2　城市污水处理生物除磷过程特征分析

城市污水处理生物除磷过程主要包括厌氧区释磷、好氧区吸磷等生化反应过程。作为一种依赖微生物生化反应的多流程复杂工业过程，城市污水处理生物除磷过程具有众多复杂工业过程共通的特点。为了制定城市污水处理生物除磷过程的优化方案，本节详细分析城市污水处理生物除磷过程的特征，具体如下。

1. 反应机理复杂

城市污水处理生物除磷过程主体包括在厌氧条件下的聚磷菌分解胞内聚磷酸盐和糖原，将污水中的挥发性脂肪酸等有机物摄入细胞，在好氧条件下的聚磷菌利用溶解氧作为电子受体，以储存的挥发性脂肪酸作为电子供体，通过氧化分解作用吸磷，将污水内的磷酸盐聚集在自身体内。其反应机理的复杂性主要体现在动力学方程的复杂非线性、过程的强干扰性和时变性等。具体而言，城市污水处理过程依赖于物理、生物、化学等复杂生化反应，涉及多种强非线性的反应动力学，且过程变量相互影响耦合。强干扰性主要体现在回流液干扰，进水流量变化，水泵运行工况变化，暴雨、冰雪消融带入有毒有害物质等。时变性主要体现在每日进水流量与水质波动，多个工序随着时间的推移动态变化，且不同生化反应具有不同的运行特点、性质和规律。

2. 多种反应过程耦合

城市污水生物除磷过程受多种过程变量影响，过程变量之间具有复杂耦合关系，多种生化反应既相互促进也相互抑制。为了分析各反应过程之间的耦合关系，这里列举了几种与生物除磷相关的反应方程：

$$\begin{aligned}\rho_1 &= \vartheta_1(S_O, S_{NH}, X_{PAO}) \\ \rho_2 &= \vartheta_2(S_O, S_{NO}, X_{PAO}) \\ \rho_3 &= \vartheta_3(S_A, X_{PP}, X_{PAO}, S_O, S_{NO}) \\ \rho_4 &= \vartheta_4(S_O, S_{PO_4}, X_{PAO})\end{aligned} \tag{5-1}$$

其中，ρ_1 为聚磷菌好氧生长速率；ρ_2 为聚磷菌缺氧生长速率；ρ_3 为聚磷菌释磷速率；ρ_4 为聚磷菌吸磷速率。根据除磷机理知识，保持较高的除磷效率首先要保证聚磷菌的生长速率，而其生长速率与污水中的聚磷菌浓度、硝态氮浓度、氨氮浓度和溶解氧浓度相关。在厌氧反应端，要具备聚磷菌释磷所需条件，即合适的聚磷菌浓度、无机磷浓度、可生化降解有机物浓度、溶解氧浓度和硝态氮浓度。为了保证磷沉淀效率，即保证聚磷菌吸磷效率，好氧区需要具有合适的磷酸根浓度、溶解氧浓度和聚磷菌浓度。同时，根据除氮机理反应，硝态氮、氨氮的去除效率与磷酸根浓度、溶解氧浓度相关。因此，城市污水处理除磷过程中，聚磷菌的生长、释磷、吸磷过程存在耦合，单独促进某一种反应过程会影响甚至抑制其他反应过程。

3. 磷浓度、氮浓度与外部碳源相互影响

聚磷菌吸磷、释磷过程需要外部碳源参与，这导致三者之间存在极强的相关性。在生物脱氮除磷系统，除磷操作过程中所涉及的聚磷菌厌氧释磷与反硝化过程是主要消耗碳源的环节。水体中碳源的含量越高，聚磷菌在厌氧区中对磷的释放越充分、在好氧区中对磷的吸收情况越好，最终除磷效果越好。同样，在硝态氮保持一定浓度的情况下，挥发性脂肪酸的浓度越高，污水处理过程中发生的反硝化速率越高，脱氮效率越高。反硝化菌以硝酸盐为电子受体，利用易于降解的有机物作为碳源，将以硝态氮形式存在的氮元素还原为氮气后去除。在经历以上过程后，待处理污水流至缺氧区中，可生化降解有机物浓度降低，影响了反硝化过程，使得反硝化除磷效果变差。由于聚磷菌厌氧释磷与污水处理过程中反硝化脱氮操作均以进水易降解有机物作为碳源，进水水体中的有机物含量有限，导致两个反应过程间对水体中的碳源形成竞争关系。

4. 多种运行优化目标冲突

城市污水处理生物除磷过程主要涉及两个性能指标：总磷浓度(这里用 TP 表示)与运行能耗(OC)。OC 包括曝气能耗和泵送能耗，一般情况下，曝气能耗可以通过 K_{La} 计算，且与 S_O 有关。若要保证高除磷效率，需调整曝气与回流泵频率至合适值。过低的曝气与回流泵频率虽然可以降低能耗，但必然无法满足除磷需求，导致出水总磷浓度超标。若将曝气与回流泵频率调整至优化值，则必定消耗较多能量。因此，出水总磷浓度与运行能耗无法同时最小化，即它们为一对冲突优化目标。

5. 生化反应参数难以测量

城市污水处理生物除磷生化参数包括影响组分浓度变化的动力学参数与影响生化反应速率的化学计量参数。动力学参数表征相关组分浓度对反应速率的影响，化学计量参数表征单个过程中各组分之间相互转化的数量关系。然而，由于在线检测技术的限制，大多数生化反应参数无法实时检测。此外，污水处理生物除磷过程具有不均匀性，同一反应容器内的不同位置可能对应不同的温度、pH、氧化还原电位等参数。不均匀反应过程中的各个生化反应参数无法准确检测。

5.3 城市污水处理生物除磷过程运行优化目标模型

城市污水处理生物除磷过程运行优化的目标是提升除磷效率、降低运行能耗。

为了实现运行优化，建立出水总磷浓度与运行能耗优化模型是必要的。然而，由于城市污水处理生物除磷过程动力学复杂、运行状态时变、涉及多种相互影响的反应过程，运行性能指标模型难以精确建立。针对这个问题，本节提出一种数据驱动的生物除磷过程优化目标模型，介绍生物除磷过程主要目标及影响因素，从众多影响因素中选择相关性及可操作性较强的因素，作为优化目标模型的输入变量，并利用自适应核函数建立所选变量与多种目标函数之间的函数关系，完成运行优化目标模型的建立。

5.3.1　生物除磷过程主要目标及影响因素

生物除磷过程的目标是尽可能降低出水总磷浓度，降低运行能耗。运行能耗与输氧泵的频率、混合液回流(内回流)比、污泥回流(外回流)量直接相关。根据机理分析，输氧泵的频率、内回流量分别与溶解氧浓度、硝态氮浓度直接相关。生物除磷过程的主要影响因素如图 5-1 所示，各因素具体介绍如下。

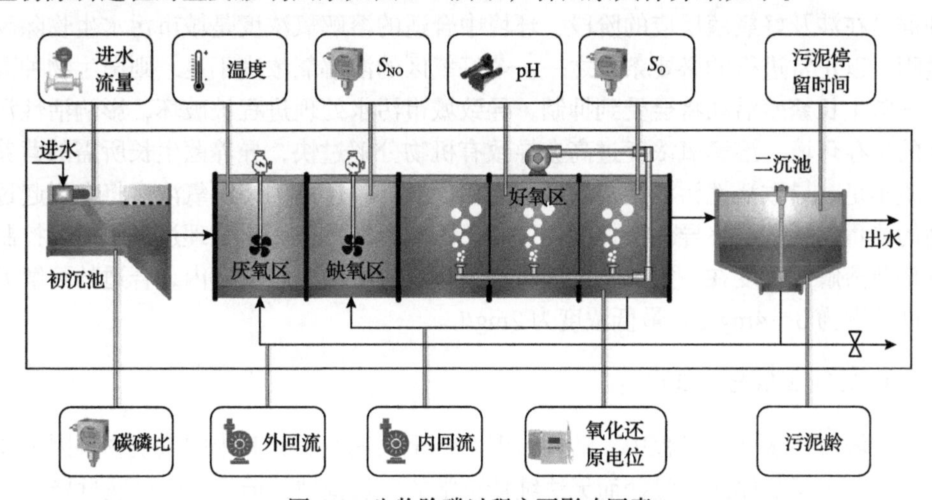

图 5-1　生物除磷过程主要影响因素

1. 温度

温度是影响城市污水处理生物除磷过程的重要因素，可改变微生物活性，影响生化反应进程。在除磷过程中，聚磷菌是最主要的反应微生物，其正常的生活温度为 15～25℃，通常在 20℃能保持最高活性。温度过高时，聚磷菌会停止自身生长繁殖活动甚至死亡。温度较低时，聚磷菌将停止进行自身生命活动，进入休眠状态，温度过低则会导致死亡。除聚磷菌，城市污水处理生物除磷过程还包含由多种细菌组成的微生物群。由于不同细菌所适宜的生长温度各不相同，当城市污水处理生物除磷过程的水温随季节变化时，会发生天然的微生物淘汰过程和驯化过程，只有调整合适的水温才能使微生物群体快速生长繁殖。

2. pH

在城市污水处理生物除磷过程中，pH 是影响微生物活性的另一重要因素。pH 大小会影响污水处理过程中物质的离解状态，导致营养物质的可给性及有害物质毒性。此外，pH 的变化会引起底物中和细菌体内酶蛋白中荷电状态分布变化，影响代谢过程中生物酶活性。大多数微生物、细菌的合适 pH 为 6.5～7.5。过低的 pH 不利于微生物和细菌生长，尤其是菌胶团细菌。相反，过高的 pH 会对霉菌及酵母菌的生长产生积极影响，霉菌繁殖会破坏活性污泥的吸附和絮凝能力，导致活性污泥结构松散，难以沉降，甚至引起丝状菌污泥膨胀。

3. 好氧区溶解氧浓度

在城市污水处理生物除磷过程中，活性污泥中培养着以好氧菌为主的微生物种群。在涉及好氧菌反应的阶段，环境中合适的溶解氧浓度是城市污水生物除磷过程可以正常进行的必要条件之一。若好氧区的溶解氧浓度不足，则微生物种群的正常生长繁殖活动将会受到抑制，导致城市污水处理进程被破坏，影响活性污泥的生存环境。溶解氧浓度过高会导致有机物分解过快，异养菌生长所需的营养物质不足，导致活性污泥结构松散、老化。此外，过高的溶解氧浓度将会引起过高的能量消耗，最终导致操作能耗过高。因此，在城市污水处理过程中需要控制各环节溶解氧浓度在一定的范围内。在生化反应阶段的好氧区内，合适的溶解氧浓度范围为 3～4mg/L，最低浓度为 2mg/L。

4. 厌氧区硝态氮浓度

在城市污水处理过程中，活性污泥回流至厌氧区后，其中的微生物群因为缺少氧外部电子受体或硝酸盐而无法维持正常的生长繁殖，但聚磷菌可通过聚 β 羟基丁酸和多聚磷酸盐维持正常的繁殖。因此，在城市污水处理除磷系统中，聚磷菌可以维持正常生命活动，获得竞争优势，实现城市污水处理过程中的除磷操作。

厌氧区中存在的硝酸根 (NO_3^-) 和亚硝酸根 (NO_2^-) 会影响生物除磷过程的进行。产酸菌对有机基质的氧化可以利用 NO_3^- 作为最终电子受体，因此 NO_2^- 和 NO_3^- 的存在会产生挥发性脂肪酸以及抑制产酸菌的厌氧发酵。反硝化菌消耗易生物降解的有机基质同时利用 NO_3^- 进行反硝化，从而使厌氧区中聚磷菌发生释磷反应。当硝酸根达到一定浓度时，与其他异养兼性厌氧微生物相比，聚磷生物在对低级脂肪酸的竞争中处于不利地位，从而抑制了聚磷菌正常生长繁殖活动的进行，不利于生物除磷过程的正常进行。当硝酸盐氮浓度大于 1.5mg/L 时不利于聚磷菌对自身体内磷元素的释放，当硝酸盐氮浓度小于 1.5mg/L 时，这种不利影响变小。

5. *污泥龄*

在城市污水处理过程中，排放剩余污泥是实现除磷操作十分重要的一环，而通过对除磷过程的机理分析可知，活性污泥龄的长短直接影响剩余污泥的排放量以及污泥的摄磷作用。常规条件下，较小的污泥龄可以获取较好的除磷效果，这是因为较小的污泥龄意味着系统中的污泥量较多，因而剩余污泥的排放量较多，通过活性污泥去除的磷元素较多，最终二沉池中出水水体中磷元素的含量较少，可以实现更好的除磷效果。但是，对于需要同时进行脱氮除磷操作的城市污水处理过程，反硝化菌和硝化菌的生长周期长，通常需要控制较大的污泥龄才能满足反硝化和硝化反应的需要，这种对污泥龄长短问题的矛盾使得除磷效果往往会受到一定程度的影响。表 5-1 为不同污泥龄下的生物除磷效果。

表 5-1　不同污泥龄下的生物除磷效果　（单位：mg/L）

污泥龄	反应器				
	进水处	厌氧池	缺氧池	好氧池	出水处
8 天	6.6	23.4	10.0	0.1	0.2
10 天	6.9	26.7	9.3	0.2	0.1
12 天	6.7	33.0	9.8	0.2	0.1
15 天	6.5	36.2	10.6	2.4	1.8

污泥龄对聚磷菌的厌氧释磷、好氧/缺氧吸磷十分重要。从表 5-1 中可以看出，当污泥停留时间为 8～12 天时，随着污泥龄的增长，聚磷菌厌氧释磷量逐渐增加，除磷效果并没有受到较大的影响。然而，当污泥龄达到 15 天时，出水磷浓度也相对较高，无法达到国家排放一级标准。这是因为随着污泥龄的延长，系统排泥量减少，有机物的不足可能使聚磷菌的活性降低，从而污泥发生“自溶”现象，致使出现无效释磷现象，降低了除磷效率。

6. *污泥回流比*

污泥回流比与磷的释放量成反比，与硝酸盐和溶解氧的浓度成正比。过高的污泥回流比会将过多的溶解氧和硝酸盐带入厌氧区，导致厌氧释磷所需的严格环境被破坏，硝酸盐增多对厌氧反硝化菌的正常生长繁殖活动是有利的，而反硝化菌进行反硝化将消耗生化反应系统中的有机基质，有机基质的减少会抑制聚磷菌释放磷元素。

表 5-2 反映了污泥回流比对城市污水处理过程中除磷总量的影响。表中数据显示，在系统工作过程中，不同污泥回流比对应的活性污泥对污水中磷元素的吸

收量不同，且污泥回流比过大或者过小均会对除磷产生不利影响。因此，要实现最佳的磷元素去除效果，需要综合考虑实际运行情况，设置合适的污泥回流比。一般情况下，污泥回流比设置为 1～3 倍进水流量。

表 5-2　污泥回流比对城市污水处理过程中除磷总量的影响

污泥回流比	反应器				
	厌氧池/mg	缺氧池/mg	好氧池/mg	总吸磷量/mg	吸磷与释磷比
100%	–2476.0	436.8	2289.4	2726.2	1.10
200%	–2606.2	786.5	2077.0	2863.5	1.10
300%	–2389.0	607.2	2045.4	2652.6	1.11

7. 碳磷比

碳磷比是污水中可生化降解有机物与总磷浓度的比值。可生化降解的有机物主要包括乙酸、丙酸和甲酸等。其中，乙酸可以被聚磷菌直接利用进行释磷；其他可生化降解有机物必须转化为合适的基质，才能被聚磷菌吸收，进行释磷反应。聚磷菌易吸收利用分子量较小且易降解的有机物，不易利用高分子且难降解的有机物。研究发现，糖类物质在活性污泥系统中在厌氧环境下发酵降解，在好氧环境下存在再生现象。因此，为了达到良好的除磷效果，需要对可生化降解有机物的含量进行控制。

8. 厌氧区水力停留时间

厌氧区水力停留时间(HRT)是影响系统生物除磷的重要因素，它会影响厌氧区内挥发性脂肪酸的产生及聚磷菌对挥发性脂肪酸的吸收，进而影响胞内挥发性脂肪酸储存量及吸磷速率。在城市污水处理厂的实际运行过程中，厌氧区水力停留时间的不同可以体现在厌氧反应器的有效利用体积上，但对该影响因素的分析需要控制缺氧反应器和好氧反应器的体积固定不变。

表 5-3 给出了某城市污水处理生物除磷过程中，不同厌氧区水力停留时间时各反应池中的总磷浓度。从表中数据可以看出，在其他条件设置相同的情况下，不同的厌氧区水力停留时间可以得到不同的磷元素去除效果，释磷量随着厌氧水力停留时间的延长而增加，除磷率却呈先升高后降低的趋势。从工程角度，延长厌氧区水力停留时间，会增加整个反应池的体积，从而增加基建投资和运行费用。因此，对于运行良好的城市污水生物脱氮除磷系统，厌氧区水力停留时间的长短能确保磷的充分释放，达到出水总磷浓度指标要求即可。若厌氧区水力停留时间太短，则不能保证磷充分释放出来。可见，厌氧区水力停留时间的设定对除磷达标排放是非常关键的，过长或过短的厌氧区水力停留时间都会降低除磷率。

表 5-3 不同厌氧区水力停留时间时各反应池中的总磷浓度 （单位：mg/L）

HRT	反应器				
	进水处	厌氧池	缺氧池	好氧池	出水处
1.2h	7.3	18.6	7.9	2.3	2.2
1.6h	7.0	24.9	7.4	0.4	0.2
1.9h	7.3	26.0	8.4	0.5	0.3
2.5h	7.0	30.8	11.5	0.9	1.3

9. 进水流量

城市污水处理系统中，进水流量也是一个重要指标，其对水质变化有一定影响。当水量超出污水处理能力时，易导致出水总磷浓度超标。进水流量在一定范围内变化对除磷效果影响较小，而当污水流量超过临界值后，磷元素去除效果骤减。因此，需要在保证污水净化效果的前提下提高运行效率。

5.3.2 生物除磷过程优化目标模型

为综合活性污泥法城市污水处理过程中各方面运行指标，实现对污水的净化作用，去除城市污水中磷元素，本节设计一种基于数据驱动辅助模型的多目标优化算法，以获取优化设定值。以城市污水生物除磷过程中的能源消耗及出水总磷浓度作为优化目标，根据城市污水处理过程运行的历史数据，基于自适应核函数建立优化目标模型。

基于自适应核函数的出水总磷浓度与运行能耗目标模型如图 5-2 所示，选取与出水总磷浓度、运行能耗密切相关的关键变量 S_{O}、S_{NO}、Q_{r}、Q_{in} 为输入变量，出水总磷浓度、运行能耗为模型输出变量。

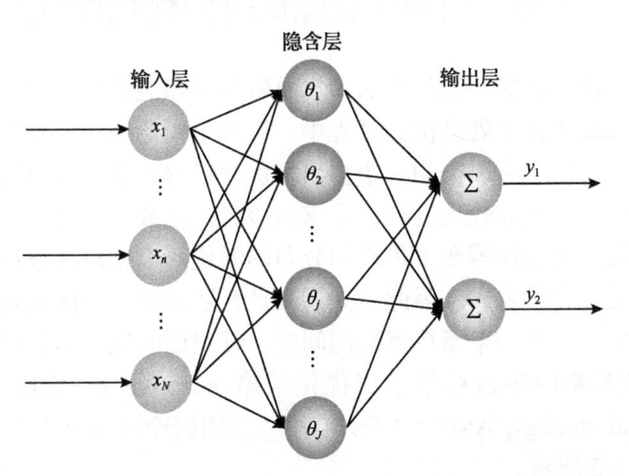

图 5-2 基于自适应核函数的出水总磷浓度与运行能耗目标模型

利用自适应核函数表示综合运行指标 y_1、y_2 和关键变量间的关系：

$$
\begin{aligned}
y_1(t) &= \sum_{q=1}^{Q} W_{1q}(t)\cdot K_{1q}(t) + W_{10}(t) + d_1(t) \\
y_2(t) &= \sum_{q=1}^{Q} W_{2q}(t)\cdot K_{2q}(t) + W_{20}(t) + d_2(t)
\end{aligned}
\tag{5-2}
$$

其中，$y_1(t)$ 为以出水总磷浓度为代表的出水总磷浓度模型的预测输出；$y_2(t)$ 为污水处理过程中运行能耗模型的预测输出；Q 为核函数的数量；$W_{1q}(t)$、$W_{2q}(t)$、$W_{10}(t)$、$W_{20}(t)$ 为核函数权重参数；$K_{1q}(t)$、$K_{2q}(t)$ 为自适应核函数，表示为

$$
\begin{aligned}
K_{1q}(t) &= \mathrm{e}^{-\left\|\varepsilon(t)-c_{1q}(t)\right\|^2/(2b_{1q}^2(t))} \\
K_{2q}(t) &= \mathrm{e}^{-\left\|v(t)-c_{2q}(t)\right\|^2/(2b_{2q}^2(t))}
\end{aligned}
\tag{5-3}
$$

$\varepsilon(t)$ 和 $v(t)$ 分别为模型的输入变量；$b_{1q}(t)$ 和 $b_{2q}(t)$ 为模型的核宽度；$c_{1q}(t)$、$c_{2q}(t)$ 为模型的核中心；$d_1(t)$ 和 $d_2(t)$ 为模型的干扰：

$$
\begin{aligned}
d_1(t) &= d_1(t-1) - \gamma_1 \cdot e_1(t-1) \\
d_2(t) &= d_2(t-1) - \gamma_2 \cdot e_2(t-1)
\end{aligned}
\tag{5-4}
$$

其中，γ_1、γ_2 为干扰模型的增益；$e_1(t-1)$、$e_2(t-1)$ 为 $t-1$ 时刻模型的预测误差。考虑城市污水处理过程的动态特性，设计了一种基于自适应二阶 L-M 的参数调整算法对综合运行指标模型进行调整，以保证模型的有效性。

5.4　城市污水处理生物除磷过程优化设定点求解

城市污水处理生物除磷过程中的出水总磷浓度和能耗是两个非常重要的优化指标。但是，在城市污水处理优化过程中，这两个指标往往是相互冲突的，因此城市污水处理运行优化可以视为一个多目标优化过程。由于城市污水处理生物除磷过程中的优化目标函数较为复杂，在求解该目标函数的过程中难以保证解的分布性。然而，决策者往往需要大量均匀分布的最优解以支撑决策过程，选取性能较好的过程变量优化设定点。因此，如何设计合适的多目标优化算法，以求解过程变量优化设定点，是一个亟待解决的问题。针对该问题，本节提出一种基于自适应多重选择策略的多目标粒子群优化策略（adaptive multiple selection-based MOPSO optimal strategy, AMS-MOPSO-OS），应用于污水处理生物除磷过程优化运行中，如图 5-3 所示。

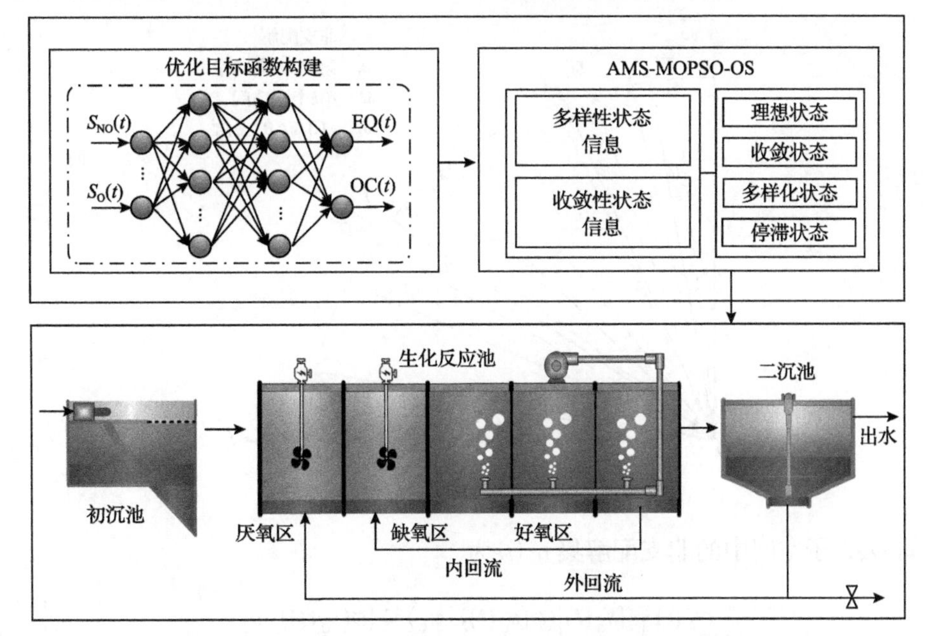

图 5-3　城市污水处理生物除磷过程优化设定点求解

5.4.1　进化状态探测

多种群 MOPSO 算法在进化过程中，会产生相当数量的非支配解，这些非支配解可能具有良好的收敛性潜能，或者具有良好的多样性潜能。但是粒子群在每次迭代中，只能选择一个候选解为引导点。因此，明确算法在当前迭代下的性能需求，才能选择合适的引导点。本节提出进化状态探测机制探测多样性和收敛性。

1. 多样性探测

非支配解的空间分布信息用于描述 MOPSO 进化过程中多样性需求变化。为了获得进化过程的空间分布信息，本节引入一种分解方法，在该分解方法中，目标空间通过一组方向向量被均匀地划分为若干子空间。然后，通过计算非支配解在每个子空间上的分布方差，可获得当前迭代下非支配解集的空间分布信息。为了能够清晰地描述多样性探测过程，图 5-4 给出了二维空间中非支配解在每个子空间上的分布情况，图中 f_1 和 f_2 为优化目标的坐标轴。

为获得均匀划分的子空间，生成一组方向向量 $U=\{u_1, u_2,\cdots, u_K\}$，然后将优化空间 O 划分为若干子空间：

$$O=\{\Omega_1,\Omega_2,\cdots,\Omega_K\} \tag{5-5}$$

其中，Ω_K 为与方向向量 u_K 关联的子空间；K 为划分子空间的数量。对于每个子

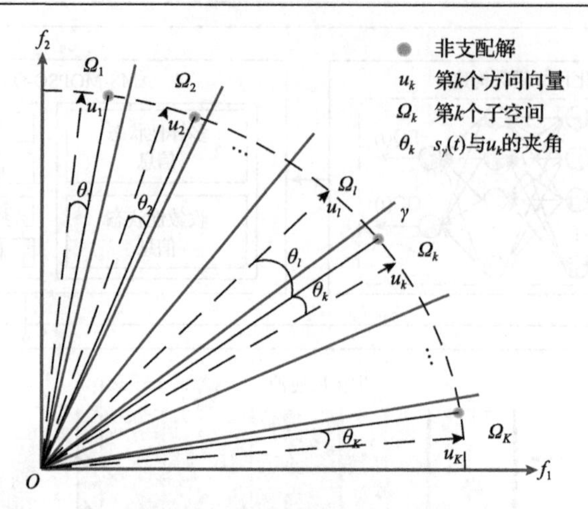

图 5-4　非支配解的分配过程

空间 Ω_K，子空间中的非支配解集 $\sigma_k(t)$ 为

$$\sigma_k(t)=\{s_q(t)\big|\langle\varphi(s_q(t)),\ u_k\rangle\leqslant\langle\varphi(s_q(t)),\ u_l\rangle \\ s_q(t)\in S(t),\ \ q=1,2,\cdots,S(t)\} \tag{5-6}$$

其中，$s_q(t)$ 为外部档案 $S(t)$ 中的第 i 个非支配解；$\langle\varphi(s_q(t)),\ u_k\rangle$ 为方向向量 u_k 与非支配解 $s_q(t)$ 的夹角锐角值；u_l 为第 l 个方向向量，l=1, 2,⋯, K，并且 $l\neq k$；$\varphi(s_q(t))=[\varphi_1(s_q(t)), \varphi_2(s_q(t)),\cdots, \varphi_M(s_q(t))]$为 $s_q(t)$ 的方向向量：

$$\varphi_m(s_q(t))=\arccos\left(\frac{\left|f_m(s_q(t))\right|}{\sqrt{\sum_{r=1}^{M}(f_r(s_q(t)))^2}}\right) \tag{5-7}$$

其中，$f_m(s_q(t))$为非支配解 $s_q(t)$ 的第 m 个目标值，m=1, 2,⋯, M。

基于非支配解在每个子空间中的分布情况，空间分布信息 $I_A(t)$ 为

$$I_A(t)=\sqrt{\frac{1}{H(t)}\sum_{h=1}^{H(t)}(\sigma_h(t)-\bar{\sigma}(t))^2} \tag{5-8}$$

其中，$\sigma_h(t)$ 为第 h 个子空间中的非支配解集，h=1,2,⋯,$H(t)$，$H(t)$ 为 t 时刻包含非支配解的子空间个数，$\bar{\sigma}(t)$ 为 $\sigma_h(t)$ 的平均值。在 AMS-MOPSO-OS 中，空间分布信息的方差能够反映出非支配解的分布性变化。当空间分布信息较小时，非支配解集具有较好的分布，而进化方向的均匀分布，意味着算法具有较好的多样性性能。另外，如果空间分布信息较大，代表了非支配解集有着较差的分布，那么算法具有较差的多样性性能。

2. 收敛性探测

在 AMS-MOPSO-OS 中，相对支配信息被用来反映算法的收敛性变化。为了获得相对支配信息，需要计算进化过程中每个非支配解的支配强度。对于当前外部档案 $S(t)$ 中的非支配解 $s_\gamma(t)$，支配强度 $\mathrm{dom}(s_\gamma(t))$ 为

$$\mathrm{dom}(s_\gamma(t)) = \begin{cases} 1, & s_q(t) \succ r_p(t-1) \\ 0, & \text{其他} \end{cases} \tag{5-9}$$

其中，$r_p(t-1)$ 为 $t-1$ 时刻的非支配解，$p=1, 2,\cdots, S(t)$，$p \neq q$；如果 $s_q(t)$ 支配 $r_p(t-1)$，意味着相比于 $r_p(t-1)$，$s_q(t)$ 更加靠近真实 Pareto 前沿。在获得支配强度之后，相对支配信息 $I_B(t)$ 为

$$I_B(t) = \sum_{q=1}^{S(t)} \mathrm{dom}(s_q(t)) \tag{5-10}$$

基于上述分析，分布信息的变化和相对支配信息能够反映算法的收敛性和多样性性能需求。因此，在 AMS-MOPSO-OS 中，根据算法的进化信息，将进化状态划分为四种，如图 5-5 所示，四种状态具体如下。

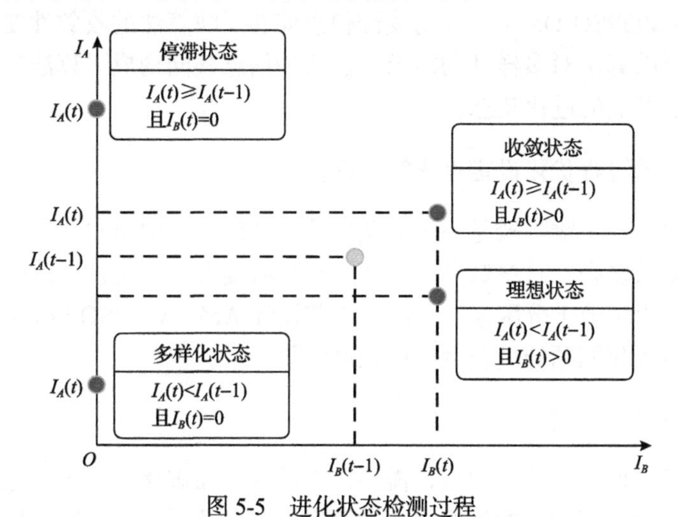

图 5-5　进化状态检测过程

1) 理想状态

若 $I_A(t)<I_A(t-1)$ 且 $I_B(t)>0$，则目标空间中非支配解集的分布变得更加均匀，并且在当前迭代中有一些非支配解支配了上一代的非支配解。这意味着所获得的优化解集更加靠近真实 Pareto 前沿，算法的进化过程处于理想状态。

2) 收敛状态

若 $I_A(t) \geqslant I_A(t-1)$ 且 $I_B(t)>0$，则目标空间中非支配解集的分布变差，算法的多样性变差，并且在当前迭代中有一些非支配解支配了上一代的非支配解。这意味着优化解集更加靠近真实 Pareto 前沿，算法的进化过程处于收敛状态。

3) 多样化状态

若 $I_A(t)<I_A(t-1)$ 且 $I_B(t)=0$，则目标空间中非支配解集的分布变得更加均匀，但是在当前迭代中非支配解没有支配上一代的非支配解。这意味着当前迭代中的优化解集，没有进一步地靠近 Pareto 前沿，算法的进化过程处于多样化状态。

4) 停滞状态

若 $I_A(t) \geqslant I_A(t-1)$ 且 $I_B(t)=0$，则目标空间中非支配解集的分布变差，算法的多样性较差，并且在当前迭代中非支配解没有支配上一代的非支配解。这说明所获得的优化解集没有进一步靠近真实 Pareto 前沿，算法的进化过程处于停滞状态。表 5-4 列举了四种进化状态特征。

表 5-4　进化状态特征

状态	理想状态	收敛状态	多样化状态	停滞状态
条件	$I_A(t)<I_A(t-1)$ 且 $I_B(t)>0$	$I_A(t) \geqslant I_A(t-1)$ 且 $I_B(t)>0$	$I_A(t)<I_A(t-1)$ 且 $I_B(t)=0$	$I_A(t) \geqslant I_A(t-1)$ 且 $I_B(t)=0$

在 AMS-MOPSO-OS 中，相对支配信息能够反映算法的收敛性变化，空间分布信息能够反映算法对多样性的需求，这两种信息共同构成了算法的空间进化信息，综合反映算法的进化状态。

5.4.2　生物除磷过程优化设定点求解流程

城市污水处理生物除磷是一个复杂的动态系统，其中出水总磷浓度指标与运行能耗指标函数复杂，且参数动态变化。在具有复杂动态特性的优化问题中，求解合适的优化设定值十分困难。为此，本节设计 AMS-MOPSO-OS 求解城市污水处理生物除磷优化问题的过程变量优化设定值。

1. 自适应多重选择策略

为选择子种群合适的引导点，需要计算候选解在进化过程中的空间特征，包括候选解的稀疏程度和支配等级。在计算完空间特征后，将具有不同属性的候选解分别放入多样性外部档案和收敛性外部档案中，这两个外部档案设计如下：

$$D(t)=\{a_{n,\varepsilon}(t) \mid \arg\max(d(a_{n,\varepsilon}(t))), a_{n,\varepsilon}(t)\in A_n(t)\} \tag{5-11}$$

$$C(t)=\{a_{n,\varepsilon}(t) \mid \arg\max(\mathrm{rank}(a_{n,\varepsilon}(t))), a_{n,\varepsilon}(t)\in A_n(t)\} \tag{5-12}$$

其中，$D(t)$为 t 时刻的多样性外部档案；$C(t)$为 t 时刻的收敛性外部档案；$a_{n,\varepsilon}(t)$为 $A_n(t)$中的第 i 个候选解，ε=1,2,⋯, $A_n(t)$，$A_n(t)$为 t 时刻分配给第 n 个子种群的候选解集簇，其中候选解集簇是通过分层聚类算法从外部档案中获得的，n=1, 2,⋯, N；$d(a_{n,\varepsilon}(t))$为 $A_n(t)$中候选解 $a_{n,\varepsilon}(t)$和其他候选解之间的欧氏距离，它能够反映候选解在目标空间中的拥挤距离，即多样性潜能，候选解 $a_{n,\varepsilon}(t)$的支配强度为

$$\text{rank}(a_{n,\varepsilon}(t)) = R(a_{n,\varepsilon}(t)) \tag{5-13}$$

其中，$R(a_{n,\varepsilon}(t))$为 t 时刻 $a_{n,\varepsilon}(t)$支配的粒子数量。收敛性外部档案和多样性外部档案包含了能够提升收敛性和多样性的候选解。根据前面获得的进化状态信息和本节的候选解空间特征，自适应选择策略设计如下。

(1)策略 1：若进化过程处于理想状态，则子种群的引导点为

$$g(t) = [a_{1,\varepsilon}(t), a_{2,\varepsilon}(t), \cdots, a_{n,\varepsilon}(t)] \tag{5-14}$$

其中，$g(t)$为 t 时刻指导子种群进化的引导点；$a_{n,\varepsilon}(t)$为 t 时刻 $A_n(t)$中的非支配解，$a_{n,\varepsilon}(t) \in A_n(t)$。此策略中，算法具有较好的收敛性和多样性表现。因此，将从 $A_n(t)$中任意选择一个候选解作为引导点，推动子种群充分探索解空间。

(2)策略 2：若进化过程处于收敛状态，则子种群中的引导点为

$$g(t) = [d_1(t), d_2(t), \cdots, d_n(t)] \tag{5-15}$$

其中，$d_n(t)$为 t 时刻多样性外部档案 $D(t)$中的候选解，$d_n(t) \in D(t)$。此策略中，算法收敛性表现较好，但是多样性表现较差。因此，需要选择具有较好多样性潜能的候选解推动子种群进化，从而提高算法的多样性性能。

(3)策略 3：若进化过程处于多样化状态，则子种群的引导点选择为

$$g(t) = [c_1(t), c_2(t), \cdots, c_n(t)] \tag{5-16}$$

其中，$c_n(t)$为 t 时刻收敛性外部档案 $C(t)$中的候选解，$c_n(t) \in C(t)$。此策略中，算法多样性表现较好，但非支配解集没有进一步向 Pareto 前沿靠近，算法收敛性表现较差。因此，需选择有较好收敛潜能的候选解，推动子种群进化，提高算法收敛性。

(4)策略 4：若进化过程处于停滞状态，则子种群的引导点为

$$g(t) = [c_1(t)\text{或}d_1(t),\ c_2(t)\text{或}d_2(t), \cdots,\ c_n(t)\text{或}d_n(t)] \tag{5-17}$$

其中，$c_n(t)$为 t 时刻收敛性外部档案 $C(t)$中的候选解，$c_n(t) \in C(t)$；$d_n(t)$为多样性外部档案 $D(t)$中的候选解，$d_n(t) \in D(t)$。

2. 飞行参数调整机制

在 MOPSO 算法中，惯性权重和学习参数对粒子的探索能力和开发能力具有显著影响。这些参数能够指导粒子在进化过程中的飞行轨迹。在 MOPSO 算法中，如果粒子的个体最优位置 $p_{n,i}(t-1)$ 支配了粒子当前位置 $x_{n,i}(t)$，说明粒子没有发现更加优秀的位置，那么惯性权重 $\omega_{n,i}(t)$ 和社会学习因子 $c_{n,i,1}(t)$ 应该适当地增大，个体学习因子 $c_{n,i,2}(t)$ 应该适当地减小以提高粒子的全局探索能力；反之，如果粒子的个体最优位置 $p_{n,i}(t-1)$ 被粒子当前位置 $x_{n,i}(t)$ 支配，说明粒子所处当前位置位于较好的优化区域，那么惯性权重 $\omega_{n,i}(t)$ 和社会学习因子 $c_{n,i,1}(t)$ 应该适当地减小，个体学习因子 $c_{n,i,2}(t)$ 应该适当地增大以提高粒子的局部开发能力。在 AMS-MOPSO-OS 中，提出了一种自适应参数调整策略，保持子种群中粒子探索和开发能力的平衡。自适应参数调整策略设计为

$$F_{n,i}(t)=\left(1+\mathrm{e}^{-(\mathrm{MD}_{n,i}(t)-\overline{\mathrm{MD}_n(t)})}\right)^{-1} \tag{5-18}$$

其中，$F_{n,i}(t)$ 为 t 时刻第 n 个种群中第 i 个粒子的调节参数；$\mathrm{MD}_{n,i}(t)$ 为粒子 $x_{n,i}(t)$ 与子种群中其他粒子的平均曼哈顿距离，它能够反映粒子在子种群中的拥挤程度；$\overline{\mathrm{MD}_n(t)}$ 为 $\mathrm{MD}_{n,i}(t)$ 的平均值，$\mathrm{MD}_{n,i}(t)$ 为

$$\mathrm{MD}_{n,i}(t)=\frac{1}{N}\sum_{j=1}^{N}\left|f(x_{n,j}(t))-f(x_{n,i}(t))\right| \tag{5-19}$$

其中，$f(x_{n,i}(t))$ 为第 i 个粒子的优化向量，$f(x_{n,i}(t))=[f_1(x_{n,i}(t)),f_2(x_{n,i}(t)),\cdots,f_M(x_{n,i}(t))]$，$i=1,2,\cdots,I$；$f(x_{n,j}(t))$ 为粒子 j 的优化向量，$j=1, 2,\cdots, I$ 并且 $j\neq i$。

根据以上分析，飞行参数的自适应策略设计为

$$\omega_{n,i}(t)=\begin{cases}\omega_{n,i}(t-1)\cdot(1+F_{n,i}(t)), & p_{n,i}(t-1)\succ x_{n,i}(t)\\ \omega_{n,i}(t-1)\cdot F_{n,i}(t), & p_{n,i}(t-1)\prec x_{n,i}(t)\\ \omega_{n,i}(t-1), & \text{其他}\end{cases} \tag{5-20}$$

$$c_{n,i,1}(t)=\begin{cases}c_{n,i,1}(t-1)\cdot F_{n,i}(t), & p_{n,i}(t-1)\succ x_{n,i}(t)\\ c_{n,i,1}(t-1)\cdot(1+F_{n,i}(t)), & p_{n,i}(t-1)\prec x_{n,i}(t)\\ c_{n,i,1}(t-1), & \text{其他}\end{cases} \tag{5-21}$$

$$c_{n,i,2}(t)=\begin{cases}c_{n,i,2}(t-1)\cdot(1+F_{n,i}(t)), & p_{n,i}(t-1)\succ x_{n,i}(t)\\ c_{n,i,2}(t-1)\cdot F_{n,i}(t), & p_{n,i}(t-1)\prec x_{n,i}(t)\\ c_{n,i,2}(t-1), & \text{其他}\end{cases} \tag{5-22}$$

其中，“$\succ$”表示支配，“$\prec$”表示被支配；$\omega_{n,i}(t-1)$ 为 t–1 时刻第 n 个子种群中第 i 个粒子的惯性权重；$c_{n,i,1}(t-1)$ 为 t–1 时刻第 n 个子种群中第 i 个粒子的社会学习因子；$c_{n,i,2}(t-1)$ 为 t–1 时刻第 n 个子种群中第 i 个粒子的个体学习因子。在进化过程中，为了让粒子能够跳出具有较差收敛性的区域，自适应飞行参数调整策略能够调节参数，使粒子具有更好的探索能力。同时，当粒子搜索到了具有较好收敛性的区域时，较低的飞行速度能够让粒子更好地开发优化区域，获得更好的优化解。

3. AMS-MOPSO-OS 流程

所提出的 AMS-MOPSO-OS 包含三个主要部分：①进化状态的探测；②自适应多重选择策略；③自适应飞行参数调整策略。这三个部分能够从多个角度提高 AMS-MOPSO-OS 的进化性能。

在进化过程中，获得的非支配解集在进化状态探测阶段被放入外部档案中，之后，通过计算非支配解集的空间分布信息和相对支配信息，获得算法的进化状态。在自适应多重选择过程中，更新之后的非支配解被划分为若干引导点簇。同时计算候选解的收敛性特征和多样性特征。最终，利用设计的自适应飞行参数调整策略，调节飞行参数 $\omega_{n,i}(t)$、$c_{n,i,1}(t)$ 和 $c_{n,i,2}(t)$，进化过程将一直持续，直到算法达到了给定的最大迭代上限。

5.5　城市污水处理生物除磷过程技术实现及应用

为了验证所提出的 AMS-MOPSO-OS 的有效性，采用 PID 控制器，跟踪溶解氧浓度和硝态氮浓度的优化设定值，实现城市污水处理生物除磷过程优化运行，达到提高出水水质、降低能耗的目的。将 AMS-MOPSO-OS 与基于拥挤距离 MOPSO 的运行优化策略(cdMOPSO-OS)、基于自适应 MOPSO 的运行优化策略(AMOPSO- OS)以及基于 NSGA-II 的运行优化策略(NSGAII-OS)进行实验对比。为保证公平性，实验中采用城市污水处理过程基准仿真平台 BSM1，在晴天、雨天和暴雨天三种天气状况下测试不同的控制策略的性能。实验在 Windows 10、CPU 1.80GHz、MATLAB 2018 上运行。

5.5.1　实验设计

AMS-MOPSO-OS 的子种群数量设定为 4，外部档案容量为 60，每个子种群规模为 15，迭代次数为 50。cdMOPSO-OS、AMOPSO-OS 和 NSGAII-OS 的种群数量设定为 60，外部档案的容量设定为 60，迭代次数为 50。自适应核函数的输入层神经元数量设为 4，规则层设为 10，输出层设为 2。采用 14 天的平均能耗和平均水质比较算法的优化性能。采用绝对误差积分(integral of absolute value of error, IAE）评估控制器的控制性能：

$$\mathrm{IAE}(t)=\frac{1}{2T}\sum_{i=1}^{2}\sum_{t=1}^{T}\left|e_i(t)\right| \tag{5-23}$$

其中，T 为样本总数；$e_i(t)$ 为实际产出和期望产出的误差。晴天、雨天和暴雨天三种天气的进水流量如图 5-6～图 5-8 所示。

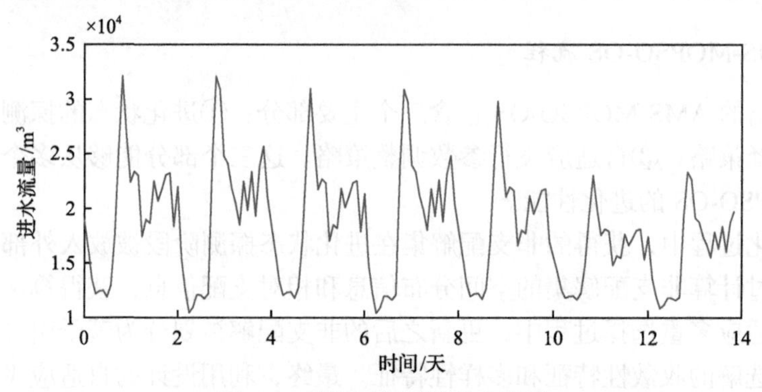

图 5-6　晴天天气下的进水流量

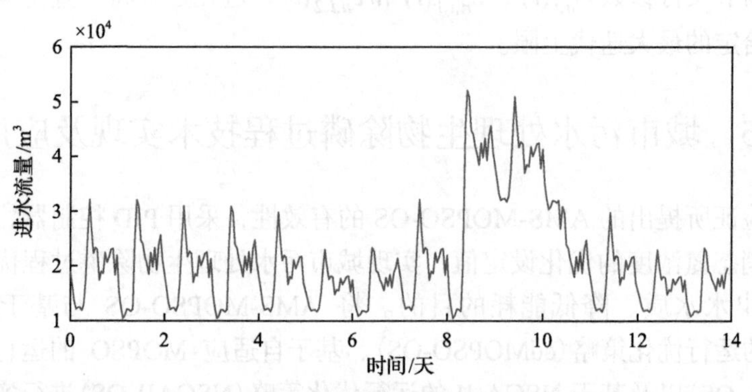

图 5-7　雨天天气下的进水流量

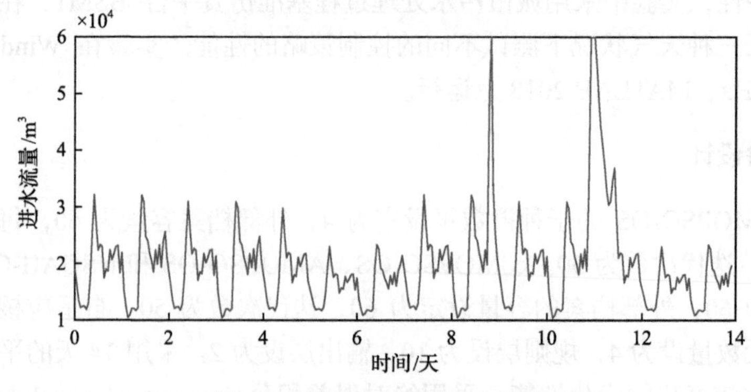

图 5-8　暴雨天气下的进水流量

5.5.2 运行结果

城市污水处理过程中的运行条件，包括三种天气条件：晴天、雨天和暴雨天。优化实验的仿真周期为 14 天，采样间隔设定为 15min，优化算法的优化周期为 2h。实验中的出水指标为出水总磷浓度与运行能耗，操作变量为 Q_a 和 K_La_5。

1. 晴天天气运行结果

表 5-5 给出了晴天天气下污水处理优化过程中 14 天的运行能耗和出水总磷浓度。与其他三种算法（cdMOPSO-OS、AMOPSO-OS 和 NSGAII-OS）相比，AMS-MOPSO- OS 产生的出水总磷浓度和运行能耗均低于其他三种优化方法。

表 5-5　晴天天气下不同运行优化策略平均运行能耗和出水总磷浓度比较结果

运行优化策略	OC/(kW·h)	TP/(mg/L)	IAE/(mg/L)
AMS-MOPSO-OS	3597	0.31	0.107
cdMOPSO-OS	3791	0.34	0.131
AMOPSO-OS	3630	0.41	0.099
NSGAII-OS	3795	0.37	0.126

图 5-9 给出了晴天天气下出水总磷浓度的实际值与预测值情况，图 5-10 给出了晴天天气下运行能耗的实际值与预测值情况。从图中可以看出，基于数据驱动的 TP、OC 模型，能以较高的精度逼近真实的 TP、OC 数据。

在晴天天气下，为了使城市污水处理过程中的 S_O 和 S_{NO} 达到优化设定值，采用 PID 对其进行跟踪控制，图 5-11 和图 5-12 给出了晴天天气下 S_O 的跟踪效果和跟踪误差。从图中可以看出，溶解氧设定点可以被实时跟踪，跟踪误差保持在

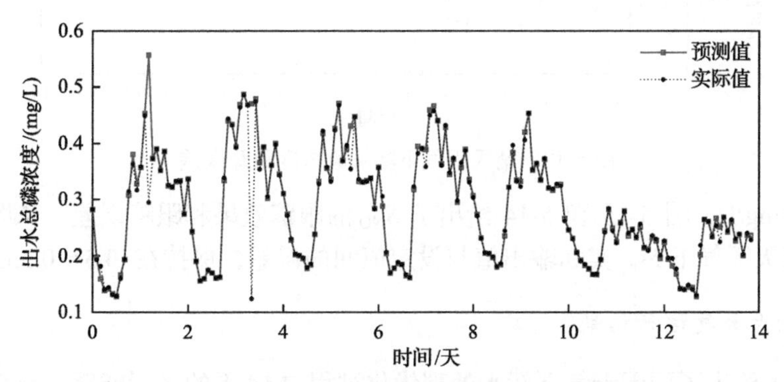

图 5-9　晴天天气下出水总磷浓度预测值和实际值拟合结果

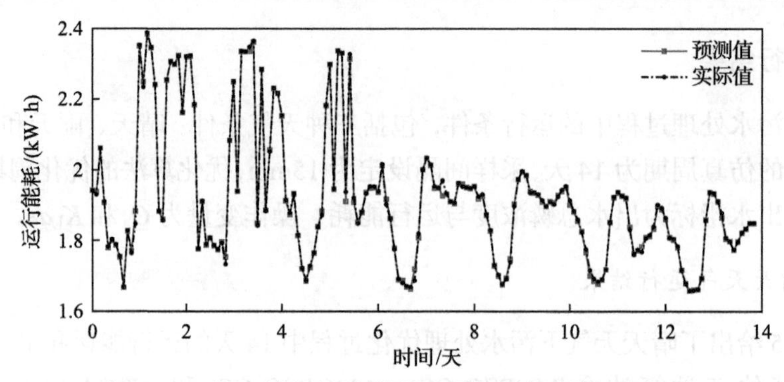

图 5-10　晴天天气下运行能耗预测值和实际值拟合结果

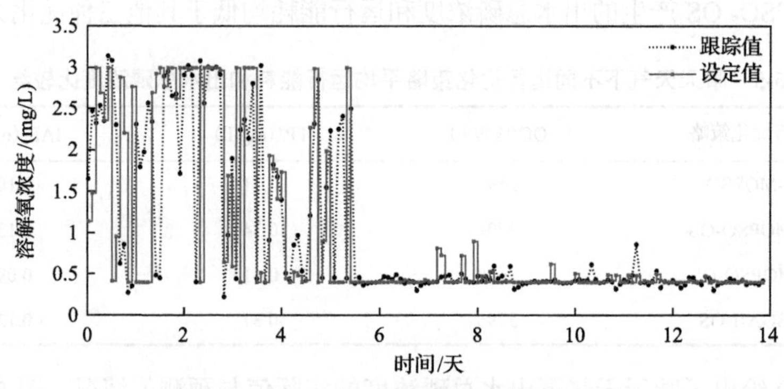

图 5-11　晴天天气下溶解氧浓度跟踪情况

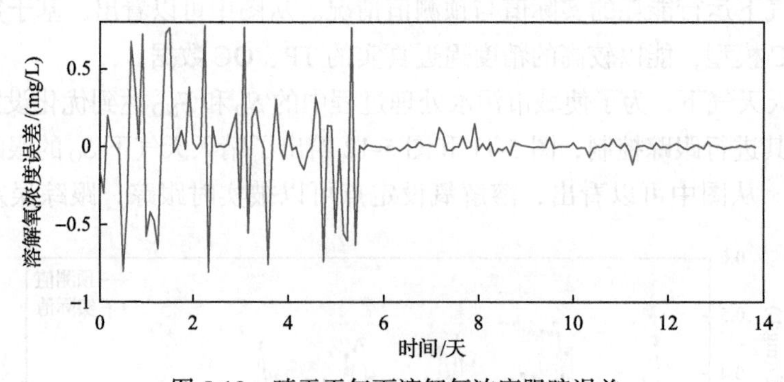

图 5-12　晴天天气下溶解氧浓度跟踪误差

–0.8～0.8mg/L。图 5-13 和 5-14 给出了 S_{NO} 的跟踪效果和跟踪误差。从图中可以看出，晴天天气下 S_{NO} 实际输出值与设定值间的误差，保持在–0.5～0.3mg/L。

2. 雨天天气运行结果

表 5-6 给出了雨天天气下污水处理优化过程中 14 天的运行能耗和出水总磷浓度。实验结果表明，与其他三种算法相比，AMS-MOPSO-OS 产生了最低的出水总磷浓度与运行能耗。

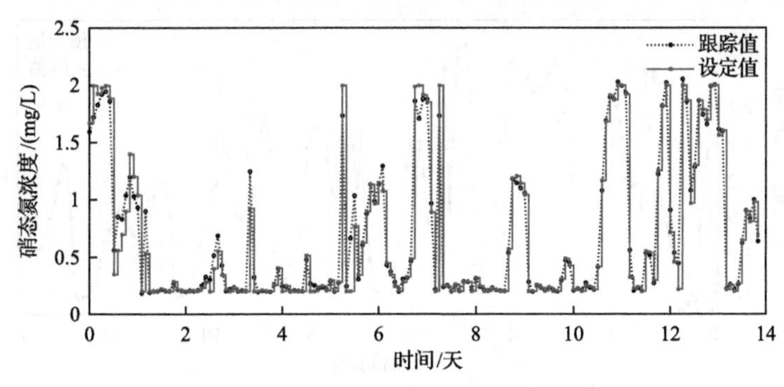

图 5-13　晴天天气下硝态氮浓度跟踪情况

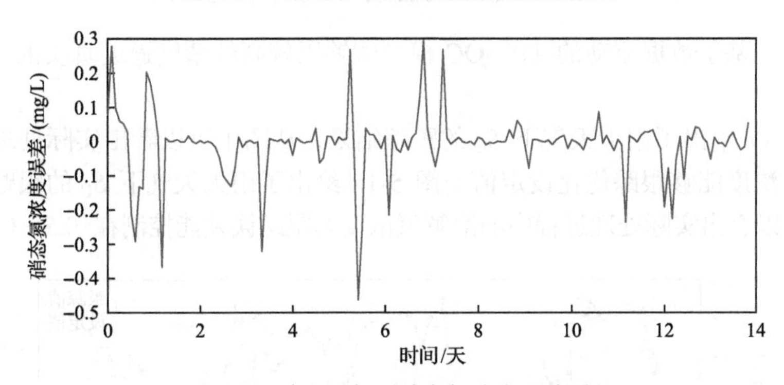

图 5-14　晴天天气下硝态氮浓度跟踪误差

表 5-6　雨天天气下不同运行优化策略平均运行能耗和出水总磷浓度比较结果

运行优化策略	OC/(kW·h)	TP/(mg/L)	IAE/(mg/L)
AMS-MOPSO-OS	3901	0.28	0.106
cdMOPSO-OS	4068	0.31	0.125
AMOPSO-OS	3998	0.35	0.109
NSGAII-OS	4296	0.33	0.104

图 5-15 和图 5-16 给出了雨天天气下出水总磷浓度和运行能耗的预测情况，

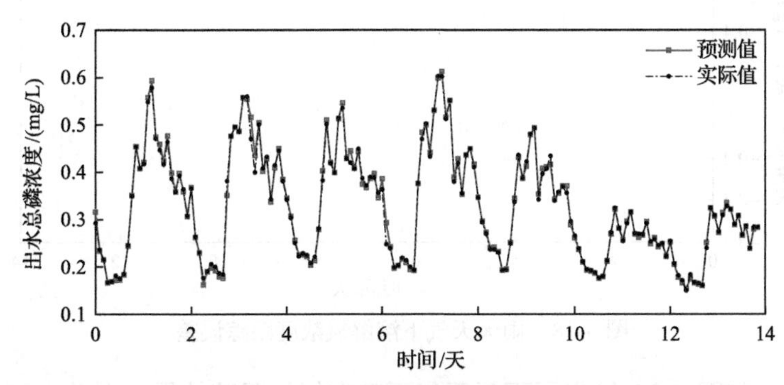

图 5-15　雨天天气下出水总磷浓度预测值和实际值拟合结果

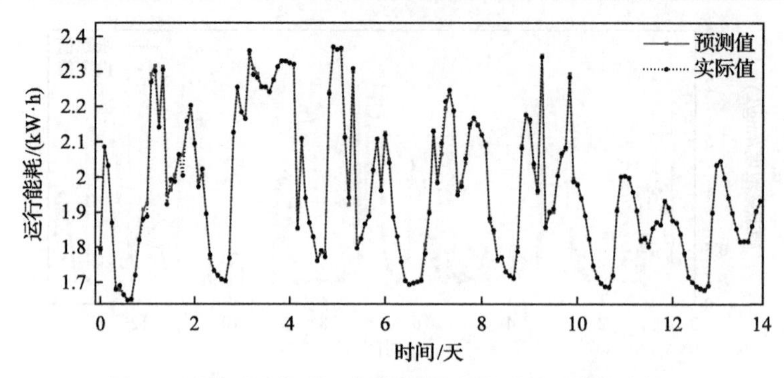

图 5-16　雨天天气下运行能耗预测值和实际值拟合结果

可以看出，基于数据驱动的 TP、OC 模型能够以较高的精度逼近真实的 TP、OC 数据。

图 5-17 给出了雨天天气下 S_O 的跟踪结果，从图中可以看出实际处理过程中的溶解氧浓度能够跟踪优化设定值。图 5-18 给出了雨天天气下 S_O 的跟踪误差，从图中可以看出实际处理过程中的溶解氧浓度的跟踪误差能控制在–0.5～0.6mg/L。

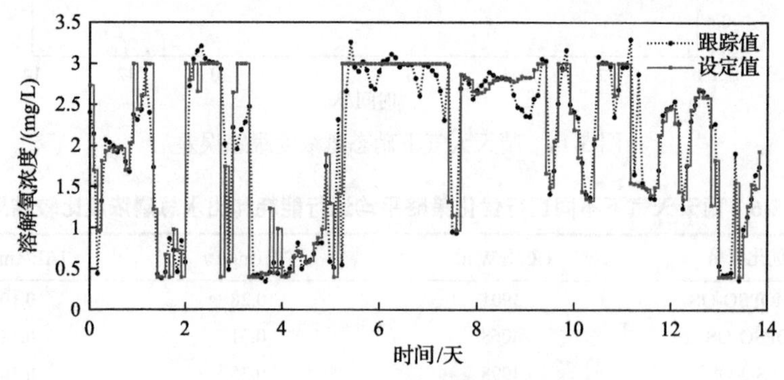

图 5-17　雨天天气下溶解氧浓度跟踪情况

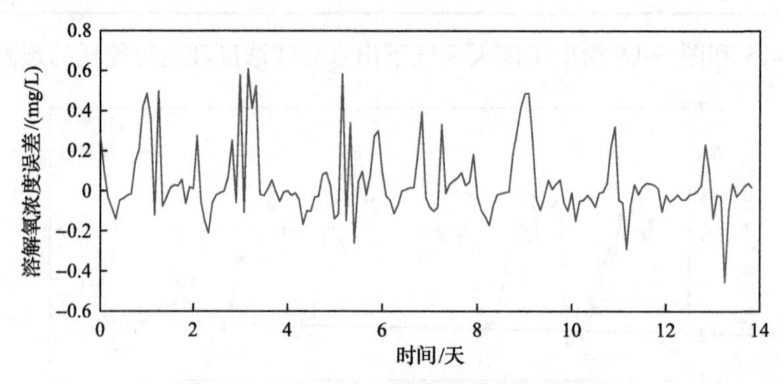

图 5-18　雨天天气下溶解氧浓度跟踪误差

图 5-19 和图 5-20 给出了雨天天气下硝态氮的跟踪效果和误差，可以看出实

际处理过程中的硝态氮浓度能够跟踪优化设定值，跟踪误差在大部分时间能够保持在–0.5～0.5mg/L。

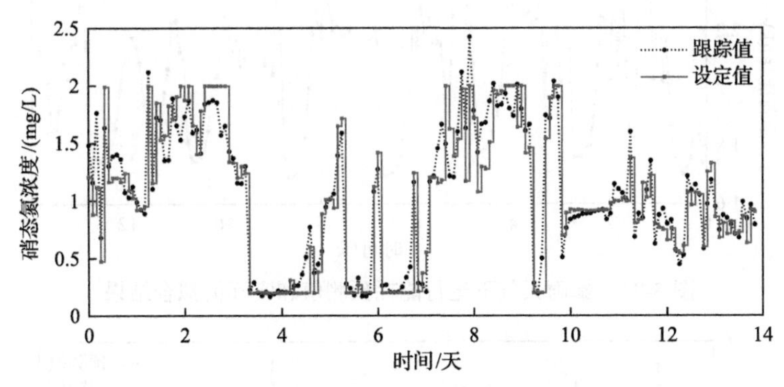

图 5-19　雨天天气下硝态氮浓度跟踪情况

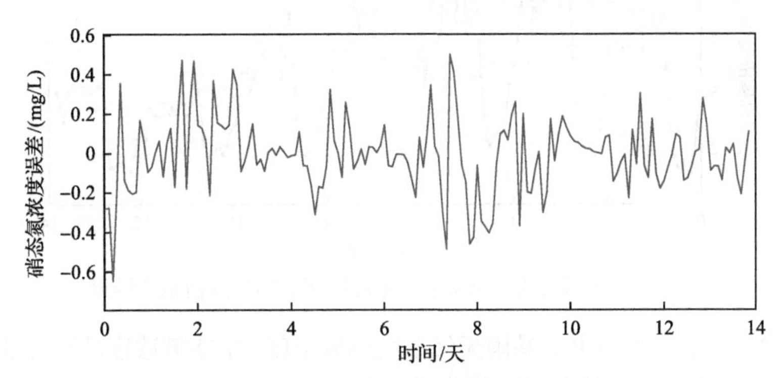

图 5-20　雨天天气下硝态氮浓度跟踪误差

3. 暴雨天气运行结果

表 5-7 给出了暴雨天气下污水处理优化过程中 14 天的运行能耗和出水总磷浓度比较结果。可以看出，所采用的 AMS-MOPSO-OS 具有最好的优化性能。图 5-21 和图 5-22 给出了运行能耗和出水总磷浓度的预测情况。从图中可以看出，基于数据驱动的 TP、OC 模型能够以较高的精度逼近真实的 OC 和 TP 数据。

表 5-7　暴雨天气下不同运行优化策略平均运行能耗和出水总磷浓度比较结果

运行优化策略	OC/(kW·h)	TP/(mg/L)	IAE/(mg/L)
AMS-MOPSO-OS	3597	0.29	0.107
cdMOPSO-OS	3791	0.35	0.131
AMOPSO-OS	3630	0.32	0.099
NSGAII-OS	3795	0.34	0.126

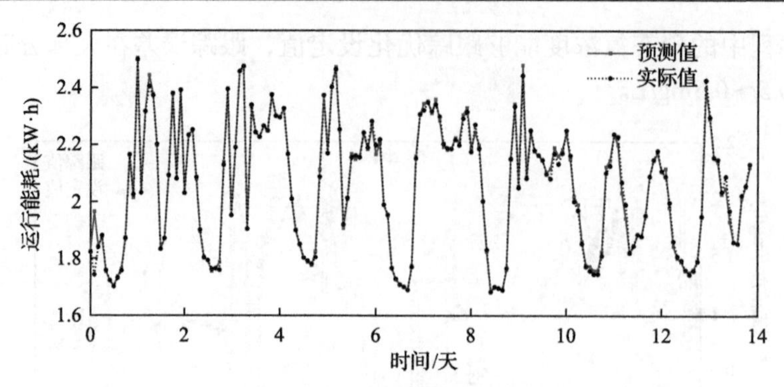

图 5-21　暴雨天气下运行能耗预测值和实际值拟合结果

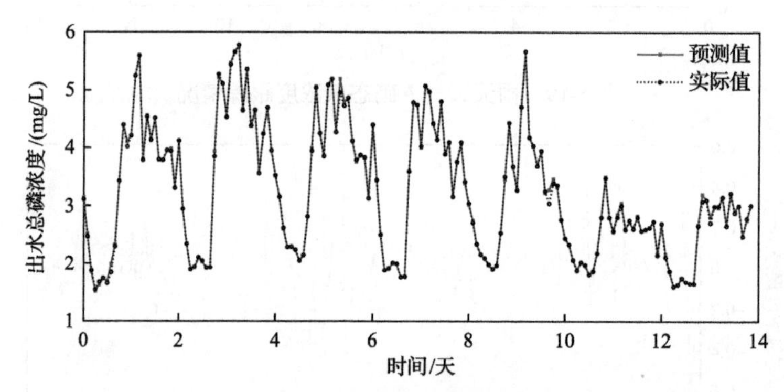

图 5-22　暴雨天气下出水总磷浓度预测值和实际值拟合结果

图 5-23～图 5-26 给出了暴雨天气下溶解氧浓度、硝态氮浓度的跟踪效果和跟踪误差，可以看出 PID 控制跟踪优化设定点的有效性。

实验结果表明，在三种天气条件下，所提出的 AMS-MOPSO-OS 能够充分利用污水处理生物除磷过程的数据，建立自适应的优化目标模型，实时准确优化运行指标，求解动态的溶解氧浓度与硝态氮浓度的优化设定点，在提升除磷效率的同时降低了运行能耗。

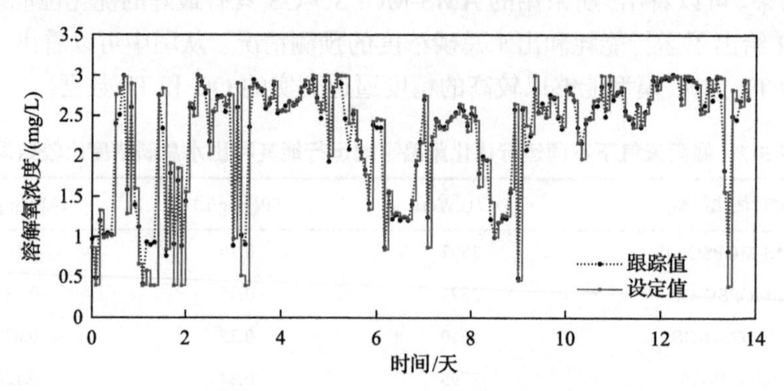

图 5-23　暴雨天气下溶解氧浓度跟踪情况

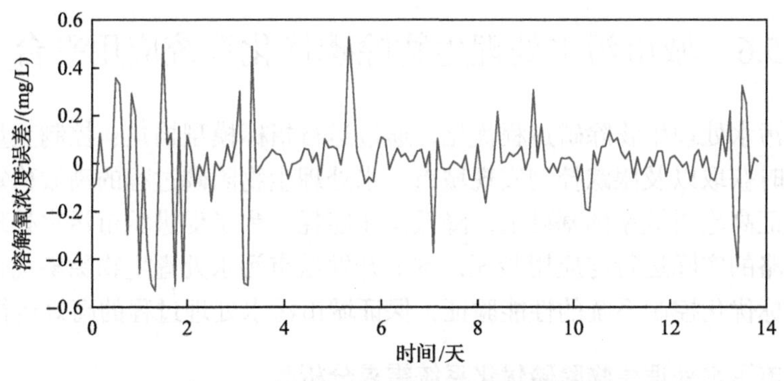

图 5-24　暴雨天气下溶解氧浓度跟踪误差

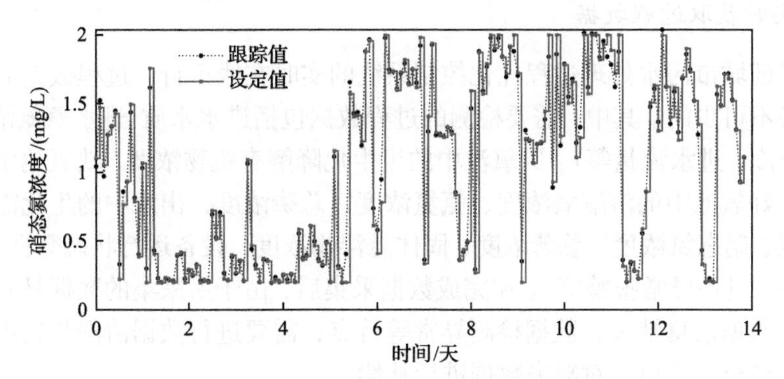

图 5-25　暴雨天气下硝态氮浓度跟踪情况

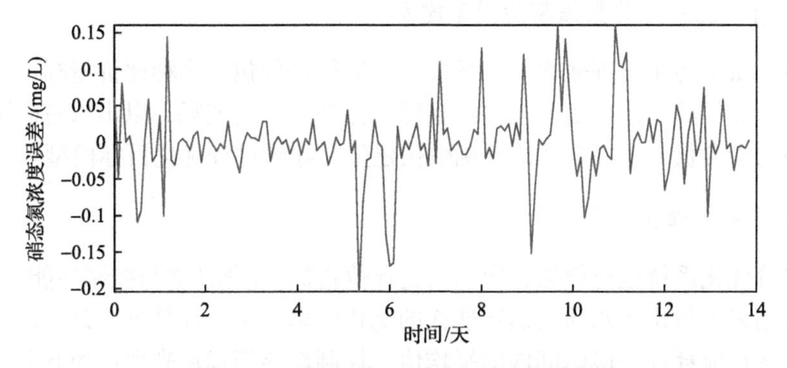

图 5-26　暴雨天气下硝态氮浓度跟踪误差

本章所提出的 AMS-MOPSO-OS 通过结合实时数据驱动建模方法与进化优化算法，具有较强的自适应性，能够在多种运行工况、运行天气、内部与外部波动的影响下保持较高的城市污水处理生物除磷效率。前面已经通过多种实验验证了其有效性，5.6 节将其应用于实际污水处理过程中，并设计系统应用平台。

5.6　城市污水处理生物除磷优化系统应用平台

城市污水处理生物除磷过程优化，通过运行指标模型构建、控制变量优化，设定点实时获取以及跟踪控制实现城市污水处理生物除磷过程的高效稳定运行，能够在保证高除磷效率的基础上，降低操作能耗。为了促进城市污水处理过程优化控制策略的实际运行与应用验证，本节开发城市污水处理生物除磷优化系统，完成多目标优化控制系统的性能验证，保证城市污水处理过程的高效运行。

5.6.1　城市污水处理生物除磷优化系统需求分析

1. 实时获取过程数据

为保证城市污水处理过程优化控制系统的实时在线运行，过程数据的获取与传输是必不可少的。其中，需要检测的过程数据包括进水水质(进水氨氮浓度、进水总氮浓度、进水流量等)，厌氧池中的可生化降解有机物浓度，缺氧池中的硝态氮浓度，好氧池中的溶解氧浓度、氨氮浓度、总磷浓度，出水中的生化需氧量、氨氮浓度、硝态氮浓度、总磷浓度、固体悬浮物浓度，设备运行状态数据(如设备工作状态、设备异常报警等)。在完成数据采集后，由于所采集的数据具有检测周期不同、数据信息缺失、数据检测异常等特点，需要进行数据清洗与处理，将异常数据调整至正常值，对缺失数据进行补偿。

2. 运行性能指标的数据驱动模型建立

为评价城市污水处理效率与运行成本，运行过程包含多种评价指标，如出水水质、运行能耗等。运行能耗主要包括曝气能耗与泵送能耗，以出水总磷浓度检测污水中的磷含量，采用自适应核函数构建生物除磷过程优化目标模型。

3. 优化系统性能评价

为评价优化系统运行效果，应用两类评价指标(优化性能与控制性能)。优化性能指标用来评价出水水质与运行能耗的优化效率，主要计算方式是通过采集出水水质与运行能耗在一段时间内的平均值。控制性能指标用来评价控制器对优化设定值的控制精度，反映了实际污水处理过程中溶解氧浓度与硝态氮浓度跟踪设定值的能力。

4. PID 跟踪控制

该系统结合污水处理厂操作者的经验与智能控制理论知识，采用 PID 控制器实现优化设定值的跟踪控制。控制器输入为溶解氧浓度误差、溶解氧浓度误差变化量、硝态氮浓度误差、硝态氮浓度误差变化量，控制器输出为供氧泵频率与回流泵频率。通过调整供氧泵频率与回流泵频率，污水处理过程中的溶解氧浓度与硝态氮浓度将调整至优化设定值，从而实现出水水质与运行能耗的优化。

5.6.2　城市污水处理生物除磷优化系统设计

本节开发的城市污水处理过程多目标优化系统包括过程数据采集模块、数据传输与处理模块、运行指标建模模块、AMS-MOPSO-OS 模块、跟踪控制模块等，其架构如图 5-27 所示。

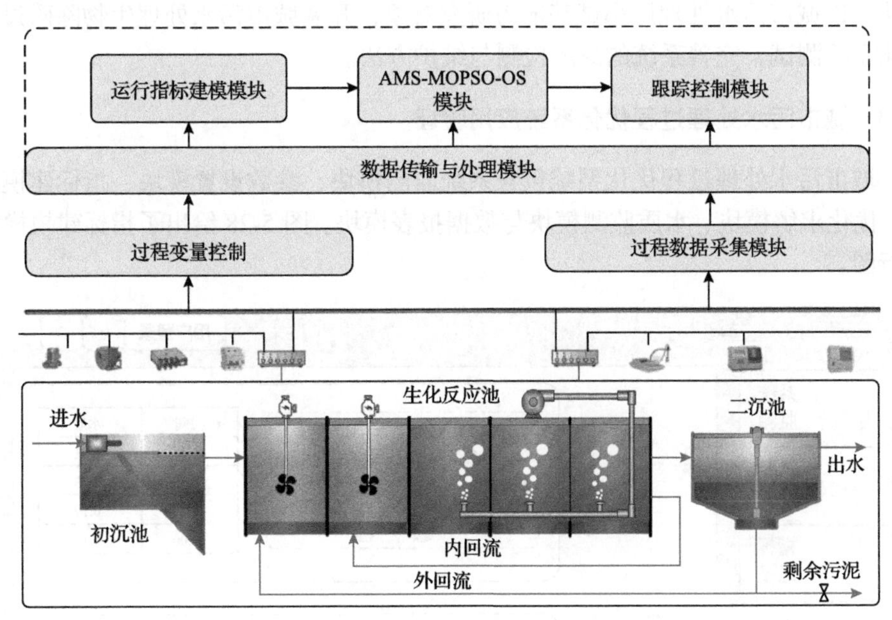

图 5-27　城市污水处理生物除磷优化系统

1. 过程数据采集模块

运用检测仪表、红外感应器等信息传感设备，实时采集城市污水处理过程中关键环节的指标数据。

2. 数据传输与处理模块

运用数据统计、聚类等方法对数据进行清洗，将在线测量数据、分析数据等进行统一描述，确保数据的完整性和一致性。

3. 运行指标建模模块

根据所采集的数据，实时动态评价出水水质与运行能耗。

4. AMS-MOPSO-OS 模块

实时动态求解过程变量的优化设定值，给供氧泵与回流泵操作指导。

5. 跟踪控制模块

利用 PID 方法实现优化设定值的精确跟踪控制。

根据城市污水处理过程优化控制基本架构设置将接口、通信、功能模块等软硬件进行封装集成，形成可直接接入、修正、改写的城市污水处理过程优化控制模块，以城市污水处理厂小试基地为研究对象，开展城市污水处理生物除磷过程优化系统测试，完善系统的故障检测与维护方法。

5.6.3　城市污水处理过程优化系统应用验证

城市污水处理过程优化系统包含系统监测模块、参数设置模块、指标建模模块、优化求解模块、水质监测模块与数据报表模块。图 5-28 给出了指标建模模块运行图。

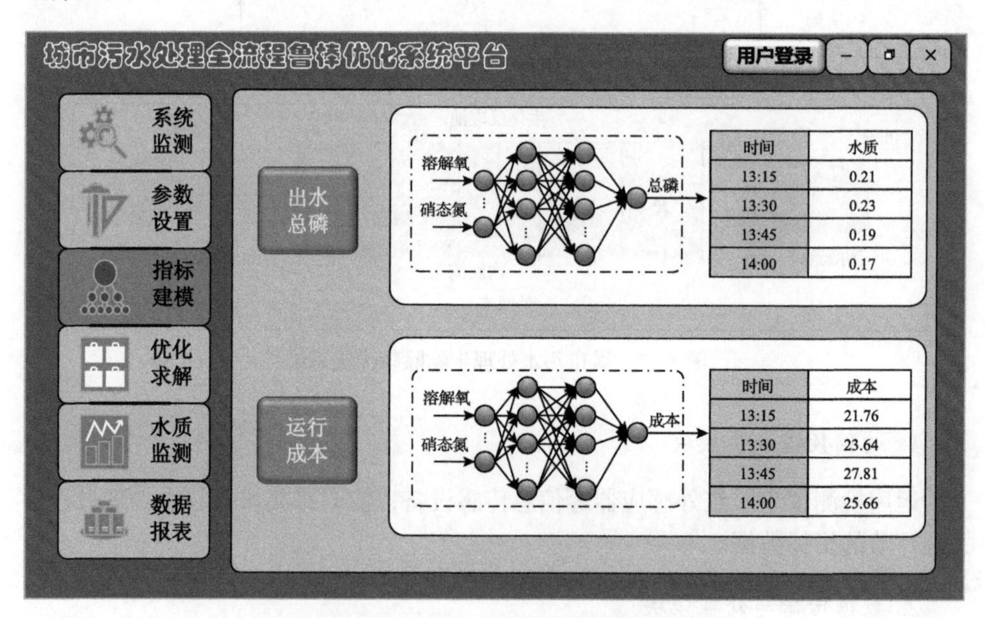

图 5-28　城市污水处理生物除磷指标建模模块

通过组态软件开发的城市污水处理过程优化系统，能够根据动态的城市污水处理过程进水流量，获得实时的控制变量优化设定值，并将其输送至下位机运行设备，通过 PLC 与鼓风机及其变频器之间的协作完成接收到的命令，实现城市污水处理过程的优化，保证其出水水质达标排放，降低运行成本。

第6章　城市污水处理厌氧生物处理过程运行优化

6.1　引　　言

厌氧生物处理过程是指在无氧条件下利用厌氧微生物将各种有机物转化为多种中间产物的生化反应过程。在城市污水处理生化反应过程中，厌氧生物处理单元是进行生化反应和降解有机物的重要场所。厌氧生物处理过程是外回流的含磷污泥进入厌氧区，与从初沉池流入的污水混合，通过微生物的作用进行厌氧生物处理。微生物主要完成释磷、氨化、去除 BOD_5 等反应，这些反应主要作用于除磷过程。受缺氧区环境的影响，部分厌氧菌也会参与到厌氧生物处理过程中。因此，在研究城市污水处理厌氧生物处理过程运行优化时，需要同时考虑厌氧区和缺氧区。

在城市污水处理厌氧生物处理过程中，小分子有机物以 PHB 的形式被聚磷菌吸收并储存在细胞内部。通过细胞作用，聚磷菌将细胞内的磷转换为正磷酸盐释放到水中，促使厌氧池中的磷浓度上升。为促进厌氧生物处理过程的生化反应，实际工程中采用加药以及调整厌氧池和缺氧池中的控制变量以调整运行状态。然而，由于厌氧生物处理过程的机理复杂，涉及的运行指标和相关状态变量间具有复杂的非线性关系，导致优化目标难以构建，关键变量的优化设定点获取较为困难。优化设定点选取不当可能造成出水水质不达标、外部碳源投加量过多以及泵送能耗增大等现象，无法保证城市污水处理过程稳定高效运行。因此，需要设计合理的厌氧生物处理过程运行优化策略。

城市污水处理厌氧生物处理过程运行优化策略的选取主要由其运行特点和过程变量的选择方式决定。因此，挖掘厌氧生物处理过程的特点，构建优化目标与关键变量之间的关系模型，设计合理的优化方法，是城市污水处理厌氧生物处理过程运行优化的重点研究问题。本章提出城市污水处理厌氧生物处理过程运行优化策略。首先，对厌氧生物处理过程进行特征分析。其次，根据厌氧生物处理需求，设计优化目标并分析其影响因素，构建优化目标模型。再次，设计基于 MOPSO 的关键变量优化设定方法，获取有效的关键变量设定点。最后，对该运行优化策略进行仿真验证，设计城市污水处理厌氧生物处理过程运行优化应用平台，包括平台搭建、模块设计和应用效果验证，使得平台达到预期的性能指标。

6.2　城市污水处理厌氧生物处理过程特征分析

城市污水处理厌氧生物处理过程是 A^2/O 工艺的重要组成部分。图 6-1 为实际污水处理厂的厌氧生物处理过程示意图。从图中可以看出，厌氧区和缺氧区是城市污水处理厌氧生物处理过程的主要反应场所。二沉池出水中悬浮污泥絮体沉淀后通过外回流流入厌氧区进行循环，使厌氧生物及后续处理单元维持一定量的污泥浓度。碳源从厌氧区投入，提供细菌所需的能量从而促进脱氮和除磷过程。缺氧区中的部分污水由好氧区末端通过内回流流入。缺氧区中存在厌氧环境，而缺氧区的厌氧阶段很难独立分析。因此，研究城市污水处理厌氧生物处理过程时需同时考虑厌氧区和缺氧区。

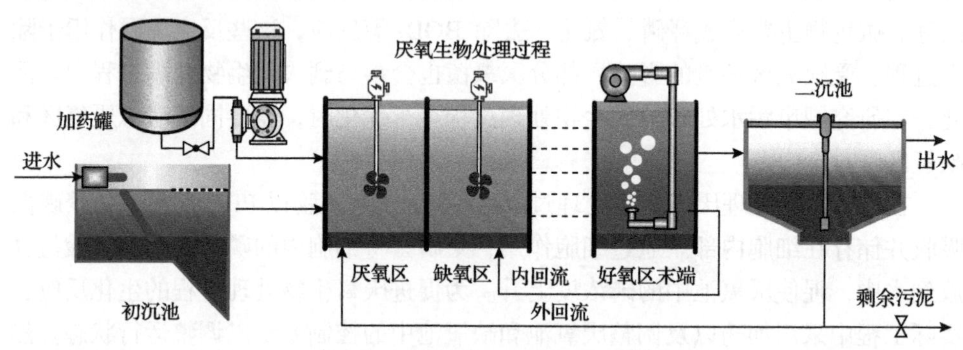

图 6-1　厌氧生物处理过程示意图

在城市污水处理厌氧生物处理过程中，厌氧区和缺氧区是降解有机物的主要场所，对脱氮除磷过程起到决定性作用。为了设计合理的城市污水处理运行优化策略，本节总结了厌氧生物处理过程的特征，如下所述。

1. 节能降耗

城市污水处理厌氧生物处理过程的主要场所是生化反应池的厌氧区和缺氧区。与生化反应池的好氧区相比，厌氧区和缺氧区发生的反应不需要曝气供氧，有效降低了能耗。在好氧区，好氧菌和兼性异养菌进行正常的呼吸代谢需要一定含量的氧气，氧气主要来自曝气供氧。但是，由于气液膜之间具有阻力，溶解氧传递到好氧菌细胞的效率大大降低，需要更多的氧气供给量满足溶解氧传递需求，这增加了城市污水处理过程的曝气能耗。据调查，每充 1kg 氧气，曝气设备需要消耗 0.1～1kW·h 的电量。而在引入厌氧生物处理工艺后，单个城市污水处理厂节省的电量高达 8 亿～16 亿 kW·h。由此可见，厌氧生物处理可促进城市污水处理的节能降耗，具有较高的绿色经济效益。

2. 脱氮除磷反应同时进行

在城市污水处理过程中，厌氧生化反应主要发生在厌氧区和缺氧区。缺氧区主要进行反硝化脱氮反应，降解有机物，去除污水中的硝态氮。在没有足够溶解氧的环境下，厌氧区中的聚磷菌运动能力减弱，增殖速度降低，此时聚磷菌生物则利用产生的能量吸收低分子有机物合成 PHB。为了获得能量以供给生物活动，聚磷菌进行分解反应，释放磷酸盐，导致污水磷含量上升。在这个过程中，聚磷菌在细胞中储存 PHB 和聚磷酸基，称为释磷过程。因此，厌氧区主要进行释磷作用，降解有机物，生成正磷酸根。在缺氧区，由于厌氧区流入污水中的溶解氧含量较低，反硝化菌快速消耗可生物降解的有机物，进行反硝化作用，生成氮气排入大气。

3. 污泥产量低

城市污水处理厌氧生物处理过程去除污染物的主要手段是将污水中的有机物转化为气体或生物细胞体内物质。在厌氧生物处理过程中，微生物的生命活动几乎不依靠外界的能量供给，其主要能量来源于小分子有机物分解产生的能量。被处理的有机物绝大部分转化为气体产物，储存在细胞内的有机物仅占处理量的 15%，厌氧生物处理过程产生的污泥仅为好氧生物处理过程产生的 20%～40%，较低的污泥产量大大减轻了剩余污泥处理的负担。

4. 缺氧与好氧反应交替进行

城市污水处理缺氧区的混合液回流至好氧区进行硝化反应和除磷反应，此时，污水中的有机物浓度很低，聚磷菌通过分解体内在厌氧反应过程中储存的 PHB 获得能量，进行生长和繁殖，并将污水中的溶解性正磷酸盐转化为聚磷酸盐储存于自身体内，经过沉淀过程将磷含量高的活性污泥从污水中分离出来排出系统，实现城市污水处理缺氧区除磷。同时，经过有机氮氨化作用和硝化作用后，城市污水中的氨氮浓度下降，硝态氮的浓度增加。混合液和活性污泥的内外回流为缺氧区和厌氧区提供硝态氮和活性微生物等必要反应物质，同时进行城市污水处理缺氧区除磷和脱氮反应。

5. 变量机理关系难以构建

在城市污水处理厌氧生物处理过程中，温度、pH、水力停留时间、硝态氮浓度、溶解氧浓度以及有机物浓度等，都会对活性细菌产生影响，从而影响厌氧生物处理过程中反应菌的生化反应参数。并且，厌氧生化反应过程的机理非常复杂，相关变量之间依赖性强，相互耦合影响严重，因而难以建立机理方程准确表达变量的实际变化。

6. 内回流与外回流比例设定值难以确定

内回流的作用是将好氧区硝化反应产生的硝态氮转移到缺氧区，为缺氧区的反硝化反应提供原料。而外回流的作用是将二沉池的污泥回流到厌氧区，一方面可以提高系统的污泥浓度，另一方面对回流污泥中的硝态氮进行反硝化，可以起到脱氮的作用。缺氧区的硝态氮浓度与聚磷菌的反硝化除磷过程关系密切，因此内回流与外回流之间比例的大小对脱氮过程和除磷过程具有重要影响。

城市污水处理过程的原污水是被动接收的，城市污水中污染物的浓度动态变化且难以控制，若外回流污泥过多，会导致过多的硝态氮进入厌氧池，反硝化菌迅速利用原污水中的快速降解有机物被还原为氮气。然而，该过程降低了污水中的有机物含量，不利于除磷。若外回流中污泥不足，污水中进行生化反应的细菌不足，会导致生化反应各个阶段运行效率降低，不利于生化反应充分进行，难以降低污水中有机物的浓度。另外，当缺氧区内回流量过多时，缺氧区的硝态氮浓度提升，增加了运行能耗，运行成本大大提高；反之，当缺氧区内回流量过少时，硝态氮浓度减少，影响反硝化速率。基于以上分析，如何针对城市污水处理厌氧生物处理过程，设计有效的智能优化方法，获取合适的内外回流量和投加碳源浓度的优化设定值，保证厌氧生物反应过程的顺利进行，是一个亟待解决的挑战性问题。

城市污水处理厌氧生物处理过程的有效运行是提高城市污水处理效率、维持系统稳定运行的重要保障。然而，由于厌氧生物反应过程同时受多个变量影响，剩余污泥回流量和混合液回流量的设置需要考虑多个影响因素，导致难以保证城市污水处理厌氧区和缺氧区的生化反应效率。因此，需要分析城市污水处理厌氧生物处理过程运行优化目标及其关键影响因素，建立优化目标的数学模型，针对厌氧生物处理过程的特点，设计合理有效的厌氧生物处理过程运行优化策略，求解获取关键过程变量的优化设定点，最终实现城市污水处理厌氧生物处理过程运行优化。

6.3　城市污水处理厌氧生物处理过程运行优化目标模型

为实现城市污水处理厌氧生物处理过程运行优化，本节分析城市污水处理厌氧生物处理运行优化目标，介绍与厌氧生物处理过程相关的变量，并建立关键变量与优化目标之间的关系模型，描述城市污水处理厌氧生物处理过程运行状态，获得关键变量与优化目标之间的关系表达，为城市污水处理厌氧生物处理过程运行优化奠定基础。

6.3.1 厌氧生物处理过程主要目标及影响因素

城市污水处理厌氧生物处理过程目标包括保证厌氧生物反应充分进行、降低内外回流的泵送能耗、降低污水中有机物浓度。

1. 保证厌氧反应充分进行

厌氧生化反应是城市污水处理过程除磷阶段的重要组成部分，对去除污水中含磷污染物有着决定性的作用。在厌氧生物处理过程中，活性污泥及污水中的聚磷菌通过一系列的厌氧生物活动，将有机物或无机物转化，将聚磷菌体内的磷转化为正磷酸盐，实现有机物的降解和磷的释放。因此，厌氧生化反应的充分进行是脱氮除磷的必要条件。若厌氧生化反应不充分，会导致污染物降解率下降，聚磷菌无法完全释放污水中的磷，产生的能量不足，影响硝化反应，降低除磷效率。

2. 降低内外回流的泵送能耗

内外回流所需的泵送能耗，是城市污水处理厂处理成本的重要组成，在外回流中，泵送的活性污泥一般能达到排出系统污泥的 40%～100%。在缺氧池，循环的混合液流量较大，一般为原废水流量的 2～3 倍，泵送能耗较高。因此，内外回流的泵送能耗，在城市污水处理厌氧生物处理过程的总能源消耗中占较大比重。

3. 碳源

厌氧区和缺氧区发生的主要生化反应过程，是反硝化菌的反硝化作用和聚磷菌的释磷作用。因此，需要对反硝化作用和释磷作用的相关变量进行进一步分析，选取影响厌氧生物处理过程的主要变量。碳源是影响反硝化反应的主要变量，厌氧区底物、硝酸盐和 pH 是影响释磷作用的主要变量。在厌氧池和缺氧池中，常用的碳源如表 6-1 所示，不同种类的碳源对生化反应作用产生不同的速率影响。

表 6-1　不同碳源的反硝化速率

碳源	反硝化速率/($gNO_3^--N/(gVSS·天)$)	温度/℃
啤酒污水	0.21～0.22	20
城市污水	0.03～0.11	15～27
城市污水	0.072～0.72*	—
内源代谢产物	0.017～0.048	12～20
甲醇	0.21～0.32	25
甲醇	0.12～0.90	20
甲醇	0.18	19～24

续表

碳源	反硝化速率/(gNO_3^--N / (gVSS·天))	温度/℃
挥发酸	0.36	20
糖蜜	0.10	10
糖蜜	0.036	16

*污水中易生物降解有机物取高值。

从表 6-1 中可以看出，甲醇的反硝化速率最高，是一种比较理想的反硝化碳源，城市污水作为碳源时，反硝化速率远低于甲醇作为碳源的反硝化速率，同样，内源代谢产物的反硝化速率远低于甲醇的反硝化速率。此外，含碳丰富的工业废水同样可以作为反硝化碳源，包括但不限于食品加工厂、淀粉厂、制糖厂以及酿造厂的有机废水。

将厌氧发酵产物这一类快速生物降解可溶性有机物作为碳源时，反硝化速率为 50mg/(L·h)。将不溶或者复杂的可溶性有机物这一类慢速生物降解有机物作为碳源时，反硝化速率下降到 16mg/(L·h)。将微生物的内源代谢产物作为碳源，反硝化速率更慢，为 5.4mg/(L·h)。上述三种碳源作用下的反硝化速率分别称为第一反硝化速率、第二反硝化速率和第三反硝化速率，相应的计算公式如下：

$$\begin{cases} q_{D(1)} = 0.720\theta_1^{T-20} \\ q_{D(2)} = 0.101\theta_2^{T-20} \\ q_{D(3)} = 0.072\theta_3^{T-20} \end{cases} \tag{6-1}$$

其中，$q_{D(1)}$、$q_{D(2)}$、$q_{D(3)}$ 分别为第一反硝化速率、第二反硝化速率和第三反硝化速率；θ_1、θ_2、θ_3 均为温度修正系数，分别为 1.2、1.03 和 1.03；T 为反应温度(℃)。为提高有机污染物的去除率，目前常用方式是向生化反应池中投入外部碳源。但是，碳源投加量通常是按照经验确定的，难以反映实时生化反应过程状态。而且，若投加量设置不恰当，不仅会增加设备能耗，增加污水处理厂的运行成本，还会影响微生物的作用速率，最终影响有机污染物的去除效果，影响出水水质。

4. 厌氧区底物

在厌氧区中，溶解性底物浓度降低，正磷酸盐浓度不断增加。快速生物降解可溶性有机物浓度，可以根据活性污泥样与进水样混合后的耗氧速率变化测定。厌氧状态下，乙酸盐和丙酸盐进入聚磷菌细胞体内，为合成 PHB 提供了充足的底物，聚磷菌同化的碳源储存物重量甚至能够达到细胞干重的 50%。此外，底物类型对释磷作用也产生一定影响。可发酵的有机物浓度和厌氧污泥量比值对除磷效果影响较大，这导致磷的释放量与进水状态具有很大的关联性。为了抵消进水对厌氧生物处理的影响，甲酸、乙酸和丙酸这类可被微生物直接利用的挥发性有机酸可以作为人工添加的底物。其中，乙酸作为底物的效果最佳。另外，除了甲酸、乙酸和丙酸，其他有机物必须转化成合适的底物类型才能促进释磷作用。

5. 硝酸盐

硝酸盐会抑制聚磷菌的释磷作用。在厌氧区中，反硝化菌竞争底物的优势要大于聚磷菌，其会优先利用甲酸、乙酸和丙酸这一类可以直接利用的低分子有机酸，再利用其余可快速生物降解有机物。这种情况下，只有少部分底物能够提供给聚磷菌。由于聚磷菌的功能差异和底物类型不同，硝酸盐对聚磷菌释磷会产生不同的干扰。虽然聚磷菌的竞争优势较小，但是一部分聚磷菌能够利用硝酸盐作为电子受体，并将其还原为氮气。因此，这部分既具有释磷作用又具有反硝化能力的聚磷菌能够同时降解有机物，产生大量能量用于吸收磷酸盐和合成 PHB。而另一部分不具备反硝化能力的聚磷菌，仅完成释磷作用。厌氧区磷的净释放和净吸收，受以上两类聚磷菌的比例、活性、底物的性质和浓度以及反硝化菌浓度等多方面的因素影响。当存在低分子有机酸和反硝化菌时，释磷总量会下降；当存在硝酸盐时，可直接诱发具有释磷作用和反硝化能力的聚磷菌完成释磷作用，且释放速率与硝酸盐浓度无关。与低分子有机酸相比，其余可快速生物降解有机物的情况有所不同。由于这类底物必须转化成低分子有机酸，才能诱导磷的释放，而且反硝化菌对这类底物的竞争优势比聚磷菌大得多，使得可用于诱导聚磷菌释磷的低分子有机酸浓度较低，导致厌氧阶段的释磷量明显下降和释磷速率显著降低。同时，具有释磷作用和反硝化能力的聚磷菌，能通过反硝化反应进行吸磷作用，此时厌氧单元出现磷的净吸收。

6. 温度

当环境温度在 15～35℃时，活性污泥系统的污水处理效果没有太大波动，各种微生物的活性达到平衡。温度对反硝化速率的影响可总结如下：当环境温度为 5℃时，反硝化速率较低；当环境温度为 15℃时，反硝化速率略微上升；当环境温度在 20～30℃时，反硝化反应具有最佳速率。温度与反硝化速率的关系可表示为

$$q_{\mathrm{D},T} = q_{\mathrm{D},20}\theta^{T-20} \tag{6-2}$$

其中，$q_{\mathrm{D},T}$ 为温度为 T 时的反硝化速率；$q_{\mathrm{D},20}$ 则为温度为 20℃的反硝化速率；温度系数 θ 一般在 1.03～1.15。另外，不同碳源对厌氧生化反应的速率有不同影

响，同一碳源在不同温度条件下，通常会对生化反应速率产生不同的影响。而且，当温度在 15～35℃范围内逐渐增大时，不同碳源作用下的反硝化速率均有所上升。温度对反硝化速率的影响的一个具体表现是系统的水力停留时间。当温度为20℃时，城市污水处理系统的水力停留时间约为 59min；当温度为 5℃时，水力停留时间上升至 256min。温度对反硝化速率的影响还与硝酸盐负荷相关，即当硝酸盐负荷较高时，反硝化速率受温度影响较大。因此，在低温高硝酸盐负荷时，为了提高反硝化速率，可以采用较长污泥龄或加长水力停留时间等措施。而且，厌氧阶段聚磷菌的释磷作用，对温度的敏感程度不如好氧阶段和缺氧阶段的吸磷作用。结合已有的研究，温度低于 15℃时，释磷速率无显著变化；温度在 15～20℃时，随着温度的上升释磷速率变快；温度在 20～30℃时，厌氧释磷速率处于一个较高的水平；温度高于 30℃时，释磷速率下降。

7. pH

厌氧区和缺氧区的 pH 直接影响微生物活性，存在抑制和促进厌氧生化反应产物浓度的不同情况，从而对厌氧处理过程产生多重影响。由图 6-2 可以看出，反硝化过程的最佳 pH 在 6.5～7.5，当 pH 不合适时，尤其 pH 低于 6.0 和高于 8.0 时，反硝化菌的增殖受到抑制，酶的活性降低。值得注意的是，反硝化过程产生的碱度(以 $CaCO_3$ 的含量来计算)可用于调整厌氧区的 pH，美国环境保护局推荐工程设计中采用 $3.0gCaCO_3/gNO_3^-$-N。另外，厌氧条件下，无论是否投加外部碳源，pH 对磷的释放量有截然不同的影响。pH 降低时，在极短的时间内释放大量的磷，pH 越低，释放速率和释放量越大。pH 升高时，存在吸磷现象，随着 pH 升高，磷的吸收量和吸收速率提高。

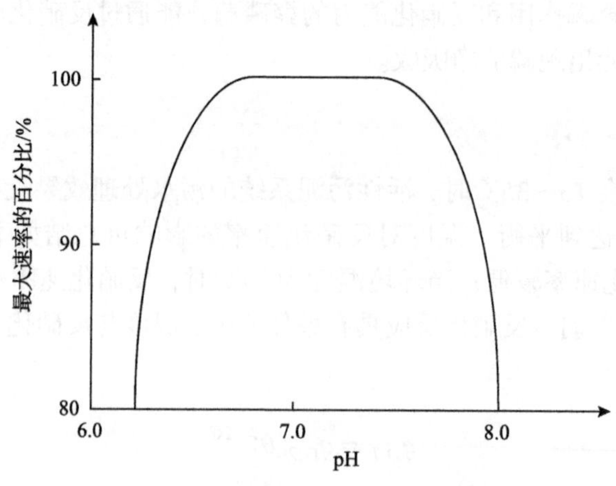

图 6-2　反硝化速率与 pH 的关系

由于生化反应过程和稀释作用可以迅速改变 pH，厌氧处理过程要求的最佳

pH 是指厌氧区和缺氧区混合液的 pH。生化池出水的 pH 一般等于或者接近生化池内的 pH。生化池内的 pH 又受进水 pH 和有机物代谢过程某些产物增减的影响。不同的进水 pH 可能高于或低于厌氧区所需的 pH。当含有大量溶解性碳水化合物的污水进入厌氧区时，由于产生乙酸，pH 迅速降低；当含有大量蛋白质或氨基酸的污水进入厌氧区时，由于生成氨，pH 会略有上升。当厌氧生物处理过程的中间产物有机酸增加时，pH 降低；当含氮有机物分解产生的 NH_4^+ 增加时，pH 升高。

8. 有机物与氮之比(C/N)

C/N 是衡量生物脱氮效率的一个重要指标。按照经验，当反硝化过程的 BOD_5/TKN 值大于 4 时，认为碳源充足。而且，在 A^2/O 工艺中，只要进水 BOD_5/TKN 值大于 3，一般就能满足反硝化过程的碳源需求。如果投加外部碳源，如甲醇，当甲醇与 NO_3^--N 的比值为 3 时，能够达到充分的反硝化作用，即 95%的 NO_3^--N 还原成 N_2。

9. 有机负荷

有机负荷是城市污水处理运行过程的重要指标，由于城市污水处理厌氧区和缺氧区中多种微生物之间存在相互竞争的关系，自养型细菌和兼性厌氧型细菌的竞争优势大于好氧型细菌。因此，需要平衡城市污水处理过程厌氧生物处理单元的有机负荷，实现城市污水处理反硝化作用和释磷作用的协调平衡，保证生物脱氮除磷的处理效率。

6.3.2　厌氧生物处理过程优化目标模型

厌氧生物处理过程主要发生在厌氧区和缺氧区，其优化需求是保证厌氧生物处理充分进行、保证出水水质、降低内外回流的泵送能耗。在构建厌氧生物处理过程优化目标模型时，基于上述机理分析，将进水流量、混合固体悬浮物、外回流量、缺氧区硝态氮浓度、外部碳源以及好氧区的溶解氧浓度作为优化目标的相关变量。本节基于优化目标与相关变量的关系，构建模糊神经网络模型，描述优化目标与其相关变量之间的关系。

以城市污水处理过程泵送能耗和一池释磷量(ΔP)作为优化目标，建立城市污水处理过程优化目标模型：

$$\min F(t) = [f_1(t), f_2(t)] \tag{6-3}$$

其中，$F(t)$为 t 时刻城市污水处理厌氧生物处理过程优化目标；$f_1(t)$为 t 时刻城市污水处理厌氧生物处理过程泵送能耗；$f_2(t)$为 t 时刻城市污水处理厌氧生物处理过程一池释磷量。根据厌氧生物处理过程的特征分析，以泵送能耗和一池释磷量作为厌氧生物处理过程运行优化的主要目标。基于影响因素分析，外回流量、碳源投加量是厌氧生物处理阶段的可调节变量。由于厌氧生物处理过程必须与缺氧反应和好氧反应过程同时进行，将好氧区和缺氧区的溶解氧浓度和硝态氮浓度同时作为模型输入，基于模糊神经网络的优化目标模型如图 6-3 所示。

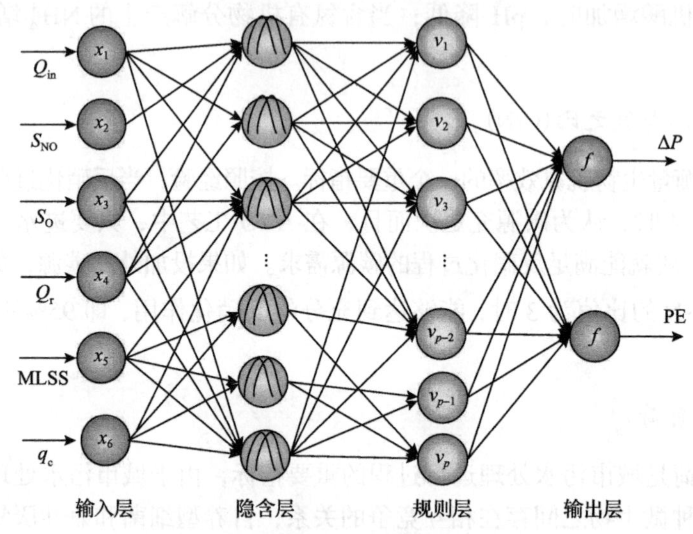

图 6-3　基于模糊神经网络的优化目标模型

模糊神经网络构建的优化目标模型拓扑结构共四层，分别是输入层、隐含层、规则层和输出层，各层的数学描述如下。

输入层：该层的输入为特征变量，每个输入层神经元的输出为

$$x(t)=[Q_{\text{in}}(t),S_{\text{NO}}(t),S_{\text{O}}(t),Q_{\text{r}}(t),\text{MLSS}(t),q_{\text{c}}(t)] \tag{6-4}$$

其中，$x(t)$为优化目标模型输入层输出矩阵；$Q_{\text{in}}(t)$为第 t 时刻进水流量；$S_{\text{NO}}(t)$为第 t 时刻缺氧区硝态氮浓度；$S_{\text{O}}(t)$ 为 t 时刻溶解氧浓度；$Q_{\text{r}}(t)$为 t 时刻回流污泥流量；$\text{MLSS}(t)$为 t 时刻混合液悬浮固体浓度；$q_{\text{c}}(t)$ 为 t 时刻外部碳源投加量。

隐含层：该层的输入为输入层的输出，该层输出表示为

$$\varphi^k(t)=\prod_{p=1}^{5}\exp\left(-\frac{(x^p(t)-c^{pk}(t))^2}{2(\sigma^{pk}(t))^2}\right) \tag{6-5}$$

其中，$x^p(t)$为 t 时刻优化目标模型的第 p 个输入；$\varphi^k(t)$为 t 时刻隐含层第 k 个神经元的输出值，k=1,2,⋯,10；$c^{pk}(t)$为 t 时刻第 k 个隐含层神经元的第 p 个隶属度函数的中心，在区间(0, 1]随机取值；$\sigma^{pk}(t)$为 t 时刻第 k 个隐含层神经元的第

p 个隶属度函数的宽度。

规则层：该层的输入为隐含层的输出，每个规则层神经元的输出为

$$v^k(t) = \frac{\varphi^k(t)}{\sum_{k=1}^{10} \varphi^k(t)} \tag{6-6}$$

其中，$v^k(t)$ 为 t 时刻规则层第 k 个神经元的输出值。

输出层：该层的输入为规则层的输出，输出层神经元的输出为

$$f(t) = \sum_{k=1}^{10} \omega^k(t) v^k(t) \tag{6-7}$$

其中，$f(t)$ 为 t 时刻模糊神经网络模型的输出，当构建关键变量与一池释磷量的关系时，一池释磷量作为神经网络的输出，当构建关键变量与泵送能耗之间的关系时，泵送能耗作为输出；$\omega^k(t)$ 为 t 时刻第 k 个规则层神经元与输出神经元之间的权重。利用梯度下降算法对参数 $\omega_z^k(t)$ 、$c_z^{pk}(t)$ 、$\sigma_z^{pk}(t)$ 进行更新。

基于模糊神经网络构建的数据驱动优化目标模型，能够实现厌氧生物处理过程的状态变量和一池释磷量、泵送能耗之间的关系表达，采用梯度下降学习算法可以对参数进行调整，能够在优化目标模型构建过程中实现参数的实时更新，保证建模的有效性。

6.4　城市污水处理厌氧生物处理过程优化设定点求解

在厌氧生物处理过程中，缺氧区内回流量带来的溶解氧和厌氧区外回流带来的污泥及外部投加碳源，对厌氧生物处理有很大影响。因此，可采用优化方法获取内回流量相关的硝态氮浓度及外回流量和碳源投加量的优化设定值，以达到厌氧生物处理过程节能运行的目的。本节采用基于自适应评估的多目标粒子群优化(adaptive candidate estimation-based MOPSO, ACE-MOPSO)算法，以最小化泵送能耗和最大化一池释磷量作为优化目标(此处一池释磷量做相反数处理，将最大化问题转化为最小化问题)，实现内回流量、外部碳源投加量和外回流量的求解。在 ACE-MOPSO 算法中，首先，计算非支配解的进化信息，包括非支配解的分布性趋势信息和收敛性趋势信息，用于描述当前种群的进化状态。其次，基于非支配解的进化信息和两种评价距离，对候选解集中每一个粒子进行适应度评估，为全局最优解的选择提供有效参考。最后，采用精英局部搜索策略，更新全局最优解，实现种群多样性和收敛性的平衡。

6.4.1 进化过程的需求信息获取

一般地，多目标粒子群优化算法的粒子位置为决策变量，代表求解的设定点，每个粒子都有位置和速度两个特征，分别表示为

$$x(k)=\left[x_1(k),x_2(k),x_3(k)\right] \tag{6-8}$$

$$v(k)=\left[v_1(k),v_2(k),v_3(k)\right] \tag{6-9}$$

其中，$x(k)$为粒子第k次迭代的位置向量；$x_i(k)$为粒子的第i维粒子位置，具体地，$x_1(k)$为硝态氮浓度，$x_2(k)$为外回流量，$x_3(k)$为碳源投加量；$v(k)$为粒子的速度向量，$v_i(k)$为粒子的第i维速度。多目标粒子群优化的位置和速度更新方式为

$$x_n(k+1)=x_n(k)+v_n(k+1) \tag{6-10}$$

$$v_n(k+1)=\omega v_n(k)+c_1r_1(p_n(k)-x_n(k))+c_2r_2(g(k)-x_n(k)) \tag{6-11}$$

其中，$v_n(k)$为第n个粒子在第k代的速度向量；$x_n(k)$为第n个粒子在第k代的位置向量；$p_n(k)$为第n个粒子在第k代的个体最优解；ω为惯性权重；c_1为个体认知飞行参数；c_2为社会认知飞行参数；r_1和r_2为随机向量。

在解决复杂多目标优化问题时，MOPSO 算法的优势是其能够高效地追踪全局最优解。由于不同粒子相对随机独立地在解空间进行搜索，如何获取种群的进化状态，并根据种群的进化需求，调节搜索机制成为一个难以解决的问题。对于MOPSO算法，追踪全局最优解的目的有两点：一是最小化优化解集和真实Pareto前沿的距离，即保证收敛性；二是最大化优化解集在真实Pareto前沿上的分布性，即保证多样性。

为了能够清晰地反映种群的进化需求，需要计算外部档案中非支配解的全局多样性信息：

$$G_{\mathrm{D}}(k)=\sqrt{\frac{1}{H(k)}\sum_{h=1}^{H(k)}(d_h(k)-\bar{d}(k))^2} \tag{6-12}$$

其中，$G_{\mathrm{D}}(k)$为外部档案中非支配解在第k代的全局多样性信息；$H(k)$为第k代外部档案中非支配解的数量；$d_h(k)$为第k代外部档案中第h个非支配解与外部档案中其他粒子在目标空间的最小欧氏距离；$\bar{d}(k)$为外部档案中所有非支配解的平均值。当$G_{\mathrm{D}}(k)\leqslant G_{\mathrm{D}}(k-1)$时，记多样性需求指标$R_{\mathrm{D}}(k)=1$，否则记多样性需求指标$R_{\mathrm{D}}(k)=0$。

计算外部档案中非支配解的全局收敛性信息：

$$G_{\mathrm{C}}(k)=\sum_{h=1}^{H(k)}\mathrm{dis}(a_h(k),\ \hat{a}_h(k-1)) \tag{6-13}$$

其中，$G_{\mathrm{C}}(k)$ 为第 k 代全局收敛性信息；$a_h(k)$ 为外部档案 $A(k)$ 中第 h 个非支配解的位置向量；$\mathrm{dis}(a_h(k),\ \hat{a}_h(k-1))$ 为 $a_h(k)$ 与 $\hat{a}_h(k-1)$ 之间的距离，$\hat{a}_h(k-1)$ 为 $A(k-1)$ 中被 $a_h(k)$ 支配的粒子。当 $G_{\mathrm{C}}(k)=0$ 时，收敛性需求指标 $R_{\mathrm{C}}(k)=1$，否则收敛性需求指标 $R_{\mathrm{D}}(k)=1$。

判断 $R_{\mathrm{D}}(k)$ 和 $R_{\mathrm{C}}(k)$ 的关系，当 $R_{\mathrm{D}}(k)\neq R_{\mathrm{C}}(k)$ 时，有

$$E(k)=R_{\mathrm{D}}(k)-R_{\mathrm{C}}(k) \tag{6-14}$$

其中，$E(k)$ 为第 k 代种群进化需求。

当 $R_{\mathrm{D}}(k)=R_{\mathrm{C}}(k)$，且 $k\leqslant 4$ 时，有

$$E(k)=\sum_{\tau=1}^{k}R_{\mathrm{D}}(\tau)-\sum_{\tau=1}^{k}R_{\mathrm{C}}(\tau) \tag{6-15}$$

当 $R_{\mathrm{D}}(k)=R_{\mathrm{C}}(k)$，且 $k>4$ 时，有

$$E(k)=\sum_{\tau=k-4}^{k}R_{\mathrm{D}}(\tau)-\sum_{\tau=k-4}^{k}R_{\mathrm{C}}(\tau) \tag{6-16}$$

其中，τ 为历史迭代次数。多样性需求指标 $R_{\mathrm{D}}(k)$ 和收敛性需求指标 $R_{\mathrm{C}}(k)$ 能够获取种群的进化需求信息，以指导种群进化。

在 ACE-MOPSO 算法的进化过程中，进化信息 $E(k)$ 反映了算法在不同迭代时期对收敛性和多样性的需求情况。下面分两种情况来分别阐述算法的需求信息。

当 $R_{\mathrm{D}}(k)\neq R_{\mathrm{C}}(k)$ 时，说明算法在 k 时刻的进化需求明确。当 $R_{\mathrm{D}}(k)>R_{\mathrm{C}}(k)$ 时，说明算法的分布性变差，收敛性变好，那么算法则需要采取措施以提高解集的分布性。当 $R_{\mathrm{D}}(k)<R_{\mathrm{C}}(k)$ 时，说明算法的分布性变好，而收敛性变差，那么算法则需要采取措施来提高解集的收敛性表现。当 $R_{\mathrm{D}}(k)=R_{\mathrm{C}}(k)$ 时，说明算法在 k 时刻的进化需求不明确，算法有可能有着良好的收敛性和分布性表现，也有可能有着较差的收敛性和分布性表现。此时仅仅依靠单个时刻的迭代信息，不足以说明算法的进化需求。根据上述对函数进化信息的分析所得出的结论，算法在不同的进化时期，其对收敛性或者多样性的需求有着一定的连续性。因此，算法将以上时刻的进化信息作为参考，来判断种群的进化需求。

种群进化需求反映了种群在进化过程中的收敛性和多样性状态，不同的种群进化需求能够为种群在下次迭代的搜索方向提供理论指导，有助于种群在探索和开发方面保持平衡。

1. 自适应评估策略

为了比较粒子的优劣，外部档案采用 Pareto 支配方法进行更新，更新方式为：比较种群中粒子和外部档案中粒子的支配关系，选择种群和外部档案中非支配解更新外部档案 $A(k)$，若 $A(k)$ 中非支配解的数量大于 $K_{\max}$，则删除在目标空间中拥挤距离小的非支配解，使得外部档案中非支配解的数量小于或等于 $K_{\max}$。

在评估外部档案中的候选解集引入了拥挤距离和基于坐标变换的密度距离，通过评估候选解的进化信息，决定选用的评估距离的方法，以获取更切合当前进化状态的候选解。评估外部档案中的候选解集的自适应评估策略定义为

$$H(a_h(k)) = \begin{cases} C(a_h(k)), & E(k) > 0 \\ S(a_h(k),\ A(k)), & E(k) \leqslant 0 \end{cases} \tag{6-17}$$

其中，$H(a_h(k))$ 为非支配解 $a_h(k)$ 的评价结果；$C(a_h(k))$ 为 $a_h(k)$ 与其他非支配解之间的最小欧氏距离；$S(a_h(k), A(k))$ 为 $a_h(k)$ 的基于坐标变换的密度距离；$A(k)$ 为 k 时刻的非支配解集。

基于坐标变换的密度距离 $S(a_h(k), A(k))$ 定义为

$$S(a_h(k), A(k)) = \sum_{j=1}^{A(k)} \left\| a_h(k),\ a'_j(k) \right\| \tag{6-18}$$

其中，$a'_h(k)$ 为非支配解 $a_h(k)$ 的坐标变换值，$a_h(k) \in A(k)$ 并且 $a_h(k) \neq a_i(k)$。

$$a'_{j,m}(k) = \begin{cases} a_{h,m}(k), & a_{j,m}(k) < a_{h,m}(k) \\ a_{j,m}(k), & \text{其他} \end{cases} \tag{6-19}$$

其中，$a'_{j,m}(k)$ 为非支配解 $a_j(k)$ 在第 m 个目标上的坐标变换值；$a_{h,m}(k)$ 和 $a_{j,m}(k)$ 为第 h 个和第 j 个非支配解在第 m 个目标上的函数值。

基于坐标变换的密度距离已经被应用于遗传算法和粒子群优化算法，通过保留非支配解在单个目标上的优势信息，基于坐标变换的密度距离能够有效识别出具有收敛特征的非支配解，可以作为算法在收敛需求下评价候选解的有效方法。

2. 精英局部搜索策略

在获得候选解的评价信息之后，需要为种群选择合适的引导点，以推动算法

的优化过程。虽然基于常规选择策略的 MOPSO 算法在优化多目标问题时能够保证良好的收敛性和多样性，但是在处理较为复杂的多目标问题时，MOPSO 算法仍然有可能陷入局部最优陷阱。在很多进化算法中，变异因子的引入能够帮助这些算法跳出局部最优陷阱，并提升种群的开发能力，提高算法的收敛性。为了避免算法陷入局部最优，基于候选解评价信息和精英局部搜索策略，设计了一种有效的引导点选择策略。

精英局部搜索策略可以对粒子的位置和速度更新进行调节。首先，在外部档案中依据 $H(a_h(k))$ 的大小，对非支配解进行降序排序。其次，在前 10%的非支配解中随机选择一个解作为候选解 $c_{\mathrm{g}}(k)$，获得具有较高评估值的候选解，作为初始引导点；在获得初始引导点之后，采用精英局部搜索策略对初始引导点进行微调：

$$g(k)=\begin{cases}c_{\mathrm{g}}(k)+(x^{\mathrm{upper}}-x^{\mathrm{lower}})\times R(\mu,\sigma^2), & \mathrm{rand}>\delta \\ c_{\mathrm{g}}(k), & \mathrm{rand}\leqslant\delta\end{cases} \tag{6-20}$$

其中，$g(k)$ 为第 k 代全局最优解；$c_{\mathrm{g}}(k)$ 为第 k 代候选解；x^{upper} 为 $x(k)$ 的上限；x^{lower} 为 $x(k)$ 的下限；R 为一个高斯分布值；$r\sim N(\mu,\sigma^2)$。当迭代次数达到 $K_{\max}$ 时，在外部档案中随机选择一个非支配解的位置向量作为优化设定值 $[S_{\mathrm{NO}}^*(t), Q_{\mathrm{r}}^*(t), q_{\mathrm{c}}^*(t)]$。ACE-MOPSO 算法框架如图 6-4 所示。

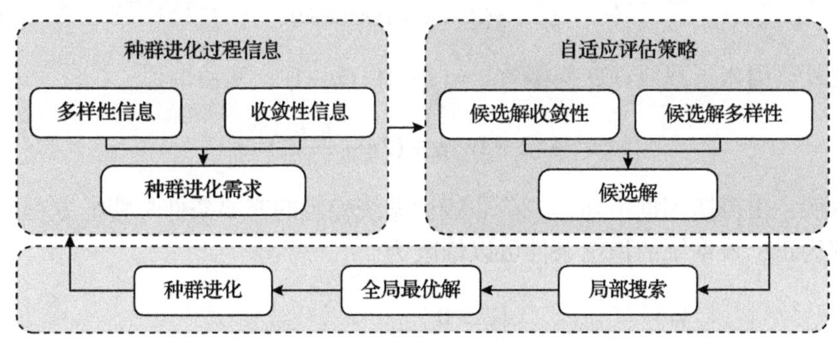

图 6-4　ACE-MOPSO 算法框图

3. ACE-MOPSO 算法收敛性证明

ACE-MOPSO 算法的初始化策略和速度、位置更新与标准 MOPSO 算法是一致的，初始化阶段，粒子在可行空间中进行随机初始化。在进化过程中，粒子的速度和位置是独立更新的，且粒子的位置限制在问题给定的上下界中，总迭代次数为 $K_{\max}$，学习参数 c_1、c_2 与随机量 r_1、r_2 合并为 ζ_1、ζ_2，如下所示：

$$\zeta_1 = c_1 r_1, \quad \zeta_2 = c_2 r_2, \quad \zeta = \zeta_1 + \zeta_2 \tag{6-21}$$

为了便于收敛性证明，提出了如下两个基本假设。

假设 6-1 第 i 个粒子的个人最佳位置 $p_i(k)$ 和全局最佳位置 $g(k)$ 在决策空间 Ω 中，决策空间有下界。

假设 6-2 对于 $p_i(k), i=1,2,\cdots,N$，存在一个 Pareto 最优集 p^*。

定理 6-1 若 $\zeta/2-1<w<1$，则 ACE-MOPSO 算法的种群将收敛到 p^*。

证明 将速度更新公式表示为

$$v_{i,d}(t+1) = wv_{i,d}(t) + \zeta_1(p_{i,d} - x_{i,d}(t)) + \zeta_2(g_d - x_{i,d}(t)) \tag{6-22}$$

位置更新公式表示为

$$x_{i,d}(t+2) = (1+w-\zeta)x_{i,d}(t+1) - wx_{i,d}(t) + \zeta_1 p_{i,d} + \zeta_2 g_d \tag{6-23}$$

假设 $p_{i,d}$ 和 g_d 是常数，对位置更新公式执行 z 变换，可以得到以下等式：

$$X_{i,d}(z) = [z^2 - z(1+w-\zeta)]x_{i,d}(0) + zx_{i,d}(1) + \zeta_1 p_{i,d} \tag{6-24}$$

其中，z 为一个随机值。为了便于后续推导，将 z 简化为一个常数。然后，式(6-23)可以视作一个线性系统，特征方程描述为

$$z^2 + z(\zeta - w - 1) + w = 0 \tag{6-25}$$

此外，引入了双线性变换函数 $z=(\mu+1)/(\mu-1)$，变换得到

$$\zeta\mu^2 + (2-2w)\mu + (2w+2-\zeta) = 0 \tag{6-26}$$

然后，由劳斯判据可知，二阶非线性系统稳定的充要条件是特征方程的所有系数都为正，该系统的稳定条件可以修改为

$$\begin{cases} \zeta > 0 \\ 1-w > 0 \\ 2w+2-\zeta > 0 \end{cases} \tag{6-27}$$

由于 ζ 为正，稳定状态可以描述为

$$\begin{cases} 1-w > 0 \\ 2w+2 > \zeta \end{cases} \tag{6-28}$$

如果方程满足式(6-28)，那么粒子将收敛到 $(\zeta_1 p_{i,d} + \zeta_2 g_d)/\zeta$。根据假设 6-2，当 k 趋于$+\infty$时，粒子的最佳位置将趋向于 p^*，如下所示：

$$\lim_{t\to+\infty} p_i(k) = p^* \tag{6-29}$$

在 ACE-MOPSO 算法中，$c_{\mathrm{g}}(k)$ 在档案中被选中，并满足以下等式：

$$\lim_{t\to+\infty} c_{\mathrm{g}}(k) = p^* \tag{6-30}$$

由于在引导点变异策略生成的非支配解决方案中选择了全局最佳位置，当 t 趋于+∞时，全局最佳位置将趋向于 p^*，表示为

$$\lim_{t\to+\infty} g(k) = p^* \tag{6-31}$$

然后，第 i 个粒子将收敛到 p^*，表示为

$$\lim_{t\to+\infty} x_i(k) = \lim_{t\to+\infty} \frac{\zeta_1 p_i(k) + \zeta_2 g(k)}{\zeta} = p^* \tag{6-32}$$

至此，收敛性证明完毕。在 ACE-MOPSO 算法的演化过程中，在进化早期飞行参数 $w < \zeta / 2 - 1$。此时，种群的收敛性能较差，具有更好的探索能力。进化后期的飞行参数 $\zeta / 2 - 1 < w$，种群可以收敛到 p^*，算法具有良好的开发能力。

6.4.2 厌氧生物处理过程优化设定点求解流程

厌氧生物处理过程运行优化，以最小化泵送能耗和最大化一池释磷量为目标，进行关键变量的优化设定点求解，实现最优决策向量 $[S_{\mathrm{NO}}^*(t), Q_{\mathrm{r}}^*(t), q_{\mathrm{c}}^*(t)]$ 的搜索。其中，$S_{\mathrm{NO}}^*(t)$ 为 t 时刻生化反应池第二分区硝态氮优化设定值，$Q_{\mathrm{r}}^*(t)$ 为外回流量，$q_{\mathrm{c}}^*(t)$ 为外部碳源投加量。优化设定点的搜索过程是利用 ACE-MOPSO 算法，根据种群在进化过程的需求信息，调节粒子群的搜索偏好。首先，ACE-MOPSO 算法计算非支配解集的分布趋势信息和收敛趋势信息，获得算法的进化需求信息。其次，利用评价结果确定候选解适用的拥挤距离，计算每一个候选解的适应度值。最后，采用精英局部搜索策略，更新当前种群的全局最优解，直至获取厌氧生物处理过程优化设定点 $[S_{\mathrm{NO}}^*(t), Q_{\mathrm{r}}^*(t), q_{\mathrm{c}}^*(t)]$。

6.5 城市污水处理厌氧生物处理过程技术实现及应用

为了验证基于 ACE-MOPSO 运行优化策略(ACE-MOPSO-OS)的有效性，本节采用城市污水处理过程基准仿真平台 BSM1 进行效果验证，分别测试晴天、雨天和暴雨天气下 ACE-MOPSO-OS 的运行效果。其中，碳源投加量和外回流采用

直接调控的方式，对硝态氮的优化设定值采用 PID 控制器进行跟踪，以实现提高出水水质并降低能耗的目的。本节的仿真实验在 Windows 10、CPU 1.80GHz、MATLAB 2018 上运行。

6.5.1 实验设计

为了评价不同优化控制器的性能，通过仿真实验测试 ACE-MOPSO-OS 下城市污水处理过程的泵送能耗和一池释磷量(为便于优化算法计算最大释磷量，一池释磷量在建模时取相反数处理)。同时，利用出水水质中的 TP、TSS、COD、BOD_5 等成分描述该运行优化策略的性能。在所有的运行优化策略中，溶解氧浓度设置为定值 1mg/L。由于溶解氧需要进行实时控制才能使其浓度保持在设定值，采用 PID 控制方法跟踪溶解氧和硝态氮浓度设定值。PID 控制器的参数设置为：溶解氧比例系数 $K_{p1}=20$，硝态氮比例系数 $K_{p2}=10000$；溶解氧积分系数 $H_{l1}=5$，硝态氮积分系数 $H_{l2}=3000$；溶解氧微分系数 $H_{d1}=1$，硝态氮微分系数 $H_{d2}=100$。在所有优化算法中，设置种群规模和外部档案最大尺寸均为 40，种群最大迭代次数均为 50。BSM1 中设置的模拟采样间隔为 15min，总采样时间为 14 天，优化周期为 2h。

实验基于城市污水处理过程基准仿真平台 BSM1，采用 ACE-MOPSO-OS 计算外回流量、碳源投加量和硝态氮浓度的优化设定值，并对硝态氮浓度设定值进行跟踪控制，通过不同天气条件下厌氧生物处理运行优化控制结果，说明 ACE-MOPSO-OS 的有效性。

为验证所提出 ACE-MOPSO-OS 的优势，将所提出的 ACE-MOPSO-OS 与 MOPSO-OS、MOEA/D-OS、NSGAII-OS、ACE-MOPSO-OS 运行策略进行对比，在相同的外部环境设置下，定量对比厌氧生物处理运行优化控制结果。

6.5.2 运行结果

在晴天、雨天和暴雨天三种天气条件下进行实验，测试不同天气条件下所提出算法对 BOD_5、COD 和 TSS 的优化能力，具体实验结果如下。

1. 晴天天气下的运行结果

在晴天天气下，基于模糊神经网络的数据驱动建模方法，建立泵送能耗模型，预测结果如图 6-5 所示。从图中可以看出，所建立的泵送能耗模型能够在晴天天气下快速地追踪上实际泵送能耗的变化趋势，实现对泵送能耗值的准确预测。预测模型的预测误差如图 6-6 所示，误差绝对值保持在 1×10^{-3}kW·h 之内，结果验证了基于模糊神经网络的数据驱动建模方法能够实现对泵送能耗的准确预测。

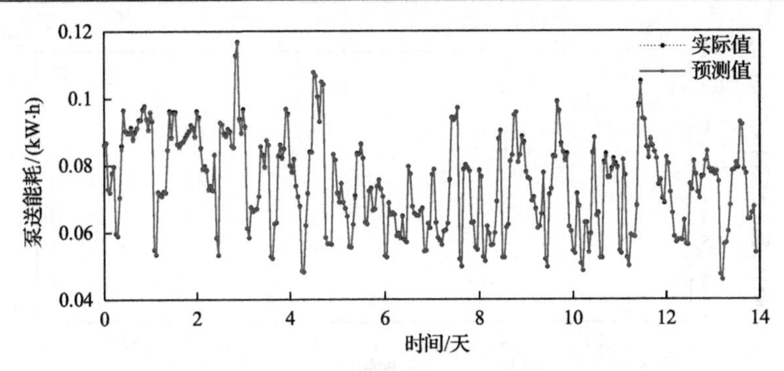

图 6-5　晴天天气下模糊神经网络泵送能耗模型预测结果

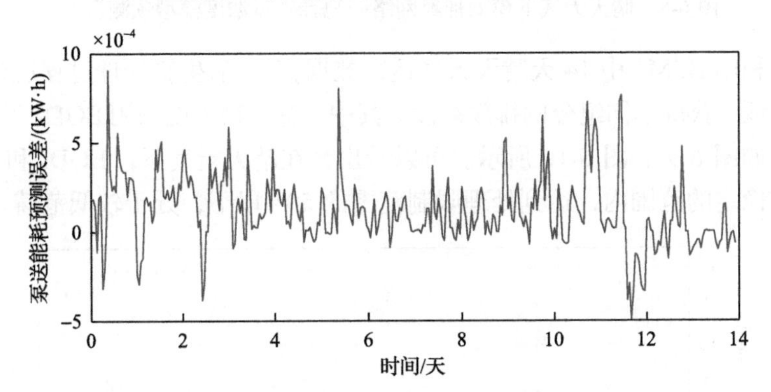

图 6-6　晴天天气下模糊神经网络泵送能耗模型预测误差

从图 6-5 和图 6-6 中可以看出，由于晴天天气下厌氧生物处理过程处理水量较为平稳，所需的外回流和硝态氮浓度的调节幅度有限，因此泵送能耗的预测模型没有出现大范围波动，模糊神经网络建模误差处于较低范围。

在晴天天气下，基于模糊神经网络的数据驱动建模方法建立一池释磷量浓度模型，效果如图 6-7 所示，预测误差如图 6-8 所示。通过图 6-7 和图 6-8 可以看出，模糊神经网络的数据驱动建模方法对于一池释磷量浓度模型的预测同样有效。

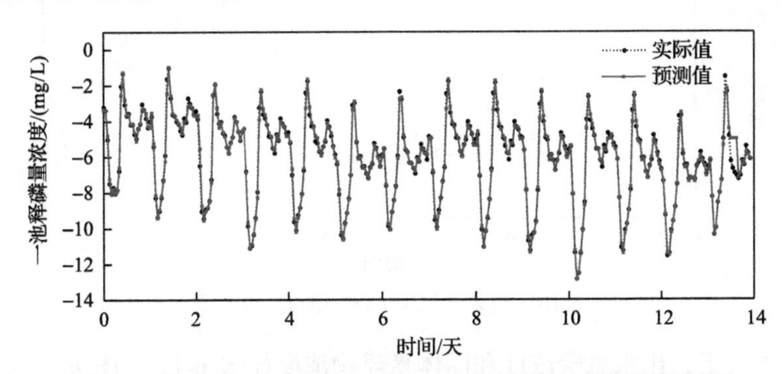

图 6-7　晴天天气下模糊神经网络一池释磷量浓度模型预测结果

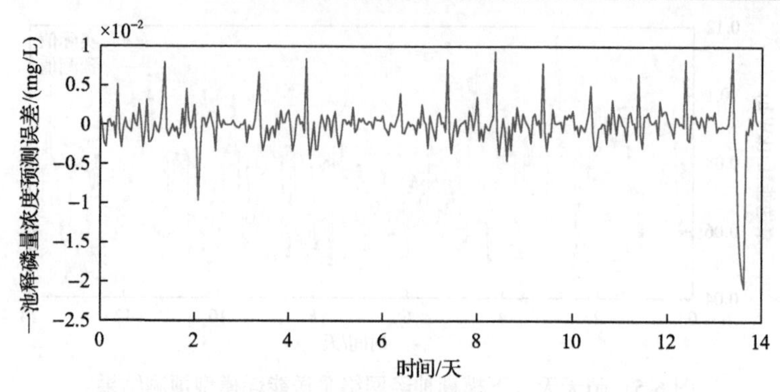

图 6-8　晴天天气下模糊神经网络一池释磷量浓度模型预测误差

实验利用 BSM1 中 14 天晴天天气运行数据，对厌氧生物处理过程运行优化策略进行验证，获得不同组分的排放浓度。其中，有机物浓度采用 BOD_5 和 COD 表示，结果如图 6-9 和图 6-10 所示。可以看出，在晴天天气下，BOD_5 和 COD 可以维持在稳定的范围内，达到处理限制范围的 50%以下，处于较低范畴。

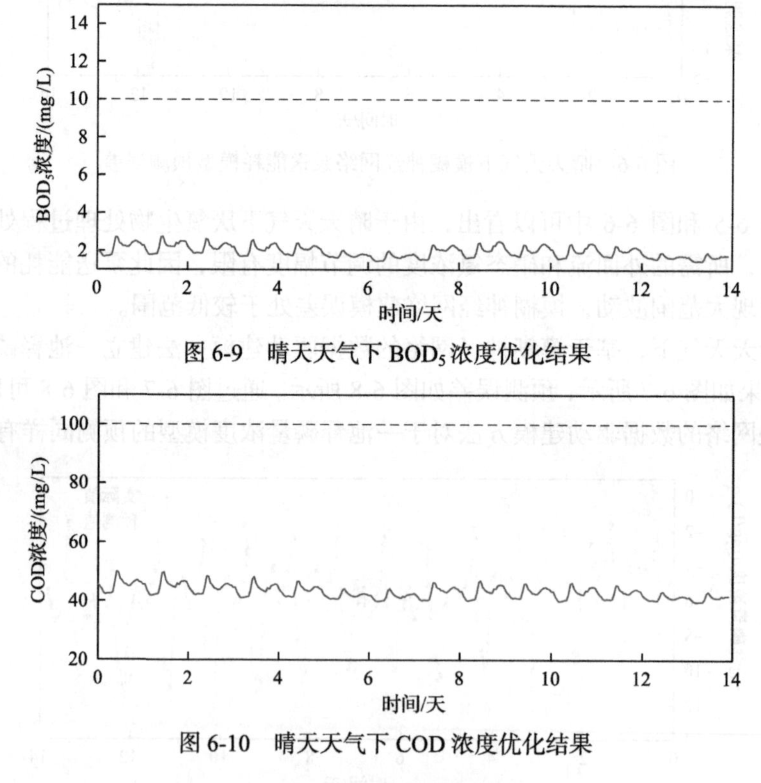

图 6-9　晴天天气下 BOD_5 浓度优化结果

图 6-10　晴天天气下 COD 浓度优化结果

晴天天气下，出水总磷浓度和固体悬浮物浓度如图 6-11 和图 6-12 所示，可以看出，在晴天天气下，出水总磷浓度波动较平缓，除了初始阶段外，全程维持在 0.5mg/L 以内。出水固体悬浮物浓度波动较小，且都稳定在 20mg/L 以下。结合上述污染物指标可以看出，城市污水厌氧生物处理运行优化策略，能够实现晴天天气下出水固体悬浮物浓度的达标排放。

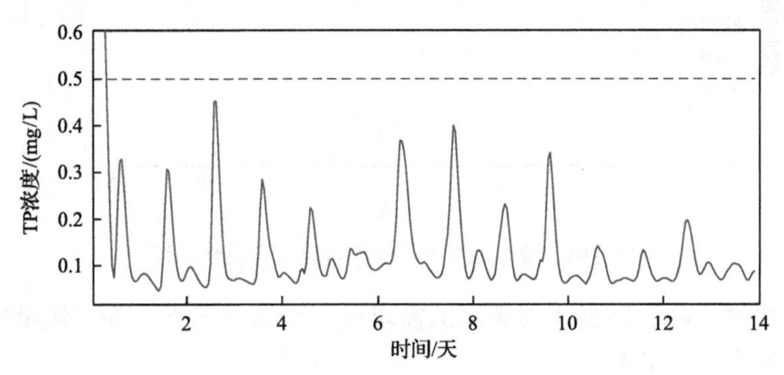

图 6-11　晴天天气下出水总磷浓度优化结果

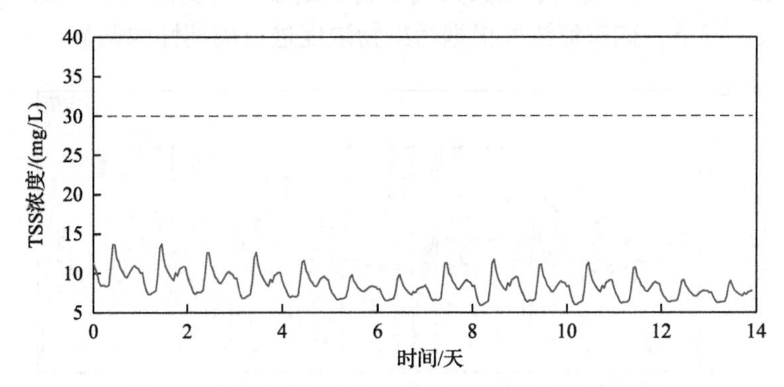

图 6-12　晴天天气下出水固体悬浮物浓度优化结果

图 6-13 和图 6-14 给出了晴天天气下碳源投加量、外回流量设定值的变化。碳源投加量在第 6 天前后和第 10 天前后出现短暂下降，这主要是因为在所述时间

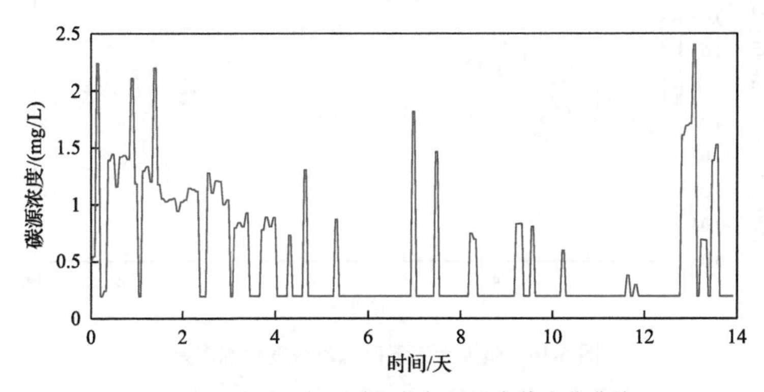

图 6-13　晴天天气下碳源投加量设定值变化曲线

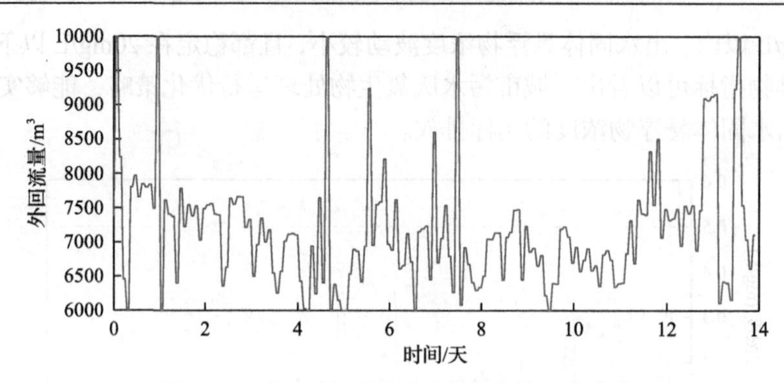

图 6-14 晴天天气下外回流量设定值变化曲线

段内总磷浓度下降，降低了对碳源的需求量。晴天天气下，外回流量的均值为 7200m^3，处于较低水平。

图 6-15 和图 6-16 给出了晴天天气下硝态氮浓度的变化和跟踪效果，可以看出，在晴天天气下，硝态氮浓度根据污染物浓度进行周期性的调节。

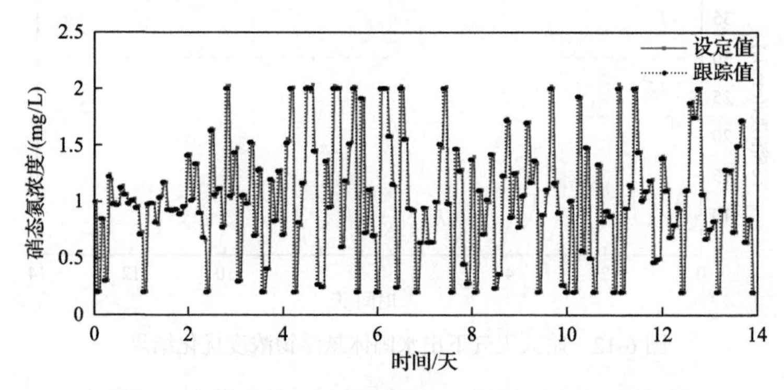

图 6-15 晴天天气下硝态氮浓度动态变化和跟踪效果

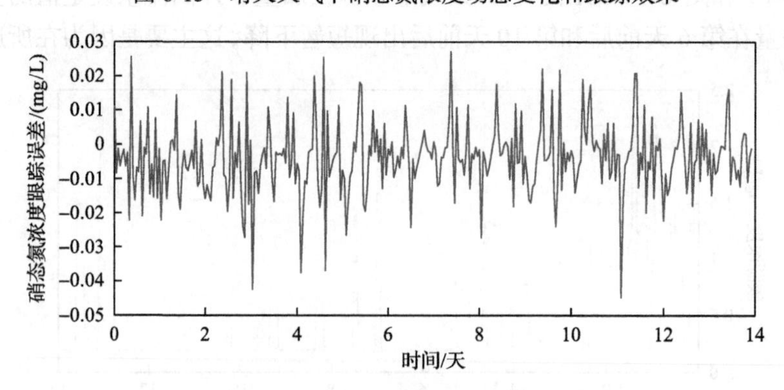

图 6-16 晴天天气下硝态氮浓度跟踪误差

为了评价不同运行优化策略的优劣，表 6-2 对比了不同运行优化策略的效果。

由对比结果可以看出，所介绍的 ACE-MOPSO-OS 在晴天天气下运行所产生的泵送能耗小于其他对比算法，可有效降低处理成本。具体地，ACE-MOPSO-OS 下的泵送能耗相比 NSGAII-OS 降低了 20%左右，且取得了更好的释磷效果。综上，在晴天天气下，ACE-MOPSO-OS 可以保证 BOD_5、COD、出水氨氮、出水总氮、出水总磷和固体悬浮物等的浓度等各项指标的合理运行。

表 6-2　晴天天气运行优化策略运行效果对比

运行优化策略	晴天天气	
	泵送能耗/(kW·h)	一池释磷质量/10^5mg
MOPSO-OS	239	9.0049
MOEA/D-OS	187	8.0132
NSGAII-OS	208	6.8456
ACE-MOPSO-OS	167	8.0239

2. 雨天天气下的运行结果

在雨天天气下，基于模糊神经网络的数据驱动建模方法建立泵送能耗模型，效果如图 6-17 和图 6-18 所示。图 6-17 显示，泵送能耗在第 9～11 天波动频繁，说明由于污水处理过程受天气的影响，需要增加内外回流量，为厌氧区和缺氧区提供充分的微生物和硝态氮，在此状态下，图中泵送能耗的预测值能准确地跟踪实际值。

基于模糊神经网络的数据驱动建模方法构建的雨天一池释磷量浓度模型预测结果如图 6-19 所示。一池释磷量浓度受天气影响较小，模型预测精度与晴天结果相似。在一定误差范围内取得了良好的预测结果。

图 6-20 给出了一池释磷量浓度模型预测误差，可以看出，除了仿真中第 8～10 天出现较大预测误差外，其余预测误差与晴天一池释磷量浓度预测模型结果相

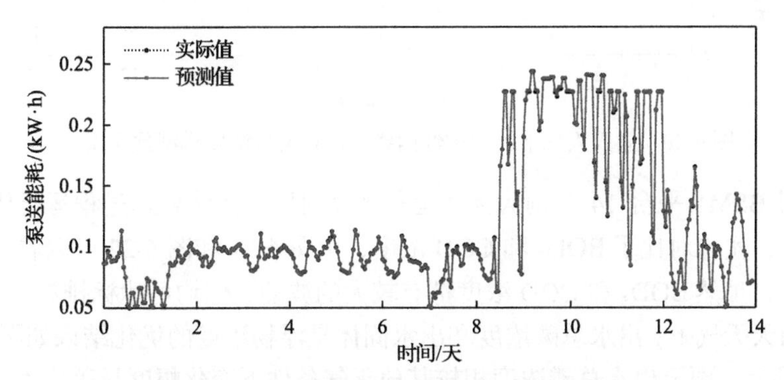

图 6-17　雨天天气下模糊神经网络泵送能耗模型预测结果

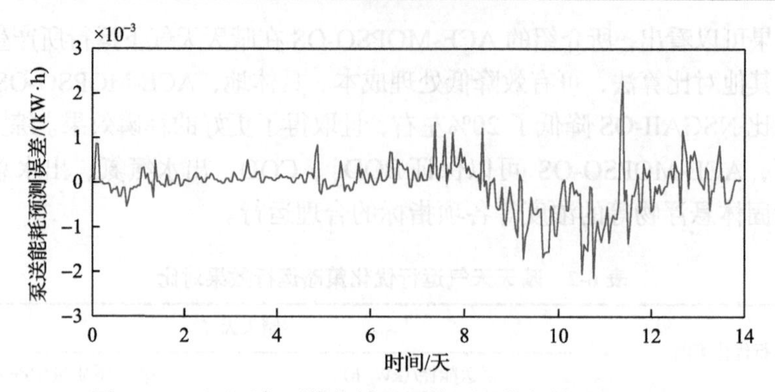

图 6-18 雨天天气下模糊神经网络泵送能耗模型预测误差

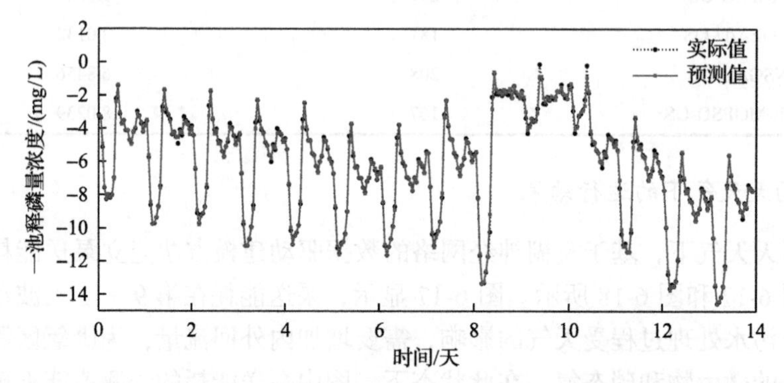

图 6-19 雨天天气下模糊神经网络一池释磷量浓度模型预测结果

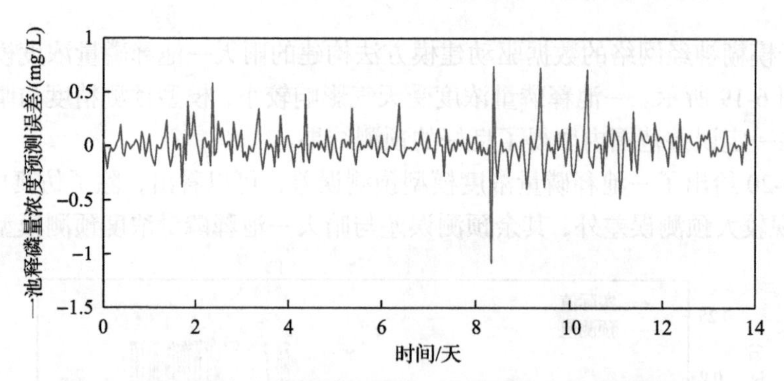

图 6-20 雨天天气下模糊神经网络一池释磷量浓度模型预测误差

近。采用 BSM1 平台 14 天雨天天气运行数据对厌氧生物处理过程运行优化策略进行验证，实验对比了 BOD_5 和 COD 浓度，由图 6-21 和图 6-22 可以看出，在雨天天气下，虽然 BOD_5 和 COD 浓度都有较大的波动，但均可达标排放。

在雨天天气下，出水总磷浓度和出水固体悬浮物浓度的优化结果如图 6-23 和图 6-24 所示。雨天出水总磷浓度相较其他天气条件下变化幅度显著增大，但是优化结果的趋势相近。除了降雨导致的进水量激增的第 8～10 天，大部分时间出水总磷浓度满足达标的需求。雨天出水固体悬浮物浓度和总磷浓度的变化趋势相似，但是出水固体悬浮物浓度波动较大，最大浓度达到 20mg/L。仿真结果说明在雨天条件下，出水固体悬浮物浓度能够实现达标排放。

雨天碳源投加量和外回流量的设定值变化曲线如图 6-25 和图 6-26 所示。可以看出，雨天条件下碳源在第 2～9 天投加量较高，在第 10～14 天投加量较低。由图 6-26 可以看出，外回流与碳源投加量设定值具有相似的变化规律，呈现前半段流量高后半段流量低的变化趋势。

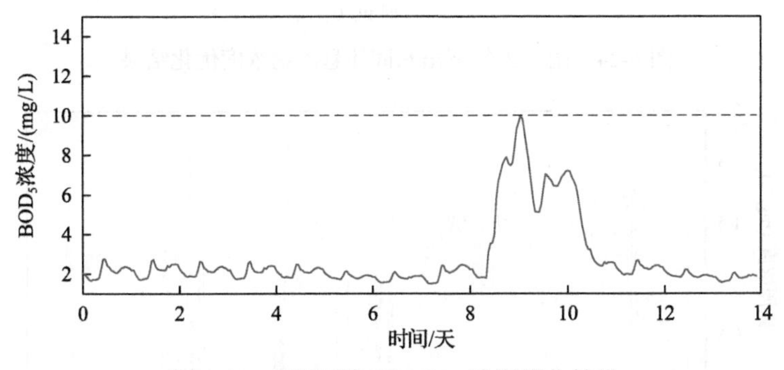

图 6-21　雨天天气下 BOD_5 浓度优化结果

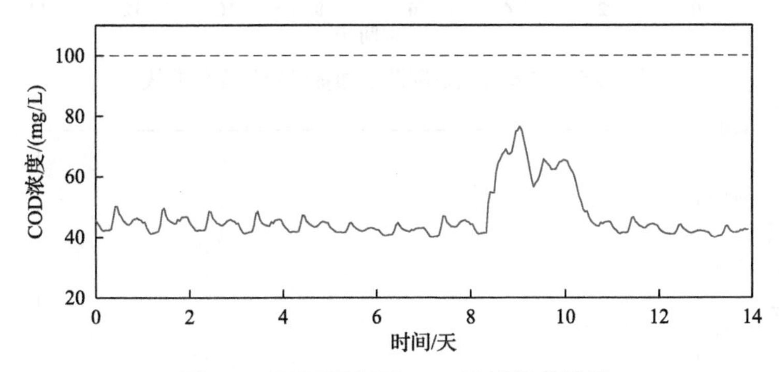

图 6-22　雨天天气下 COD 浓度优化结果

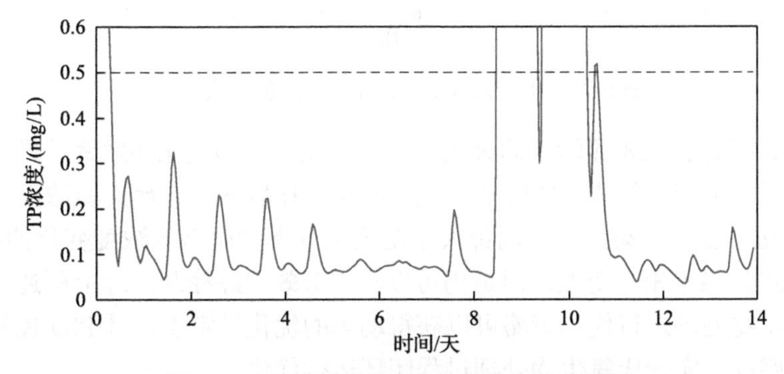

图 6-23　雨天天气下出水总磷浓度优化结果

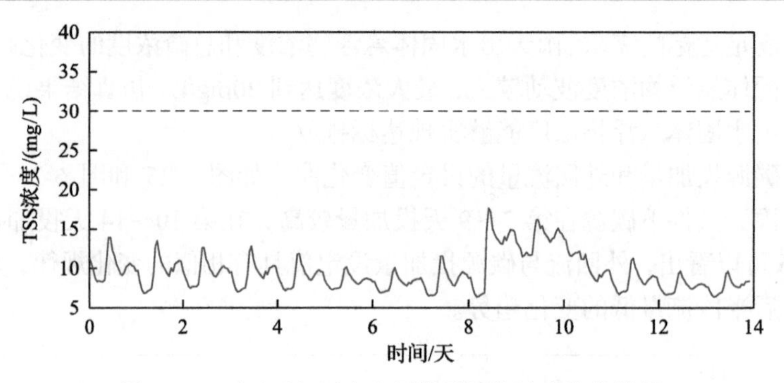

图 6-24　雨天天气下出水固体悬浮物浓度优化结果

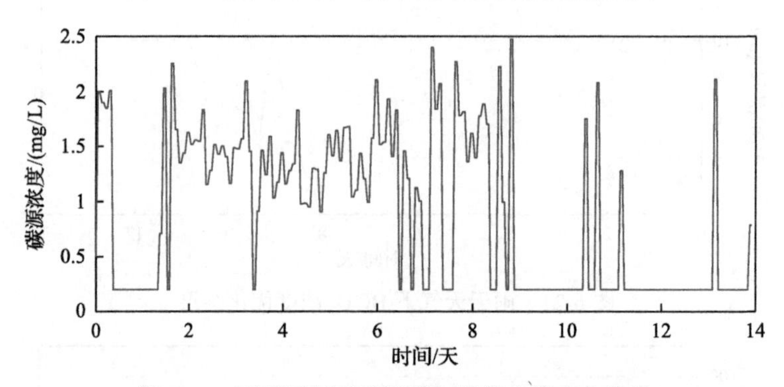

图 6-25　雨天天气下碳源投加量设定值变化曲线

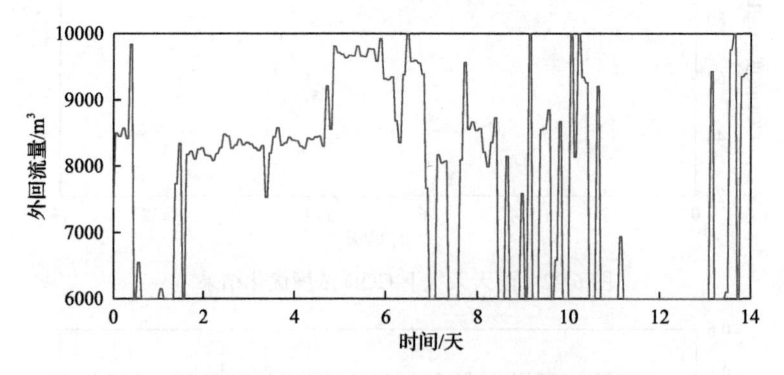

图 6-26　雨天天气下外回流量设定值变化曲线

图 6-27 和图 6-28 显示了雨天天气下硝态氮浓度的变化和跟踪结果。可以看出，雨天天气下硝态氮浓度实际值变化主要集中在后 5 天，硝态氮浓度动态变化曲线的波动幅度、波动持续时间都大于晴天天气下的硝态氮浓度变化曲线，PID 控制器的跟踪误差相应变大，但是仍可以实现有效跟踪控制。综上所述，本章采用的厌氧生物处理运行优化策略可以获得动态的优化设定点，且 PID 控制可以实现稳定的跟踪，实现厌氧生物处理过程闭环运行优化。

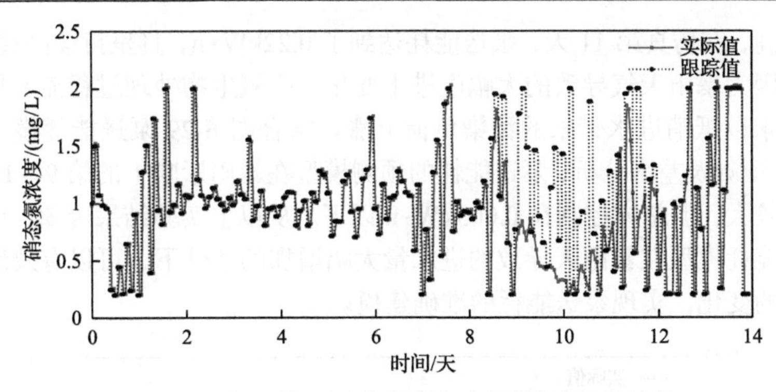

图 6-27　雨天天气下硝态氮浓度动态变化和跟踪结果

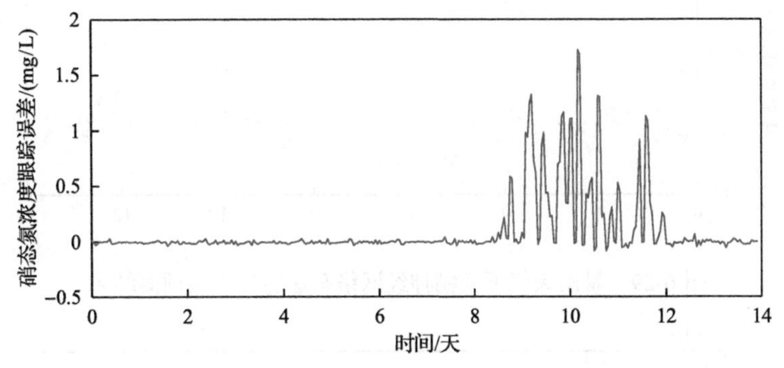

图 6-28　雨天天气下硝态氮浓度跟踪误差

由表 6-3 的对比结果可以看出，所介绍的 ACE-MOPSO-OS 在雨天天气下的节能效果同样保持较高水平。具体地，在雨天天气下采用 ACE-MOPSO-OS 能够获得较低的泵送能耗，且基本能够克服天气情况的干扰，保持城市污水处理过程的稳定运行。

表 6-3　雨天天气运行优化策略运行效果对比

运行优化策略	雨天天气	
	泵送能耗/(kW·h)	一池释磷质量/10^5mg
MOPSO-OS	295	9.0002
MOEA/D-OS	206	8.8270
NSGAII-OD	225	8.8349
ACE-MOPSO-OS	216	9.1536

3. 暴雨天气下的运行结果

图 6-29 和图 6-30 显示了由模糊神经网络数据驱动建模方法构建的泵送能耗模型预测结果。从图 6-29 中可以看出，在仿真的第 9～12 天，泵送能耗出现了大

幅度的增高，在仿真第 11 天，泵送能耗达到了 0.22kW·h，且呈持续高耗能状态。这主要是因为暴雨天气导致的大幅度进水变化，厌氧生物处理过程需要加大内外回流的需求以抵消进水带来的污染负荷上涨。结合图 6-29 泵送能耗模型预测图和图 6-30 预测误差图分析，泵送能耗的预测模型在暴雨影响下的第 9～11 天误差变动幅度较大，但总体控制在 0.003kW·h 以下。从以上实验结果可知，模糊神经网络泵送能耗模型在暴雨天导致的进水量大幅增加的条件下，可以有效地追踪上泵送能耗的变化，实现泵送能耗的准确建模。

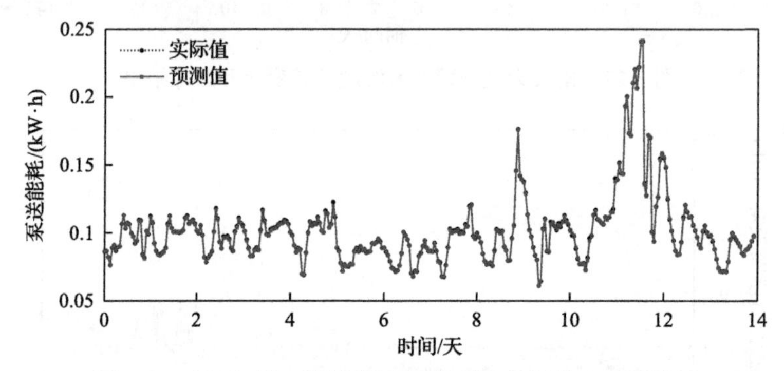

图 6-29　暴雨天气下模糊神经网络泵送能耗模型预测结果

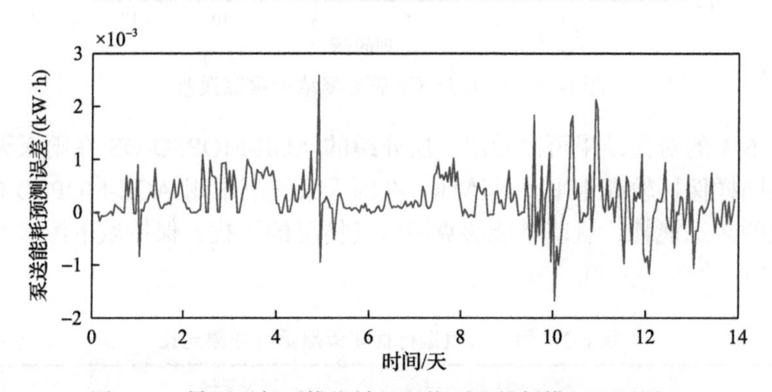

图 6-30　暴雨天气下模糊神经网络泵送能耗模型预测误差

模糊神经网络构建的一池释磷量浓度模型预测结果和预测误差如图 6-31 和图 6-32 所示，由图 6-31 可以看出，模糊神经网络构建的一池释磷量浓度模型能够追踪到实际水质指标的周期变化趋势。由图 6-32 可以看出，在暴雨天气下，一池释磷量浓度的预测误差处于较低范畴。由上述分析可以得出，基于模糊神经网络的一池释磷量浓度模型，在各种天气条件下均能完成对出水水质的准确预测。

暴雨天气下泵送能耗预测模型的平均预测误差略大于雨天和晴天的预测模型。一池释磷量浓度则由于其受天气影响微弱的特性，三种天气的预测精度在同一水平。

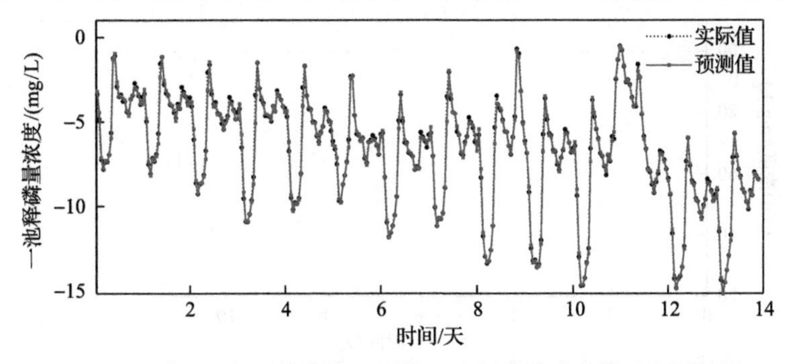

图 6-31　暴雨天气下模糊神经网络一池释磷量浓度模型预测结果

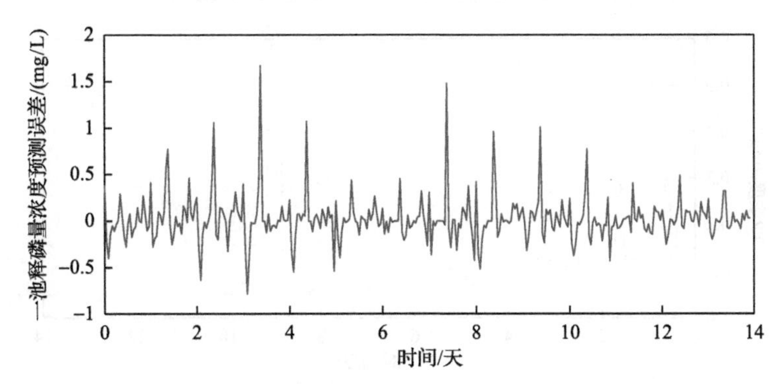

图 6-32　暴雨天气下模糊神经网络一池释磷量浓度模型预测误差

实验对比了暴雨天气下 BOD_5 和 COD 浓度，由图 6-33 和图 6-34 可以看出，在暴雨天气下，BOD_5 和 COD 浓度都在达标的范围内波动。

出水总磷浓度和出水固体悬浮物浓度的暴雨天优化结果如图 6-35 和图 6-36 所示。暴雨天出水总磷浓度变化幅度显著增大，但是优化结果的趋势和雨天条件的优化结果相似，超标时间段集中在后半段。在暴雨天气下，出水固体悬浮物浓度可以达标排放。

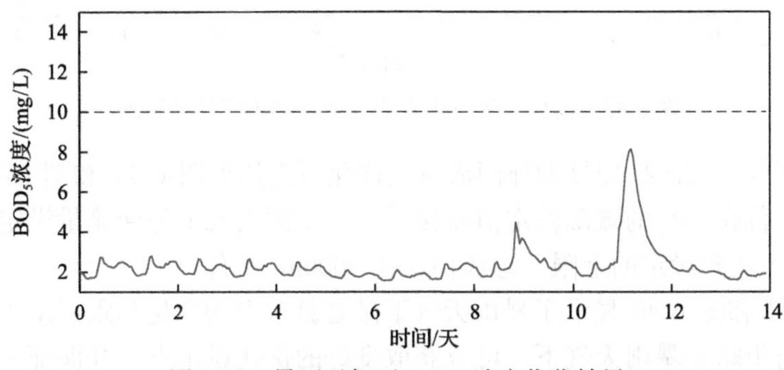

图 6-33　暴雨天气下 BOD_5 浓度优化结果

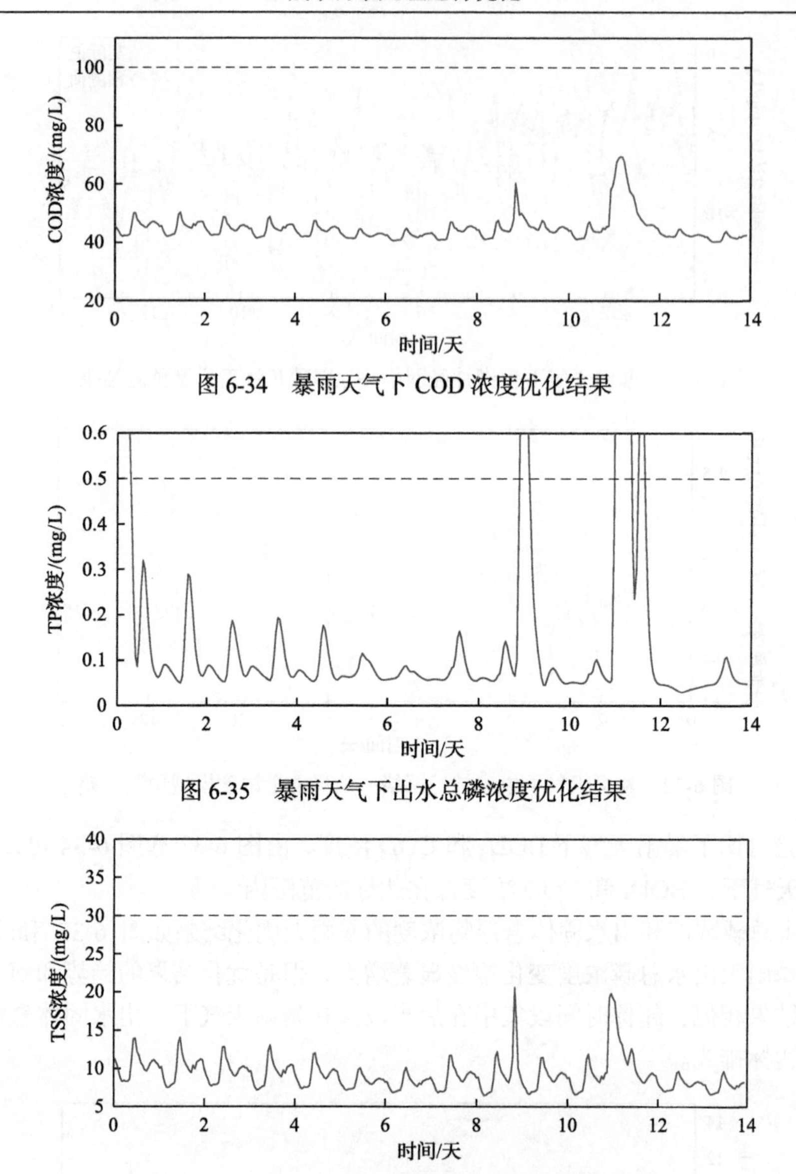

图 6-34　暴雨天气下 COD 浓度优化结果

图 6-35　暴雨天气下出水总磷浓度优化结果

图 6-36　暴雨天气下出水固体悬浮物浓度优化结果

暴雨天气下碳源投加量和外回流量的优化设定值如图 6-37 和图 6-38 所示。可以看出，优化所得的碳源设定值变化平稳。暴雨天气下外回流量设定值在第 9 天和第 12 天达到设定的上限，总体稳定在 9000m^3 左右。

图 6-39 和图 6-40 显示了暴雨天气下硝态氮浓度的变化和跟踪结果，可以看出优化运行策略在暴雨天气下，可以获取良好的优化设定点，并保证一定精度范围内的有效跟踪控制。

由表 6-4 的对比结果可以看出，所介绍的 ACE-MOPSO-OS 在暴雨天气下的节能效果保持较高水平，取得了最低的泵送能耗和良好的释磷表现。尽管 MOPSO-OS 释磷表现更好，但是 ACE-MOPSO-OS 取得的泵送能耗比 MOPSO 降低 25.8%。可以看出，ACE-MOPSO-OS 能够计算得到合适的运行设定点。综上所述，ACE-MOPSO-OS 基本能够克服天气情况的干扰，保证城市污水处理过程的稳定运行。

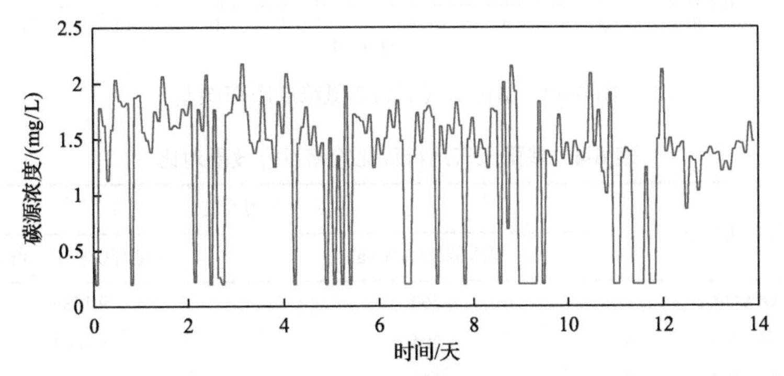

图 6-37　暴雨天气下碳源投加量设定值变化曲线

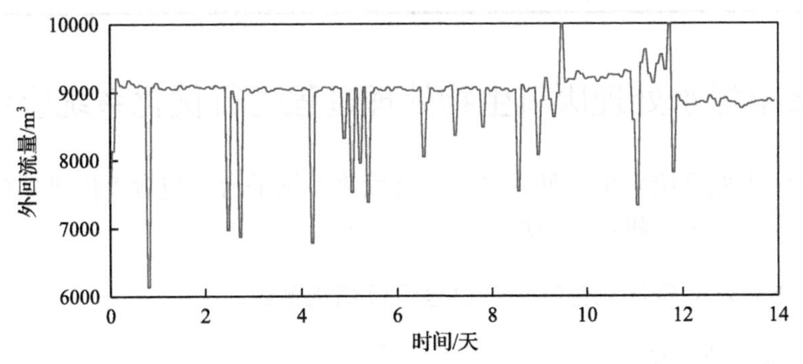

图 6-38　暴雨天气下外回流量设定值变化曲线

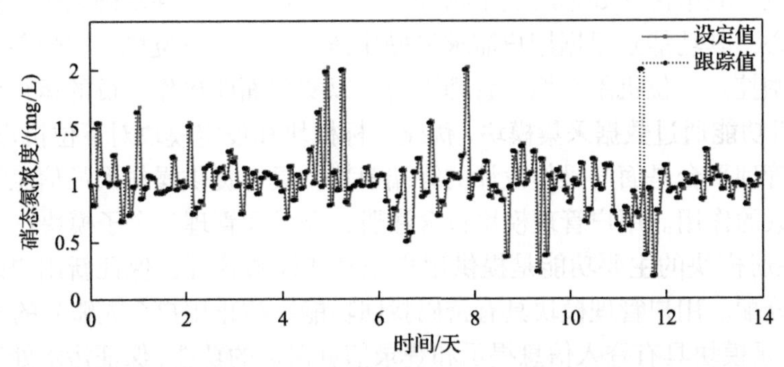

图 6-39　暴雨天气下硝态氮浓度动态变化和跟踪结果

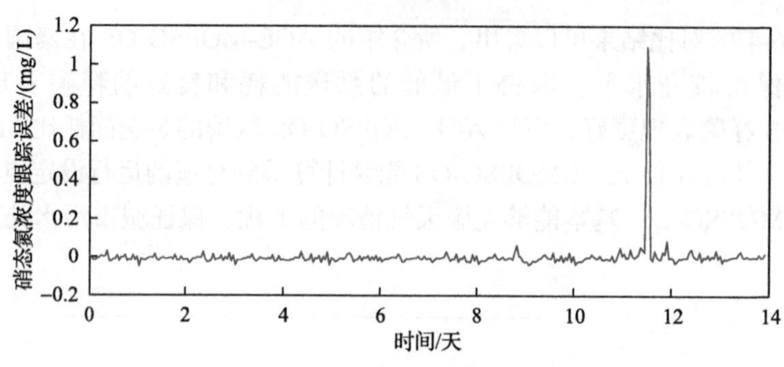

图 6-40　暴雨天气下硝态氮浓度跟踪误差

表 6-4　暴雨天气运行优化策略运行效果对比

运行优化策略	暴雨天气	
	泵送能耗/(kW·h)	一池释磷质量/10^5mg
MOPSO-OS	260	9.1289
MOEA/D-OS	204	8.4844
NSGAII-OS	201	8.5414
ACE-MOPSO-OS	193	8.9087

6.6　城市污水处理厌氧生物处理过程运行优化系统应用平台

城市污水处理厌氧生物处理过程运行优化系统平台，包含上位机功能模块、运行优化模块和下位机功能模块。

6.6.1　城市污水处理厌氧生物处理过程运行优化系统

1. 上位机功能模块

上位机是城市污水处理厌氧生物处理过程运行优化硬件基础和优化算法设计的操控核心，其功能是根据用户需求将操作命令发送给下位机，实现各个功能模块的运行调控。上位机附有用户管理平台，以实现面向操作人员的运行调整。此外，上位机功能通过数据采集模块、优化目标模块和设定模块对下位机进行控制。

用户管理平台是面向操作设计的终端模块，具有提供操作人员信息管理和给定操作参数的作用。用户管理模块包含注册、登录和管理三个子模块：

(1)注册模块的主要功能是提供用户账号和权限管理，保证新用户账号的登录和权限分配。用户管理模块具有密码找回功能，防止用户个人账号的丢失。

(2)登录模块具有登入信息提示和登录信息保护的功能，保证污水处理部门的信息安全。

(3)管理模块包括用户信息保存、操作日志调取和用户账号权限更改等功能，实现对厌氧生物处理过程运行优化系统运营管理。

数据采集模块的主要功能是完成城市污水处理过程运行数据的获取与存储。数据采集模块与污水处理厂的中控室对接，通过传输协议完成数据的传输、调用与查看等。通过数据采集模块，动态显示城市污水处理厌氧生物处理过程运行优化趋势。

优化目标模块的主要功能是实现一池释磷量和能耗的预测以及优化设定值的求取，并且可以动态显示运行趋势。该模块集成了模糊神经网络优化目标模型，可以利用实时运行数据对模糊神经网络的参数进行优化调节，并实时输出一池释磷量和能耗的预测结果。优化目标模块还具备实时数据保存和监控的功能，可以存储包括模糊神经网络优化目标模型的训练结果、训练误差、预测结果、预测误差，并提供实时调取和查看功能。

设定模块是实现厌氧生物处理过程优化设定值智能获取的最后一步，本章设计的 ACE-MOPSO 算法在此模块中运行。设定模块的主要功能是根据城市污水处理厌氧生物处理过程优化目标模型信息，动态获取控制变量优化设定值，为实现城市污水厌氧生物处理过程运行优化奠定基础。

2. 下位机功能模块

下位机功能模块的主要作用是根据通信协议接收上位机命令，完成底层设备的控制。其底层设备主要包括 PLC、回流泵及其变频器等电气设备，系统平台相关硬件如图 6-41 所示。

1) PLC

该系统所采用的 PLC 是德国西门子公司生产的 S7-300 系列可编程逻辑控制器，该 PLC 具有模块化结构，抗电磁干扰能力强、防尘抗振等优点。S7-300 系列 PLC 可以针对不同的使用场景配备不同需求的 CPU,其包含了多达 350 条指令集，可以实现短循环周期的逻辑控制。同时，主控部分预留了扩展接口，并配备有多达 32 个功能模块，可以实现功能调整。为了实现厌氧生物处理过程优化设定值输

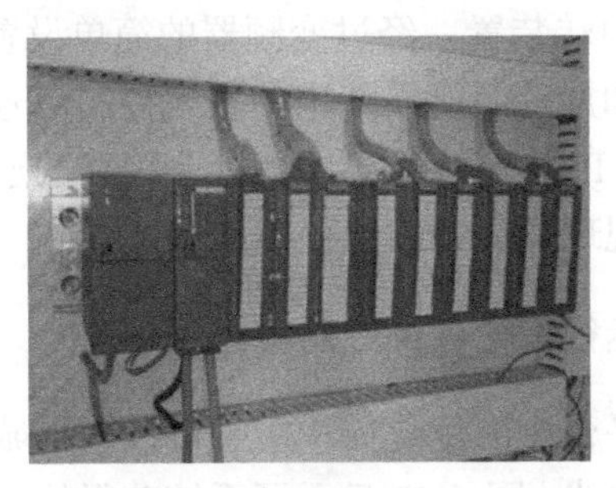

(a) PLC

(b) 在线仪表

(c) 加药设备

(d) 回流泵

图 6-41　系统平台相关硬件

出与控制，S7-300 系列 PLC 配备有数字量和模拟量输入/输出信号模块、PROFIBUS 通信接口、计数模块、总线连接器和前连模块以及涵盖了包括接口模块、解码器的闭环控制模块。用户可以从 CPU 面板的数显故障指示灯、模式指示灯直观地了解当前系统的运行状态。

2) 回流泵

该系统选择潜水回流泵，潜水回流泵是重要的提水设备，使用时整个机组潜入污水中工作，其泵体壳外壁为耐腐蚀层，可以抵抗排污过程的化学腐蚀，耐腐蚀层具有三层结构，分别为内外表面耐腐蚀处理层和中心绝缘层。泵体采用双叶片结构，能通过泵口径 50%的固体颗粒，具备良好的过流性。此外，潜水回流泵还具有运行效率高、流量连续均匀、维护费用小、易于调节的特点。回流泵前端连接变频器进行调节，其频率值与转速相对应。

3) 计量加药泵

为了实现定量加药，本系统选择计量加药泵作为处理过程的加药泵。计量加药泵具有良好的调节特性，流量可以在 0～100%范围内无级调节，用来输送向厌氧池投加的药物，泵的流量调节是通过调节内部膜片进行的，其流量控制的准确率可以达到 95%以上。与回流泵相似，计量加药泵也需要连接变频器进行调节，频率范围从 0Hz 到 50Hz 自由变换。

4) 变频器

变频器是连接上位机和控制单元的中转装置，经过变频器的简单设置，PLC 的模拟输出可以转化为控制内外回流泵和加药泵所需特定的频率控制信号，从而实现 PLC 到控制单元的信号变换。完成 PLC 与变频器之间控制线路的连接后，可以将变频器切换至远程操作模式，实现现场设备的远程控制和调节。

6.6.2　城市污水处理厌氧生物处理过程运行优化系统应用验证

在厌氧生物处理过程运行优化系统平台中的优化模块中，可以获得城市污水处理厌氧生物处理过程运行的预测数据曲线，图 6-42 显示了系统获得的一池释磷量和泵送能耗预测结果。在优化模块后端，系统能够根据动态的城市污水处理过程，获得实时的优化设定值。然后系统将获得的优化设定值传入下位机运行设备，通过 PLC 实现对操作变量对应的设备内外回流泵及加药泵的调控，最终实现城市厌氧生物处理过程运行优化，图 6-43 显示了运行过程内外回流的监测数据。

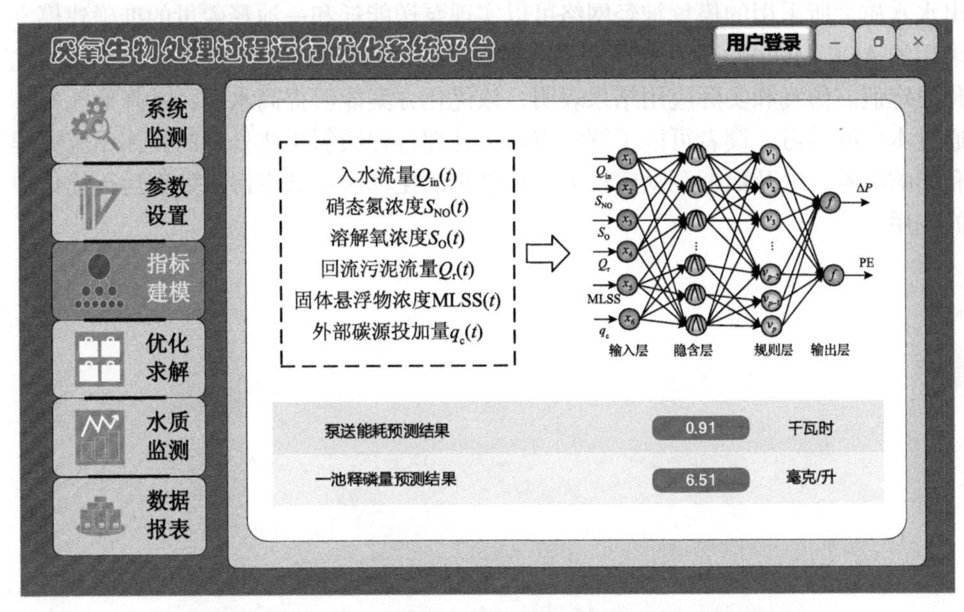

图 6-42　城市污水处理厌氧生物处理过程优化模型构建效果图

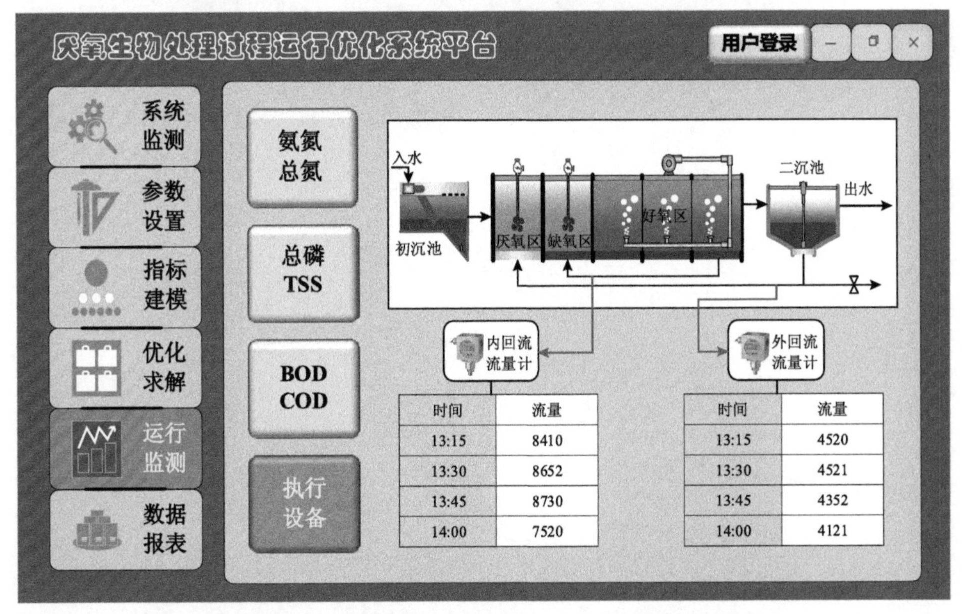

图 6-43　城市污水处理厌氧生物处理过程内外回流优化运行效果图

本章以 A^2/O 工艺为基础，以出水水质和泵送能耗为优化目标，采用 ACE-MOPSO-OS 得到硝态氮浓度、外回流量和外部碳源最优设定值。根据优化结果动态调整第 1 单元的碳源和外回流量的设定值、第 2 单元的硝酸氮浓度的设定值，降低了厌氧区内回流和外回流泵送能耗，提高了回流污泥过程的经济性，提升了出水水质。所采用的模糊神经网络可以实现泵送能耗和一池释磷量的准确建模，采用的 ACE-MOPSO 算法具有全局寻优能力和局部开发能力，能够获得有效的优化设定值。仿真和实际应用结果表明，该优化方案能够提高水质，并降低能耗。通过本章的学习，读者可以了解城市污水处理过程厌氧生物处理的具体反应流程和影响因素，以及数据驱动建模方法和进化优化算法在城市污水处理运行优化中的应用。

第7章 城市污水处理运行动态多目标优化

7.1 引 言

城市污水处理过程出水水质和能耗是两个相互冲突且关联的综合运行指标。为了实现城市污水处理厂出水水质达标排放和降低能耗，污水处理全流程运行优化已发展成为一个重要的技术手段。通过建立优化目标描述综合运行指标与关键变量之间的非线性关系，并利用多目标优化方法获取被控变量期望设定值，可为城市污水处理厂管理者提供决策信息。然而，实际城市污水处理过程中，进水组分、进水流量等只能被动接受，难以进行均衡处理，且进水组分和进水流量随时间变化，过程变量随生化反应不断变化，导致城市污水处理过程具有很强的动态性。在城市污水处理的动态环境中，各个运行指标和关键变量之间的非线性映射关系也是实时变化的。因此，如何构建优化目标模型描述动态变化的映射关系，并对该映射关系模型实时更新，是一个具有挑战性的问题。另外，多目标优化问题中的优化目标模型是动态变化的，导致实际 Pareto 前沿动态变化。因此，在城市污水处理运行优化过程中，如何设计动态多目标优化方法，获取实时优化设定点，是一个亟待解决的问题。

城市污水处理运行动态多目标优化问题中，目标前沿的变化，影响了被控变量期望设定点的选择。当优化目标模型发生变化时，原优化解将不再适用。因此，在基于进化算法的搜索过程中，种群的重新初始化尤为重要。然而，若对种群中所有粒子同时进行随机初始化，会失去之前搜索到的有效解，浪费计算资源，不利于提高求解城市污水处理过程被控变量优化设定点的效率。因此，如何设计合适的种群初始化策略，是城市污水处理运行动态多目标优化算法高效获取关键变量优化设定点的重要问题。

围绕上述问题，本章设计城市污水处理运行动态多目标优化策略。首先，对城市污水处理运行动态特性进行详细分析。其次，设计动态优化目标模型，构建变量与出水水质和能耗之间的关系模型。再次，设计基于知识迁移的城市污水处理运行优化设定点的求解方法，实现城市污水处理运行动态多目标优化。接着，将城市污水处理运行动态多目标优化方法进行实验验证。最后，设计城市污水处理运行动态多目标优化应用平台，实现对优化策略的实际应用验证。

7.2　城市污水处理过程动态特性分析

在城市污水处理过程中，典型的活性污泥法城市污水处理全流程运行过程如图 7-1 所示。原污水经过初沉池处理后进入生化反应池首端，与二沉池回流的活性污泥形成混合液，进入厌氧区和缺氧区进行生化反应，然后进入好氧区进行好氧反应，在好氧区末端流出进入二沉池，经二沉池处理后的污水与活性污泥进行分离，沉淀后的澄清液达标排放，部分活性污泥经二沉池底部回流至厌氧区，剩余污泥则直接排出污水处理系统。

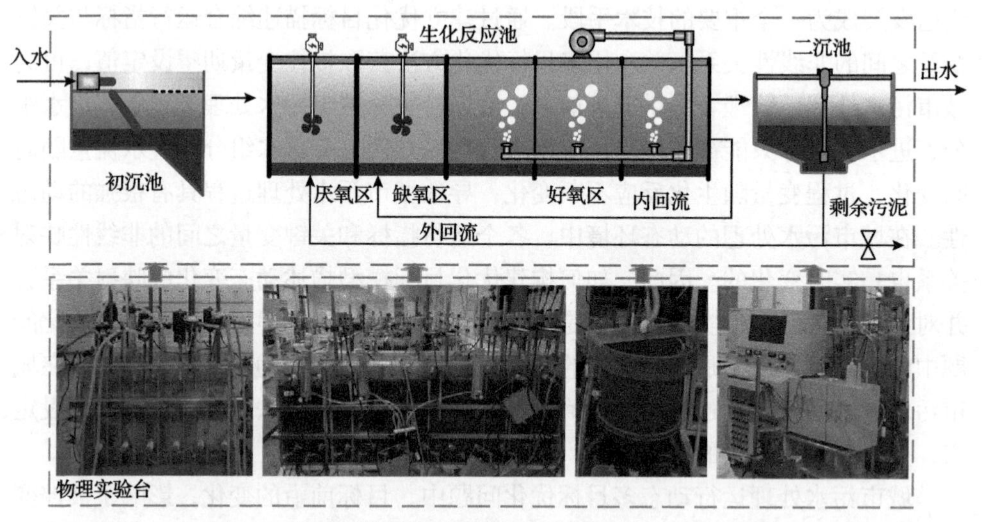

图 7-1　典型活性污泥法城市污水处理全流程运行过程

城市污水处理过程受多种因素影响，主要包括外部因素和内部因素，具体分析如下。

1. 外部因素影响下的动态特性分析

大型和小型城市污水处理厂的景观如图 7-2 所示，大型城市污水处理厂覆盖范围广，处理单元分布紧凑，规模大于 $1\times10^5\mathrm{m}^3$/天，通常建设在大城市的郊区地带；小型城市污水处理厂的规模较小，一般要小于 $1\times10^4\mathrm{m}^3$/天，设备集成化程度低，通常建设在小城镇的郊区地带。由于城市污水处理厂占地面积大、部分处理单元的露天运行环境以及污水处理过程的联动效应等客观因素，无论是大型城市污水处理厂，还是小型城市污水处理厂，均受多种外界因素影响，如环境温度、天气状况变化等。因此，城市污水处理过程具有显著的动态特性。

(a) 大型城市污水处理厂　　(b) 小型城市污水处理厂

图 7-2　大型城市污水处理厂和小型城市污水处理厂景观图

2. 内部因素影响下的动态特性分析

城市污水处理过程的进水主要来自人们排放的生活污水，受人们生活习惯、生活水平以及昼夜交替等因素的影响，进水水质具有动态性。在大多数城市污水处理厂中，难以或无法调整进水水质和进水流量，只能被动接受，导致城市污水处理过程每日进水水质、水量波动较大。而且，城市污水主要是生活污水，生活污水本身具有动态波动性。因此，城市污水处理过程中的多个变量也会产生波动性变化。图 7-3 给出了某城市污水处理厂在 2021 年 8 月某天的进水流量和好氧末端正磷酸盐浓度变化，可以看出，该城市污水处理厂的进水流量在一天内的变化很大，且污水处理过程中的过程变量、好氧末端正磷酸盐浓度、波动幅度也较大。

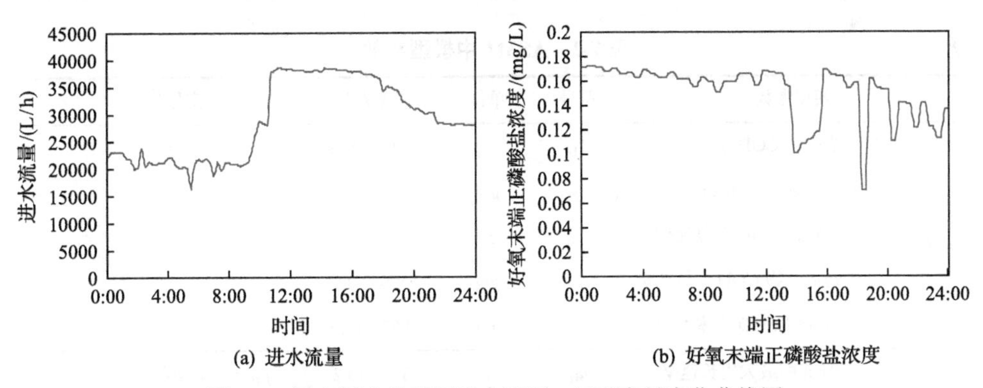

(a) 进水流量　　(b) 好氧末端正磷酸盐浓度

图 7-3　城市污水处理厂进水流量、过程变量变化曲线图

为了描述活性污泥法城市污水处理过程的动态特性，国际水质协会(International Association on Water Quality, IAWQ)陆续推出了几套活性污泥数学模型(包括 ASM1、ASM2、ASM2d 等)。上述数学模型能够描述微生物生长、代谢以及增殖等生化反应动力学过程。其中，ASM1 有 13 种组分、8 个子过程和 19 个参数，具体见表 7-1～表 7-3。

表 7-1　活性污泥法 ASM1 组分

组分 i	过程 j							
	异养菌好氧生长	异养菌缺氧生长	自养菌好氧生长	异养菌衰减	自养菌衰减	溶解性有机氮氨化	慢速可降解有机物水解	颗粒性可降解有机氮水解
1 S_I	—	—	—	—	—	—	—	—
2 S_S	$-1/Y_H$	$-1/Y_H$	—	—	—	—	1	—
3 X_I	—	—	—	—	—	—	—	—
4 X_S	—	—	—	$1-f_P$	$1-f_P$	—	—	—
5 $X_{B,H}$	1	1	—	-1			-1	—
6 $X_{B,A}$	—	—	1	—	-1		—	—
7 X_P	—	—	—	f_P	—		—	—
8 S_O	$-(1-Y_H)/Y_H$	—	$-(4.57-Y_A)/Y_A$	—	—	—	—	—
9 S_{NO}	—	$-(1-Y_H)/(2.86Y_H)$	$1/Y_A$	—	—	—	—	—
10 S_{NH}	$-i_{XB}$	$-i_{XB}$	$-(i_{XB}-1)/Y_A$	—	—	1	—	—
11 S_{ND}	—	—	—	—	—		—	1
12 X_{ND}	—	—	—	$i_{XB}-f_Pi_{XP}$	$i_{XB}-f_Pi_{XP}$	-1	—	-1
13 S_{ALK}	$i_{XB}/14$	A1	$-i_{XB}/14-1/7Y_A$	—	—	1/14	—	—

注：$A1=(1-Y_H)/(14-2.86Y_H)-i_{XB}/14$。

表 7-2　ASM1 中模型参数

	模型参数	符号	单位	参数范围	变化公式
化学计量参数	异养菌(COD)产率系数	Y_H	g/g	0.46～0.69	—
	颗粒性衰减产物 COD 比例	f_P	g/g	—	—
	生物体 COD 含氮比例	i_{XB}	g/g	—	—
	生物体产物 COD 含氮比例	i_{XP}	g/g	0.02～0.1	—
	自养菌 COD 产率系数	Y_A	g/g	0.07～0.28	—
动力学参数	异养菌最大生长速率	μ_H	天$^{-1}$	3.0～13.2	$\mu_H(t)=\mu_H(20)\cdot e^{0.0693(t-20)}$
	异养菌 COD 半饱和系数	K_S	g/m^3	10～180	—
	异养菌氧半饱和系数	K_{OH}	g/m^3	0.01～0.2	—
	异养菌衰减系数	b_H	天$^{-1}$	0.05～1.6	$b_H(t)=b_H(20)\cdot e^{0.113(t-20)}$
	μ_H 的缺氧校正因子	η_g	—	—	—
	硝酸盐半饱和系数	K_{NO}	g/m^3	—	—
	最大比水解速率	k_h	天$^{-1}$	1.0～3.0	$k_H(t)=k_H(20)\cdot e^{0.01098(t-20)}$

续表

	模型参数	符号	单位	参数范围	变化公式
动力学参数	X_S水解的半饱和系数	K_X	g/g	0.01～0.03	$K_X(t)=K_X(20)\cdot e^{0.01098(t-20)}$
	缺氧水解校正因子	η_h	—	0.6～1.0	$\eta_h(t)=\eta_h(20)\cdot e^{0.693(t-20)}$
	氨化速率	k_a	$m^3/(g\cdot天)$	0.04～0.08	$k_a(t)=k_a(20)\cdot e^{0.0693(t-20)}$
	异养菌最大比生长速率	μ_A	$天^{-1}$	0.34～0.8	—
	自养菌(N)的氧半饱和系数	K_{NH}	g/m^3	—	—
	自养菌(COD)的氧半饱和系数	K_{OA}	g/m^3	—	—
	自养菌衰减系数	b_A	$天^{-1}$	—	$b_A(t)=b_A(20)\cdot e^{0.105(t-20)}$

表 7-3　ASM1 反应动力学方程

	过程	反应过程速率
1	异养菌好氧生长	$\rho_1=\hat{\mu}_H[S_S/(K_S+S_S)][S_O/(K_{OH}+S_O)]X_{B,H}$
2	异养菌缺氧生长	$\rho_2=\hat{\mu}_H[S_S/(K_S+S_S)][K_{OH}/(K_{OH}+S_O)][S_{NO}/(K_{NO}+S_{NO})]\eta_g X_{B,H}$
3	自养菌好氧生长	$\rho_3=\hat{\mu}_A[S_{NH}/(K_{NH}+S_{NH})][S_O/(K_{OA}+S_O)]X_{B,A}$
4	异养菌衰减	$\rho_4=b_H X_{B,H}$
5	自养菌衰减	$\rho_5=b_A X_{B,A}$
6	溶解性有机氮氨化	$\rho_6=k_a S_{ND} X_{B,H}$
7	慢速可降解有机物水解	$\rho_7=k[X_S/X_{B,H}/(K_X+X_S/X_{B,H})]\cdot[S_O/(K_{OH}+S_O)+\eta_H(K_{OH}/(K_{OH}+S_O))S_{NO}/(K_{NO}+S_{NO})]X_{B,H}$
8	颗粒性可降解有机氮水解	$\rho_8=k[X_S/X_{B,H}/(K_S+X_S/X_{B,H})]\cdot[S_O/(K_{OH}+S_O)+\eta_H(K_{OH}/(K_{OH}+S_O))S_{NO}/(K_{NO}+S_{NO})]X_{B,H}(X_{ND}/X_S)$

表 7-1～表 7-3 中，S_I为溶解性不可降解有机物浓度，S_S为溶解性快速易生物降解有机物浓度，X_I为颗粒性不可降解有机物浓度，X_S为慢速可生物降解有机物浓度，$X_{B,H}$为异养菌浓度，$X_{B,A}$为自养菌浓度，X_P为惰性物质浓度，S_O为溶解氧浓度，S_{NO}为自养菌好氧生长产生的硝态氮浓度，S_{NH}为可溶性氨氮浓度，S_{ND}为可溶性有机氮浓度，X_{ND}为颗粒性可生物降解有机氮浓度，S_{ALK}为城市污水处理过程中的碱度。动力学方程成立受以下条件影响：

(1)曝气池中的泥水混合的强度应适中，强度过小会导致生化反应不充分，强度过大会影响污泥沉降。

(2)污水温度保持在 8～23℃动态变化，温度升高会导致生化反应系数降低，生化反应效率变低，温度过高则可能使微生物失去活性。

(3) pH 应稳定维持在 6.5～7.5，pH 升高或降低都会影响生化反应系数。

(4) 污泥龄应该控制在 5～10 天范围内，污泥龄过小会导致微生物生长不充分，降低全流程污染物去除效率；污泥龄过高，磷的二次释放会受到影响，降低除磷效率。

(5) 生化反应器中曝气死区所占比例应小于 50%，否则容易使污泥沉降性能恶化，产生污泥膨胀。

(6) 污泥浓度应保持在 750～7500mg/L，污泥浓度过小，会影响正常的生化反应速率；污泥浓度过高，会影响生化反应效果。

根据以上分析可知，多种外部和内部因素变化，均会引起生化反应机理参数变化，城市污水处理过程具有动态性。

7.3　城市污水处理过程动态多目标优化模型

为了构建城市污水处理过程动态多目标优化模型，本节通过对城市污水处理全流程综合运行指标中出水水质和能耗的影响因素进行分析，提取与出水水质和能耗相关性强的关键变量，建立基于自适应模糊神经网络的出水水质和能耗优化目标模型，采用自适应二阶 L-M 算法对模糊神经网络参数进行自适应调整，满足污水处理动态特性，实现城市污水处理过程动态优化目标及其关键变量之间非线性关系的准确描述。

7.3.1　城市污水处理过程优化目标及其影响因素分析

城市污水处理过程运行指标主要包括出水水质和能耗，其中，出水水质大小取决于出水污染物浓度的高低，浓度越低，水质越好，则出水水质越小；能耗主要包括曝气能耗和泵送能耗。城市污水处理运行优化主要涉及出水水质和能耗两个运行指标，需要获取出水水质和能耗指标的动态特性，构建其优化目标模型，实现污水处理过程运行状态的准确描述，才能保证城市污水处理过程的高效运行。

在城市污水处理过程中，基于 BSM1 的综合运行指标出水水质和能耗的机理模型如下所示：

$$
\begin{aligned}
\mathrm{EQ}(t)=\frac{1}{1000\tau}\int_{t}^{t+\tau}&\big(2\,\mathrm{TSS}(t)+\mathrm{COD}(t)+30S_{\mathrm{NO}}(t)+10S_{\mathrm{NK}_j}(t)\\
&+2\,\mathrm{BOD}_5(t)\big)Q(t)\mathrm{d}t
\end{aligned}
\tag{7-1}
$$

其约束条件为

$$\text{s.t.}\begin{cases}0<\mathrm{TSS}(t)<30\mathrm{mg/L}\\0<\mathrm{COD}(t)<100\mathrm{mg/L}\\0<\mathrm{BOD}_5(t)<10\mathrm{mg/L}\\0<\mathrm{TN}(t)<18\mathrm{mg/L}\\0<S_{\mathrm{NH}}(t)<4\mathrm{mg/L}\end{cases}\tag{7-2}$$

其中，τ 为时间间隔；$\mathrm{TN}(t)$ 为 t 时刻出水总氮浓度，$\mathrm{TN}(t)=S_{\mathrm{NK}j}(t)+S_{\mathrm{NH}}(t)$，$S_{\mathrm{NK}j}(t)$ 为 t 时刻出水凯氏氮浓度；$S_{\mathrm{NH}}(t)$ 为 t 时刻出水氨氮浓度。由式(7-1)可知，影响出水水质的主要变量为 $\mathrm{TSS}(t)$、$\mathrm{COD}(t)$、$\mathrm{BOD}_5(t)$、$S_{\mathrm{NH}}(t)$ 和 $\mathrm{TN}(t)$，其中

$$\mathrm{TSS}(t)=0.75(X_{\mathrm{S,e}}(t)+X_{\mathrm{I,e}}(t)+X_{\mathrm{B,H,e}}(t)+X_{\mathrm{B,A,e}}(t)+X_{\mathrm{P,e}}(t))\tag{7-3}$$

$$\mathrm{COD}(t)=S_{\mathrm{S,e}}(t)+S_{\mathrm{I,e}}(t)+X_{\mathrm{S,e}}(t)+X_{\mathrm{I,e}}(t)+X_{\mathrm{B,H,e}}(t)+X_{\mathrm{B,A,e}}(t)+X_{\mathrm{P,e}}(t)\tag{7-4}$$

$$\mathrm{BOD}_5(t)=0.25(S_{\mathrm{S,e}}(t)+X_{\mathrm{S,e}}(t)+(1-f_{\mathrm{P}})(X_{\mathrm{B,H,e}}(t)+X_{\mathrm{B,A,e}}(t)))\tag{7-5}$$

$$\begin{aligned}S_{\mathrm{NK}j,\mathrm{e}}(t)=&S_{\mathrm{NH,e}}(t)+S_{\mathrm{ND,e}}(t)+X_{\mathrm{ND,e}}(t)+i_{\mathrm{XB}}X_{\mathrm{B,A,e}}(t)\\&+X_{\mathrm{B,H,e}}(t)+i_{\mathrm{P}}(X_{\mathrm{P,e}}(t)+X_{\mathrm{I,e}}(t))\end{aligned}\tag{7-6}$$

其中，$X_{\mathrm{S,e}}(t)$ 为 t 时刻出水缓慢生物降解基质浓度；$X_{\mathrm{I,e}}(t)$ 为 t 时刻出水颗粒惰性有机物浓度；$X_{\mathrm{B,H,e}}(t)$ 为 t 时刻出水活性异养生物量；$X_{\mathrm{B,A,e}}(t)$ 为 t 时刻出水活性自养生物量；$X_{\mathrm{P,e}}(t)$ 为 t 时刻出水颗粒物生物质衰变产物浓度；$S_{\mathrm{S,e}}(t)$ 为 t 时刻出水易生物降解基质浓度；$S_{\mathrm{I,e}}(t)$ 为 t 时刻出水可溶性惰性有机物浓度；f_{P} 为无量纲系数；$S_{\mathrm{NH,e}}(t)$ 为 t 时刻出水氨氮浓度；$S_{\mathrm{ND,e}}(t)$ 为 t 时刻出水可溶性可生物降解有机氮浓度；$X_{\mathrm{ND,e}}(t)$ 为 t 时刻出水颗粒性可生物降解有机氮浓度；i_{XB} 为生物量系数，i_{P} 为颗粒物系数。在城市污水处理过程中，出水污染物的浓度与生化反应过程中有机物浓度存在相关关系，如在数学模型中，假设 $X_{\mathrm{B,A,e}}=0.0038X_{\mathrm{B,A}}$，$X_{\mathrm{B,H,e}}=0.0038X_{\mathrm{B,H}}$。另外，不同的出水水质指标也会受反应过程中水质指标的影响，如出水 $\mathrm{TSS}(t)$、$\mathrm{COD}(t)$、$\mathrm{BOD}_5(t)$、$S_{\mathrm{NH,e}}(t)$、$\mathrm{TN}(t)$ 受生化反应池第五分区 TSS、COD、BOD_5、S_{NH}、TN 的影响。为了清晰地描述城市污水处理过程能耗机理，公式表示如下：

$$\begin{aligned}\mathrm{EC}(t)=&\frac{S_{\mathrm{O,sat}}}{1800\tau}\int_t^{t+\tau}\sum_{i=1}^{5}V_i\times K_{\mathrm{L}}a_i(t)\mathrm{d}t\\&+\frac{1}{\tau}\int_t^{t+\tau}\left(0.004Q_{\mathrm{a}}(t)+0.05Q_{\mathrm{w}}(t)+0.008Q_{\mathrm{r}}(t)\right)\mathrm{d}t\end{aligned}\tag{7-7}$$

其中，$\mathrm{EC}(t)$ 为 t 时刻的能耗；τ 为时间间隔；$S_{\mathrm{O,sat}}$ 为溶解氧饱和浓度；V_i 为生化反应池第 i 个分区的体积；$K_{\mathrm{L}}a_i(t)$ 为 t 时刻第 i 个分区的氧传递系数。可以看出，

与城市污水处理过程能耗相关的主要操作变量为氧传递系数$K_L a_i(t)$、内回流量$Q_a(t)$、剩余污泥排放量$Q_w(t)$，以及外回流量$Q_r(t)$。其中，$K_L a_5(t)$主要用于调整第五分区溶解氧浓度（S_O），S_O的反应机理可描述为

$$\begin{aligned}\frac{dS_O}{dt}=&-\mu_H\frac{1-Y_H}{Y_H}\frac{S_S}{K_S+S_S}\frac{S_O}{K_{O,H}+S_O}X_{B,H}\\&+\mu_A\frac{4.57-Y_A}{Y_A}\frac{S_{NH}}{K_{NH}+S_{NH}}\frac{S_O}{K_{O,H}+S_O}X_{B,A}\end{aligned}\tag{7-8}$$

其中，μ_H为异养菌的最大生长速率；Y_H为异养菌COD的产率系数。

$Q_a(t)$主要用于调整第二分区硝态氮浓度（S_{NO}），其中S_{NO}的反应机理可描述为

$$\begin{aligned}\frac{dS_{NO}}{dt}=&-\mu_H\frac{Y_H}{1-Y_H}\frac{S_S}{K_S+S_S}\frac{K_{O,H}}{K_{O,H}+S_O}\frac{S_{NO}}{K_{NO}+S_{NO}}X_{B,H}\\&+\frac{\mu_A}{Y_A}\frac{S_{NH}}{K_{NH}+S_{NH}}\frac{S_O}{K_{O,H}+S_O}X_{B,A}\end{aligned}\tag{7-9}$$

外回流量$Q_r(t)$主要用于调整混合液悬浮固体浓度(MLSS)，MLSS 的反应机理表示为

$$MLSS=X_S+X_{B,H}+X_{B,A}+X_P\tag{7-10}$$

在实际城市污水处理过程中，进水流量（Q_{in}）、进水水质和温度(T)等也是影响出水水质和能耗的主要因素，结合上述机理分析，可初步确定城市污水处理过程中与运行指标出水水质相关的变量为S_O、S_{NO}、SS、S_S、S_{NH}、S_{ND}、S_I、X_{ND}、$X_{B,A}$、$X_{B,H}$、X_P、X_S、X_I、T和Q_{in}，与运行指标相关的变量为S_O、S_{NO}、MLSS、S_S、S_{NH}、$X_{B,A}$、$X_{B,H}$、X_P、X_S、T和Q_{in}。

在相关变量检测过程中，由于人为操作、检测灵敏度以及外部环境的变化等会产生不确定性，导致过程变量的检测产生一定的误差和波动。未经处理的数据直接用于城市污水处理过程运行指标出水水质和能耗的预测，会影响预测精度，不仅无法准确描述城市污水处理过程运行状态，而且难以为城市污水处理运行优化提供可靠的数据信息。因此，在实际城市污水处理过程中，相关过程变量数据应用之前需要进行预处理，保证数据的有效性和可靠性。另外，城市污水处理过程中与出水水质和能耗相关的过程变量众多，若将全部相关过程变量应用于运行指标的预测过程，不仅会将过程变量的干扰和噪声代入预测过程，而且也会增加运行优化目标预测的复杂度，从而降低运行优化目标预测过程的实用性和可操作性。

为了实现出水水质和能耗的准确预测，利用主成分分析法确定与出水水质和能耗相关的关键变量，主成分分析法确定关键变量的步骤如图 7-4 所示，具体操作过程如下。

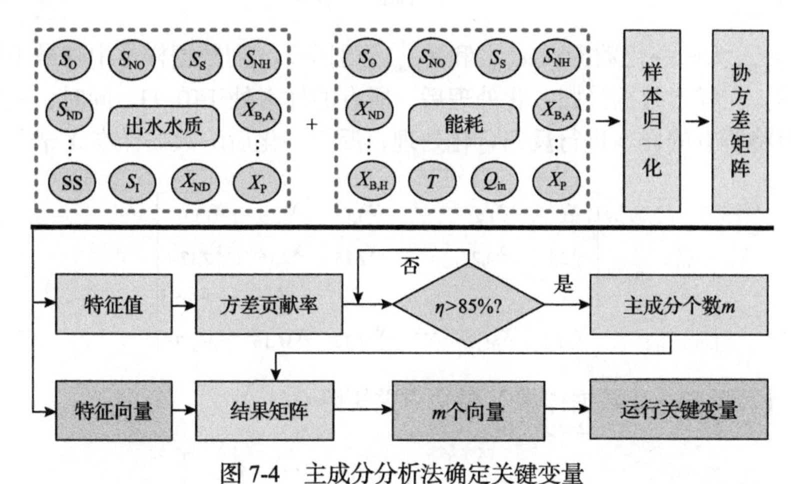

图 7-4　主成分分析法确定关键变量

(1)基于 Pauta 准则初始化相关过程变量样本数据，则相关过程变量样本 U 表示为

$$U=\begin{bmatrix} u_{1,1} & u_{1,2} & \cdots & u_{1,15} & u_{1,16} & u_{1,17} \\ u_{2,1} & u_{2,2} & \cdots & u_{2,15} & u_{2,16} & u_{2,17} \\ \vdots & \vdots & & \vdots & \vdots & \vdots \\ u_{L,1} & u_{L,2} & \cdots & u_{L,15} & u_{L,16} & u_{L,17} \end{bmatrix} \tag{7-11}$$

其中，l=1, 2,⋯, L，L 为过程变量数据样本总行数，数据样本总列数为 17，前 15 列为与出水水质和能耗相关的过程变量，第 16 列和 17 列分别为出水水质和能耗，第 i 列数据样本的平均值为 $\overline{u}_i$，$v_{li}=u_{li}-\overline{u}_{li}$ 为第 l 行第 i 列数据样本与对应列数据样本平均值之间的误差，采用 Pauta 准则对数据样本进行处理：

$$\sigma_i=\sqrt{\sum_{l=1}^{L}(u_{li}-\overline{u}_i)^2}\Big/L \tag{7-12}$$

若满足

$$|v_{li}|>3\sigma_i \tag{7-13}$$

则认为该数据样本正常，否则删除该样本。同时，为了降低不同数据样本差异对数据处理过程的影响，在关键变量数据提取过程中，需要对数据进行归一化处理，归一化过程具体如下：

$$u_{i\,\mathrm{norm}} = \frac{u_i - u_{i\,\min}}{u_{i\,\max} - u_{i\,\min}} \tag{7-14}$$

其中，$u_{i\mathrm{norm}}$ 为归一化数据；$u_{i\,\min}$ 和 $u_{i\,\max}$ 分别是第 i 列数据样本中的最小样本和最大样本。在样本数据经归一化处理后，所有的样本处于[0, 1]。同时，在测试结果输出时将所有的样本进行反归一化处理，反归一化后的数据样本 X 表示为

$$X = \begin{bmatrix} x_{1,1} & x_{1,2} & \cdots & x_{1,15} & x_{1,16} & x_{1,17} \\ x_{2,1} & x_{2,2} & \cdots & x_{2,15} & x_{2,16} & x_{2,17} \\ \vdots & \vdots & & \vdots & \vdots & \vdots \\ x_{M,1} & x_{M,2} & \cdots & x_{M,15} & x_{M,16} & x_{M,17} \end{bmatrix} \tag{7-15}$$

(2) 计算反归一化数据样本 X 的协方差矩阵 C_X：

$$C_X = \mathrm{cov}(X) = \begin{bmatrix} r_{1,1} & r_{1,2} & \cdots & r_{1,M} \\ r_{2,1} & r_{2,2} & \cdots & r_{2,M} \\ \vdots & \vdots & & \vdots \\ r_{M,1} & r_{M,2} & \cdots & r_{M,M} \end{bmatrix} \tag{7-16}$$

其中，$r_{i,j}$ 为相关系数，$i, j=1,2,\cdots,M$。

(3) 计算协方差矩阵 C_X 的特征值及其对应的特征向量：

$$C_X = V\Lambda V^{\mathrm{T}} \tag{7-17}$$

其中，V 为协方差矩阵的特征向量；Λ 为矩阵特征向量相关特征值组成的对角矩阵：

$$\Lambda = \begin{bmatrix} \lambda_{1,1} & & & \\ & \lambda_{2,2} & & \\ & & \ddots & \\ & & & \lambda_{M,M} \end{bmatrix} \tag{7-18}$$

(4) 按照从大到小的顺序对特征值进行排列，计算前 N 个特征值的累计贡献率，表示为

$$\eta(N) = \sum_{m=1}^{N} \lambda_m \Big/ \sum_{m=1}^{M} \lambda_m \tag{7-19}$$

(5) 提取前 N 个具有较大累计贡献率的特征值对应的特征向量，组成变换矩阵 P^{T}。

(6)根据 $Y=P^{\mathrm{T}}X$ 计算前 N 个主成分，达到降维的目的。

采用主成分分析法，计算与出水水质和能耗相关的过程变量累计方差贡献率 η，当累计方差贡献率 $\eta>85\%$时，获取与出水水质和能耗相关的关键变量，并将其作为运行指标特征模型的输入变量，以出水水质和能耗为输出，实现城市污水处理运行优化目标模型的构建。

7.3.2　城市污水处理过程动态优化目标构建

针对城市污水处理过程动态特性，本节采用数据驱动的出水水质和能耗模型构建方法，利用自适应模糊神经网络(adaptive fuzzy neural network, AFNN)模型描述城市污水处理过程出水水质、能耗及其关键变量之间的动态关系。

城市污水处理过程多目标优化模型可以描述为

$$\min F(t)=[\mathrm{EQ}(t),\mathrm{EC}(t)]^{\mathrm{T}} \tag{7-20}$$

其中，$F(t)$为 t 时刻的运行优化目标函数；$\mathrm{EQ}(t)$为 t 时刻出水水质；$\mathrm{EC}(t)$为 t 时刻能耗。采用的模糊神经网络包括四层，即输入层、隐含层、规则层和输出层，其中，模糊神经网络的输出为

$$\mathrm{EQ}(t)=\varphi(t)W^{1\mathrm{T}}(t) \tag{7-21}$$

$$\mathrm{EC}(t)=\varphi(t)W^{2\mathrm{T}}(t) \tag{7-22}$$

其中，$\varphi(t)=\left[\varphi_1(t),\varphi_2(t),\cdots,\varphi_{10}(t)\right]$为规则层输出矩阵；$W^q(t)=[w_1^q(t),w_2^q(t),\cdots,w_{10}^q(t)]$为规则层与第 q 个输出连接的权重向量。当 q=1 时，输出为出水水质；当 q=2 时，输出为能耗，规则层的输出为

$$\varphi_l(t)=\phi_l(t)\Big/\sum_{j=1}^{10}\phi_j(t) \tag{7-23}$$

其中，l=1,2,⋯,10，为规则层神经元数量；$\phi_j(t)$为模糊规则层第 j 个神经元的输出，有

$$\phi_j(t)=\prod_{i=1}^{4}\mathrm{e}^{-\frac{(s_i(t)-\mu_{ij}(t))^2}{2(\sigma_{ij}(t))^2}} \tag{7-24}$$

其中，$\mu_j(t)=[\mu_{1j}(t),\cdots,\mu_{ij}(t),\cdots,\mu_{4j}(t)]$为模糊规则层中心向量；$\sigma_j(t)=[\sigma_{1j}(t),\cdots,\sigma_{ij}(t),\cdots,\sigma_{4j}(t)]$为模糊规则层的宽度向量；$s_i(t)$为输入层第 i 个输入向量。基于城市污水处理过程机理分析和主成分分析法，获取与出水水质相关的关

键变量 S_O、MLSS、S_{NO}、S_{NH}、Q_{in} 和 T，与能耗相关的关键变量 S_O、Q_{in}、MLSS、S_{NO}、S_{NH} 和 $X_{B,A}$。根据关键变量的可操作性和物料平衡方程，确定城市污水处理过程优化目标模型输入，即 S_O、S_{NO}、S_{NH} 和 MLSS 为模糊神经网络的输入变量，表示为

$$s(t)=[S_O(t),S_{NO}(t),S_{NH}(t),\mathrm{MLSS}(t)] \tag{7-25}$$

其中，$s(t)$ 为 t 时刻模糊神经网络的输入向量；$S_O(t)$ 和 $S_{NO}(t)$ 分别为 t 时刻溶解氧浓度和硝态氮浓度值；$S_{NH}(t)$ 为 t 时刻氨氮浓度；MLSS(t) 为 t 时刻混合液悬浮固体浓度。为了提高模糊神经网络的自适应能力，其参数采用自适应二阶 L-M 算法进行调整。

AFNN 充分考虑了城市污水处理过程动态以及易受扰动特征，描述了出水水质、能耗以及状态变量之间的动态关系，增加了模型的抗干扰能力。另外，模型采用的自适应二阶 L-M 算法提高了模型的自适应能力，保证了建模精度。

7.4 动态多目标优化设定点求解

为了提高出水水质并降低能耗，本节采用基于知识迁移的动态多目标粒子群优化(dynamic MOPSO, DMOPSO)算法实现城市污水处理过程优化设定点的求解。首先，提取城市污水处理优化设定点知识；其次，将不同优化周期的知识迁移到优化设定点的探索过程中；最后，采用自适应方向选择方法提高种群探索和开发能力，从而提高优化效率，实时获取城市污水处理动态多目标运行优化设定点，提高出水水质并降低能耗。

7.4.1 运行知识提取

城市污水处理过程中优化目标函数随时间变化，然而，在大多数城市污水处理运行优化中，在不同时刻，优化算法对种群进行重新初始化，对可行空间进行重新搜索，限制了优化算法的寻优性能。围绕上述问题，运用知识迁移原理，提出基于知识转移的动态多目标粒子群优化算法，其目标为：提升出水水质，降低能耗。在种群的进化过程中，知识的表示形式为

$$A(t)=[a_1^*(t-1),a_2^*(t-1),\cdots,a_H^*(t-1)] \tag{7-26}$$

$$a_H^*(t-1)=[S_{NO,H}^*(t-1),S_{O,H}^*(t-1)] \tag{7-27}$$

其中，$A(t)$ 为 t 时刻种群初始化过程获得的知识；$a_H^*(t-1)$ 为 t–1 时刻转移的作为知识的第 H 个粒子位置信息，H 为所转移的知识量；$S_{NO,H}^*(t-1)$ 和 $S_{O,H}^*(t-1)$ 分

别为 t–1 时刻外部档案非支配解的溶解氧浓度和硝态氮浓度。

7.4.2　城市污水处理过程优化设定点求解过程

为了平衡出水水质和能耗的关系，设计基于知识迁移的 DMOPSO 算法，利用知识转移和自适应进化方向选择策略，实现关键变量实时优化设定。

在新优化周期开始，种群中 H 个粒子采用 $A(t)$ 进行初始化，$A(t)$ 包括 t–1 代中 Pareto 前沿上的边缘粒子和最具有较强收敛性的粒子 Knee points 的位置信息，种群中剩余粒子的初始化方式如下：

$$x_i(0) = x_{\min} + (x_{\max} - x_{\min})R_{2\times1} \tag{7-28}$$

其中，$x_i(0)$ 为第 i 个粒子的初始位置向量，$i\in[1, N]$，N 为种群规模；$x_{\max} = [S_{\mathrm{O,max}}, S_{\mathrm{NO,max}}]$ 和 $x_{\min} = [S_{\mathrm{O,min}}, S_{\mathrm{NO,min}}]$ 分别为溶解氧浓度和硝态氮浓度的上界矩阵和下界矩阵；$R_{2\times1}$ 为分布于[0, 1]的 2×1 随机向量矩阵。

种群基于历史信息获取确定进化状态，利用自适应方向选择策略，实现种群对解空间的探索和开发的平衡。为了实现种群状态的有效评价，采用当前和历史的多样性及收敛性信息构建种群状态指标：

$$P_C(k) = \sum_{n=1}^{N}\sum_{u=k-k_0}^{k} \mathrm{e}^{\frac{\tilde{C}_n(k)}{k-u+1}} \tag{7-29}$$

其中，$P_C(k)$ 为第 k 代种群收敛性指标；k_0 为历史迭代次数；$\tilde{C}_n(k)$ 为种群中第 n 个粒子在第 k 代的收敛性信息，其计算方式为

$$\tilde{C}_n(k) = \mathrm{EQ}_n(k-1) - \mathrm{EQ}_n(k) + (\mathrm{EC}_n(k-1) - \mathrm{EC}_n(k)) \tag{7-30}$$

$\mathrm{EQ}_n(k)$ 和 $\mathrm{EC}_n(k)$ 分别为第 n 个粒子在第 k 代的出水水质和能耗。

$$P_D(k) = \sum_{n=1}^{N}\sum_{u=k-k_0}^{k} \mathrm{e}^{\frac{\tilde{D}_n(k)}{k-u+1}} \tag{7-31}$$

其中，$P_D(k)$ 为多样性指标；$\tilde{D}_n(k)$ 为粒子多样性信息，其表示方式为

$$\tilde{D}_n(k) = \frac{\sum_{i=1}^{N}|\mathrm{EQ}_n(k) - \mathrm{EQ}_i(k)| + \sum_{i=1}^{N}|\mathrm{EC}_n(k) - \mathrm{EC}_i(k)|}{N} \tag{7-32}$$

根据种群收敛性指标和种群多样性指标检测种群的进化状态，将种群进化状态划分为五个阶段，并采用自适应进化方向选择策略，平衡种群的探索和开发。

1. 当 $P_C(k)-P_C(k-1)>0$ 且 $P_D(k)-P_D(k-1)>0$ 时

当 $P_C(k)-P_C(k-1)>0$ 且 $P_D(k)-P_D(k-1)>0$ 时，种群的收敛性增加，多样性也增加，种群处于进化状态，方向更新为

$$v_{i,d}(k+1)=wv_{i,d}(k)+c_1r_1(p_{i,d}(k)-x_{i,d}(k))+c_2r_2(g_d(k)-x_{i,d}(k)) \tag{7-33}$$

$$x_{i,d}(k+1)=x_{i,d}(k)+v_{i,d}(k+1) \tag{7-34}$$

其中，$x_{i,d}(k)$ 和 $v_{i,d}(k)$ 分别为第 i 个粒子在第 k 代的第 d 维位置和速度；w 为惯性权重；c_1 和 c_2 分别为个体和社会认知参数；$p_{i,d}(k)$ 为个体最优解；$g_d(k)$ 为全局最优解。

2. 当 $P_C(k)-P_C(k-1)<0$ 且 $P_D(k)-P_D(k-1)>0$ 时

当 $P_C(k)-P_C(k-1)<0$ 且 $P_D(k)-P_D(k-1)>0$ 时，种群收敛性下降，多样性增加，种群处于探索阶段，方向更新为

$$v_{i,d}(k+1)=wv_{i,d}(k)+c_1r_1(p_{i,d}(k)-x_{i,d}(k))+c_2r_2(g_d(k)-x_{i,d}(k))+c_3r_3C_d(k) \tag{7-35}$$

$$x_{i,d}(k+1)=x_{i,d}(k)+v_{i,d}(k+1) \tag{7-36}$$

其中，c_3 为收敛性方向参数；r_3 为分布在区间[0, 1]的随机数；$C_d(k)$ 为第 k 代收敛性方向的第 d 个维度，有

$$C_d(k)=\frac{1}{k_0+1}(x_{l(k),d}(k)-x_{l(k),d}(k-k_0)) \tag{7-37}$$

$$l(k)=\arg\max_{i\in[1,N]}\left(\sum_{u=k-k_0}^{k}\mathrm{e}^{-\frac{\tilde{C}_n(k)}{k-u+1}}\right) \tag{7-38}$$

其中，$l(k)$ 为在第 k 次迭代中具有最大收敛性的粒子编号。

3. 当 $P_C(k)-P_C(k-1)>0$ 且 $P_D(k)-P_D(k-1)<0$ 时

当 $P_C(k)-P_C(k-1)>0$ 且 $P_D(k)-P_D(k-1)<0$ 时，种群收敛性增加，多样性降低，种群处于开发阶段，方向更新为

$$v_{i,d}(k+1)=wv_{i,d}(k)+c_1r_1(p_{i,d}(k)-x_{i,d}(k))+c_2r_2(g_d(k)-x_{i,d}(k))+c_4r_4D_d(k) \tag{7-39}$$

$$x_{i,d}(k+1)=x_{i,d}(k)+v_{i,d}(k+1) \tag{7-40}$$

其中，c_4 为多样性方向参数；r_4 为[0, 1]中的随机数；$D_d(k)$ 为多样性方向：

$$D_d(k)=\frac{1}{k_0+1}(x_{p(k),d}(k)-x_{p(k),d}(k-k_0)) \tag{7-41}$$

$$p(k)=\arg\max_{i\in[1,N]}\left(\sum_{u=k-k_0}^{k}\mathrm{e}^{-\frac{\tilde{D}_n(k)}{k-u+1}}\right) \tag{7-42}$$

其中，$p(k)$ 为第 k 次迭代中种群多样性最大的粒子编号。

4. 当 $P_C(k)-P_C(k-1)<0$ 且 $P_D(k)-P_D(k-1)<0$ 时

当 $P_C(k)-P_C(k-1)<0$ 且 $P_D(k)-P_D(k-1)<0$ 时，种群收敛性降低，多样性降低，种群处于退化阶段，方向更新为

$$\begin{aligned}v_{i,d}(k+1)=&wv_{i,d}(k)+c_1r_1(p_{i,d}(k)-x_{i,d}(k))+c_2r_2(g_d(k)-x_{i,d}(k))\\&+0.5(c_3r_3C_d(k)+c_4r_4D_d(k))\end{aligned} \tag{7-43}$$

$$x_{i,d}(k+1)=x_{i,d}(k)+v_{i,d}(k+1) \tag{7-44}$$

5. 当 $P_C(k)-P_C(k-1)=0$ 或 $P_D(k)-P_D(k-1)=0$ 时

当 $P_C(k)-P_C(k-1)=0$ 或 $P_D(k)-P_D(k-1)=0$ 时，种群收敛性不变或多样性不变，种群处于停滞阶段，方向更新为

$$v_{i,d}(k+1)=wv_{i,d}(k)+c_1r_1(p_{i,d}(k)-x_{i,d}(k))+c_2r_2(g_d(k)-x_{i,d}(k)) \tag{7-45}$$

$$x_{i,d}(k+1)=\begin{cases}x_{d,\min}+(x_{d,\max}-x_{d,\min})\times G(0,1), & r_3\leqslant p_{\mathrm{b}}\\ x_{i,d}(k), & r_3>p_{\mathrm{b}}\end{cases} \tag{7-46}$$

其中，$G(0, 1)$ 为一个标准的均匀分布随机值；$x_{d,\min}$ 和 $x_{d,\max}$ 为第 d 维的最小值和最大值；p_{b} 为[0, 0.5]中的线性递减的突变率。

外部档案采用拥挤距离进行删减，选择全局最优粒子 $g(K)=[S_{\mathrm{NO}}^*(t, K), S_{\mathrm{O}}^*(t, K)]$ 作为优化设定值，K 为种群最大迭代次数，$S_{\mathrm{NO}}^*(t, K)$ 为 t 时刻硝态氮浓度的优化设定值，$S_{\mathrm{O}}^*(t, K)$ 为 t 时刻溶解氧浓度的优化设定值。

7.5　动态多目标优化技术实现及应用

为了验证基于 DMOPSO 算法的运行优化策略的有效性，采用 PID 控制器对溶解氧和硝态氮浓度的优化设定值进行跟踪，并采用 NSGA-OS 和 MOPSO-OS 两种优化策略与 DMOPSO-OS 进行对比。基于 BSM1 平台，在 Windows 10、CPU

1.80GHz、MATLAB 2018 环境中进行实验验证，在晴天、雨天和暴雨天三种天气条件下对不同的运行优化策略进行性能测试。

7.5.1 实验设计

实验获取 DMOPSO 运行优化策略的出水水质和能耗值，利用出水水质中的氨氮、总氮、TSS、COD、BOD_5 等成分描述该运行优化器的优化性能，以完成 DMOPSO-OS 的性能评价。其中，PID 控制器的参数设置：溶解氧比例系数 $K_{p1}=20$，硝态氮比例系数 $K_{p2}=10000$；溶解氧积分系数 $H_{i1}=5$，硝态氮积分系数 $H_{i2}=3000$；溶解氧微分系数 $H_{d1}=1$，硝态氮微分系数 $H_{d2}=100$。在所有的优化算法中，设置种群规模和外部档案最大尺寸均为 30，种群最大迭代次数均为 100。BSM1 中设置的模拟采样间隔为 15min，总采样时间为 14 天，优化周期为 2h，在 DMOPSO 算法中，w 为 0.7，c_1、c_2、c_3 和 c_4 分别为 2.5、2.5、0.5 和 0.5，k_0 为 4。

7.5.2 运行结果

1. 晴天天气实验结果

为了验证所采用的能耗和出水水质建模方法的有效性，图 7-5 和图 7-6 绘制了晴天天气下基于 AFNN 的目标建模结果，结果表明，该模型在晴天天气下能获得满意的预测结果，有效地描述了能耗、出水水质以及状态变量之间的动态关系。

为了证明优化目标模型的有效性，表 7-4 给出了晴天天气下基于 AFNN 的建模精度，并与基于遗传算法-人工神经网络(genetic algorithm-artificial neural network, GA-ANN)以及最小二乘支持向量机(least squares support vector machine, LSSVM)相比，其中，PA 表示预测精度(prediction accuracy)。结果表明，与其他预测算法对比，所采用的 AFNN 具有更高的建模精度。

为了分析 DMOPSO 算法在城市污水处理运行优化的性能表现，基于城市污水处理过程运行优化框架，采用 AFNN 构建能耗和出水水质的优化目标模型，采

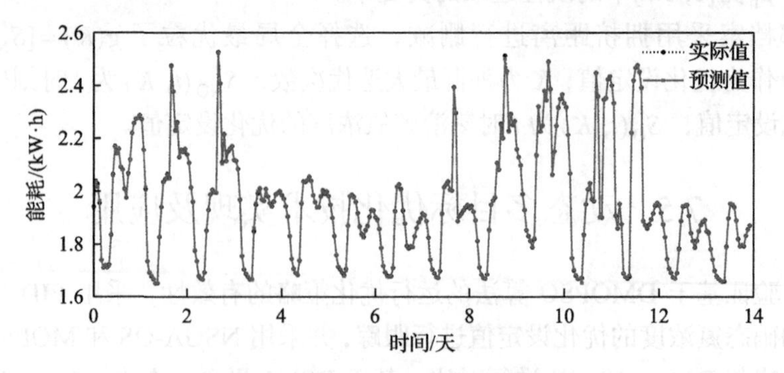

图 7-5 晴天天气下能耗建模结果

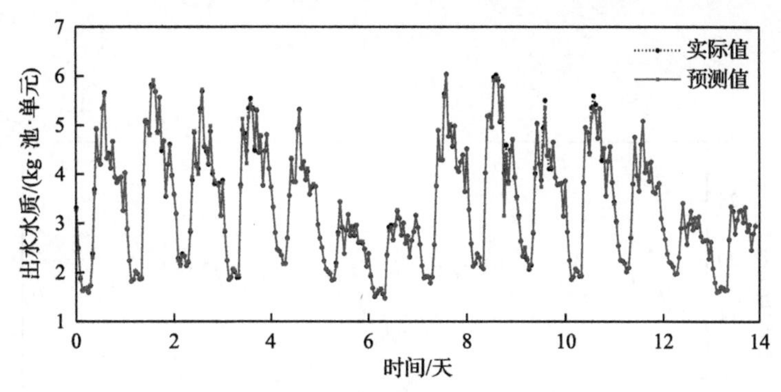

图 7-6　晴天天气下出水水质建模结果

表 7-4　晴天天气下能耗和出水水质的测量精度

模型	EC		EQ	
	RMSE	PA/%	RMSE	PA/%
GA-ANN	0.0123	93.36	0.0124	95.52
LSSVM	0.0115	96.21	0.0139	94.31
AFNN	0.0079	98.99	0.0070	98.73

用不同的多目标优化算法，获取溶解氧浓度和硝态氮浓度的优化设定点，并采用 PID 控制器，实现溶解氧浓度和硝态氮浓度的跟踪控制。

晴天天气下不同出水污染物排放浓度如图 7-7～图 7-11 所示，可以看出，出水 NH 浓度在不同时间段内的变化幅度较大，出水 TN 浓度在不同时间段内的变化幅度较小。另外，出水 COD 浓度变化范围在 50～60mg/L，出水 BOD_5 浓度范围在 4mg/L 以下，根据 BSM1 设置的达标范围可以看出，出水 COD 浓度和出水 BOD_5 浓度均远小于最高允许标准。另外，在晴天天气下，出水 TSS 浓度维持在 10～20mg/L，可以看出，该指标具有较好的稳定性。

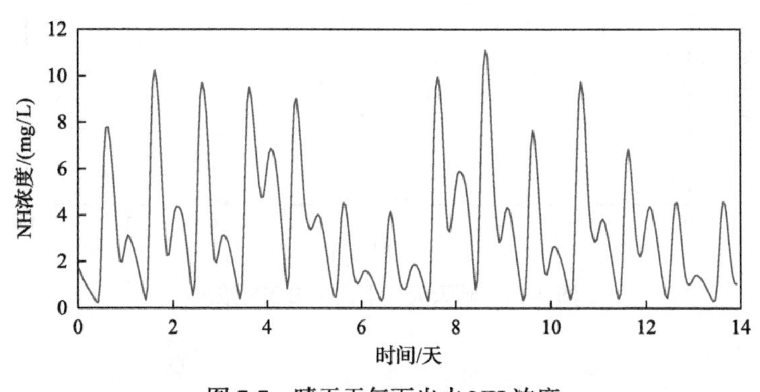

图 7-7　晴天天气下出水 NH 浓度

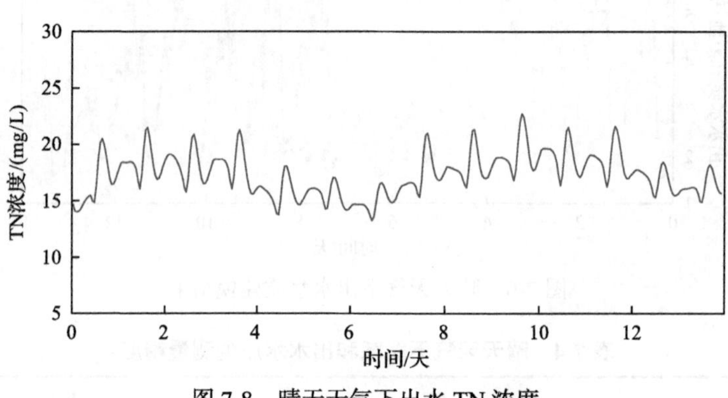

图 7-8　晴天天气下出水 TN 浓度

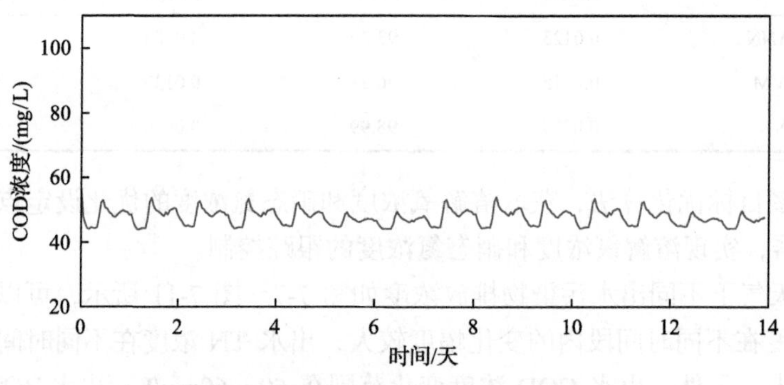

图 7-9　晴天天气下出水 COD 浓度

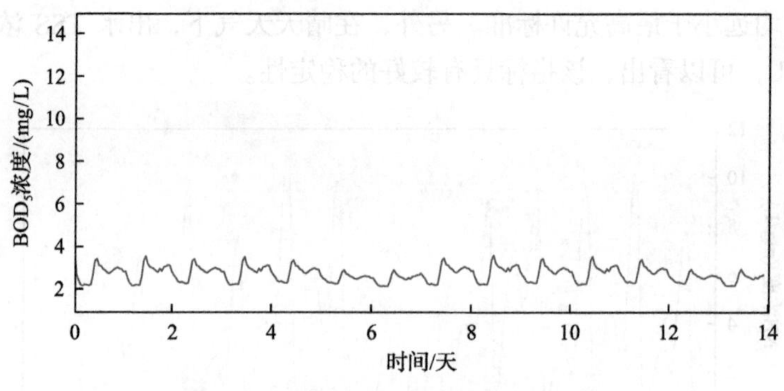

图 7-10　晴天天气下出水 BOD_5 浓度

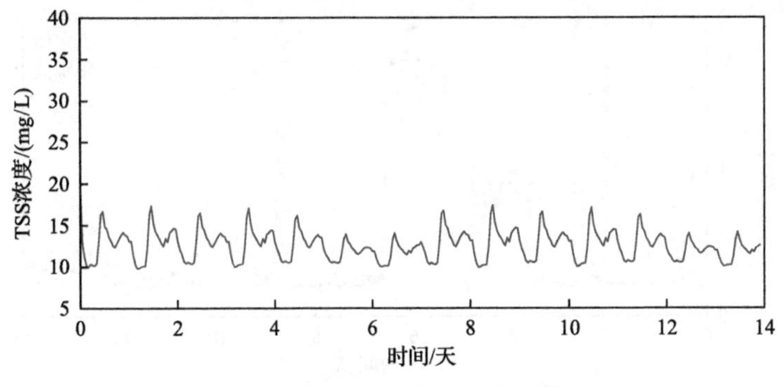

图 7-11　晴天天气下出水 TSS 浓度

在晴天天气下，溶解氧优化设定值和跟踪误差如图 7-12 和图 7-13 所示，可以看出，DMOPSO-OS 能够获得动态的溶解氧浓度和硝态氮浓度的优化设定值，采用 PID 控制策略能够跟踪优化设定值，实现污水处理过程的闭环运行。

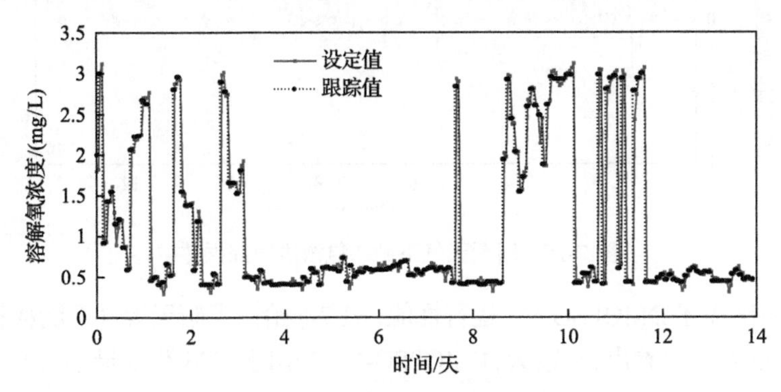

图 7-12　晴天天气下溶解氧浓度跟踪结果

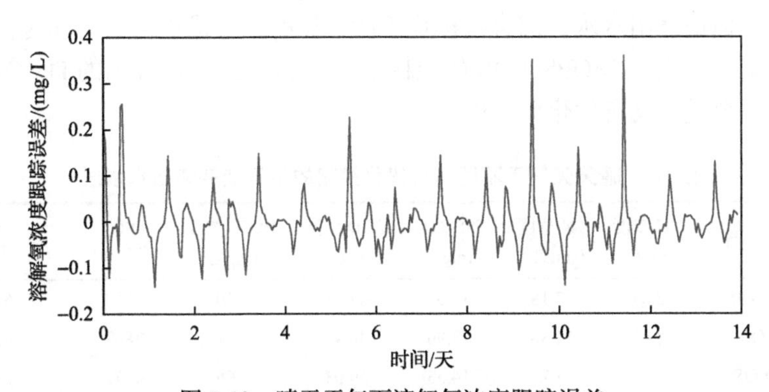

图 7-13　晴天天气下溶解氧浓度跟踪误差

硝态氮浓度跟踪性能如图 7-14 和图 7-15 所示，可以看出，与溶解氧浓度跟踪误差相比，硝态氮浓度跟踪误差较大。

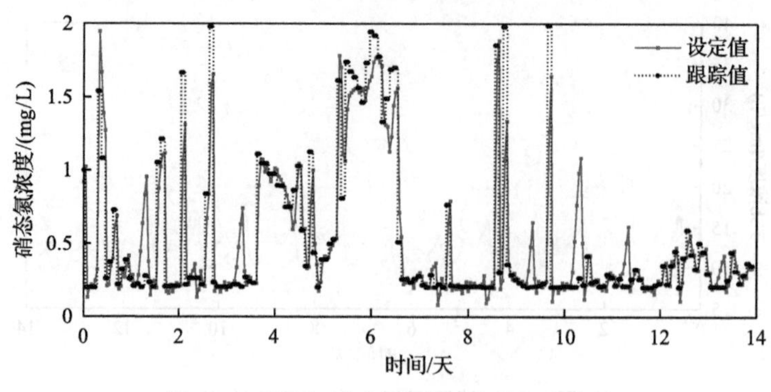

图 7-14 晴天天气下硝态氮浓度跟踪结果

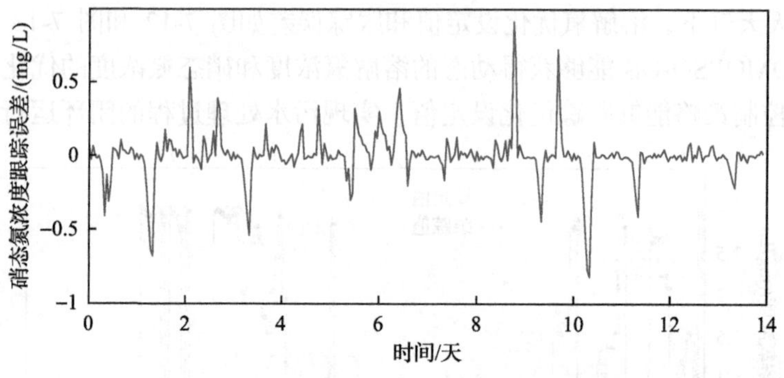

图 7-15 晴天天气下硝态氮浓度跟踪误差

为了精确描述 DMOPSO-OS 运行性能，表 7-5 给出了晴天天气下能耗和出水水质的优化性能。可以看出，在晴天，DMOPSO-OS 的出水 TSS 浓度最小(12.57mg/L)，COD 值最小(47.71mg/L)，BOD_5 值最小(2.70mg/L)。虽然 NH 浓度、TN 浓度均不是最优，但最终出水水质综合指标优于所对比的运行优化策略。同时，与其他运行优化策略相比，DMOPSO-OS 的能耗更低。结果表明，所提出的 DMOPSO-OS 可以获得更合适的动态优化设定值。

表 7-5 晴天天气下不同运行优化策略的平均能耗和出水水质

运行优化策略	NH 浓度/(mg/L)	TN 浓度/(mg/L)	TSS 浓度/(mg/L)	COD 浓度/(mg/L)	BOD_5 浓度/(mg/L)	EC/(kW·h)	EQ/(kg·池·单元)
DMOPSO-OS	3.07	17.18	12.57	47.71	2.70	3830	6775
NSGA-OS	3.43	14.38	13.96	48.40	2.71	3862	6934
MOPSO-OS	3.03	17.23	14.35	50.03	2.96	4071	7012

2. 雨天天气实验结果

为了验证所采用的能耗和出水水质建模方法在雨天天气下的有效性，图 7-16 和图 7-17 绘制了雨天天气下基于 AFNN 的能耗和出水水质建模结果，可以看出，在雨天天气下，能耗和出水水质输出都能准确地跟踪实际值。实验结果表明，该方法在雨天条件下能获得满意的预测结果，有效地描述了能耗、出水水质以及溶解氧浓度、硝态氮浓度、混合液悬浮固体浓度以及氨氮浓度之间的动态映射关系。

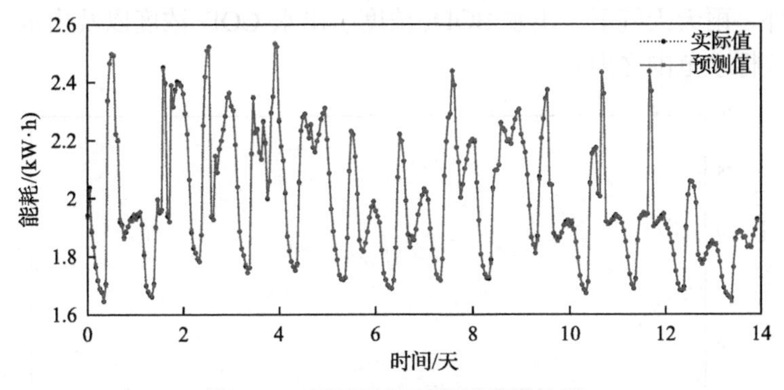

图 7-16　雨天天气下能耗建模结果

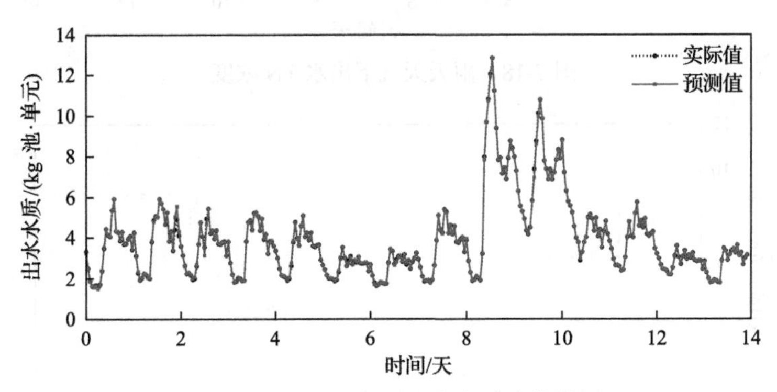

图 7-17　雨天天气下出水水质建模结果

为了定量地证明优化目标模型的有效性，表 7-6 给出了雨天天气下基于 AFNN 的建模精度，并与 GA-ANN 以及 LSSVM 相比。结果表明，与其他预测算法对比，所采用的 AFNN 具有更高的建模精度。

表 7-6　雨天天气下能耗和出水水质的测量精度

模型	EC		EQ	
	RMSE	PA/%	RMSE	PA/%
GA-ANN	0.0146	95.72	0.1002	94.32
LSSVM	0.0138	95.74	0.0940	96.76
AFNN	0.0089	98.88	0.0776	98.89

在城市污水处理过程中，不同出水组分浓度都会对总出水水质产生影响，为

了清晰地展示在雨天天气下不同出水水质的变化曲线，图 7-18～图 7-22 分别给出了出水 TN 浓度、出水 NH 浓度、出水 BOD_5 浓度、出水 COD 浓度以及出水 TSS 浓度，可以看出，在第 8～11 天，出水 TN 浓度显著下降，出水 NH 浓度变化不明显，出水 BOD_5 浓度显著上升，出水 COD 浓度波动较大，出水 TSS 浓度显著增加。另外，雨天天气下，出水 BOD_5 浓度、出水 COD 浓度以及出水 TSS 浓度完全在排放标准范围之内。

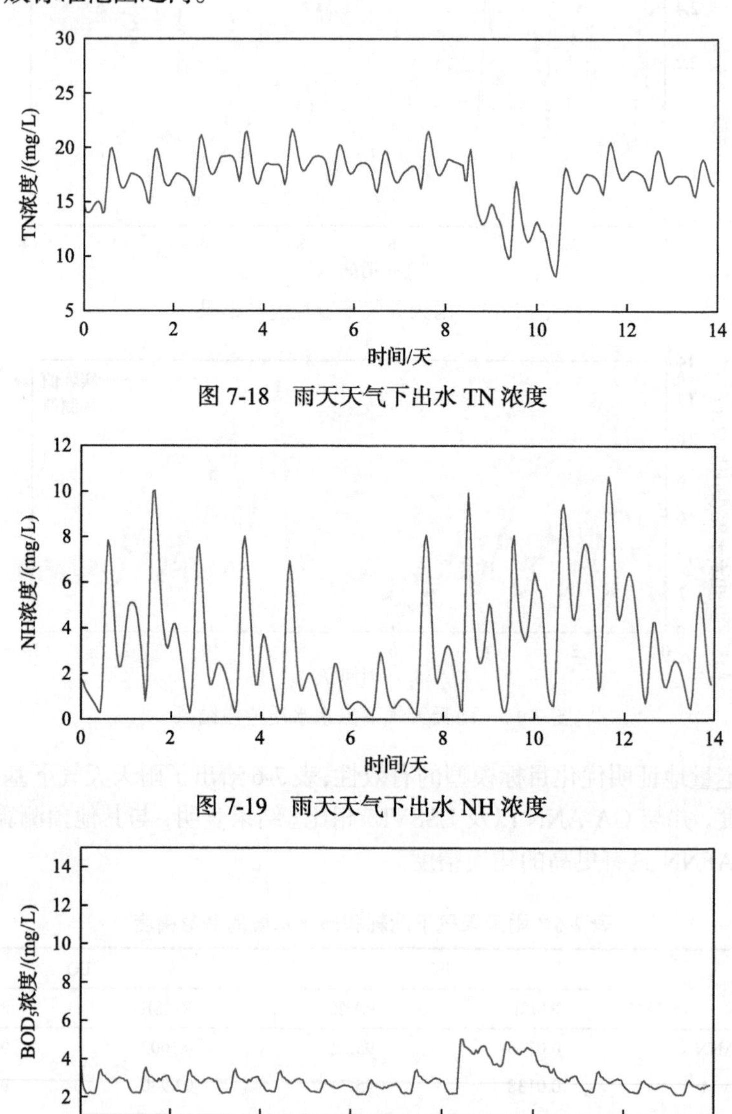

图 7-18　雨天天气下出水 TN 浓度

图 7-19　雨天天气下出水 NH 浓度

图 7-20　雨天天气下出水 BOD_5 浓度

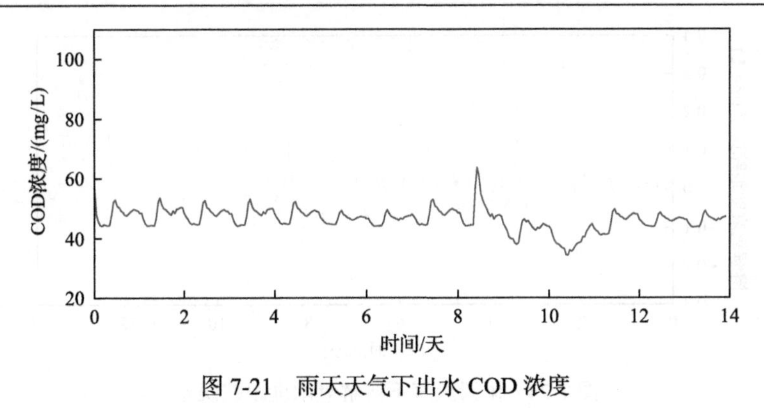

图 7-21　雨天天气下出水 COD 浓度

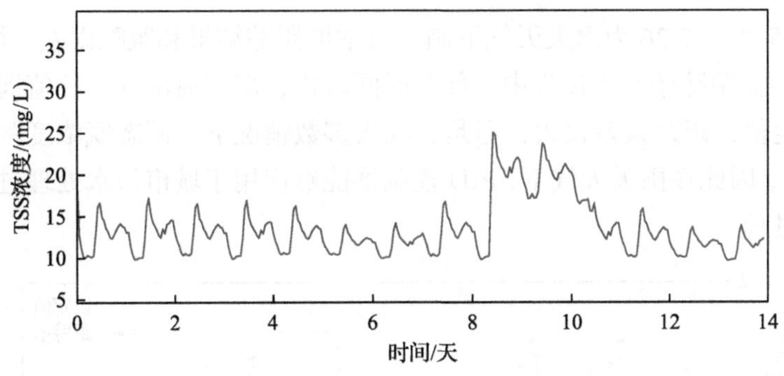

图 7-22　雨天天气下出水 TSS 浓度

在城市污水处理运行优化过程中，为了直观展示所提 DMOPSO 算法的有效性，图 7-23 给出了溶解氧浓度的优化设定值及其跟踪值，可以看出，DMOPSO 算法能够实现溶解氧浓度的实时动态优化设定。另外，根据图 7-24 中显示的溶解氧浓度优化设定值跟踪误差可以看出，PID 控制器可以实现溶解氧浓度优化设定值的有效跟踪。

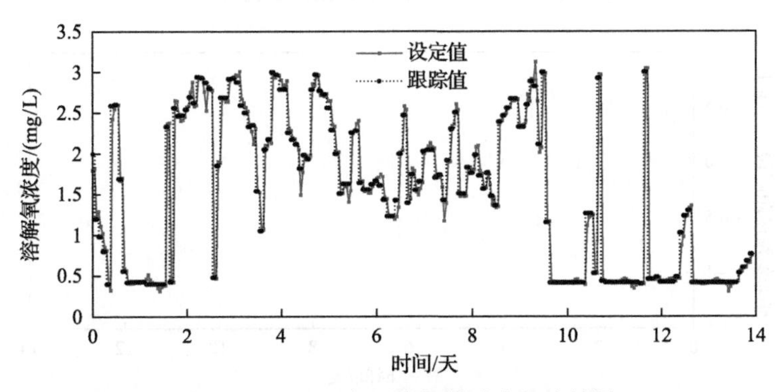

图 7-23　雨天天气下溶解氧浓度跟踪结果

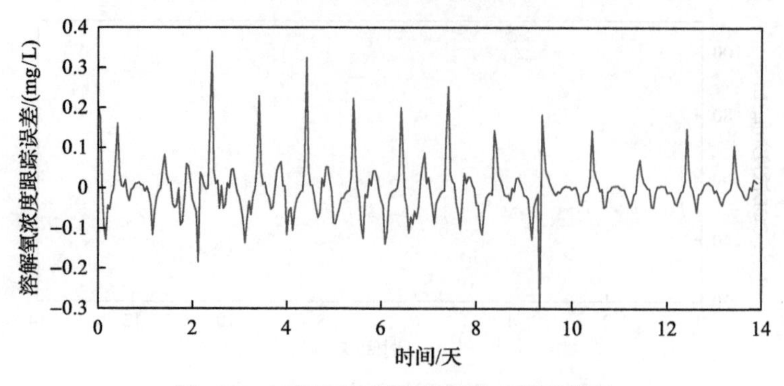

图 7-24　雨天天气下溶解氧浓度跟踪误差

图 7-25 和图 7-26 为雨天天气下硝态氮浓度跟踪结果和跟踪误差，可以看出，在 PID 控制器跟踪硝态氮过程中，部分时间段内，硝态氮浓度实际值远大于硝态氮浓度设定值，跟踪误差较大，但是，在大多数情况下，硝态氮浓度跟踪误差小于 0.5mg/L，因此在雨天天气下，PID 控制器能够应用于城市污水处理过程硝态氮浓度跟踪过程。

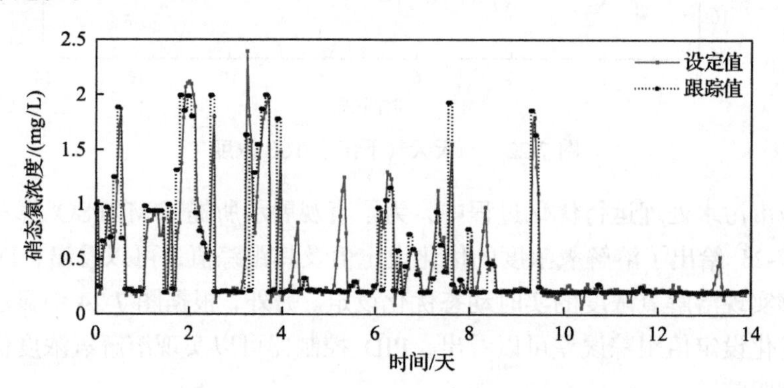

图 7-25　雨天天气下硝态氮浓度跟踪结果

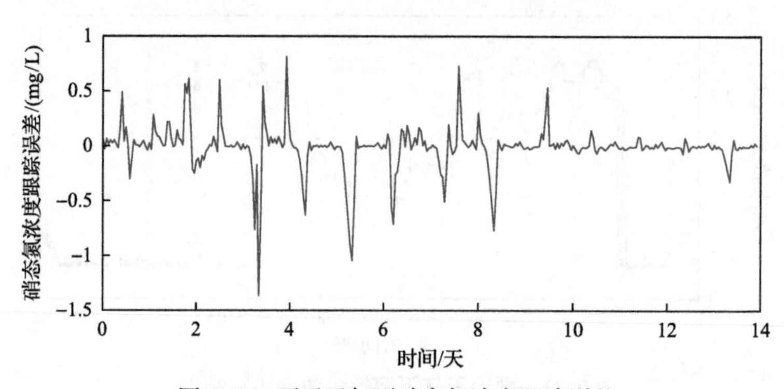

图 7-26　雨天天气下硝态氮浓度跟踪误差

为了精确描述 DMOPSO-OS 的运行性能，表 7-7 给出了雨天天气下不同运行优化策略的能耗和出水水质的性能。可以看出，在雨天天气下，DMOPSO-OS 的 NH 浓度最小(3.18mg/L)，TSS 浓度最小(13.51mg/L)，BOD_5 浓度最小(2.91mg/L)，且能耗和出水水质指标均获得最小值。虽然 COD 浓度、TN 浓度均高于其他运行优化策略，但最终出水水质综合指标优于所对比的运行优化策略。结果表明，所提出的 DMOPSO-OS 可以提高出水水质降低能耗的效果。同时，与其他运行优化策略相比，DMOPSO-OS 的能耗更低，结果表明，所提出的 DMOPSO-OS 具有更好的运行优化性能。

表 7-7　雨天天气下不同运行优化策略的平均能耗和出水水质

运行优化策略	NH 浓度 /(mg/L)	TN 浓度 /(mg/L)	TSS 浓度 /(mg/L)	COD 浓度 /(mg/L)	BOD_5 浓度 /(mg/L)	EC /(kW·h)	EQ /(kg·池·单元)
DMOPSO-OS	3.18	16.73	13.51	46.48	2.91	3829	7845
NSGA-OS	3.71	16.56	13.52	46.45	2.92	4239	7865
MOPSO-OS	3.44	16.46	14.53	51.24	2.99	3869	8545

3. 暴雨天气实验结果

在暴雨天气下，城市污水处理过程中进水流量显著增加，进水组分发生剧烈变化，因此讨论暴雨天气下所提出 DMOPSO-OS 的运行性能具有重要意义。在暴雨天气下，出水水质建模结果如图 7-27 所示，可以看出，基于 AFNN 的出水水质建模方法能够有效描述城市污水处理出水水质和关键变量之间的动态关系，而且，在第 9 天和第 11 天，城市污水处理过程中部分组分浓度剧烈变化，可以看出，在部分组分浓度剧烈变化的条件下，AFNN 仍然能够实现出水水质准确快速的追踪。

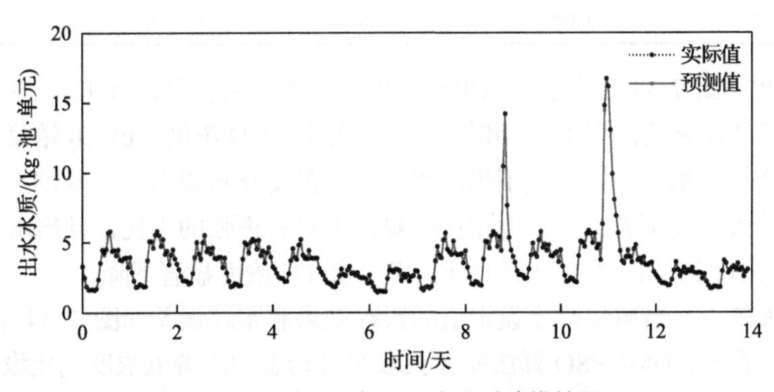

图 7-27　暴雨天气下出水水质建模结果

图 7-28 给出了暴雨天气下基于 AFNN 的能耗建模结果，可以看出，AFNN 能

够实现能耗的准确预测。基于暴雨天气下出水水质和能耗的预测结果可知，AFNN 能够实现出水水质和能耗的有效预测。

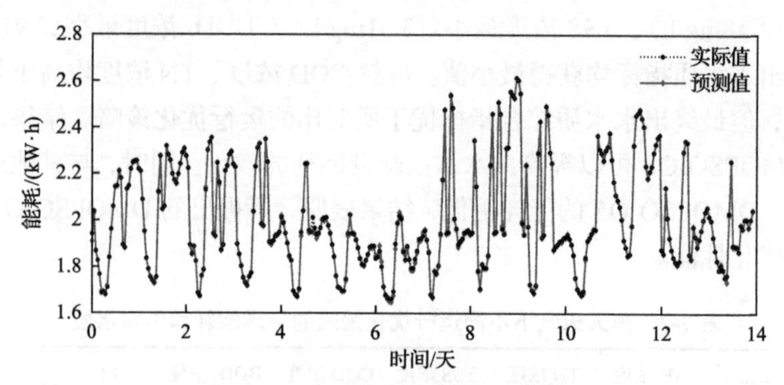

图 7-28　暴雨天气下能耗建模结果

为了定量地分析 AFNN 对出水水质和能耗的预测效果，表 7-8 给出了暴雨天气下能耗和出水水质的测量精度，测量精度采用 RMSE 和 PA 进行评价，可以看出，在暴雨天气下，AFNN 产生的能耗预测 RMSE 和 PA 分别为 0.0092 和 97.64%，AFNN 产生的出水水质 RMSE 和 PA 分别为 0.0786 和 96.99%。与 GA-ANN 和 LSSVM 相比，AFNN 在预测过程中具有最小的 RMSE 和最大的 PA，因此 AFNN 具有较高的预测性能。

表 7-8　暴雨天气下能耗和出水水质的测量精度

模型	EC		EQ	
	RMSE	PA/%	RMSE	PA/%
GA-ANN	0.0153	94.28	0.0998	93.64
LSSVM	0.0139	96.33	0.0936	95.77
AFNN	0.0092	97.64	0.0786	96.99

图 7-29～图 7-33 给出了出水组分浓度的处理结果，可以看出，在第 11 天出水 TN 浓度显著降低，在第 9 天和第 11 天，出水 COD 浓度、BOD_5 浓度以及 TSS 浓度显著增加。根据不同天气下出水水质浓度的变化可以看出，暴雨天气下各组分浓度与晴天天气下各组分浓度相比，暴雨天具有更强的干扰，且出水 COD 浓度、BOD_5 浓度和 TSS 浓度显著上升，而出水 TN 浓度显著下降。

暴雨天气下，溶解氧浓度设定值的跟踪结果和跟踪误差如图 7-34 和图 7-35 所示，可以看出，DMOPSO 算法能够获取实时动态的溶解氧浓度优化设定值，在暴雨天气下，PID 控制器的跟踪误差可以控制在−0.3～0.5mg/L，结果表明，PID 控制器能够实现溶解氧浓度优化设定值的有效跟踪。另外，图 7-36 和 7-37 展示了暴雨天气下硝态氮的跟踪结果和跟踪误差，可以看出，在大多数时间内，PID 跟踪误差可以维持在–0.4～0.4mg/L，因此 PID 控制能够用于运行优化控制策略。

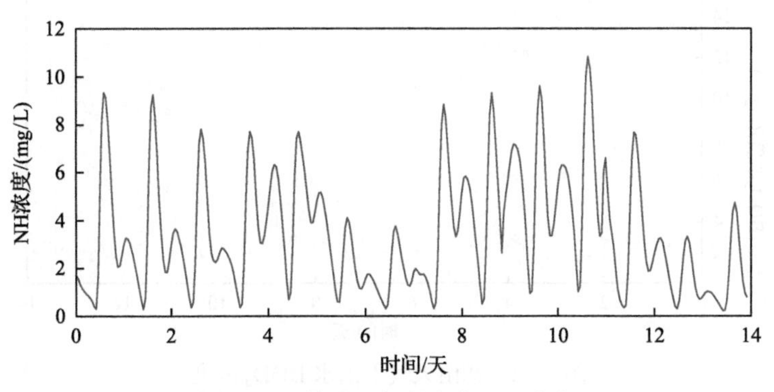

图 7-29　暴雨天气下出水 NH 浓度

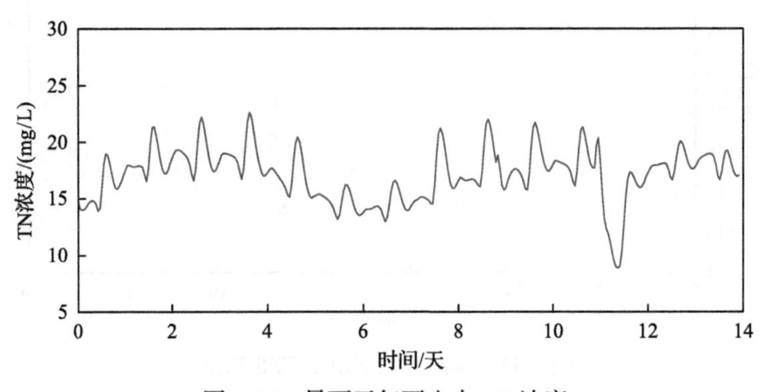

图 7-30　暴雨天气下出水 TN 浓度

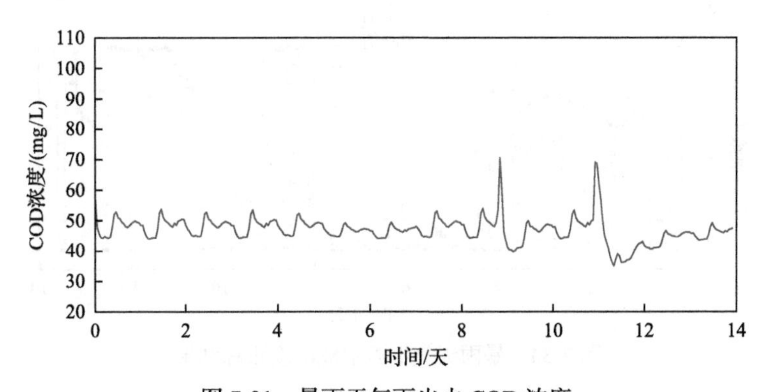

图 7-31　暴雨天气下出水 COD 浓度

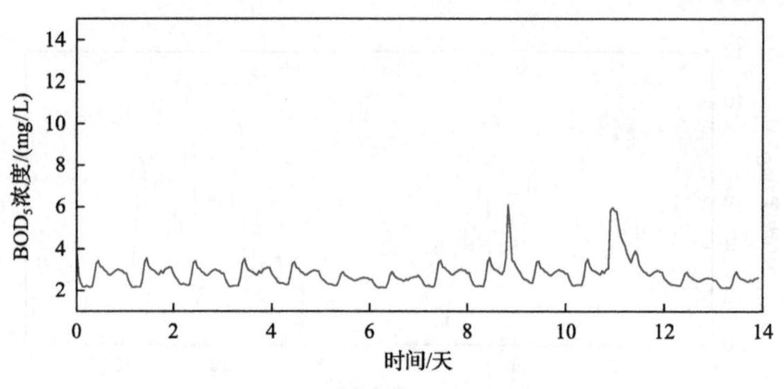

图 7-32　暴雨天气下出水 BOD_5 浓度

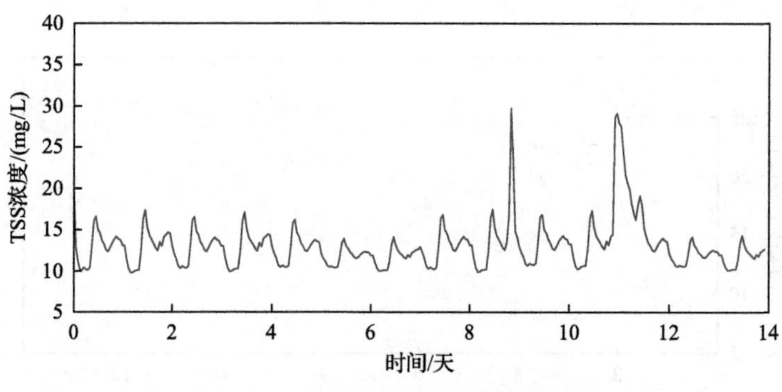

图 7-33　暴雨天气下出水 TSS 浓度

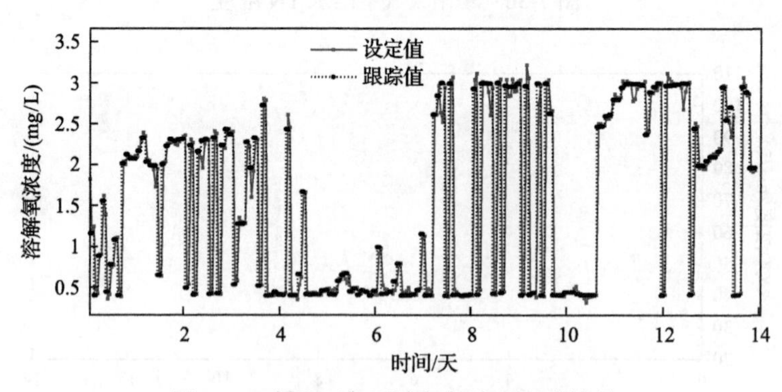

图 7-34　暴雨天气下溶解氧浓度跟踪结果

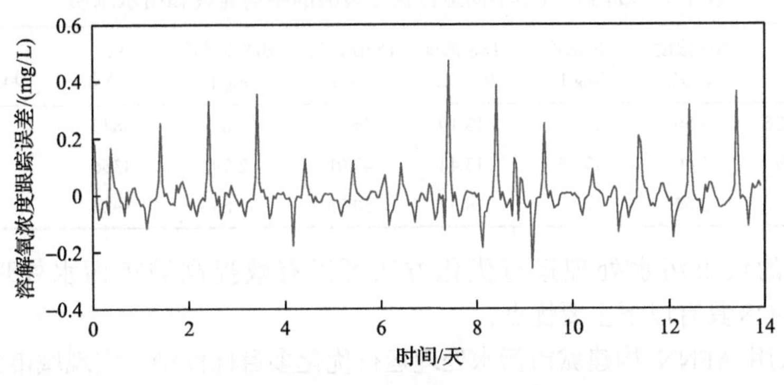

图 7-35　暴雨天气下溶解氧浓度跟踪误差

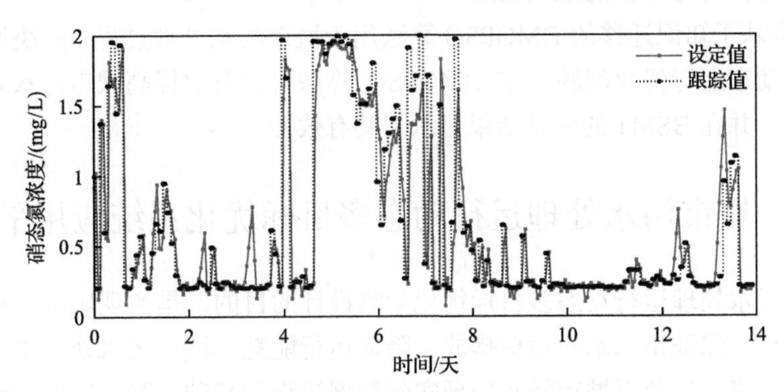

图 7-36　暴雨天气下硝态氮浓度跟踪结果

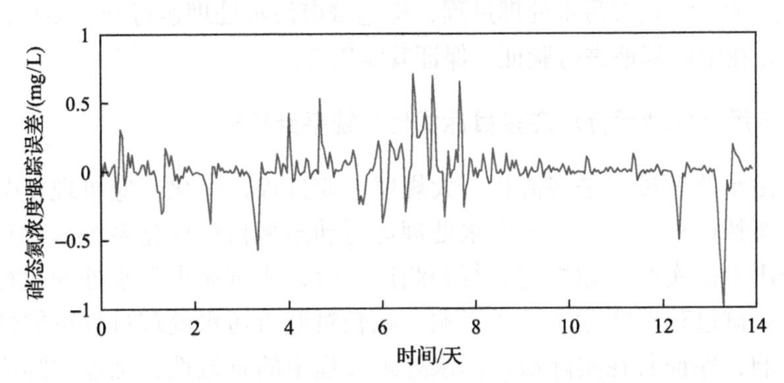

图 7-37　暴雨天气下硝态氮浓度跟踪误差

为了描述城市污水处理运行优化策略 DMOPSO-OS 的运行性能，表 7-9 给出了暴雨天气下不同运行优化策略的平均能耗和出水水质结果，可以看出，与 NSGA-OS 和 MOPSO-OS 相比，DMOPSO-OS 基本能够获得最小的能耗和最低的出水水质值，结果证明了 DMOPSO-OS 的有效性。

表 7-9 暴雨天气下不同运行优化策略的平均能耗和出水水质

运行优化策略	NH 浓度 /(mg/L)	TN 浓度 /(mg/L)	TSS 浓度 /(mg/L)	COD 浓度 /(mg/L)	BOD_5 浓度 /(mg/L)	EC /(kW·h)	EQ /(kg·池·单元)
DMOPSO-OS	3.50	17.10	13.10	46.97	2.80	3845	7269
NSGA-OS	3.60	17.33	13.44	47.01	2.79	4356	8024
MOPSO-OS	3.52	16.59	14.33	50.28	2.83	3924	8341

良好的城市污水处理运行优化方法可以有效提高城市污水处理性能，DMOPSO-OS 具有以下主要优点：

(1)采用 AFNN 构建城市污水处理运行优化多目标模型，实现城市污水处理过程优化目标动态特征的准确描述。

(2)将基于知识迁移的 DMOPSO 算法用于城市污水处理过程，解决城市污水处理过程动态运行优化问题，该 DMOPSO 算法可以有效提高城市污水处理运行优化性能，并在 BSM1 的测试结果显示了其有效性。

7.6 城市污水处理运行动态多目标优化系统应用平台

城市污水处理运行动态多目标优化策略设计的目的，是实现城市污水处理过程优化运行，保证出水水质达标排放，降低运行能耗。城市污水处理过程存在很多不可控因素，本节以城市污水处理实际数据过程为基础，基于城市污水处理过程运行特点和实际城市污水处理过程，构建城市污水处理运行动态多目标优化应用平台，并在中试基地进行验证，保证其实用性。

7.6.1 城市污水处理运行动态多目标优化系统平台搭建

城市污水处理过程是多流程、大规模工业过程，生化反应机理复杂，强非线性和动态特征显著。在城市污水处理运行动态多目标优化系统搭建和调试过程中，采用中试实验基地搭建运行和测试平台，测试城市污水处理运行优化效果，减少测试过程对实际工艺的影响，减轻对城市污水处理过程可靠性和准确性产生影响，保证其在实际城市污水处理过程中的有效性，确保实际应用过程中的真实性。

以实际城市污水处理过程数据流为基础，构建动态多目标优化系统平台，实现城市污水处理过程数据采集、传输、存储、处理、应用和交互，以所提出的动态多目标优化方案为基础，构建动态多目标优化系统，系统架构如图 7-38 所示。

城市污水处理运行动态多目标优化系统的功能，主要包括动态优化目标模型的构建、操作变量优化设定值的获取，以及操作变量优化设定值的跟踪控制，从而达到城市污水处理过程节能减排的目的。

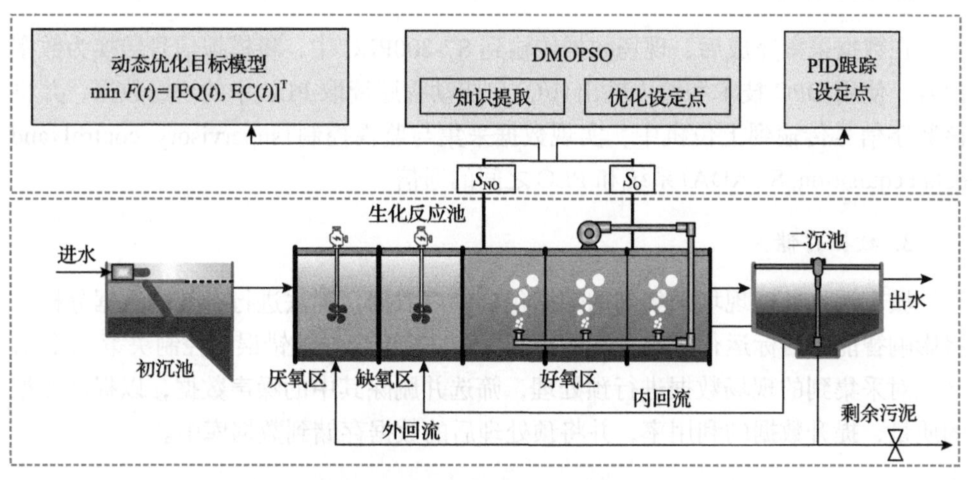

图 7-38　城市污水处理运行动态多目标优化系统架构

7.6.2　城市污水处理运行动态多目标优化系统平台集成

城市污水处理过程中蕴含丰富的数据信息，如现场数据、业务数据、历史数据等。其中，现场数据来源于污水处理多个运行流程，主要通过数据检测仪或者软测量技术实现在线检测，部分数据由于检测技术的限制，需要通过实验法进行测试，并人工录入系统，现场数据能够反映城市污水处理运行状态。业务数据来源于各个关系型数据库，主要涉及操作人员行为记录与污水形态描述等相关数据，业务数据能够反映污水处理业务流程与状态。历史数据来源于不同时间段存储的现场和业务数据，反映城市污水处理过程不同状态及其动态特征，是实现数据分析和挖掘的基础。

城市污水处理运行动态多目标优化系统，根据污水处理过程中数据流的动态走向，对各种数据进行采集、挖掘及利用，该系统主要包含数据的采集、传输、存储、应用及交互五个环节。

1. 数据采集

污水处理过程中动态多目标运行优化方案涉及多个现场，现场采集设备和技术能够获得大部分现场数据，如温度、溶解氧浓度、pH、ORP、TSS 浓度。对采集到的现场数据进行预处理，以现有数据作为辅助变量，利用软测量技术，实现对不易测量的出水氨氮浓度等关键数据进行预测，从而得到污水处理过程智能多目标优化方案中所需全部现场数据信息。

2. 数据传输

在数据采集完成后，现场数据传输到 S7-200PLC 中，将模拟信号转换为数字信号，使用 OPC 技术和输入输出(I/O)口驱动程序读取 PLC 中的现场数据，并将该数字信号传输到上位机中，实现数据采集与监视控制(supervisory control and data acquisition, SCADA)系统和 PLC 之间的通信。

3. 数据存储

城市污水处理现场采集到的数据包含噪声数据，无法进行有效的数据分析，将影响智能多目标运行优化方案的控制决策，甚至会导致错误的控制决策。因此，必须对采集到的现场数据进行预处理，筛选并删除其中的噪声数据，以提高数据的质量，提升数据的利用率，并将预处理后的数据存储到数据库中。

4. 数据应用

基于城市污水处理过程数据，建立能耗模型和出水水质模型，反映污水处理过程变量间的耦合特性，表征城市污水处理过程的非线性特征。使用 DMOPSO 算法对最小化能耗和最优化出水水质进行同步寻优，得到控制量溶解氧浓度和硝态氮浓度的优化设定值。将在线数据输入智能优化器，获得操作量第五分区氧传递系数和内回流量的具体数值，将运行优化方案实施于活性污泥法污水处理过程。

5. 数据交互

通过表格、柱图、饼图、线形图等形式对数据进行可视化展示，实现污水处理运行动态多目标优化方案的实际应用。

7.6.3 城市污水处理生物脱氮过程运行优化系统平台应用验证

基于城市污水处理中试实验平台，调试城市污水处理动态多目标运行优化系统，使系统的运行环境更接近于实际污水处理状态，并对系统的运行效果进行测试，验证系统的有效性和可靠性。数据报表监测界面如图 7-39 所示。

由图 7-39 可以看出，所开发的城市污水处理运行动态多目标优化系统能够实现 BOD 浓度与 COD 浓度达标排放。

本章介绍了一种城市污水处理动态多目标优化策略，讨论了基于 AFNN 的出水水质和能耗建模方法以及基于知识迁移的 DMOPSO 方法，通过对污水处理机理和数据分析以及系统的构建，使读者对城市污水处理动态运行优化有更深入的了解。

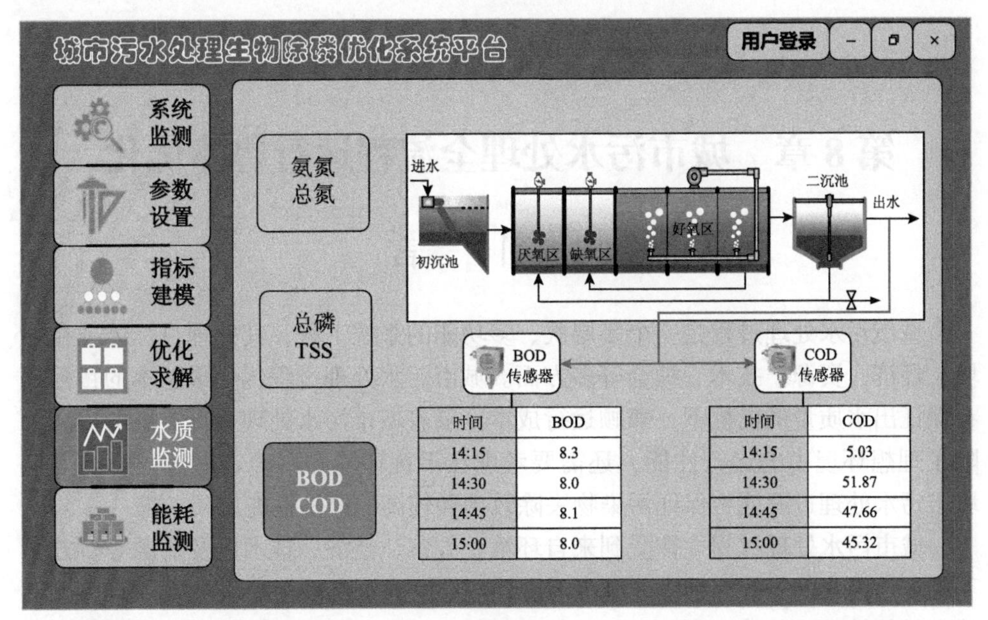

图 7-39　城市污水处理运行动态多目标优化系统 BOD 浓度与 COD 浓度监测界面

第 8 章　城市污水处理全流程运行鲁棒优化

8.1　引　　言

城市污水处理过程是一个多层次、多功能的系统工程，其处理目标体现在环境、经济、资源、技术、社会等多方面。城市污水处理过程优化最基本的目标是在保证出水质量的前提下，兼顾运行成本。随着城市污水处理运行需求的提高，除了理想环境中的运行性能，还需要考虑在干扰环境和不确定参数的影响下，城市污水处理过程能否保证污染物去除效率和较高的经济性能。

城市污水处理过程往往受到来自环境、人口、经济、技术以及资源等多方面不确定性因素的干扰。其中，城市污水处理厂的进水流量、进水水质、温度、pH 等变量的波动，导致污水处理过程处于不稳定运行状态，直接影响回流管道的流速与沉淀池的流速，并导致反应池中组分浓度的不平衡，传感器传输产生偏差等问题。除上述外部干扰的直接影响，生化反应菌的活性和生长速率，也会受到外部干扰的间接影响，导致生化反应参数不确定。在城市污水处理优化运行中，干扰不仅会使优化目标产生不确定性，而且会使优化设定值发生偏移，导致实际优化效果与预期产生偏离。若忽略不确定性因素的影响，则难以保证所设计优化方法的可行性、可靠性和鲁棒性，无法合理评估系统整体性能，更有甚者导致系统失灵。

随着优化算法的发展，不确定环境下的多目标优化，在城市污水处理过程中逐步得到重视和研究。城市水污染控制系统的初期规划中，在各种复杂不确定性环境下保障系统运行，实际上是在不确定环境下，设计具有更好可行性、可靠性和鲁棒性的优化方法，以解决复杂非线性优化问题。综上，对城市水污染控制系统的规划和构建，就是在多个冲突或互补的目标之间，进行持续协调的鲁棒多目标优化过程。本章设计一种城市污水处理全流程运行鲁棒优化方法。首先，分析城市污水处理过程中存在的干扰类型与干扰特点。其次，针对干扰引起的优化目标函数的不确定性，设计城市污水处理运行鲁棒多目标优化模型，建立不确定优化目标函数与运行优化过程变量之间的函数关系。再次，针对决策变量的不确定性与优化目标的不确定性，分别设计两种多目标鲁棒优化方法，求解鲁棒优化设定值。最后，将以上鲁棒优化方法应用于城市污水处理实际过程，进行实际应用效果验证。

8.2　城市污水处理过程干扰分析

城市污水处理过程采取物理、化学和生物过程相结合的方法，以减少或消除悬浮固体、有机物、氮和磷酸盐。城市污水处理厂具有复杂的性质，为以满足出水排放限制为目的的优化策略开发和应用带来了挑战。城市污水处理过程的研究中，通常采用反应动力学表征城市污水处理厂的强非线性。然而，在实际情况中，这些模型的参数是部分未知的，甚至是完全未知的。过程变量的等效模型定义为

$$\dot{x}(t)=F\left(x(t),u(t),d_{\text{int}}(t)\right)+d_{\text{ext}}(t) \tag{8-1}$$

其中，$F(\cdot)$ 为一个未知的非线性函数；$x(t)$ 和 $\dot{x}(t)$ 为时间 t 的状态变量及其导数；$u(t)$ 为 t 时刻的控制输入；$d_{\text{int}}(t)$ 和 $d_{\text{ext}}(t)$ 分别为 t 时刻的内部干扰和外部干扰。内部干扰和外部干扰分类如图 8-1 所示。

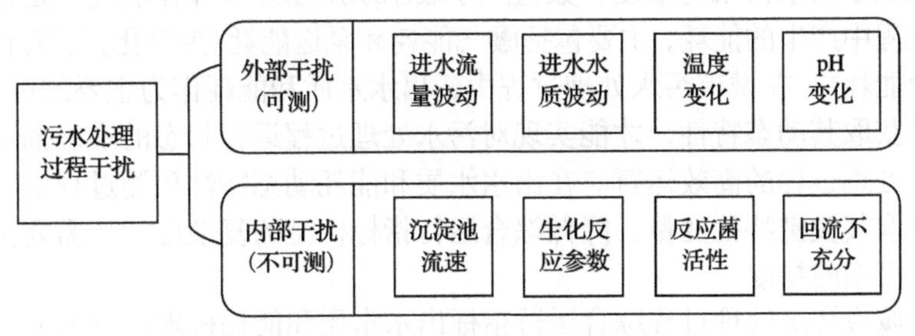

图 8-1　污水处理过程干扰分类

1. 内部干扰分析

内部干扰是由过程中的变化引起的，影响过程特征，即微生物新陈代谢、物理过程等。例如，浓缩池上清液回流至初沉池，由于一般处理过程缺少调节池环节，生化处理系统存在较大的干扰，也会给二沉池带来干扰。水力干扰是最常见的也是最难克服的干扰，不仅进水流量的变化会产生干扰，水泵运行工况的变化也会产生干扰。沉淀池的干扰通常是指由于水泵的运行工况发生变化出现的干扰，进水流量突然增加，会造成整个城市污水处理厂出现近 1h 的水力波动。

2. 外部干扰分析

城市污水处理过程外部干扰，主要是发生在系统之外的、能够借助传感器进行测量的干扰。典型的外部干扰包括进水流量的变化、氮浓度变化。在式(8-1)中，外部干扰存在一个常数 d_0，$d_0>0$，使得 $d_{\text{ext}}(t)\leqslant d_0$。不同工况环境下，污水处理过程的外部干扰特征不同，即雨天、晴天以及暴雨天气下，产生的外部干扰各不相同。

8.3 城市污水处理运行鲁棒多目标优化模型

为了优化城市污水处理过程的运行性能，需建立性能指标模型，并将其作为优化目标函数。然而，由于污水处理过程存在干扰的影响，所建立的性能指标模型难以拟合实际指标值。为了克服干扰带来的影响，本节设计一种数据驱动评价策略，拟合城市污水处理运行性能指标。首先，在考虑干扰存在的情况下，分析与城市污水处理过程相关的影响因素。其次，设计一种数据驱动评价策略，表达过程变量与运行性能指标之间的函数关系。该方法能够考虑干扰引起的拟合误差，并将其定义为鲁棒优化过程中的不确定变量。

8.3.1 城市污水处理过程优化目标及其影响因素分析

城市污水处理过程优化目标主要包括出水水质和操作能耗。其中，出水水质的大小取决于出水污染物浓度，数值越小表示水质越好。操作能耗，是指城市污水处理过程中产生的能耗，主要包括曝气能耗和泵送能耗(为简化，下面将操作能耗简写为能耗)。在城市污水处理过程中，出水水质和能耗作为主要的运行指标，只有实时获取其动态特性，才能实现对污水处理过程运行状态的准确描述，保证城市污水处理过程的高效运行。在出水水质和能耗动态特性预测过程中，不仅需要准确获取其关键特征变量，降低综合运行指标模型的复杂性，还需要保证综合运行指标模型的精度。

根据城市污水处理过程综合运行指标出水水质和能耗机理模型的分析，初步确定影响出水水质的 15 个相关过程变量(S_{O}、S_{NO}、SS、S_{S}、S_{NH}、S_{ND}、S_{I}、X_{ND}、$X_{\mathrm{B,A}}$、$X_{\mathrm{B,H}}$、X_{P}、X_{S}、X_{I}、T 和 Q_{in})和影响能耗的 11 个相关过程变量(S_{O}、S_{NO}、MLSS、S_{S}、S_{NH}、$X_{\mathrm{B,A}}$、$X_{\mathrm{B,H}}$、X_{P}、X_{S}、T 和 Q_{in})。

运用主成分分析法，计算 15 个相关过程变量的累计方差贡献率，以 $\eta>85\%$为判断依据，获取影响综合运行指标出水水质和能耗的关键变量。最终从关键变量中选取溶解氧浓度 S_{O} 与硝态氮浓度 S_{NO} 作为控制变量，即优化算法的决策变量。

8.3.2 城市污水处理过程鲁棒优化目标构建

评价城市污水处理过程的性能指标有多种，如出水污染物浓度、曝气能耗、泵送能耗、外部加药成本等，这些指标可分为出水水质和能耗两大类。然而，在 $\mathrm{A^2/O}$ 反应器中，出水水质与能耗是相互冲突耦合的。因此，为了平衡这些指标，提出的数据驱动评价标准包括两个部分：①出水水质评价标准；②能耗评价标准。因此，城市污水处理过程优化目标函数模型描述为

$$\min J(t)=[\mathrm{EQ}(t),\mathrm{EC}(t)] \tag{8-2}$$

其中，$J(t)$ 为 t 时刻的多目标优化函数；$EQ(t)$ 为 t 时刻出的水水质模型；$EC(t)$ 为 t 时刻的能耗模型。

由于城市污水处理厂的运行条件复杂多变，受外部环境的干扰严重，难以找到一个准确的机理模型，描述城市污水处理厂的动态特性。因此，利用污水处理过程的数据，采用区间二型模糊神经网络(interval type-2 fuzzy neural network, IT2FNN)，建立出水水质和能耗的多目标优化模型。IT2FNN 既具有优异的不确定性处理能力，又具有自适应学习能力，可以很好地实现对具有不确定性和时变性复杂非线性系统的辨识、控制作用。不同于一型模糊神经网络，IT2FNN 采用区间二型隶属函数，将精确值转化为区间模糊集合，从而可以更好地处理复杂非线性系统中存在的干扰，IT2FNN 结构如图 8-2 所示。

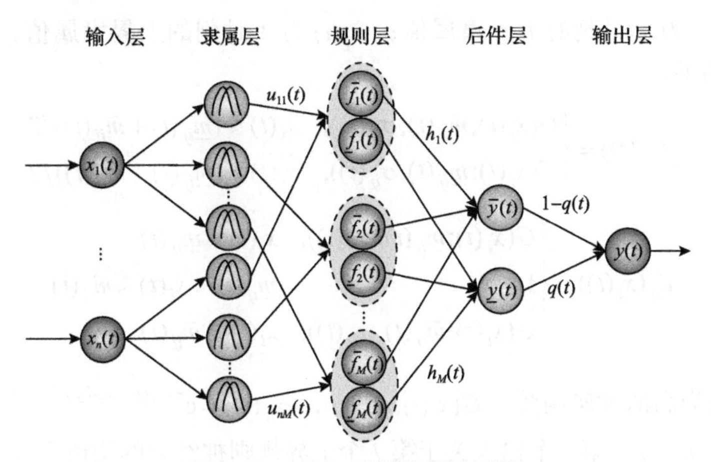

图 8-2　区间二型模糊神经网络

在优化目标建模过程中，IT2FNN 的输入为

$$\theta(t)=[S_{\mathrm{O}}(t),S_{\mathrm{NO}}(t),S_{\mathrm{NH}}(t),\mathrm{MLSS}(t)] \tag{8-3}$$

其中，$\theta(t)$ 为 t 时刻模糊神经网络的输入向量；$S_{\mathrm{O}}(t)$ 为 t 时刻溶解氧浓度；$S_{\mathrm{NO}}(t)$ 为 t 时刻硝态氮浓度；$S_{\mathrm{NH}}(t)$ 为 t 时刻氨氮浓度；$\mathrm{MLSS}(t)$ 为 t 时刻混合液悬浮固体浓度。IT2FNN 的输出为出水水质和能耗：

$$J(t)=q(t)\underline{y}(t)+(1-q(t))\overline{y}(t) \tag{8-4}$$

$$\underline{y}(t)=\frac{\sum_{j=1}^{M}\underline{f}_j(t)h_j(t)}{\sum_{j=1}^{M}\underline{f}_j(t)},\quad \overline{y}(t)=\frac{\sum_{j=1}^{M}\overline{f}_j(t)h_j(t)}{\sum_{j=1}^{M}\overline{f}_j(t)} \tag{8-5}$$

$$h_j(t)=\sum_{i=1}^{n}w_{ij}(t)x_i(t)+b_j(t) \tag{8-6}$$

其中，$\underline{y}(t)$ 和 $\overline{y}(t)$ 分别是 t 时刻后件层的输出下界和输出上界；$q(t)$ 为比例系数；$h_j(t)$ 为第 j 个模糊规则的后件系数；$w_{ij}(t)$ 为第 i 个输入对应于第 j 个规则神经元的后件权重；$b_j(t)$ 为第 j 个偏差。此外，n 为输入层中输入神经元的数量，M 为规则层中规则神经元的数量，$\underline{f}_j(t)$ 和 $\overline{f}_j(t)$ 分别为规则神经元的激活强度下界和上界，可以表示为

$$\underline{f}_j(t)=\prod_{i=1}^{n}\underline{u}_{ij}(t),\ \ \overline{f}_j(t)=\prod_{i=1}^{n}\overline{u}_{ij}(t) \tag{8-7}$$

其中，$\underline{u}_{ij}(t)$ 为 t 时刻的下界隶属值；$\overline{u}_{ij}(t)$ 为 t 时刻的上界隶属值，隶属值的计算公式如下：

$$\underline{u}_{ij}(x_i(t))=\begin{cases}G(x_i(t);\overline{m}_{ij}(t),\sigma_{ij}(t)), & x_i(t)\leqslant(\underline{m}_{ij}(t)+\overline{m}_{ij}(t))/2\\ G(x_i(t);\underline{m}_{ij}(t),\sigma_{ij}(t)), & x_i(t)>(\underline{m}_{ij}(t)+\overline{m}_{ij}(t))/2\end{cases} \tag{8-8}$$

$$\overline{u}_{ij}(x_i(t))=\begin{cases}G(x_i(t);\underline{m}_{ij}(t),\sigma_{ij}(t)), & x_i(t)\leqslant\underline{m}_{ij}(t)\\ 1, & \underline{m}_{ij}(t)<x_i(t)<\overline{m}_{ij}(t)\\ G(x_i(t);\overline{m}_{ij}(t),\sigma_{ij}(t)), & x_i(t)\geqslant\overline{m}_{ij}(t)\end{cases} \tag{8-9}$$

其中，$G(\cdot)$ 为高斯隶属函数；$G(x_i(t);\underline{m}_{ij}(t)\,,\ \sigma_{ij}(t))=\mathrm{e}^{-(x_i(t)-m_{ij}(y))^2/(2\sigma_{ij}^2(t))}$，$\sigma_{ij}(t)$ 为标准差，$\underline{m}_{ij}(t)$ 为第 i 个输入关于第 j 个下界规则神经元的均值下界，$\overline{m}_{ij}(t)$ 为第 i 个输入关于第 j 个上界规则神经元的均值上界，区间$[\underline{m}_{ij}(t),\overline{m}_{ij}(t)]$为第 i 个输入关于第 j 个模糊规则的不确定均值 $m_{ij}(t)$。

受到城市污水处理过程的干扰影响，$\hat{y}(t)$ 难以准确描述过程变量与性能指标之间的函数关系。理想的性能指标模型，可以表示为一个数据驱动逼近项与一个逼近误差项的加和，如图 8-3 所示。

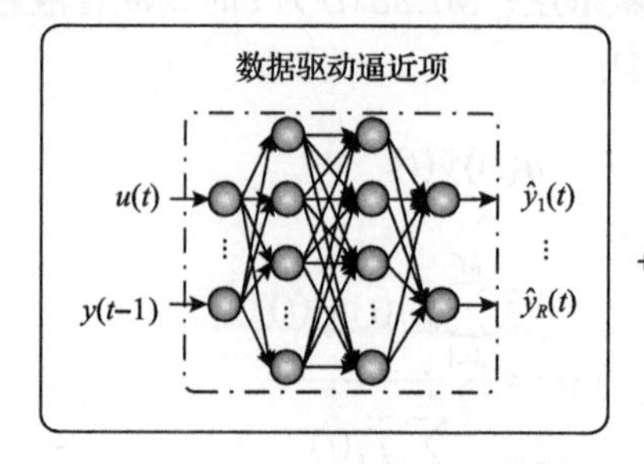

+

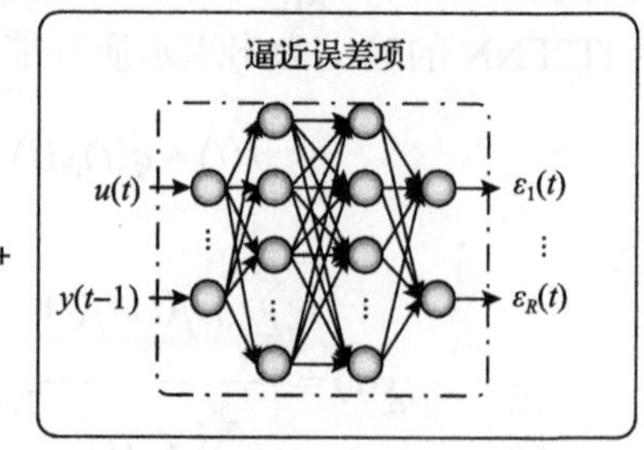

图 8-3　数据驱动运行性能指标评价

理想的性能指标模型可以用公式表达为

$$y(t) = \hat{y}(t) + \varepsilon(t) \tag{8-10}$$

其中，$\hat{y}(t)$ 为性能指标值的拟合值；$\varepsilon(t)=[\varepsilon_1(t), \varepsilon_2(t)]$为拟合误差。第 r 个拟合误差可表示为

$$\varepsilon_r(t)=\sum_{k=1}^{K}\alpha_{k,r}(t)\iota_k(\theta(t)) \tag{8-11}$$

$$\iota_k(\theta(t))=\sigma_k(\theta(t))\Big/\sum_{k=1}^{K}\sigma_k(\theta(t)) \tag{8-12}$$

$$\sigma_k(\theta(t)) = \mathrm{e}^{\|(\theta(t)-\gamma_k(t))\|^2/(2\beta_k^2(t))} \tag{8-13}$$

其中，$\alpha(t)=\left[\alpha_1(t),\alpha_2(t),\cdots,\alpha_K(t)\right]$，$\alpha_k(t)=\left[\alpha_{k,1}(t),\alpha_{k,2}(t),\cdots,\alpha_{k,R}(t)\right]$；$\beta(t)=\left[\beta_1(t),\beta_2(t),\cdots,\beta_K(t)\right]$；$\gamma(t)=\left[\gamma_1(t),\gamma_2(t),\cdots,\gamma_K(t)\right]$，$\gamma_k(t)=[\gamma_{k,1}(t),\gamma_{k,2}(t),\cdots,\gamma_{k,P}(t)]$为不确定参数矩阵，且满足以下限制：

$$\begin{aligned} \text{s.t.}\quad & \alpha_{\min} \leqslant \alpha(t) \leqslant \alpha_{\max} \\ & \beta_{\min} \leqslant \beta(t) \leqslant \beta_{\max} \\ & \gamma_{\min} \leqslant \gamma(t) \leqslant \gamma_{\max} \end{aligned} \tag{8-14}$$

其中，$\alpha_{\min}$ 与 $\alpha_{\max}$ 为 $\alpha(t)$ 的下界与上界；$\beta_{\min}$ 与 $\beta_{\max}$ 为 $\beta(t)$ 的下界与上界；$\gamma_{\min}$ 与 $\gamma_{\max}$ 为 $\gamma(t)$ 的下界与上界。将三种不确定参数增广为一个不确定矩阵：

$$\xi(t) = [\alpha(t),\ \beta(t),\ \gamma(t)] \tag{8-15}$$

确定逼近误差的表达之后，所建立的优化目标可表述为以下形式：

$$J(t) = \hat{J}(x(t))+\varepsilon(x(t),\xi(t))=[\mathrm{EQ}(t),\ \mathrm{EC}(t)] \tag{8-16}$$

其中，$\mathrm{EQ}(t)$ 与 $\mathrm{EC}(t)$ 表达为 $x(t)$ 与 $\xi(t)$ 的函数。

受扰动的影响，出水水质与能耗存在不确定性，该方法通过将出水水质与能耗表达成不确定变量与相关过程变量的函数，使带有不确定性的污水处理过程可以被优化，同时在考虑不确定性的最坏影响下求解控制变量优化设定值，提高优化设定值的鲁棒性。

8.4 城市污水处理运行鲁棒优化设定点求解

在城市污水处理运行过程中，受传感器偏差或者跟踪控制偏差等影响，决策变量具有不确定性。同时，由于生化反应参数偏差的影响，目标函数的参数具有不确定性。本节针对上述两种不确定性，分别设计两种鲁棒优化算法。首先，分析几种设定点鲁棒性能评价指标。然后，设计决策变量鲁棒优化算法与目标参数鲁棒优化算法，所设计的鲁棒优化算法能够在一定程度上克服不确定性带来的负面影响，保证优化设定点在干扰环境下具有可行和可靠的优化性能。

8.4.1 设定点鲁棒性能评价指标

针对不同种类的不确定优化问题，本节介绍三种优化解鲁棒性能评价指标，以指导选取合适的鲁棒优化解。

1. 基于期望的鲁棒性评价

若 $P(\delta)$ 被定义为优化解 x_i 附近干扰 δ 的概率分布，则目标函数 $f(x_i)$ 的期望值 $F(x_i)$ 可以根据式(8-17)进行估算：

$$F(x_i)=\int_{-\infty}^{+\infty} f(x_i,\delta)P(\delta)\mathrm{d}\delta \tag{8-17}$$

然而，对于大多数实际优化问题，$F(\cdot)$ 的设计是一个挑战性问题。在这些问题中，目标函数的形状是未知的，因此不可能在目标和设计变量之间建立明确的关系。估算一个解 x_i 的期望适应度的一个简单方法是计算其邻域中几个点的加权平均值，如下所示：

$$F(x_i)=\frac{\sum_{j=1}^{n} w_j f(x_i+\Delta x_j)}{\sum_{j=1}^{n} w_j} \tag{8-18}$$

其中，Δx_j 为一个小值向量；n 为要评估的点数；w_j 为每个点的权重。

有学者提出了一种基于导数的近似法计算 $F(x_i)$，该方法将原始适应度比估计导数的绝对值，降低了导数具有高值时适应度函数的大小：

$$F(x_i)=\frac{f(x_i)}{\left|\dfrac{f(x_{i+1})-f(x_i)}{x_{i+1}-x_i}\right|} \tag{8-19}$$

点 x_i 上的预期适应度可由位于低于规定最大值 $d_{\max}$ 的距离处的点的适应度的平均值计算得到：

$$F(x_i)=\frac{\sum_{j=0}^{N'} f(x_j)}{N'} \tag{8-20}$$

其中，N' 为点 i 和 j 之间的欧氏距离小于 $d_{\max}$（即 $d_{i,j}<d_{\max}$）的种群个体数：

$$d_{i,j}=\sqrt{\sum_{m=1}^{M}(x_{m,j}-x_{m,i})^2} \tag{8-21}$$

M 为准则数量。

2. 基于方差的鲁棒性评价

除期望鲁棒性指标以外，利用鲁棒区域内干扰所产生的适应度方差评价鲁棒性也是一种常用的方法：

$$f^R=\frac{1}{N}\sum_{i=1}^{N}\frac{\sigma_f}{\sigma_{x_i}} \tag{8-22}$$

其中，σ_f 和 σ_x 分别为 f 和 x 的标准偏差。在这个等式中，f^R 表示总体个体（N）上的比值 σ_f / σ_{x_i} 的平均值，f^R 越小，解的鲁棒性越强。为了计算所有群体个体的鲁棒性（$i=1,2,\cdots,N$），式（8-22）改写为

$$f_i^R=\frac{\sigma_{f,i}}{\bar{\sigma}_{x,i}} \tag{8-23}$$

式（8-23）表示 f 的标准偏差和 x 的标准偏差的局部平均值的比值，两者都是在点 i 附近估算的。同样，当这种度量应用于一些测试问题时，尽管它可以用于所有的解决方案，但它仍然不能准确描述目标函数的轮廓，因此不能检测到一些鲁棒峰值的存在。此后，在一些改进方法中，个体 i 的鲁棒性被定义为个体 i 与其邻居 j 的归一化适应度之差与它们之间的距离之比的平均值：

$$f_i^R=\frac{1}{N'}\sum_{j=0}^{N}\left|\frac{\tilde{f}(x_j)-\tilde{f}(x_i)}{x_j-x_i}\right|,\quad d_{i,j}<d_{\max} \tag{8-24}$$

其中，f_i^R越小，解决方案的鲁棒性越强。该方法的性能可以使用原始适应度函数和鲁棒性度量之间的 Pareto 前沿评估。

3. 基于生存时间的鲁棒性评价

对于动态多目标优化问题，传统优化方法的任务是在检测到新环境之后，寻找 Pareto 优化解。若一组 Pareto 优化解能够以一定精度逼近多个动态环境下优化问题的真实 Pareto 前沿，则可以大大降低寻优成本和资源消耗。然而，在动态多目标优化问题中，非支配解的鲁棒性度量是非常重要的问题。由于目标之间相互矛盾，所以不可能得到使所有目标都达到最小的优化解，只能求得一组非支配解。因此，仅根据目标函数的大小，度量动态优化问题中解的鲁棒性是不可行的。为了延长优化解的生存时间，需要基于稳定性阈值的生存时间，衡量动态优化问题的鲁棒 Pareto 解在时间尺度上的鲁棒性。

定义 L_i 为鲁棒 Pareto 优化解集中，任意鲁棒解 x_i^j 的生存时间。它表示在未来 L_i 个连续动态环境下，x_i^j 是依一定稳定性阈值 η 的满意解，反映了优化解在连续动态环境下的时间鲁棒性。

$$L_i(\eta) = \min_{x_i^j \in \mathrm{RPOS}(i)} L_i^j(\eta) \tag{8-25}$$

$$L_i^j(\eta) = \max\left\{ l(x_i^j) \mid \Delta(l(x_i^j)) \leqslant \eta, l(x_i^j) = 0,1,\cdots,K-k \right\} \tag{8-26}$$

$$\Delta(l(x_i^j)) = \frac{\left\| F(x_i^j, a_k) - F(x_i^j, a_{k+l(x_i^j)}) \right\|}{\left\| F(x_i^j, a_k) \right\|} \tag{8-27}$$

其中，$\Delta(l(x_i^j))$ 为鲁棒 Pareto 解集中某个解 x_i^j 在相邻动态环境中的相对适应度差值，差值越小表示解的稳定性越好，反之解的稳定性越差。

8.4.2 城市污水处理过程决策变量鲁棒优化

城市污水处理过程干扰，导致决策变量在决策空间的位置发生偏移。期望的鲁棒优化解，需要在决策空间中对干扰保持较低的敏感度，在干扰影响下性能指标值的偏移尽可能小。

如图 8-4 所示，在同等程度的干扰下，优化解 x_1 的性能急剧变差，而 x_2 的优化性能几乎不受影响，这时定义 x_2 相比于 x_1 具有更好的鲁棒性。

为了平衡操作性能和鲁棒性，设计一种鲁棒优化算法来获得鲁棒优化解。优化目标函数如式(8-28)所示，选取 $y(t)=(S_{\mathrm{NO}}(t), S_{\mathrm{O}}(t))$ 作为目标函数的决策变量：

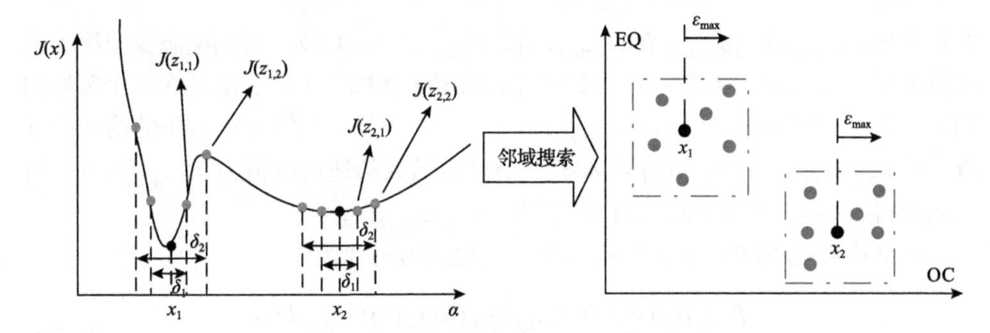

图 8-4　决策变量鲁棒优化期望解

$$
\min J_p(y(t),\delta(t),\alpha(t)),\quad p=1,2,3
$$

$$
\text{s.t.}\ \begin{cases} 0 < S_{\text{TN}}(t) < 18\text{mg/L}, & 0 < S_{\text{TP}}(t) < 0.5\text{mg/L} \\ 0 < S_{\text{NH}}(t) < 4\text{mg/L}, & 0 < \text{BOD}_5(t) < 100\text{mg/L} \\ 0 < \text{TSS}(t) < 30\text{mg/L}, & 0 < \text{COD}(t) < 100\text{mg/L} \end{cases} \tag{8-28}
$$

针对上述优化问题，本节设计一种决策变量鲁棒优化(D-RO)算法处理不确定性，以满足所需性能要求。为清晰地描述该算法，图 8-5 给出了该算法流程图。

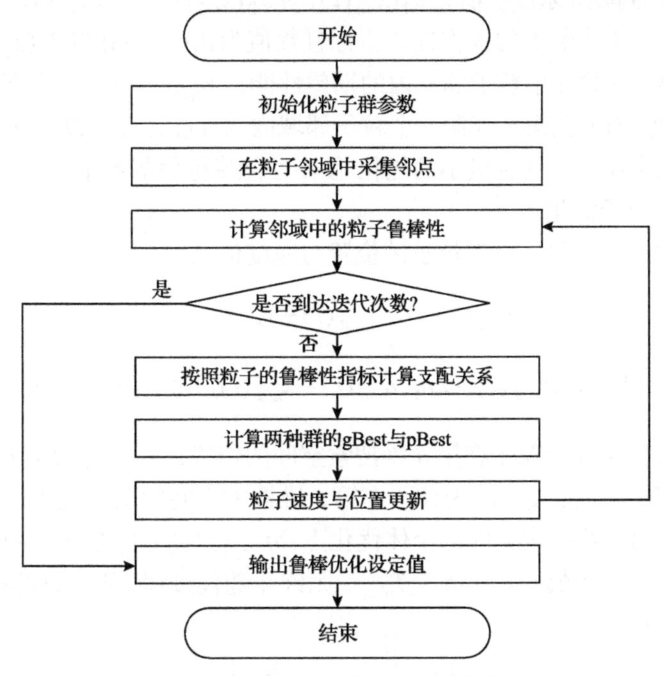

图 8-5　决策变量不确定性的鲁棒优化流程

为了建立鲁棒性指标，以每个粒子为中心建立邻域，这些邻域是边长为 $2\varepsilon_{\max}(t)$

的长方体，$\varepsilon_{\max}(t)=[\varepsilon_{\text{NOmax}}(t),\varepsilon_{\text{Omax}}(t)]$，$\varepsilon_{\text{NOmax}}(t)=0.1$ 为 t 时刻硝态氮浓度干扰幅值上限；$\varepsilon_{\text{Omax}}(t)=0.2$ 为 t 时刻溶解氧浓度干扰幅值上限；随后在每个邻域内均匀分布 25 个邻点，$z_{n,k}(\tau)=[z_{n,k,1}(\tau),z_{n,k,2}(\tau)]$ 为第 τ 代第 n 个粒子的第 k 个邻点，k=1,2,⋯,25，将 $z_{n,k,1}(\tau)$ 代入第一个目标函数的适应度值为 $J_1(z_{n,k,1}(\tau))$，将 $z_{n,k,1}(\tau)$ 代入第二个目标函数的适应度值为 $J_2(z_{n,k,2}(\tau))$。

建立优化-鲁棒性能指标以搜索全局优化点与局部优化点：

$$\begin{aligned}F(x_n(\tau))=0.5(&E(x_n(\tau))/(E(x_n(\tau))+E_{\min}(\tau))\\&+D(x_n(\tau))/(D(x_n(\tau))+D_{\min}(\tau)))\end{aligned}\tag{8-29}$$

$$E(x_n(\tau))=0.04\sum_{k=1}^{25}P(z_{n,k}(\tau))\tag{8-30}$$

$$D(x_n(\tau))=0.04\sum_{k=1}^{25}[P(z_{n,k}(\tau))-P(x_n(\tau))]^2\tag{8-31}$$

其中，$F(x_n(\tau))$ 为第 τ 代第 n 个粒子的优化-鲁棒性能指标；$P(x_n(\tau))$ 为第 τ 代第 n 个粒子的操作性能指标且数值为 $J_1(x_{n,1}(\tau))$ 与 $J_2(x_{n,2}(\tau))$ 之和；$P(z_{n,k}(\tau))$ 为第 τ 代第 n 个粒子第 k 个邻点的操作性能指标且数值为 $J_1(z_{n,1}(\tau))$ 与 $J_2(z_{n,2}(\tau))$ 之和；$E(x_n(\tau))$ 为第 τ 代第 n 个粒子邻域内的期望性能；$E_{\min}(\tau)$ 为第 τ 代粒子期望性能的最小值；$D(x_n(\tau))$ 为第 τ 代第 n 个粒子邻域内的性能方差；$D_{\min}(\tau)$ 为第 τ 代粒子性能方差的最小值，具有最小的优化-鲁棒性能指标值的粒子的位置，被选为个体优化点或者全局优化点。

更新种群进化迭代，更新粒子的位置与速度信息：

$$x_{n,d}(\tau+1)=x_{n,d}(\tau)+v_{n,d}(\tau+1)\tag{8-32}$$

$$v_{n,d}(\tau+1)=0.8v_{n,d}(\tau)+2\eta_1(p_{n,d}(\tau)-x_{n,d}(\tau))+2\eta_2(g_d(\tau)-x_{n,d}(\tau))\tag{8-33}$$

其中，$x_{n,d}(\tau)$ 为第 n 个粒子在第 d 维搜索空间的位置；$v_{n,d}(\tau)$ 为第 n 个粒子在第 d 维搜索空间的速度；$g_d(\tau)$ 为粒子在第 d 维搜索空间的全局优化点；$p_{n,d}(\tau)$ 为第 n 个粒子在第 d 维搜索空间的个体优化点；η_1、η_2 为[0, 1]范围内的两个随机数。

若当前的进化代数 τ 大于等于 $T_{\max}$，则终止迭代过程；否则继续搜索优化解，并选取鲁棒优化设定点：

$$x^*(t)=[S_{\text{NO}}^*(t),S_{\text{O}}^*(t)]\tag{8-34}$$

其中，$x^*(t)$ 为 $T_{\max}$ 时刻具有最小优化-鲁棒性能指标值粒子的位置；$S_{\text{NO}}^*(t)$ 为 t 时刻的硝态氮浓度鲁棒优化设定点；$S_O^*(t)$ 为 t 时刻的溶解氧浓度鲁棒优化设定点。

8.4.3　城市污水处理过程目标参数鲁棒优化

在污水处理优化问题中，除决策变量存在不确定性，目标函数的参数也存在不确定性。导致目标函数参数不确定性的主要原因，是过程干扰引起生化反应参数的不确定。进水流量与水质的波动增加了精确构建目标函数的难度。因此，在无干扰环境下，求解的优化设定值在具有不确定参数的优化问题中，往往失效。为了获取在不确定性的最差影响下，能保持优化性能的设定值，即优化性能最保守的解，原优化问题被转换成一个 min-max 优化问题，表示为

$$\min_{x\in R^x}\max_{\xi\in R^\xi} J(x(t),\xi(t)) \tag{8-35}$$

其中，R^x 为决策空间；R^ξ 为不确定集；$x(t)=[S_O(t),S_{NO}(t)]$ 为决策变量。期望的优化解如图 8-6 所示。

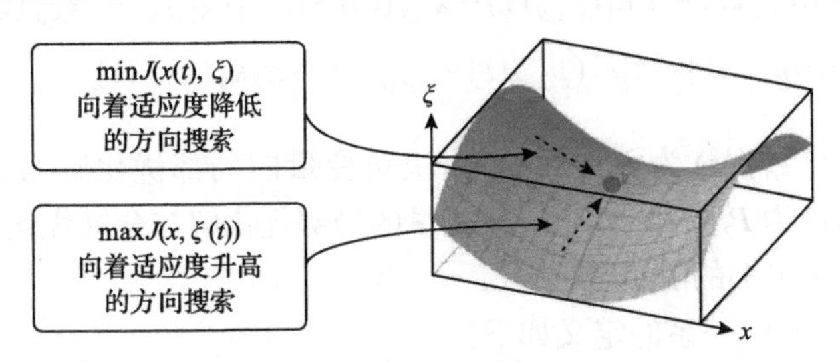

图 8-6　目标参数鲁棒优化期望解

图 8-6 中，决策空间被分为两个方向，分别为不确定变量方向与决策变量方向。在不确定变量方向上搜索时，期望解为该方向上目标函数达到极大值的解；在决策变量方向搜索时，期望解为该方向上目标函数达到极小值的解。因此，在完整决策空间中，所期望的解为一个鞍点。由于进化计算方法的初衷是利用多个搜索点，寻找给定问题的孤立全局优化解，直接应用于 min-max 优化问题是困难的。因此，式(8-35)被分解为一个 min 优化问题和一个 max 优化问题，表示为

$$\min_{x\in R^x} J(x(t),\xi) \tag{8-36}$$

$$\max_{\xi\in R^\xi} J(x,\xi(t)) \tag{8-37}$$

优化过程中，建立两个粒子群 P_1 与 P_2，通过两个种群的协同进化求解上述两个优化问题。P_1 与 P_2 种群数量均为 N，粒子的位置与速度分别为

$$\begin{cases} x_n(\tau)=[x_{n,1}(\tau),\ x_{n,2}(\tau),\cdots,\ x_{n,D}(\tau)]^{\mathrm{T}} \\ \xi_n(\tau)=[\xi_{n,1}(\tau),\ \xi_{n,2}(\tau),\cdots,\ \xi_{n,D}(\tau)]^{\mathrm{T}} \end{cases} \tag{8-38}$$

$$\begin{cases} v_n(\tau)=[v_{n,1}(\tau),v_{n,2}(\tau),\cdots,\ v_{n,D}(\tau)]^{\mathrm{T}} \\ w_n(\tau)=[w_{n,1}(\tau),w_{n,2}(\tau),\cdots,\ w_{n,D}(\tau)]^{\mathrm{T}} \end{cases} \tag{8-39}$$

其中，τ 为进化代数；$x_n(\tau)$ 为 P_1 中第 n 个粒子的位置；$\xi_n(\tau)$ 为 P_2 中第 n 个粒子的位置；$v_n(\tau)$ 为 P_1 中第 n 个粒子的速度；$w_n(\tau)$ 为 P_2 中第 n 个粒子的速度。粒子的位置、速度更新公式为

$$\begin{aligned} x_{n,d}(\tau+1)&=x_{n,d}(\tau)+v_{n,d}(\tau+1) \\ \xi_{n,d}(\tau+1)&=\xi_{n,d}(\tau)+w_{n,d}(\tau+1) \end{aligned} \tag{8-40}$$

$$\begin{aligned} v_{n,d}(\tau+1)&=\upsilon v_{n,d}(\tau)+\pi_1\kappa_1(p_{1,d}(\tau)-x_{n,d}(\tau))+\pi_2\kappa_2(g_{1,d}(\tau)-x_{n,d}(\tau)) \\ w_{n,d}(\tau+1)&=\upsilon w_{n,d}(\tau)+\pi_1\kappa_1(p_{2,d}(\tau)-\xi_{n,d}(\tau))+\pi_2\kappa_2(g_{2,d}(\tau)-\xi_{n,d}(\tau)) \end{aligned} \tag{8-41}$$

其中，$p_{1,d}(\tau)$ 与 $g_{1,d}(\tau)$ 为 P_1 中第 d 个决策变量的局部优化解与全局优化解；$p_{2,d}(\tau)$ 与 $g_{2,d}(\tau)$ 为 P_2 中第 d 个决策变量的局部优化解与全局优化解；υ 为惯性权重；κ_1 与 κ_2 为[0,1]的随机数。

鲁棒 Pareto 支配关系的定义如下：

$$f\ \forall m,\ J_m(x_i(\tau),\xi)\leqslant J_m(x_j(\tau),\xi),\quad x_i(\tau)\succ x_j(\tau) \tag{8-42}$$

$$f\ \forall m,\ J_m(x,\xi_i(\tau))\geqslant J_m(x,\xi_j(\tau)),\quad \xi_i(\tau)\succ \xi_j(\tau) \tag{8-43}$$

其中，$\succ$ 表示支配关系。两个种群的 gBest 与 pBest 可根据式(8-44)～式(8-47)得出：

$$p_{1,n}(\tau+1)=\begin{cases} J(x_n(\tau+1),\xi_n(\tau)), & x_n(\tau+1)\succ p_n(\tau) \\ p_{1,n}(\tau), & \text{其他} \end{cases} \tag{8-44}$$

$$p_{2,n}(\tau+1)=\begin{cases} J(\xi_n(\tau+1),x_n(\tau)), & \xi_n(\tau+1)\succ p_n(\tau) \\ p_{2,n}(\tau), & \text{其他} \end{cases} \tag{8-45}$$

$$g_1(\tau+1)=\begin{cases} J(x_n(\tau+1),\xi_n(\tau)), & x_n(\tau+1)\succ g_1(\tau) \\ g_1(\tau), & \text{其他} \end{cases} \tag{8-46}$$

$$g_2(\tau+1)=\begin{cases} J(\xi_n(\tau+1),x_n(\tau)), & \xi_n(\tau+1)\succ g_2(\tau) \\ g_2(\tau), & \text{其他} \end{cases} \tag{8-47}$$

通过两个种群之间的信息交换,能够同时解决 min 优化问题和 max 优化问题。在寻找 $p_{1,n}(\tau)$ 和 $g_1(\tau)$ 时，粒子在 P_2 中最后时刻的位置作为一个常数被继承。同时，为了搜索 $p_{2,n}(\tau)$ 和 $g_2(\tau)$，最后时刻粒子在 P_1 中的位置也作为一个常数被继承。当算法满足终止条件时，得到的优化解为

$$s^*(t)=[x^*(t),\ \xi^*(t)]=[x(\tau_{\max}),\ \xi(\tau_{\max})] \tag{8-48}$$

其中，$\xi^*(t)=\left[\alpha^*(t),\beta^*(t),\gamma^*(t)\right]$ 为最差条件下不确定参数的值。

8.5　鲁棒优化技术实现及应用

为了进一步评价所提决策变量鲁棒优化(D-RO)算法与目标参数鲁棒优化(O-RO)算法的性能，在 BSM1 上进行性能验证，并与 MOPSO、clusterMOPSO、NSGA 和 MOEAD 四种算法的寻优效果进行比较，仿真实验在 Windows 10、MATLAB 2021a 平台运行。

8.5.1　实验设计

模拟实验在晴天和暴雨两种不同天气下进行，实验数据来自实际的 A^2/O 反应器。在实际 A^2/O 反应器上进行了暴雨天气实验。操作时间为 14 天，采样周期 15min。图 8-7 和图 8-8 显示了晴天和暴雨天气下的进水流量，其中暴雨天气下样本中的第 8 天、第 11 天发生暴雨。

应用三种指标评价鲁棒优化策略的有效性。第一种指标是 S_{TPave}、S_{TNave}、S_{NHave}、$\text{TC}_{14}(=\text{EQ}_{14}+\text{EC}_{14})$，$S_{\text{TPave}}$、$S_{\text{TNave}}$，$S_{\text{NHave}}$ 为 14 天出水 TP、TN、NH 浓度的平均值，TC_{14} 为 14 天运行总成本。S_{TPave}、S_{TNave}、S_{NHave} 可以验证污染物去除效果，TC_{14} 可以评价运行的综合效率。第二种指标包括平方误差积分

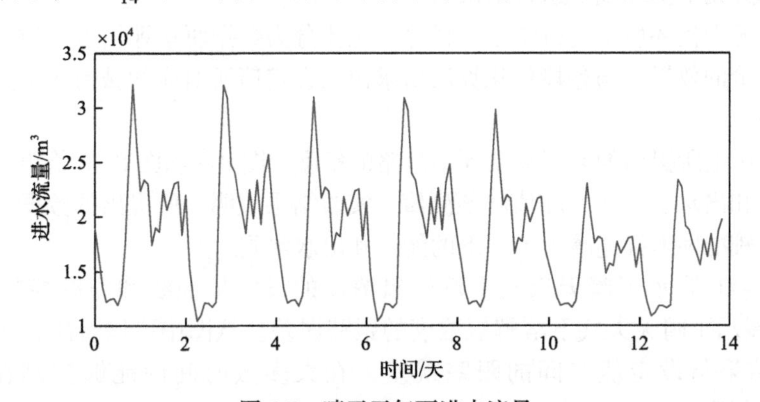

图 8-7　晴天天气下进水流量

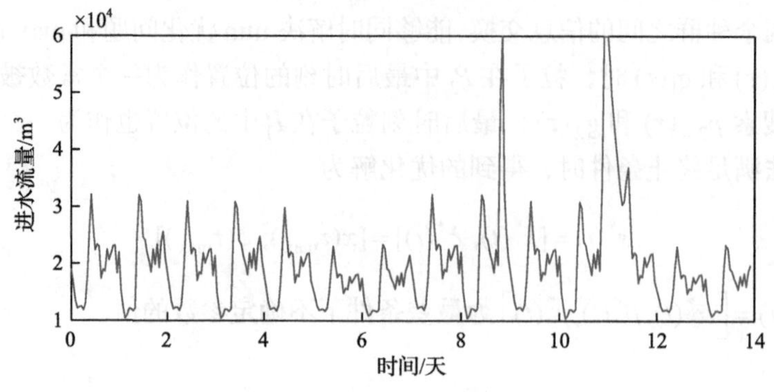

图 8-8 暴雨天气下进水流量

(integral square-error, ISE) 和绝对误差积分 (IAE)，验证跟踪控制的精度。第三个指标是设定点的鲁棒性 $R(t)$，表征设定值在决策空间中的抗干扰能力，表示为

$$R(t)=\frac{1}{K}\sum_{k=1}^{K}\frac{\left|P(\alpha_k(t))-P(r(t))\right|}{\left|\alpha_k(t)-r(t)\right|} \tag{8-49}$$

其中，$\alpha_k(t)$ 为 $r(t)$ 的第 k 个邻点。

为了使污水处理过程中的溶解氧与硝态氮跟踪鲁棒优化设定点，采用模糊神经网络控制器对溶解氧与硝态氮进行跟踪控制。模糊神经网络控制器的拓扑结构共四层，即输入层、径向基层、规则层和输出层，采取 4-9-9-2 的连接方式。鲁棒优化算法的参数设置为：$\varepsilon_1=\varepsilon_2=0.5$，$\beta=0.8$，$\gamma_1=\gamma_2=2$，$\eta_1=\eta_2=1.49$，$N$=100，$H_1=11$，$H_2=13$，$K$=36，$t_{\mathrm{p}}=5$，$\kappa$=0.1。

8.5.2 运行结果

1. 决策变量鲁棒优化运行结果

1) 晴天无干扰环境下运行结果

晴天无干扰环境下运行结果的讨论，主要分为数据驱动评估策略对能耗和出水水质评价的效果，与鲁棒优化算法所求出的设定值所对应的城市污水处理运行优化效果。

为了讨论所提出的数据驱动评估策略的精度，图 8-9 和图 8-10 给出了晴天天气下能耗和出水水质的实际值和预测值。实验结果表明，所提出的数据驱动评估策略，能较准确地描述晴天天气下的能耗和出水水质。

图 8-11 展示了晴天天气下溶解氧浓度的设定值曲线和跟踪控制曲线，图 8-12 展示了晴天天气下溶解氧浓度的跟踪误差。从图中可以看出，溶解氧浓度实际结果与设定值之间的跟踪误差，在大多数时间内能够控制在–0.5～0.5mg/L 范围内。

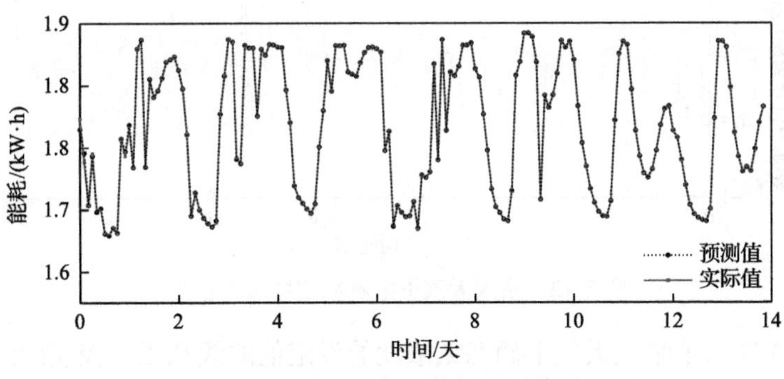

图 8-9　晴天天气下能耗预测结果

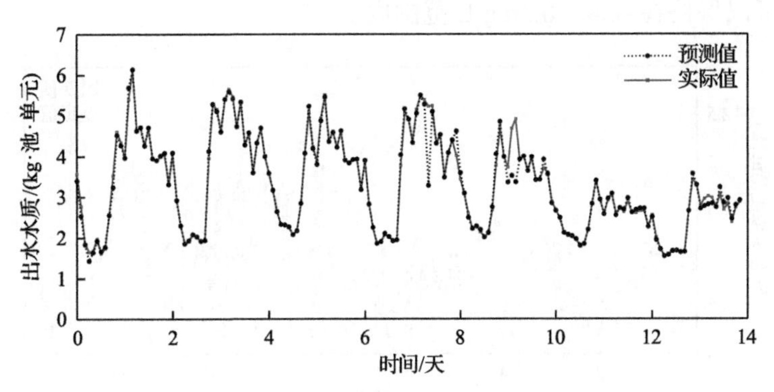

图 8-10　晴天天气下出水水质预测结果

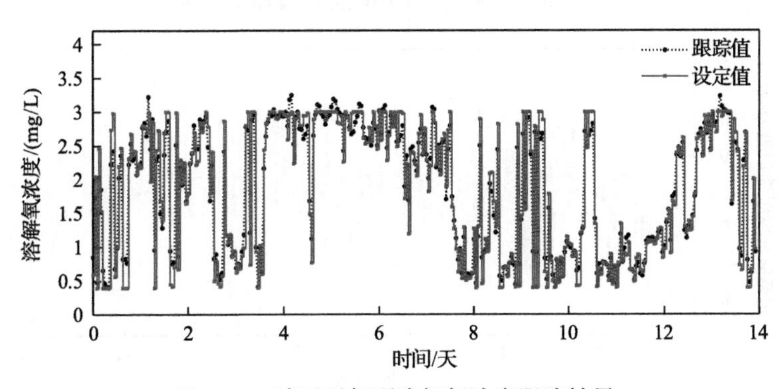

图 8-11　晴天天气下溶解氧浓度跟踪结果

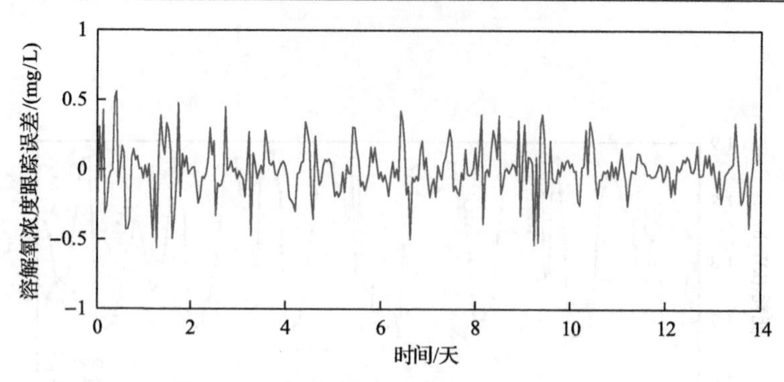

图 8-12　晴天天气下溶解氧浓度跟踪误差

图 8-13 展示了晴天天气下硝态氮浓度的设定值曲线和跟踪控制曲线。图 8-14 展示了晴天天气下硝态氮浓度的跟踪误差，从图中可以看出，硝态氮浓度的跟踪误差基本可以保持在−0.4～0.3mg/L 范围内。

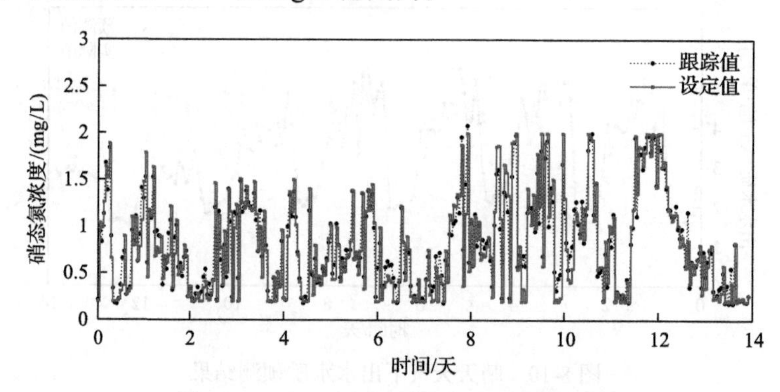

图 8-13　晴天天气下硝态氮浓度跟踪结果

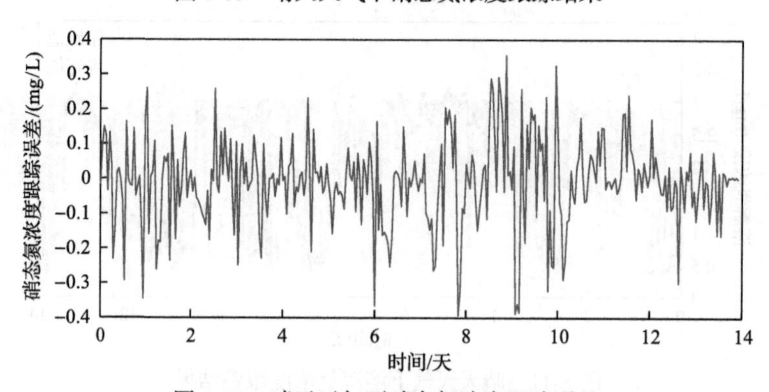

图 8-14　晴天天气下硝态氮浓度跟踪误差

此外，将基于 D-RO 的运行优化策略(D-RO-OS)与基于其他优化策略(MOPSO-OS、clusterMOPSO-OS、NSGA-OS、MOEAD-OS）的运行性能进行了比较。取 20 次独立实验的平均值，结果见表 8-1。

表 8-1　晴天无干扰环境下优化策略的运行性能比较

运行优化策略	TC_{14} /(欧元/天)	S_{TPave} /(mg/L)	S_{TNave} /(mg/L)	S_{NHave} /(mg/L)	ISE	IAE
D-RO-OS	1465.02	0.22	16.08	2.69	0.032	0.343
MOEAD-OS	1504.01	0.21	16.73	2.59	0.036	0.397
NSGA-OS	1480.12	0.24	16.42	2.42	0.057	0.410
clusterMOPSO-OS	1562.61	0.29	17.89	2.51	0.072	0.768
MOPSO-OS	1622.88	0.30	17.53	3.45	0.183	1.890

以下三种性能指标，被用来对比多种优化策略的性能：①计算 14 天内的总日均成本 TC_{14} 衡量运行效率；②计算 14 天内出水的 S_{TN} 、S_{TP} 和 S_{NH} 的日均值评估污染物去除效率；③通过计算 ISE 和 IAE 评价跟踪控制的性能。在应用 D-RO-OS 的情况下，TC_{14} 为 1465.02(欧元/天)，比其他四种运行优化策略产生更低的运行成本，证明所提出的 D-RO-OS 能以较低的成本实现优化。采用 D-RO-OS 运行的总磷浓度平均值 S_{TPave} 为 0.22mg/L，总氮浓度平均值 S_{TNave} 为 16.08mg/L，氨氮浓度平均值 S_{NHave} 为 2.69mg/L，与其他运行优化策略相比，出水污染物浓度较低。结果表明，D-RO-OS 比其他策略具有更好的污染物去除效果。ISE 的平均值为 0.032，IAE 的平均值为 0.343，均优于 MOEAD-OS、NSGA-OS、clusterMOPSO-OS 和 MOPSO-OS。以上分析表明，所提出的 D-RO-OS 在晴天天气下具有较好的优化性能。

2) 晴天干扰环境下运行结果

由于控制误差、仪表损耗或传感器误差等原因，溶剂氧浓度与硝态氮浓度的实际值可能会在一定程度上偏离设定值，这种情况映射到决策空间，等同于状态变量的优化设定点在决策空间受到干扰。为了评价所提出的 D-RO-OS 的鲁棒性，在一个随机时刻，对优化设定点加入一个如图 8-15 所示的强干扰。由于所提出的 D-RO-OS 能够在设定点附近评价目标函数的适应度，在强干扰环境下，所获得的优化设定点能保证稳定的运行性能，不同优化策略性能如图 8-16 所示。

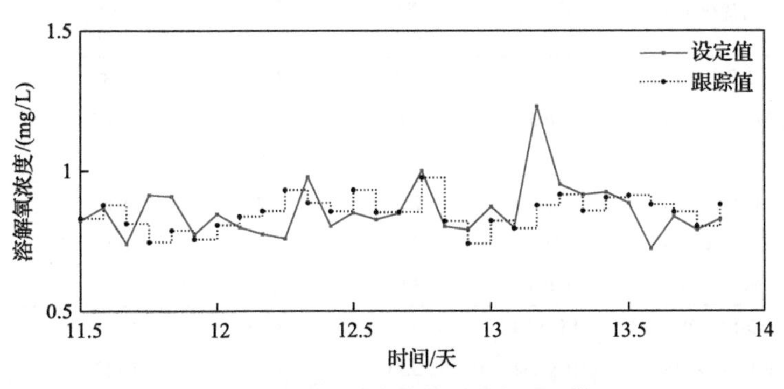

图 8-15　晴天对决策变量施加强干扰

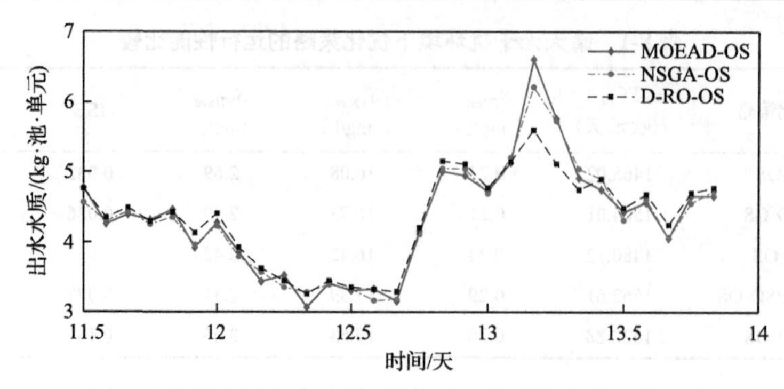

图 8-16　晴天强干扰条件下不同优化策略的运行性能对比

D-RO-OS、MOEAD-OS 和 NSGA-OS 策略的单位时间内成本分别为 6.08kW·h、6.87kW·h 和 7.34kW·h。结果表明，干扰会使 MOEAD-OS 和 NSGA-OS 的运行性能变差，但在 D-RO-OS 下仍保持良好的性能。

此外，为了评估在不同程度连续干扰下的运行性能，在整个运行过程中，将高斯噪声添加到决策变量中。实验结果见表 8-2（所有结果均为 20 次独立实验的平均值）。当 λ=0.1 时，D-RO-OS、MOEAD-OS 和 NSGA-OS 的 TC_{14} 分别为 1472.46 欧元/天、1596.01 欧元/天和 1536.14 欧元/天。当 λ=0.2 时，D-RO-OS、MOEAD-OS 和 NSGA-OS 的 TC_{14} 分别为 1498.23 欧元/天、1650.77 欧元/天和 1604.02 欧元/天，高于 λ=0.1 时的总成本。同样，λ=0.2 时的总成本也低于 λ=0.3 时的总成本。该规律同样适用于三种出水污染物浓度。此外，对于不同的干扰，D-RO-OS 所解出的优化设定点的鲁棒性指数(R)比其他优化策略的鲁棒性指数更好。同时，在连续干扰下，MOEAD-OS 和 NSGA-OS 的 EQ 和 OC 都比提出的 D-RO-OS 差。基于以上分析，提出的 D-RO-OS 在存在干扰的情况下，可以获得比其他优化策略更好的运行效果。

表 8-2　晴天干扰条件下优化策略的运行性能比较

λ	运行优化策略	TC_{14} /(欧元/天)	S_{NHave} /(mg/L)	S_{TPave} /(mg/L)	S_{TNave} /(mg/L)	R
0.1	D-RO-OS	1472.46	2.44	0.20	16.32	2.45
	MOEAD-OS	1596.01	2.68	0.23	16.87	4.11
	NSGA-OS	1536.14	2.56	0.24	16.31	5.36
0.2	D-RO-OS	1498.23	2.56	0.21	16.67	2.98
	MOEAD-OS	1650.77	2.78	0.38	20.47	5.56
	NSGA-OS	1604.02	3.06	0.31	17.36	6.78
0.3	D-RO-OS	1544.54	2.74	0.25	16.99	3.24
	MOEAD-OS	1684.62	3.21	0.45	19.13	6.32
	NSGA-OS	1678.92	3.11	0.39	18.07	7.30

3) 暴雨天无干扰环境下运行结果

除晴天，城市污水处理厂也时常在暴雨天气中运行。暴雨天气下的实验设计与晴天天气下的实验设计相似。能耗和出水水质的数据驱动评估值如图 8-17 与图 8-18 所示，结果表明，所提出的运行优化目标模型能较好地描述暴雨天气下的运行性能指标。

暴雨天气下的跟踪控制结果如图 8-19 和图 8-20 所示。图 8-19 显示了暴雨天气下溶解氧浓度的跟踪情况。

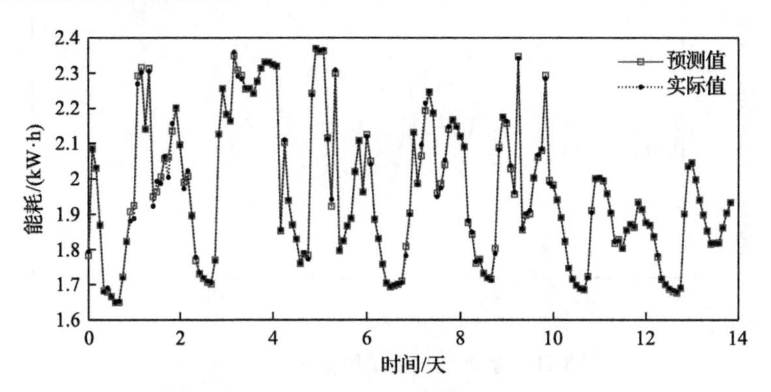

图 8-17　暴雨天气下能耗预测结果

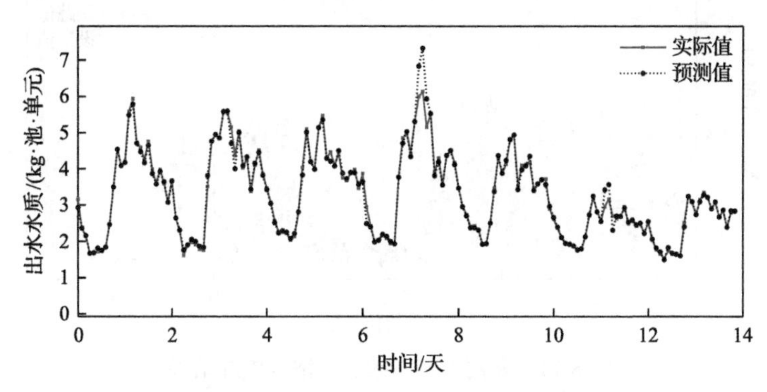

图 8-18　暴雨天气下出水水质预测结果

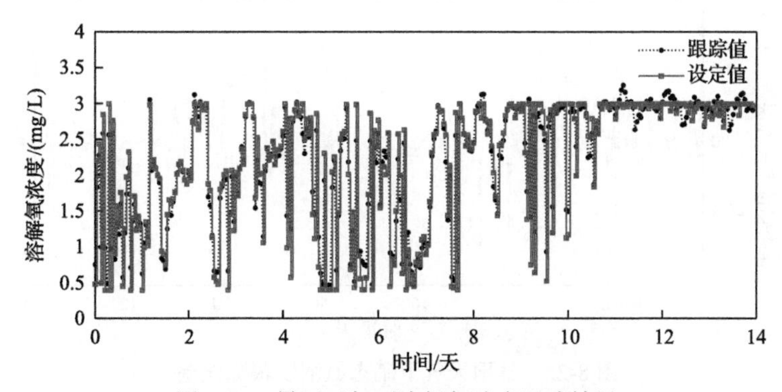

图 8-19　暴雨天气下溶解氧浓度跟踪结果

图 8-20 显示了溶解氧浓度的控制误差基本能够控制在–0.6～0.4mg/L 范围内，表明所提出的 D-RO-OS 能达到预期的控制目标。暴雨天气下的硝态氮浓度跟踪控制结果如图 8-21 所示。由图 8-22 可以看出，硝态氮浓度的控制误差仍然保持在–0.6～0.6mg/L 范围内。结果表明，这两个控制变量可以平滑地控制两个过程变量，具有实际应用意义。

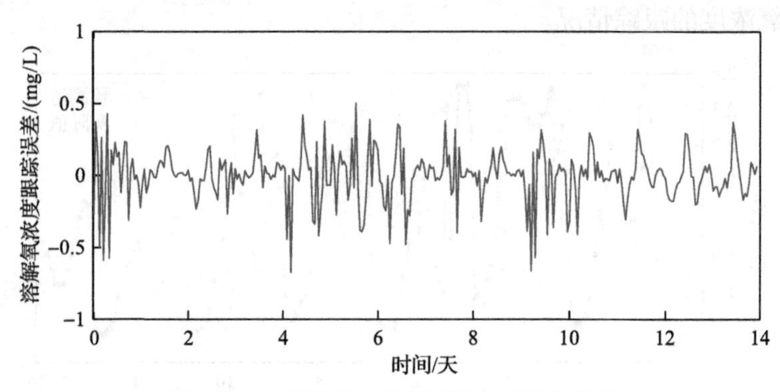

图 8-20　暴雨天气下溶解氧浓度跟踪误差

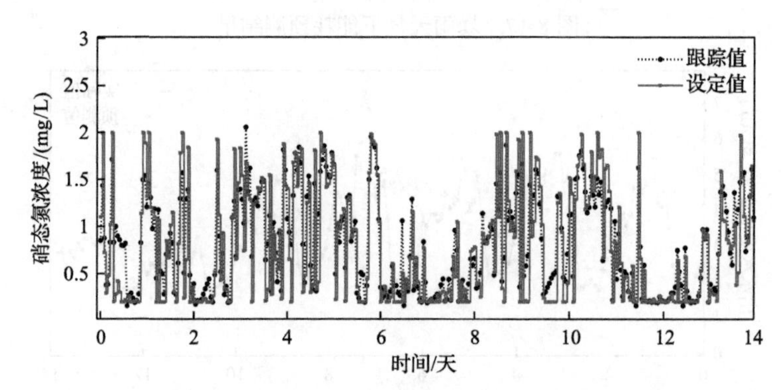

图 8-21　暴雨天气下硝态氮浓度跟踪结果

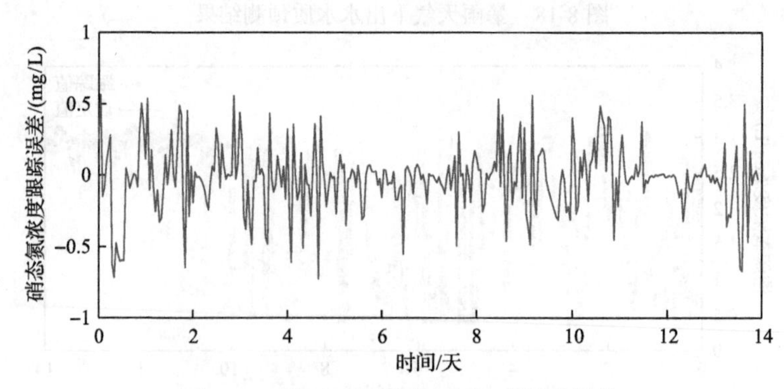

图 8-22　暴雨天气下硝态氮浓度跟踪误差

此外，表 8-3 记录了不同运行优化策略(MOEAD-OS、NSGA-OS、clusterMOPSO-OS 和 MOPSO-OS)下每日总磷浓度、总氮浓度、出水水质和能耗的平均值比较结果。同样，所有结果都是 20 次独立实验的平均值，且对于每种策略，评估指标与晴天天气下相同。对于提出的 D-RO-OS，TC_{14} 的平均值为 1501.10 欧元/天，具有最小的运行成本。S_{TNave}、S_{TPave}、S_{NHave} 具有较小的浓度值，同时 IAE 和 ISE 的平均值分别为 0.317 和 0.040，小于 MOEAD-OS、NSGA-OS、clusterMOPSO- OS 和 MOPSO-OS。上述结果表明，D-RO-OS 在暴雨天气下具有良好的运行性能。

表 8-3　不同策略暴雨天无干扰测试结果

运行优化策略	TC_{14} /(欧元/天)	S_{TNave} /(mg/L)	S_{TPave} /(mg/L)	S_{NHave} /(mg/L)	ISE	IAE
D-RO-OS	1501.10	16.30	0.18	2.80	0.040	0.317
MOEAD-OS	1514.79	17.79	0.23	2.64	0.045	0.327
NSGA-OS	1493.11	17.42	0.21	3.00	0.061	0.531
clusterMOPSO-OS	1568.10	17.54	0.40	2.81	0.078	0.889
MOPSO-OS	1780.65	18.22	0.51	3.99	0.146	1.709

4)暴雨天强干扰环境下运行结果

在暴雨天气下对硝态氮浓度施加强扰动，效果如图 8-23 所示。D-RO-OS、MOEAD-OS 和 NSGA-OS 策略的单位时间内成本分别为 5.38kW·h、6.23kW·h 和 6.70kW·h。从图 8-24 的结果可以看出，MOEAD-OS 和 NSGA-OS 策略的运行性能变得非常差，而 D-RO-OS 受暴雨影响较小。

暴雨天强干扰环境下，不同优化策略的比较结果如表 8-4 所示。当 λ=0.1 时，D-RO-OS、MOEAD-OS 和 NSGA-OS 的总成本为 1540.31 欧元/天、1625.09 欧元/天和 1586.20 欧元/天，比未考虑干扰的情况能耗更高。这表明较大的干扰将导致较高的成本。然而，所提出的 D-RO-OS 中的总成本，比其他优化策略中的总成本小得多。

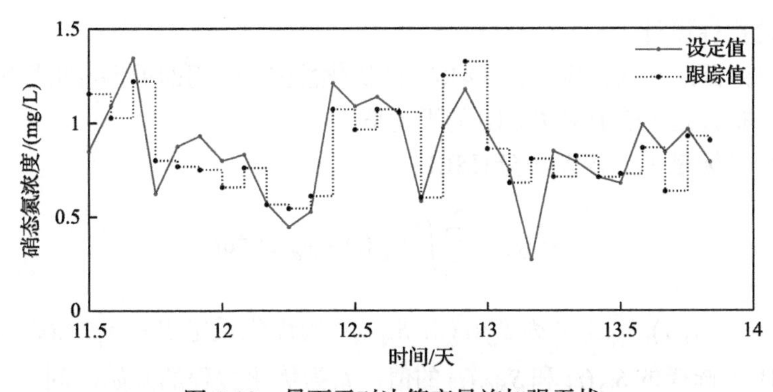

图 8-23　暴雨天对决策变量施加强干扰

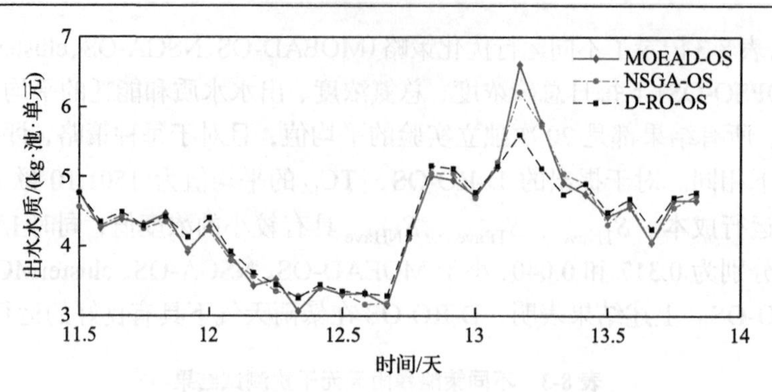

图 8-24　暴雨天强干扰环境下不同优化策略的运行性能对比

表 8-4　暴雨天强干扰条件下不同优化策略的比较

λ	运行优化策略	TC_{14}/(欧元/天)	S_{NHave}/(mg/L)	S_{TPave}/(mg/L)	S_{TNave}/(mg/L)	R
0.1	D-RO-OS	1540.31	2.56	0.20	16.32	2.45
	MOEAD-OS	1625.09	2.55	0.23	16.31	4.11
	NSGA-OS	1586.20	2.70	0.24	16.87	3.36
0.2	D-RO-OS	1520.35	2.95	0.21	16.67	2.98
	MOEAD-OS	1732.55	3.89	0.35	18.20	4.56
	NSGA-OS	1632.68	3.06	0.31	17.36	5.78
0.3	D-RO-OS	1567.91	2.74	0.25	16.99	3.24
	MOEAD-OS	1803.50	4.25	0.44	18.90	6.32
	NSGA-OS	1789.41	3.66	0.32	17.43	5.10

对于 S_{NHave}、S_{TPave} 和 S_{TNave}，可以得到相同的结论。当 λ=0.1 时，D-RO-OS 策略的平均鲁棒性指数为 2.45，远小于 MOEAD-OS 和 NSGA-OS。这一规律同样适用于 λ=0.2 和 λ=0.3 的情况。因此，所提出的鲁棒优化策略可以在有干扰的暴雨天气下保持良好的运行性能。

2. 目标参数鲁棒优化运行结果

1)评价指标设计

为了讨论目标参数鲁棒优化(O-RO)的优化性能，采用四种评价指标进行评价。第一个指标是 EQ(t) 和 OC(t) 的平均值。

第二个指标是平方误差积分(ISE)：

$$\mathrm{ISE}(t)=\sum_{d=1}^{2}\int_{t_0}^{t}(r_d(t)-y_d(t))^2\mathrm{d}t \tag{8-50}$$

其中，$r_d(t)=[S_O^*(t),S_{NO}^*(t)]$ 为 $S_O(t)$ 和 $S_{NO}(t)$ 的优化设定点；$y_d(t)(d=1,2)$ 分别为从 BSM1 中选择的 $S_O(t)$ 和 $S_{NO}(t)$ 的值；t_0 为优化过程的开始时间。

第三个指标是施加干扰时的超体积度量(HV)：

$$\mathrm{HV}(t)=\mathrm{volume}\left(\bigcup_{n=1}^{|S^*(t)|} v_n\right) \tag{8-51}$$

其中，v_n 为由参考点(原点)和 $S^*(t)$ 中第 n 个解组成的超立方体。

第四个指标是 $r(t)$ 的可行概率(FP)，定义为

$$\mathrm{FP}(t)=\frac{\|\Theta(t)\|_0}{T_{\max}} \tag{8-52}$$

$$\Theta(t)=\{\forall r(t)\,|\,\Lambda(r(t))=0, t\in[1,T_{\max}]\} \tag{8-53}$$

其中，$\Theta(t)$ 为使出水污染物达到国家标准的鲁棒优化设定点的向量，该指标用于评估目标参数鲁棒优化策略(O-RO-OS)的优化性能。

2) 晴天天气运行结果

为了讨论提议的数据驱动评估策略的近似效果，图 8-25 和图 8-26 显示了能耗和出水水质的预测值及实际值。

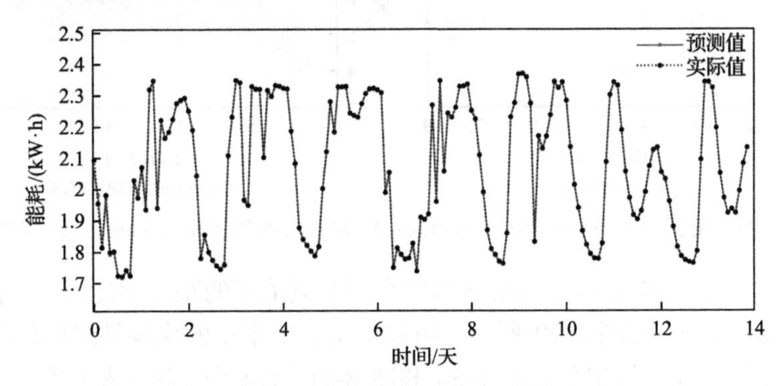

图 8-25　晴天天气下能耗预测结果

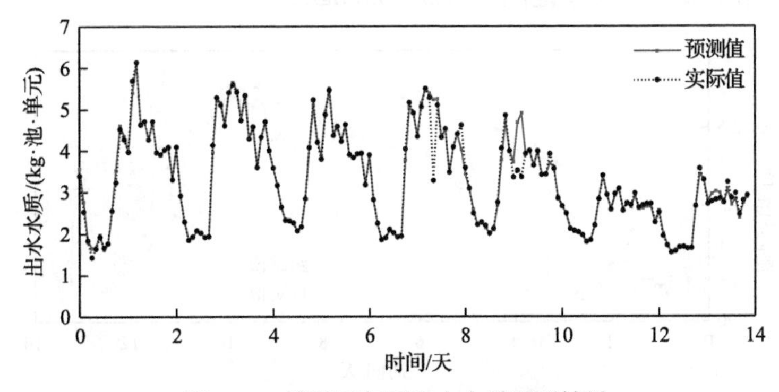

图 8-26　晴天天气下出水水质预测结果

结果表明，采用数据驱动的评价策略可以在无干扰的情况下精确逼近优化运行目标。在第 7 天和第 9 天，将干扰添加到城市污水处理厂的异养细菌生长速率上。由图 8-25 和图 8-26 可以看出，干扰导致能耗和出水水质模型的不确定性。

为了评估所设计的 O-RO-OS 的优化性能，实验讨论了两种具有 Pareto 前沿的优化方法：O-RO-OS 和 clusterMOPSO-OS。当施加干扰时，对 O-RO-OS 和 clusterMOPSO-OS 的 Pareto 前沿进行采样。图 8-27(a)的结果表明，在优化目标函数的参数产生不确定性时，O-RO-OS 所计算出的 Pareto 前沿具有更好的收敛性。图 8-27(b)的结果表明，clusterMOPSO-OS 所计算出的 Pareto 前沿在干扰下发散。因此，O-RO-OS 所计算出的 Pareto 前沿中选择优化解，能够获得比 clusterMOPSO-OS 的 Pareto 前沿更好的污水处理运行性能。基于以上分析，可以进一步证明 O-RO-OS 在干扰下的优越性。

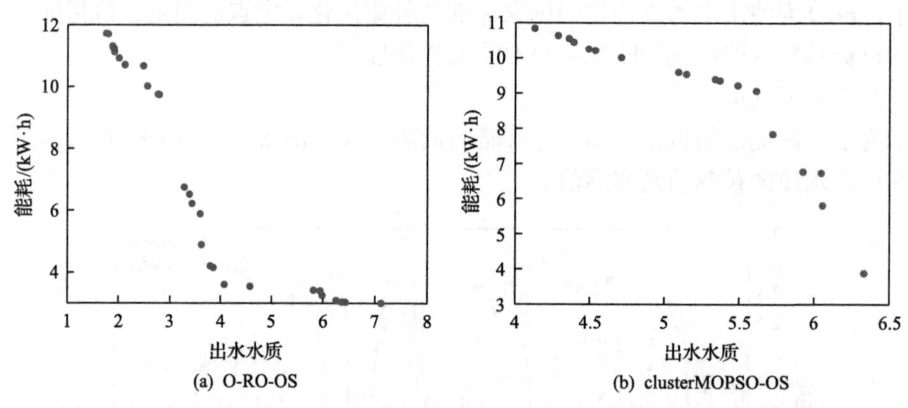

图 8-27 晴天天气下 O-RO-OS 与 clusterMOPSO-OS 所产生的 Pareto 前沿对比

图 8-28～图 8-31 显示了溶解氧浓度和硝态氮浓度的跟踪性能。溶解氧浓度的跟踪性能如图 8-28 和图 8-29 所示，可以看出，所采用的模糊神经网络控制器能够以高精度跟踪优化设定值。图 8-30 和图 8-31 给出了硝态氮浓度优化设定值的跟踪结果，结果显示，误差范围为–1.5～0.8mg/L。

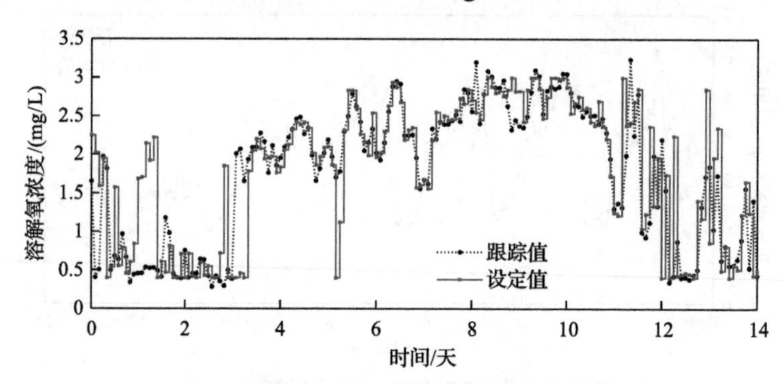

图 8-28 晴天天气下溶解氧浓度跟踪结果

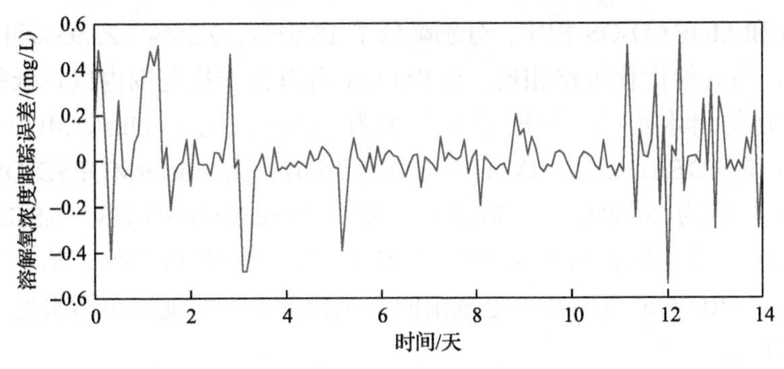

图 8-29　晴天天气下溶解氧浓度跟踪误差

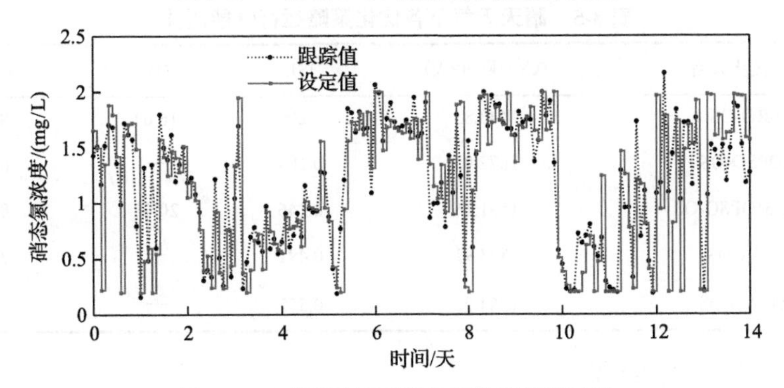

图 8-30　晴天天气下硝态氮浓度跟踪结果

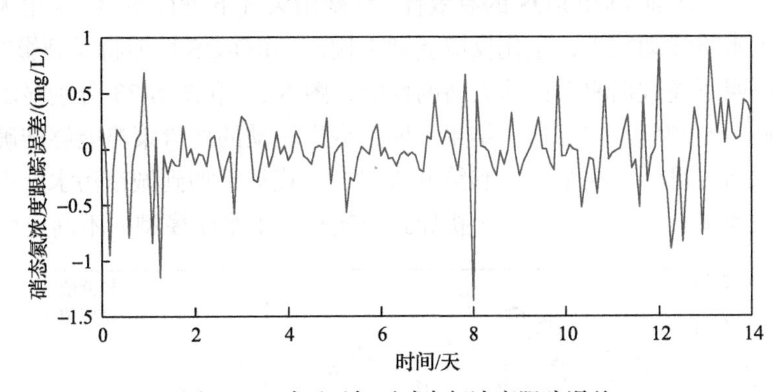

图 8-31　晴天天气下硝态氮浓度跟踪误差

此外，采用四个运行性能指标对 O-RO-OS 在城市污水处理厂的运行性能进行了评价。然后，将 O-RO-OS 的指标与其他优化策略(MOPSO-OS、clusterMOPSO-OS、NSGA-OS、MOEAD-OS)进行比较。对于每种优化策略：①计算 14 天总运行成本 TC_{14}，以衡量污染物去除性能和成本节约性能；②ISE 用于评估跟踪控制性能；③HV 用于评估最佳性能；④FP 用于评估最佳设定点的可行性。由表 8-5 可以看出，TC_{14} 的平均值为 1443.83 欧元/天，与 MOPSO-OS、clusterMOPSO-OS、

NSGA-OS 和 MOEAD-OS 相比，分别降低了 13.65%、9.26%、22.95%和 26.52%。结果表明，与其他优化策略相比，O-RO-OS 可以在干扰范围内以较低的运行成本达到较好的出水水质。ISE 的平均值为 0.208，优于 clusterMOPSO-OS、NSGA-OS 和 MOEAD-OS。HV 的平均值为 16.67，比 clusterMOPSO-OS 降低了 20.32%。FP 值为 88.2%，比 MOPSO-OS、clusterMOPSO-OS、NSGA-OS 和 MOEAD-OS 策略分别提高了 3.28%、7.43%、16.98%和 19.35%。基于上述讨论可以看出，O-RO-OS 可以在一定范围的干扰影响下，实现城市污水处理保持良好的运行性能。

表 8-5　晴天天气下各优化策略运行性能对比

运行优化策略	TC_{14}/(欧元/天)	ISE	HV	FP/%
O-RO-OS	1443.83	0.208	16.67	88.2
MOPSO-OS	1672.05	0.184	—	85.4
clusterMOPSO-OS	1591.16	0.246	20.92	82.1
NSGA-OS	1873.91	0.491	—	75.4
MOEAD-OS	1964.92	0.552	—	73.9

3) 暴雨天气运行结果

为了进一步验证 O-RO-OS 的有效性，在暴雨天气下进行实验。暴雨天的进水流量和进水水质波动较大，生化反应受到干扰，O-RO-OS 性能将受到影响。

为了证明所提数据驱动评估策略的性能，图 8-32 和图 8-33 分别显示了能耗和出水水质的预测值及实际值。结果表明，数据驱动的评价策略能够准确描述无干扰的优化运行目标。在第 7 天和第 9 天时，干扰被添加到城市污水处理厂的异养细菌生长速率上，可以看出，干扰导致能耗和出水水质模型的不确定性。

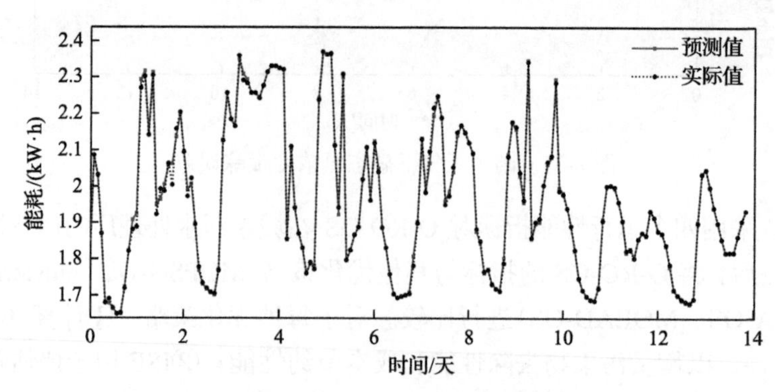

图 8-32　暴雨天气下能耗预测结果

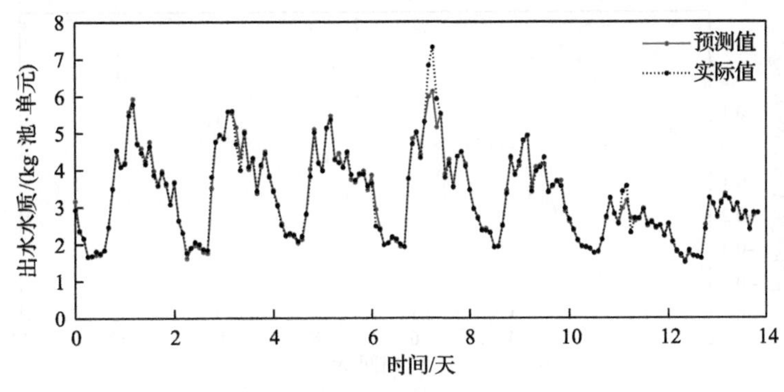

图 8-33　暴雨天气下出水水质预测结果

为了评估 O-RO-OS 的优化性能，对两种具有 Pareto 前沿的优化方法(O-RO-OS 和 clusterMOPSO-OS)进行讨论。当施加干扰时，对 O-RO-OS 和 clusterMOPSO-OS 的 Pareto 前沿进行采样。图 8-34(a)显示 O-RO-OS 的 Pareto 前沿具有更好的收敛性，图 8-34(b)表明 clusterMOPSO-OS 的 Pareto 前沿在干扰下发散。

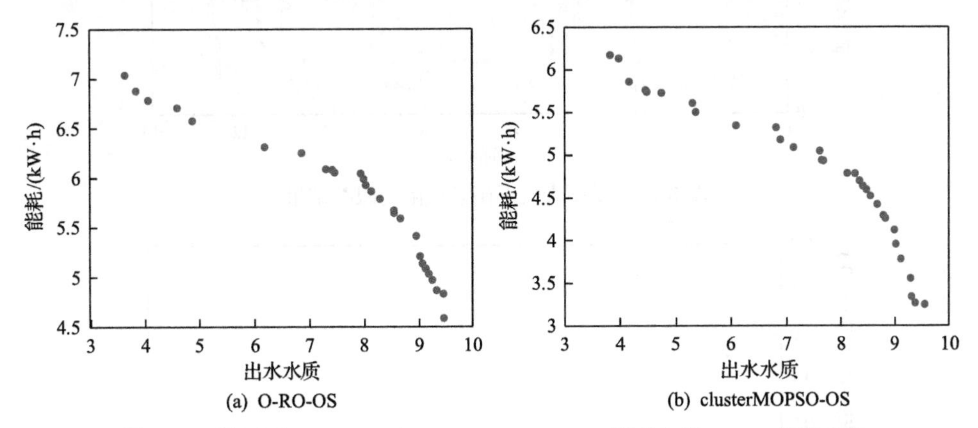

图 8-34　暴雨天 O-RO-OS 与 clusterMOPSO-OS 所产生的 Pareto 前沿对比

图 8-35 和图 8-36 显示了溶解氧浓度在暴雨天气下的跟踪性能，图 8-37 和图 8-38

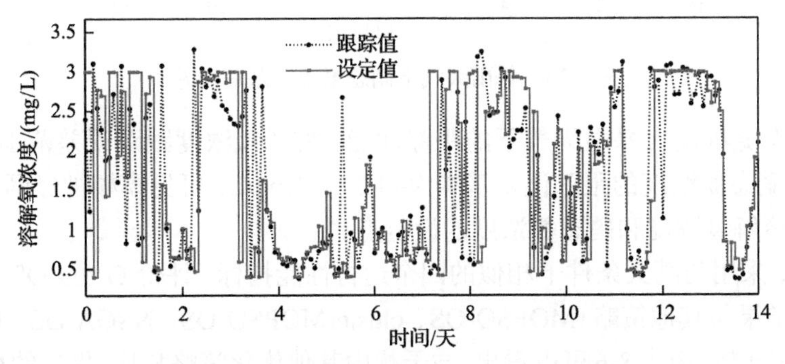

图 8-35　暴雨天气下溶解氧浓度跟踪结果

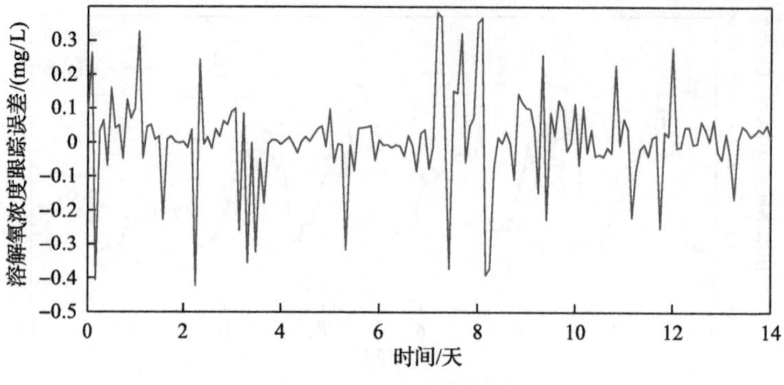

图 8-36　暴雨天气下溶解氧浓度跟踪误差

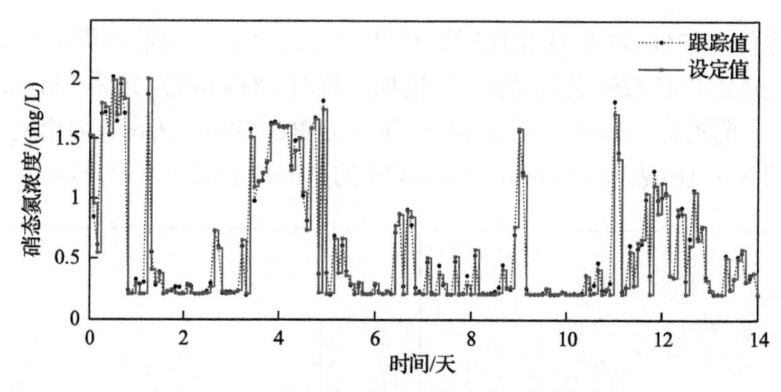

图 8-37　暴雨天气下硝态氮浓度跟踪结果

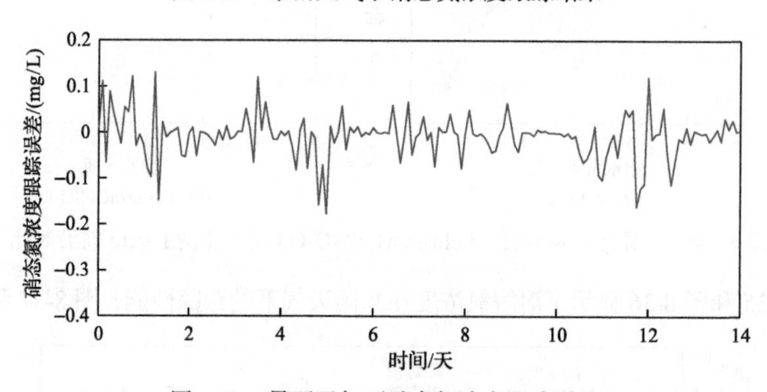

图 8-38　暴雨天气下硝态氮浓度跟踪误差

显示了硝态氮浓度在暴雨天气下的跟踪性能。溶解氧浓度跟踪误差范围为–0.4～0.4mg/L，硝态氮浓度的跟踪误差基本为–0.2～0.1mg/L，可见模糊神经网络控制器可以跟踪溶解氧浓度和硝态氮浓度的设定点。

最后，采用与晴天条件下相似的四个运行性能指标，评价 O-RO-OS 的运行性能。实验结果与其他策略(MOPSO-OS、clusterMOPSO-OS、NSGA-OS、MOEAD-OS)进行了比较。由表 8-6 可以看出，与干扰内其他优化策略相比，提出的 O-RO-OS

具有更优的 TC_{14}、ISE、HV 和 FP 值。因此，所提出的 O-RO-OS 可以在暴雨天气下获得良好的运行性能。

表 8-6　暴雨天气下各优化策略运行性能对比

运行优化策略	TC_{14}/(欧元/天)	ISE	HV	FP/%
O-RO-OS	1488.31	0.236	23.77	87.3
MOPSO-OS	1536.22	0.244	—	84.5
clusterMOPSO-OS	1651.57	0.291	25.91	82.2
NSGA-OS	1917.93	0.352	—	74.7
MOEAD-OS	2015.48	0.599	—	64.1

上述实验证明，所提出的 O-RO-OS 可以在受到扰动的环境下保持较高的污水处理运行性能。

8.6　城市污水处理过程鲁棒优化系统应用平台

城市污水处理过程鲁棒优化，是指通过运行指标模型构建、控制变量优化设定值实时获取以及控制变量优化设定值跟踪控制，保持较高的出水质量和较低的运行成本，实现城市污水处理过程在干扰环境下的高效稳定运行。为了促进城市污水处理过程优化策略的实际运行与应用验证，本节开发城市污水处理过程鲁棒优化系统，完成鲁棒优化系统的性能验证，保证城市污水处理过程在干扰环境中的可靠性和鲁棒性。

8.6.1　城市污水处理过程鲁棒优化系统平台需求分析

城市污水处理过程包含多种操作单元和多种反应过程，受多种运行指标的影响。同时，其进水水质、进水流量等被动接受，微生物反应复杂，是一个难以优化、运行非平稳的系统。随着城市污水处理规模的不断增加和处理工艺的日渐复杂，城市污水处理过程的运行成本居高不下。此外，随着国家对出水水质排放要求的日益严格，我国城市污水处理厂一直处于“高成本、低效率”的运行状态。一些发达国家的经验表明，实施城市污水处理过程智能优化技术和智能优化系统，能够有效提升城市污水处理过程运行效率，降低成本和保证出水水质。但是，由于我国城市污水处理厂检测仪表与自动化水平都与发达国家相差甚远，同时由于我国城市污水处理厂的处理规模和污水处理量，远大于发达国家的城市污水处理厂，无法直接借鉴发达国家的一些优化技术。因此，城市污水处理过程优化系统，已成为城市污水处理行业发展的障碍。在城市污水处理行业需求驱动下，继续研发适合我国城市污水处理运行特点的多目标优化系统，仍是一项巨大的挑战，其难点主要如下。

1. 过程数据的实时获取

为了保证城市污水处理过程优化控制系统的实时在线运行，过程数据的获取与传输是必不可少的。其中，需要检测的过程数据包括进水水质(进水氨氮浓度、进水总氮浓度、进水水量等)，厌氧池中的可生化降解有机物浓度，缺氧池中的硝态氮浓度，好氧池中的溶解氧浓度、氨氮浓度、总磷浓度，出水中的生化需氧量、氨氮浓度、硝态氮浓度、总磷浓度、固体悬浮物浓度，设备运行状态数据(如设备工作状态、设备异常报警等)。在完成数据采集后，由于所采集的数据具有检测周期不同、数据信息缺失、数据检测异常等特点，需要进行数据清洗与处理，将离群数据调整至正常值，对缺失数据进行补偿。

2. 运行性能指标的数据驱动预测模型建立

为了评价城市污水处理过程的效率与运行成本，运行过程应包含多种评价指标，如出水水质、运行成本(曝气成本、泵送成本)等。因此，如何实时、动态、准确地评价以上运行性能指标，是描述城市污水处理过程运行状态的关键。出水水质包含生化需氧量、氨氮浓度、硝态氮浓度、总磷浓度、固体悬浮物浓度等需要监测的组分，通过实时获取过程数据模块获取后，应用机理公式计算出水水质指标，作为训练数据，将缺氧区中的硝态氮浓度和好氧区中的溶解氧浓度作为神经网络的输入，出水水质指标作为神经网络训练输出，建立数据驱动的出水水质预测模型。运行成本主要包括曝气成本与泵送成本，能耗数据由电能表直接采集，作为神经网络训练数据，神经网络输入选取同样为缺氧区中的硝态氮浓度和好氧区中的溶解氧浓度。由此，建立出水水质与运行成本的数据驱动预测模型。

3. 优化系统的性能评价

为了评价所设计的优化系统的运行效果，应用两类评价指标(优化性能与控制性能)。优化性能指标用来评价出水水质与运行成本的优化效率，主要计算方式是通过采集出水水质与运行成本在一段时间内的平均值。控制性能指标用来评价控制器对优化设定值的控制精度，反映了实际污水处理过程中溶解氧浓度与硝态氮浓度跟踪设定值的能力。

4. 神经网络跟踪控制

为了结合城市污水处理厂操作者的经验与智能控制理论知识，系统采用神经网络控制器，实现优化设定值的跟踪控制。神经网络控制器的输入为溶解氧浓度误差、溶解氧浓度误差变化量、硝态氮浓度误差、硝态氮浓度误差变化量，神经网络输出为供氧泵频率与回流泵频率。通过调整供氧泵频率与回流泵频率，污水处理过程中的溶解氧浓度与硝态氮浓度将调整至优化设定值，从而实现出水水质与运行成本的最优化。

目前，尚未形成统一完善的城市污水处理过程优化控制理论和技术体系，基于智能优化控制策略的城市污水处理运行系统在国内外仍有较大的缺口。因此，开发多目标优化控制系统，不仅可以促进城市污水处理过程优化控制策略的落地应用，而且可以通过软硬件设施和平台，攻克城市污水处理过程存在的技术难题，力争推动我国城市污水处理行业的进一步发展。

8.6.2　城市污水处理过程鲁棒优化系统平台设计

本节开发的城市污水处理过程鲁棒优化系统，主要包含过程数据采集模块、数据传输与处理模块、运行指标建模模块、鲁棒优化模块、跟踪控制模块、过程变量控制模块六部分，其架构如图 8-39 所示。

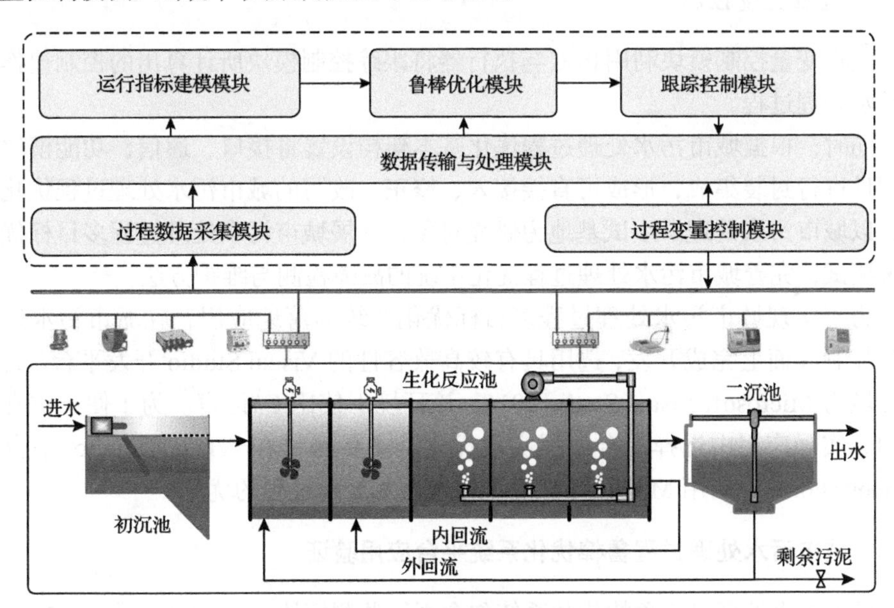

图 8-39　城市污水处理过程鲁棒优化系统

1. 过程数据采集模块

过程数据采集模块运用检测仪表、红外感应器等信息传感设备，实时采集城市污水处理过程中关键环节的指标数据。

2. 数据传输与处理模块

数据传输与处理模块运用数据统计、聚类等方法对数据进行清洗，将在线测量数据、分析数据等进行统一描述，确保数据的完整性和一致性，并传输至云端以供优化控制中的各模块应用。

3. 运行指标建模模块

运行指标建模模块根据所采集的数据，实时动态评价出水水质与运行成本。

4. 鲁棒优化模块

鲁棒优化模块的主要功能是实时动态求解过程变量的鲁棒优化设定值，给供氧泵与回流泵操作指导。

5. 跟踪控制模块

跟踪控制模块利用过程数据与神经网络实现优化设定值的精确跟踪控制。

6. 过程变量控制模块

过程变量控制模块利用PLC与执行器将跟踪控制模块所计算出的控制律作用于污水处理过程。

同时，根据城市污水处理过程优化基本架构设置将接口、通信、功能模块等软硬件进行封装集成，形成可直接接入、修正、改写的城市污水处理过程优化模块，以城市污水处理厂小试基地为研究对象，开展城市污水处理过程多目标优化系统测试，完善城市污水处理过程优化系统的故障检测与维护方法。

为了实现城市污水处理过程多目标优化系统的落地应用，在城市污水处理过程控制界面上完成开发，选用具有较高兼容性的 Visual Studio 开发平台，其开发环境为 Microsoft Visual Studio 2016，该环境下使用 C#语言。为了便于仿真和应用，实际应用中选择混合编程实现优化，主要通过在 Visual Studio 平台的 WindowsForm 中调用 MATLAB，实现城市污水处理过程的优化。

8.6.3 城市污水处理过程鲁棒优化系统平台应用验证

城市污水处理过程鲁棒优化系统包含系统监测模块、参数设置模块、指标建模模块、优化求解模块、水质监测模块与数据报表模块。优化设定值监测模块运行图如图 8-40 所示。

从上述结果可以看出，通过组态软件开发的城市污水处理过程鲁棒优化系统能够根据动态的城市污水处理过程进水水量，获得实时的控制变量优化设定值，并将其输送至下位机运行设备，通过 PLC 与鼓风机及变频器之间的协作完成接收到的命令，从而实现城市污水处理过程的优化，保证出水水质，降低成本。

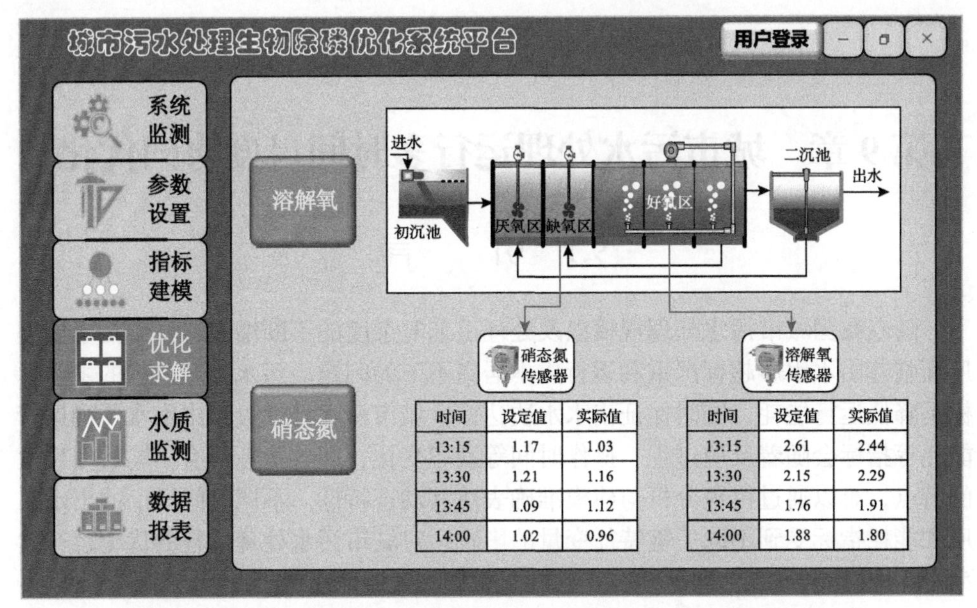

时间	设定值	实际值
13:15	1.17	1.03
13:30	1.21	1.16
13:45	1.09	1.12
14:00	1.02	0.96

时间	设定值	实际值
13:15	2.61	2.44
13:30	2.15	2.29
13:45	1.76	1.91
14:00	1.88	1.80

图 8-40　城市污水处理过程鲁棒优化系统过程变量优化设定值监测界面

第9章　城市污水处理运行多时间尺度协同优化

9.1　引　　言

随着我国城市污水处理规模以及处理工艺复杂度的不断增加，城市污水处理厂面临着出水水质超标严重和运行成本居高不下的问题。污水处理过程的主要目标是降低运行能耗，同时保证出水水质达标。城市污水处理过程出水水质和运行能耗等指标会随着反应过程、操作时间等动态变化，即各指标具有不同时间尺度的特点，难以通过机理分析与建模准确表达其动态特性。不同时间尺度的出水水质和能耗指标受到不同关键特征变量的影响，对城市污水处理过程的优化运行效率有不同影响。

为了实现城市污水处理过程不同时间尺度运行指标的协同优化，操作者需要分析不同时间尺度运行指标的特点，并挖掘其协同关系。城市污水处理过程复杂，反应过程、操作时间等动态变化，各运行指标具有不同的操作时间尺度。因此，如何设计城市污水处理过程多时间尺度运行指标协同优化策略，挖掘不同时间尺度运行指标间的关系，实现多时间尺度协同优化，提高城市污水处理过程优化运行效率是城市污水处理过程面临的挑战之一。

针对城市污水处理过程多个时间尺度运行指标的协同优化问题，本章设计基于分层运行优化的城市污水处理多时间尺度运行优化策略。首先，结合城市污水处理过程的基本原理，分析污水处理过程的多重运行指标以及运行指标的动态响应时间。其次，依据不同的时间尺度，建立分层运行的优化目标，捕获不同时间尺度运行指标动态特性；再次，为了实现分层运行指标优化目标的协同优化，设计一种基于分层策略的协同优化算法，引入自适应 PSO（adaptive PSO, APSO）和自适应梯度 MOPSO（adaptive gradient MOPSO, AGMOPSO），分别优化上层和下层目标，设计基于多输入多输出径向基神经网络的数据驱动辅助模型策略，评价档案库中非支配解的可行性，获得有效的优化解；随后，对多时间尺度协同优化策略进行仿真实验，并与其他运行优化策略进行对比；最后，设计城市污水处理运行多时间尺度协同优化系统应用平台，搭建和集成应用平台，完成系统应用效果的验证。

9.2　多指标时间尺度分析

城市污水处理过程具有出水水质和运行能耗等多重综合运行性能指标，多重运行指标机理复杂，会随着反应过程、操作时间等动态变化，而且各运行指标呈现不同时间尺度的操作特点。

9.2.1　多重运行指标

活性污泥法城市污水处理过程工艺具有动态性，同时受到物理、生物和化学反应的影响。在生化反应单元中，通过持续曝气、污泥回流等操作同时进行硝化反应和反硝化反应等多种反应过程，实现脱氮除磷，达到出水水质达标排放的要求。活性污泥法城市污水处理过程的主要目标，是在满足出水水质达标排放的基础上，降低能耗。其中，能耗主要包含曝气能耗和泵送能耗。因此，城市污水处理过程中，运行性能指标包括出水水质、泵送能耗和曝气能耗。根据第2章中的关键运行指标出水水质、泵送能耗、曝气能耗的机理模型(式(2-11)和式(2-12))，影响出水水质的主要变量为COD(t)、BOD(t)、SS(t)、$S_{NH}(t)$和$S_{NO}(t)$，影响泵送能耗和曝气能耗的主要变量为$K_L a_i(t)$、$Q_a(t)$、$Q_r(t)$和$Q_w(t)$。结合污水处理过程工艺以及实践操作经验，可确定影响出水水质和泵送能耗、曝气能耗的相关过程变量表示如下：

$$\mathrm{EQ}=f_1(S_O,S_{NO},\mathrm{SS},S_S,S_{NH},S_{ND},S_I,X_{ND},X_{B,A},X_{B,H},X_P,X_S,X_I,T,Q_{in}) \tag{9-1}$$

$$\mathrm{PE}=f_2(S_O,S_{NO},\mathrm{MLSS},S_S,S_{NH},X_{B,A},X_{B,H},X_P,X_S,T,Q_{in}) \tag{9-2}$$

$$\mathrm{AE}=f_3(S_O,S_{NO},\mathrm{MLSS},S_S,S_{NH},X_{B,A},X_{B,H},X_P,X_S,T,Q_{in}) \tag{9-3}$$

其中，$f_1(\cdot)$、$f_2(\cdot)$和$f_3(\cdot)$分别为关于出水水质、泵送能耗、曝气能耗的非线性函数。由上述公式可以看出，影响运行指标出水水质和泵送能耗、曝气能耗的相关过程变量有重叠，如S_O、S_{NO}、S_{NH}等。因此，难以求得一个能够使多重运行指标都达到最优的解。

9.2.2　指标动态响应时间

在活性污泥法城市污水处理过程中，出水水质、泵送能耗和曝气能耗是评价优化运行效率的主要指标。调节城市污水处理系统性能指标的基础，是实现出水水质和泵送能耗、曝气能耗动态特性的实时获取。而出水水质和泵送能耗、曝气能耗是相互耦合的运行指标，同时受到不同相关水质变量和不同反应过程的影响，具有不同的操作时间。

1. 不同相关水质变量的影响

不同相关水质变量的变化速率相差较大，且各变量检测装置的采样周期不同，难以对运行指标的优化周期进行统一，相关水质变量及其采样周期如表 9-1 所示。

表 9-1 相关水质变量及其采样周期

相关水质变量	单位	主要检测仪器或检测方法	采样周期
温度(T_{em})	℃	pH700/Temperature	实时
溶解氧浓度(S_O)	mg/L	WTW oxi/340i	15min
氨氮浓度(S_{NH})	mg/L	Amtax inter2C	30min
硝态氮浓度(S_{NO})	mg/L	JT-SJ48TF	2h
进水流量(Q_{in})	m^3	CX-UWM-TDS	2h
混合液悬浮固体(MLSS)浓度	mg/L	7110 MTF-FG	2h

城市污水处理过程各运行指标的相关水质变量检测，是通过传感器传输数据获得关键水质参数的状态和趋势。影响城市污水处理过程出水水质、曝气能耗和泵送能耗的相关水质变量包含温度、溶解氧浓度、氨氮浓度、硝态氮浓度、进水流量、混合液悬浮固体浓度等。其中，温度是易检测水质变量，能够影响微生物活性，实际应用中，不仅可对其在线检测(使用 pH700/Temperature 检测仪器)，而且所需要的仪器仪表市场价格相对较低。溶解氧浓度是反映有机物生长速率和硝化反应过程的重要指标，主要通过 WTW oxi/340i 检测仪器进行检测，采样周期为 15min。氨氮浓度是影响氨化反应的主要因素，主要通过 Amtax inter2C 检测仪器进行检测，采样周期为 30min。硝态氮浓度决定反硝化过程的进程，主要通过 JT-SJ48TF 检测仪器进行检测，采样周期为 2h。进水流量是被动接受的需要处理的水量，主要通过 CX-UWM-TDS 检测仪器进行检测，采样周期为 2h。混合液悬浮固体浓度主要通过 7110 MTF-FG 检测仪器进行检测，采样周期为 2h。

城市污水处理过程运行优化，需要依据相关水质参数的在线数据设计合适的优化策略，而各个相关水质变量的检测周期不同，导致各个优化运行指标的优化周期难以统一。因此，优化运行指标受不同相关水质变量的影响，且具有多时间尺度的特点。

2. 不同反应过程的影响

缺氧区内生化反应的主要目的是脱氮。不同时间尺度对缺氧区生化反应过程的影响分析如下：

(1) 以分钟为尺度。由于反硝化速率较快，时间尺度应按分钟计。调节反硝化速率需要对进水中的溶解氧浓度进行调控，以保证出水水质达标并降低曝气能耗。

(2) 以小时为尺度。反硝化过程的硝态氮回流量较大，可达到进水总量的数倍。此外，进水流量和污泥回流量也会影响缺氧区的水力停留时间。因此，缺氧区的泵操作优化时间尺度为小时，主要按照小时尺度控制水力停留时间。

好氧区内生化反应的主要目的是最大限度地去除有机物。对于好氧区，可以分成以下两个时间尺度进行优化：

(1) 以分钟为尺度。通过调节曝气泵控制溶解氧浓度，曝气过程中需要消耗大量能耗，即曝气能耗，要尽量将溶解氧浓度控制在理想范围内，需以分钟为时间尺度进行调整，从而在确保出水水质达标的同时降低操作费用。

(2) 以小时为尺度。水力停留时间将影响好氧区内的混合液配比，并最终影响好氧区污泥物浓度和底物浓度。由于内循环过程需要消耗大量能耗，且反应时间长，因此泵送能耗的优化时间应以小时为尺度。

因此，多重优化运行指标曝气能耗、泵送能耗和出水水质同时受到相关水质变量检测周期和反应过程时间尺度的影响，其动态响应时间尺度不同。根据相关变量硝态氮浓度的运行特点，满足泵送能耗运行要求的运行指标，其操作周期为 2h；根据相关变量溶解氧浓度的运行特点，满足曝气能耗和出水水质运行要求的运行指标，其操作周期为 30min。

9.3　城市污水处理过程协同优化目标构建

为了解决城市污水处理过程不同时间尺度运行指标难以建立的问题，本节采用分层优化的思想构建协同优化目标，包括运行指标曝气能耗、泵送能耗和出水水质。根据不同的操作时间建立分层运行优化目标，解决多时间尺度优化问题。

9.3.1　分层运行指标设计

基于活性污泥法城市污水处理过程运行特点，根据不同操作指标的时间尺度，将多运行指标分解为双层架构，包含上层运行指标和下层运行指标。在上层，构建满足泵送能耗运行要求的运行指标，运行时间为 t_1。在下层，设计曝气能耗和出水水质运行指标，运行时间为 t_2。

在上层，泵送能耗的运行指标可描述为

$$F_1(t_1) = l_1(y(t_1), \xi_1(t_1)) \tag{9-4}$$

其中，$F_1(t_1)$ 为关于泵送能耗的运行指标；$\xi_1(t_1)$ 为泵送能耗相关的过程变量。

在下层，曝气能耗和出水水质运行指标可描述为

$$\begin{cases} f_1(t_2) = l_2(y(t_2), \xi_2(t_2)) \\ f_2(t_2) = l_3(y(t_2), \xi_3(t_2)) \end{cases} \tag{9-5}$$

其中，$f_1(t_2)$ 和 $f_2(t_2)$ 分别为关于曝气能耗和出水水质的运行指标；$l_2(\cdot)$ 和 $l_3(\cdot)$ 为未知的非线性函数；$y(t_2)$ 为决策变量；$\xi_2(t_2)$ 和 $\xi_3(t_2)$ 为相关过程变量。通过构建分层运行指标，能够实现不同时间尺度决策变量及运行指标之间关系的精确描述。

9.3.2 分层运行优化目标模型构建

在城市污水处理过程中，污水处理系统性能指标优化的关键步骤是实时获取曝气能耗、泵送能耗和出水水质的动态特性。曝气能耗、泵送能耗和出水水质是相互耦合的运行指标，同时受到关键特征变量和操作时间尺度的影响，而不同运行指标的关键特征变量和操作时间尺度是不同的。本节设计一种分层架构建立运行指标，包括上层的泵送能耗运行指标模型，操作周期为 2h，运行时间为 t_1；下层的曝气能耗和出水水质模型，操作周期为 30min，运行时间为 t_2。

在上层泵送能耗操作目标可描述为

$$F_1(t_1) = l_1(x_{\mathrm{u}}(t_1)) \tag{9-6}$$

其中，$F_1(\cdot)$ 为泵送能耗的目标函数；$x_{\mathrm{u}}(t_1)$ 为影响泵送能耗的关键特征变量。

在下层，曝气能耗和出水水质操作目标可描述为

$$\begin{cases} f_1(t_2) = l_2(x_{l\mathrm{AE}}(t_2), x_{\mathrm{u}}^*(t_1)) \\ f_2(t_2) = l_3(x_{l\mathrm{EQ}}(t_2), x_{\mathrm{u}}^*(t_1)) \end{cases} \tag{9-7}$$

其中，$f_1(\cdot)$ 和 $f_2(\cdot)$ 分别为曝气能耗和出水水质的目标函数；$l_2(\cdot)$ 和 $l_3(\cdot)$ 为非线性函数；$x_{l\mathrm{AE}}(t_2)$ 和 $x_{l\mathrm{EQ}}(t_2)$ 分别为影响曝气能耗和出水水质的关键特征变量；$x_{\mathrm{u}}^*(t_1)$ 为基于上层优化获得的 S_{NO} 设定值 S_{NO}^*。

本节采用基于自适应核函数的数据驱动建模方法来建立目标函数模型，以保证优化目标的有效性。描述运行指标与相关变量之间关系的非线性函数表示为

$$\begin{cases} F_1(t_1) = l_1(S_{\mathrm{NO}}(t_1), \mathrm{MLSS}(t_1), \mathrm{PE}(t_1-1)) \\ f_1(t_2) = l_2(S_{\mathrm{O}}(t_2), \mathrm{AE}(t_2-1), S_{\mathrm{NO}}^*(t_1)) \\ f_2(t_2) = l_3(S_{\mathrm{O}}(t_2), S_{\mathrm{NH}}(t_2), \mathrm{SS}(t_2), \mathrm{EQ}(t_2-1), S_{\mathrm{NO}}^*(t_1)) \end{cases} \tag{9-8}$$

其中，泵送能耗模型的输入变量为 $S_{\mathrm{NO}}(t_1)$、$\mathrm{MLSS}(t_1)$ 和 $\mathrm{PE}(t_1-1)$；曝气能耗模型的输入变量为 $S_{\mathrm{O}}(t_2)$、$\mathrm{AE}(t_2-1)$ 和 $S_{\mathrm{NO}}^*(t_1)$；出水水质模型的输入变量为 $S_{\mathrm{O}}(t_2)$、$S_{\mathrm{NH}}(t_2)$、$\mathrm{SS}(t_2)$、$\mathrm{EQ}(t_2-1)$ 和 $S_{\mathrm{NO}}^*(t_1)$。基于自适应核函数对污水处理过程动态特性进行建模，如图 9-1 所示，准确描述泵送能耗、曝气能耗和出水水质与关键特征变量间的非线性关系：

$$F_1(t)=\sum_{r=1}^{R}W_{1r}(t)\times \mathrm{e}^{-\|x(t)-c_{1r}(t)\|^2/(2b_{1r}^2(t))}+W_{10}(t) \tag{9-9}$$

$$f_1(t)=\sum_{r=1}^{R}W_{2r}(t)\times \mathrm{e}^{-\|x(t)-c_{2r}(t)\|^2/(2b_{2r}^2(t))}+W_{20}(t) \tag{9-10}$$

$$f_2(t)=\sum_{r=1}^{R}W_{3r}(t)\times \mathrm{e}^{-\|x(t)-c_{3r}(t)\|^2/(2b_{3r}^2(t))}+W_{30}(t) \tag{9-11}$$

其中，$F_1(t)$、$f_1(t)$和$f_2(t)$分别为泵送能耗、曝气能耗和出水水质核函数模型；$W_{10}(t)$、$W_{20}(t)$和$W_{30}(t)$为三种核函数模型的输出偏移量；$W_r(t)$=[$W_{1r}(t)$，$W_{2r}(t)$，$W_{3r}(t)$]为t时刻第r个核函数的连接权重；$c_r(t)$=[$c_{1r}(t)$，$c_{2r}(t)$，$c_{3r}(t)$]为t时刻第r个核函数的中心；$b_r(t)$=[$b_{1r}(t)$，$b_{2r}(t)$，$b_{3r}(t)$]为t时刻第r个核函数的宽度；$x(t)=[S_{\mathrm{O}}(t), S_{\mathrm{NO}}(t), S_{\mathrm{NH}}(t), \mathrm{MLSS}(t)]$为$t$时刻的输入变量，$S_{\mathrm{O}}(t)$为$t$时刻的好氧末端溶解氧浓度，$S_{\mathrm{NO}}(t)$为$t$时刻的厌氧末端硝态氮浓度，$S_{\mathrm{NH}}(t)$为$t$时刻的出水氨氮浓度，MLSS$(t)$为$t$时刻的混合液悬浮固体浓度。同时，根据污水处理过程的动态特性和时变条件，采用基于自适应二阶L-M算法对目标函数模型进行自适应调整。

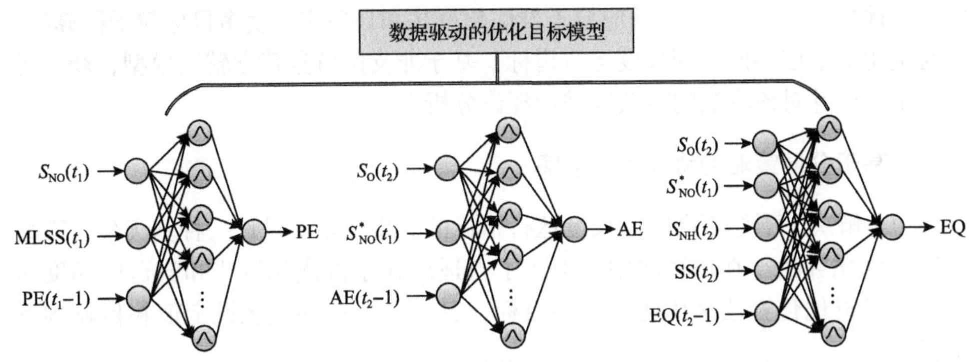

图9-1　基于自适应核函数的泵送能耗、曝气能耗和出水水质模型

为了同时优化不同时间尺度的运行指标泵送能耗、曝气能耗和出水水质，上下层的优化目标可表示为

$$\min F_1(S_{\mathrm{NO}}(t_1), \mathrm{MLSS}(t_1)) \tag{9-12}$$

$$\min\,[f_1(S_{\mathrm{O}}(t_2), S^*_{\mathrm{NO}}(t_1)), f_2(S_{\mathrm{O}}(t_2), S_{\mathrm{NH}}(t_2), \mathrm{SS}(t_2), S^*_{\mathrm{NO}}(t_1))] \tag{9-13}$$

其中，$F_1(\cdot)$为上层的优化目标函数；$f_1(\cdot)$和$f_2(\cdot)$为下层的优化目标函数，上下层

的优化约束条件由操作条件确定。上层优化目标的优化周期是下层优化目标优化周期的 4 倍，即 $t_1 = 4t_2$。因此，优化目标重新设计为

$$\min\left[F_1(S_{\mathrm{NO}}(t),\mathrm{MLSS}(t)),\ f_1(S_{\mathrm{O}}(t),S_{\mathrm{NO}}^{*}(t)),\ f_2(S_{\mathrm{O}}(t),S_{\mathrm{NH}}(t),\mathrm{SS}(t),S_{\mathrm{NO}}^{*}(t))\right] \tag{9-14}$$

$$\min\left[f_1(S_{\mathrm{O}}(t),S_{\mathrm{NO}}^{*}(t)),\ f_2(S_{\mathrm{O}}(t),S_{\mathrm{NH}}(t),\mathrm{SS}(t),S_{\mathrm{NO}}^{*}(t))\right] \tag{9-15}$$

其中，式(9-12)～式(9-15)为根据不同操作时间尺度对应的优化周期设计的优化目标。当优化时间 t 满足 $t = 4\mu T_{\mathrm{m}}$ 时($\mu \in \mathbf{R}$，T_{m} 为优化周期 30min)，优化目标函数为式(9-14)和式(9-15)，否则优化目标函数为式(9-12)和式(9-13)。

因此，分层优化目标模型能够实现在不同的优化周期，对不同时间尺度的运行指标进行优化。例如，设置上层运行指标泵送能耗优化周期为 2h，而下层运行指标曝气能耗和出水水质优化周期为 30min。所设计的分层优化目标模型能满足不同运行指标的操作周期，为解决不同时间尺度的运行指标协同优化问题奠定基础。

9.4　协同优化过程设定点求解

为了实现污水处理协同优化过程设定点的求解，本节设计一种基于分层策略的协同优化算法，引入了自适应粒子群优化算法和自适应梯度多目标粒子群算法，同时优化上下层不同时间尺度运行指标，基于非支配解集建立辅助模型，获得优化设定点，并对该算法的收敛性进行理论分析。

9.4.1　基于分层策略的协同优化求解

为了解决上下层不同时间尺度运行指标的优化，本节设计一种基于分层策略的协同优化算法。在该算法中，引入了自适应粒子群优化算法和自适应梯度多目标粒子群优化算法来优化上下层目标，其中，上层的最优设定值将传输到下层目标。

上层优化中，采用了自适应粒子群优化算法获得 S_{NO}^{*} 的设定点，如算法 9-1 所示。

算法 9-1　自适应粒子群优化算法

输入： 初始化迭代次数、飞行参数、种群规模、粒子位置和速度

输出： 全局最优解 gBest

循环： t_1<迭代次数

1　　计算适应度值

2	更新粒子速度和位置
3	计算种群多样性信息
4	自适应调整惯性权重参数
5	获得全局最优解 gBest，即 S_{NO} 的最优设定点 S_{NO}^*
结束	

在优化过程中，每个粒子的位置表示为

$$s_i(t_1)=\left[s_{i,1}(t_1),s_{i,2}(t_1)\right] \tag{9-16}$$

其中，$s_i(t_1)$ 为 t_1 时刻第 i 个粒子的位置，$i=1,2,\cdots,I$，I 为种群大小。每个粒子的速度表示为

$$v_i(t_1)=\left[v_{i,1}(t_1),v_{i,2}(t_1)\right] \tag{9-17}$$

其中，$v_i(t_1)$ 为在 t_1 时刻第 i 个粒子的速度。

粒子速度和位置在进化过程中更新，以保证进化方向的有效性。更新方法为

$$s_{i,d_1}(t_1+1)=s_{i,d_1}(t_1)+v_{i,d_1}(t_1+1) \tag{9-18}$$

$$v_{i,d_1}(t_1+1)=\omega_{1i}(t_1)v_{i,d_1}(t_1)+c_1\varepsilon_1(p_{i,d_1}(t_1)-s_{i,d_1}(t_1))+c_2\varepsilon_2(g_{d_1}(t_1)-s_{i,d_1}(t_1)) \tag{9-19}$$

其中，d_1 为每个粒子的维数，$d_1=1,2$；c_1 和 c_2 为加速度常数；ε_1 和 ε_2 为随机数；$p_i(t_1)=[p_{i,1}(t_1),p_{i,2}(t_1)]$ 为第 i 个粒子在时间 t_1 的个体历史最优位置 pBest；$g_{d_1}(t_1)$ 为全局最优解；$\omega_{1i}(t_1)$ 为惯性权重。为了确保进化的有效性，在迭代过程中自适应调整 $\omega_{1i}(t_1)$。根据多样性信息，设计 $\omega_{1i}(t_1)$ 自适应策略为

$$\omega_{1i}(t_1)=(L-S(t_1))^{-t}(F_1(g(t_1))/F_1(s_i(t_1))+\iota) \tag{9-20}$$

其中，L 为预先定义的常数；ι 为用于提高粒子全局搜索能力的常数；$S(t_1)$ 为多样性指数，表示为

$$S(t_1)=\min(F_1(s(t_1)))/\max(F_1(s(t_1))) \tag{9-21}$$

基于自适应粒子群优化算法，可以实现上层优化任务，得出 S_{NO}^* 的最佳设定点。然后，将所获得的 S_{NO}^* 传递到下层优化中。

图 9-2 给出了下层优化中 AGMOPSO 算法框架。AGMOPSO 算法流程如算法 9-2 所示，设计密度估计策略，采用解的总体欧氏距离值和每个目标对应的解沿每个目标的平均距离来评估周围的解的密度，以提高算法的搜索能力。

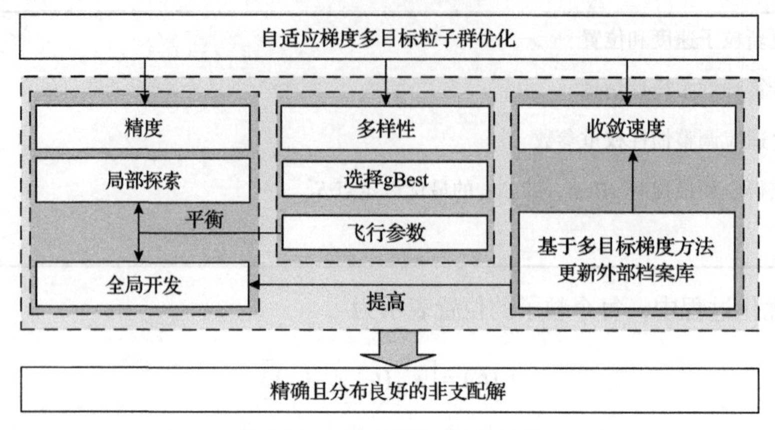

图 9-2 AGMOPSO 算法框架

算法 9-2 AGMOPSO 算法

输入： 初始化迭代次数、飞行参数、种群规模、粒子位置和速度

输出： 全局最优解 gBest

循环： t_2 <迭代次数

1　计算适应度值

2　得到非支配解并存储在外部档案库 $Z(t_2)$

3　用多目标梯度方法更新外部档案库

4　在外部档案库 v 中选择 gBest

5　若外部档案库中解的个数超过容量，则修剪档案库

6　计算 $R_i(t)$

7　计算飞行参数

8　更新粒子速度和位置

结束

在迭代过程中，pBest 存储在外部档案库 $Z(t_2)=[z_1(t_2),z_2(t_2),\cdots,z_j(t_2),\cdots,z_I(t_2)]$ 中。为了保证 $Z(t_2)$ 中 pBest 的有效性，引入了梯度信息来调整存档。目标函数都是可微的，则 $d_i(z_j(t_2))$ 在点 $z_j(t_2)$ 的方向 $\bar{u}_j(t_2)$ 处的方向导数如式(9-22)所示：

$$\nabla_{\bar{u}_j(t_2)} d_i(z_j(t_2)) = \lim_{\delta\to 0}\left\{\frac{d_i(z_j(t_2)+\delta\bar{u}_j(t_2)) - d_i(z_j(t_2))}{\delta}\right\} \tag{9-22}$$

其中，$\delta>0$；$\bar{u}_j(t_2)=[\bar{u}_{1,j}(t_2), \bar{u}_{2,j}(t_2), \cdots, \bar{u}_{4,j}(t_2)]$；$i=1,2$；$j=1,2,\cdots,K$。方向导数可以写为

$$\nabla_{\overline{u}_j(t_2)} d_i(z_j(t_2)) = \nabla d_i(z_j(t_2)) \overline{u}_j(t_2) \tag{9-23}$$

则梯度方向可以表示为

$$\nabla_{\overline{u}_j(t_2)} D\ (z_j(t_2)) = \left[\nabla_{\overline{u}_j(t_2)} d_1(z_j(t_2)), \nabla_{\overline{u}_j(t_2)} d_2(z_j(t_2)) \right]^{\mathrm{T}} \tag{9-24}$$

最小梯度方向计算公式为

$$\hat{u}_i(t_2) = \frac{\nabla d_i(z_j(t_2))}{\left\| \nabla d_i(z_j(t_2)) \right\|} \tag{9-25}$$

$$\nabla d_i(z_j(t_2)) = \left[\frac{\partial d_i(z_j(t_2))}{\partial a_{1,j}(t_2)}, \frac{\partial d_i(z_j(t_2))}{\partial a_{2,j}(t_2)}, \cdots, \frac{\partial d_i(z_j(t_2))}{\partial a_{4,j}(t_2)} \right] \tag{9-26}$$

其中，$\left\| \hat{u}_i(t_2) \right\| = 1$。另外，如果满足式(9-27)，那么 $d_i(z_j(t_2))$ 在点 $z_j(t_2)$ 处是 Pareto 平稳的。

$$\sum_{i=1}^{m} \alpha_i(t_2) \hat{u}_i(t_2) = 0, \quad \sum_{i=1}^{m} \alpha_i(t_2) = 1, \quad \alpha_i(t_2) \geqslant 0, \quad \forall i \tag{9-27}$$

权重向量设置为

$$\alpha_i(t_2) = \frac{1}{\left\| \hat{U}^{\mathrm{T}} \hat{U} \right\|^2} \left[\left\| \hat{u}_1 \right\|^2, \left\| \hat{u}_2 \right\|^2, \cdots, \left\| \hat{u}_m \right\|^2 \right]^{\mathrm{T}} \tag{9-28}$$

其中，$\hat{U}(t_2) = [\hat{u}_1(t_2), \hat{u}_2(t_2)]$，且$\|\alpha_i\| = 1$。

为求解 Pareto 最优解集，给出多梯度下降方向：

$$\nabla D(z_j(t_2)) = \sum_{i=1}^{2} \alpha_i(t_2) \hat{u}_i(t_2), \quad \sum_{i=1}^{2} \alpha_i(t_2) = 1, \quad \alpha_i(t_2) \geqslant 0, \quad \forall i \tag{9-29}$$

更新后的规则为

$$\hat{z}_j(t_2) = z_j(t_2) + \chi \nabla D(z_j(t_2)) \tag{9-30}$$

其中，$z_j(t_2)$ 和 $\hat{z}_j(t_2)$ 为在时间 t_2 使用梯度优化算法前后的第 j 个归档解；χ 为步长；∇D 为梯度下降方向。然后，将一组非支配解保存在外部档案中。

为了提高解的多样性，采用一种剪枝策略来删除冗余的非支配解，以保持外部档案中非支配解的均匀分布。

假设有 P 个点将从外部档案中选择，得到第一个点到最后一个点的最大距离

(即全欧氏距离 $D_{\max}$)，然后，设置剩下的 P–2 个点的平均距离为

$$d = D_{\max} / (P-1) \tag{9-31}$$

其中，d 为所有点的平均距离，用 d 的平均值指导更均匀分布的非支配解的选择。此外，所有的解(除了第一个和最后一个)都被投影到 $D_{\max}$ 中，得到每个解的投影点和平均距离点。但多数相邻点的投影距离与平均距离并不相等。因此，当下一个解的距离更接近于平均距离时，将解放入外部档案库中。一旦搜索过程终止，外部档案库中的解将成为最终的 Pareto 前沿。

在粒子群飞行过程中，全局最优解、个体最优解和飞行参数对进化状态(收敛、多样性和停滞)的探索和利用具有重要的平衡作用。大多数关于 MOPSO 的早期研究表明，较大的 ω、较大的 c_1 和较小的 c_2 有益于更好的全局探索。另外，ω 越小，c_1 越小，c_2 越大，会促进越好的局部开发。因此，为了更好地调整 MOPSO 的飞行参数，在下层优化中，利用多样性信息和支配关系来平衡全局探索和局部开发。

在进化过程中，当前档案库更新为前一个档案库与前一个非支配解集的并集。通过支配关系，如果在档案库中去掉被支配的粒子，参数 ω 和 c_1 应该较小，参数 c_2 应该较大。反之，当占主导地位的粒子仍停留在档案库中时，ω 和 c_1 的参数应该较大，c_2 的参数应该较小。根据上述分析，基于粒子的先验解与新解之间的支配关系，设计了一种自适应飞行参数机制，如下所示：

$$R_i(t) = \frac{d_{\min}(t) + d_{\max}(t)}{d_{\max}(t) + d_i(t)} \tag{9-32}$$

其中，$R_i(t)$ 为第 i 个粒子的自适应参数；$d_{\min}(t)$ 为所有粒子与 gBest 的最小距离；$d_{\max}(t)$ 为所有粒子与 gBest 的最大距离；$d_i(t)$ 为第 i 个粒子与 gBest 的距离。飞行参数自适应策略如下：

$$\omega_i(t) = \begin{cases} \omega_i(t-1), & p_i(t-1) \prec\succ p_i(t) \\ \omega_i(t-1) \times \left(1 - R_i(t)\right), & p_i(t-1) \prec p_i(t) \\ \omega_i(t-1) \times \left(1 + R_i(t)\right), & p_i(t-1) \succ p_i(t) \end{cases} \tag{9-33}$$

$$c_{1i}(t) = \begin{cases} c_{1i}(t-1), & p_i(t-1) \prec\succ p_i(t) \\ c_{1i}(t-1) \times \left(1 - R_i(t)\right), & p_i(t-1) \prec p_i(t) \\ c_{1i}(t-1) \times \left(1 + R_i(t)\right), & p_i(t-1) \succ p_i(t) \end{cases} \tag{9-34}$$

$$c_{2i}(t) = \begin{cases} c_{2i}(t-1), & p_i(t-1) \prec\succ p_i(t) \\ c_{2i}(t-1) \times \left(1 - R_i(t)\right), & p_i(t-1) \succ p_i(t) \\ c_{2i}(t-1) \times \left(1 + R_i(t)\right), & p_i(t-1) \prec p_i(t) \end{cases} \tag{9-35}$$

其中，“$\prec\succ$”表示互不支配；$\omega_i(t)$ 为 t 时刻的粒子惯性权重；$c_{1i}(t)$ 和 $c_{2i}(t)$ 为 t 时刻的粒子飞行参数。在搜索过程中，所提出的自适应飞行参数机制可以寻求合适的飞行参数，这表明所提出的 AGMOPSO 算法能够获得更好的解。同时，协同优化算法中的重要因素之一，是全局最优解的选择策略。由于所有非支配解都可以被选择作为全局最优解，用于引导粒子进化方向，选择合适的全局最优解是优化算法的关键步骤，本节设计基于性能指标的全局最优解选择策略。

在优化目标个数增加阶段，应促进外部档案库中非支配解的多样性改善，全局最优解选择策略为

$$\mathrm{gBest}(t+1)=\mathrm{dgBest}(t+1) \tag{9-36}$$

其中，$\mathrm{gBest}(t+1)$ 为第 t+1 次迭代得到的全局最优解；$\mathrm{dgBest}(t+1)$ 为第 t+1 次迭代得到多样性最好的全局最优解，如下所示：

$$\mathrm{dgBest}(t+1)=a(t),\quad a(t)\in K_{\mathrm{best}} \tag{9-37}$$

其中，K_{best} 为最优非支配解集，其包含最大拥挤距离粒子。在目标个数减少阶段，应加强外部档案库中非支配解的收敛性。因此，全局最优解选择策略为

$$\mathrm{gBest}(t+1)=\mathrm{cgBest}(t+1) \tag{9-38}$$

其中，$\mathrm{cgBest}(t+1)$ 为第 t+1 次迭代时带有最优收敛性的全局最优解，表示为

$$\mathrm{cgBest}(t+1)=\arg\max \mathrm{CD}(a_i(t)) \tag{9-39}$$

其中，$\mathrm{CD}(a_i(t))$ 为第 t 次迭代时第 i 个解的收敛强度，表示为

$$\mathrm{CD}(a_i(t))=\frac{\sum_{i=1}^{\mathrm{DS}(a_i(t))}\left\|a_i(t)-\hat{a}_i(t)\right\|}{\mathrm{DS}(a_i(t))} \tag{9-40}$$

其中，$\hat{a}_i(t)$ 为第 t 次迭代时第 i 个被 $a(t)$ 支配的解；$\mathrm{DS}(a_i(t))$ 为第 t 次迭代时的支配强度。

9.4.2　基于数据驱动辅助模型的设定点获取

为了评价档案库中非支配解的可行性和获得有效的优化解，根据 AGMOPSO 的非支配解集，设计了基于多输入多输出神经网络的数据驱动辅助模型策略，具体可描述为

$$S_j(t_2) = \sum_{k=1}^{K} \varepsilon_{j,k}(t_2) \times \vartheta_{j,k}(t_2), \quad k = 1,2,\cdots,K;\ j = 1,2,\cdots,I \tag{9-41}$$

其中，K为隐含层神经元的个数；$S_j(t_2) = [S_{j,1}(t_2), S_{j,2}(t_2)]$为输出向量，将外部档案库$Z$中第$j$个非支配解作为输入；$\varepsilon_j(t_2) = [\varepsilon_{j,1}(t_2), \varepsilon_{j,2}(t_2), \cdots, \varepsilon_{j,K}(t_2)]^{\mathrm{T}}$为隐含层和输出层的连接权重；$\vartheta_j(t_2) = [\vartheta_{j,1}(t_2), \vartheta_{j,2}(t_2), \cdots, \vartheta_{j,K}(t_2)]^{\mathrm{T}}$为隐含层输出，表示为

$$\vartheta_{j,k}(t_2) = \mathrm{e}^{-\left\| z_j(t_2) - \varphi_{j,k}(t_2) \right\| / (2\sigma_{j,k}^2(t_2))} \tag{9-42}$$

其中，$z_j(t_2) = [z_{j,1}(t_2), z_{j,2}(t_2), \cdots, z_{j,K}(t_2)]^{\mathrm{T}}$为输入向量；$z_{j,1}(t_2)$为$S_{\mathrm{O}}$的最优设定值$S_{\mathrm{O}}^*$；$z_{j,2}(t_2)$为$S_{\mathrm{NO}}$的最优设定值$S_{\mathrm{NO}}^*$。

考虑到污水处理过程难以获取优化目标的真实 Pareto 前沿，利用辅助模型和实际系统中曝气能耗和出水水质的最小平方误差，评价档案库中非支配解的可行性，辅助模型表示为

$$e(z_n(t_2)) = \min(S_n(t_2) - Q(t_2))^{\mathrm{T}}(S_n(t_2) - Q(t_2)) \tag{9-43}$$

其中，$Q(t_2) = [Q_1(t_2), Q_2(t_2)]^{\mathrm{T}}$为曝气能耗和出水水质的污水处理过程真实输出；$e(z_n(t_2))$为辅助模型和实际系统输出误差。因此，误差$e(z_n(t_2))$最小的解被认为是最可行的优化解。

9.4.3 协同优化过程设定点求解算法收敛性分析

最优设定点是由 MOPSO 算法计算的，在优化过程中，只要t趋于无穷，粒子位置可以收敛到 Pareto 最优解集且粒子速度收敛到零，就可以保证有效性。

在证明中引入了 Pareto 最优性的概念，并给出下列假设。

假设 9-1 个体最优解 pBest(t)和全局最优解 gBest(t)满足$\{\text{pBest}(t), \text{gBest}(t)\} \in \Omega$, 其中，$\Omega$是搜索空间，pBest$(t)$和 gBest$(t)$都有下限。

假设 9-2 对于 pBest(t)，存在 Pareto 最优解P^*。

假设 9-3 存在$\zeta_1 = c_1\varepsilon_1$，$\zeta_2 = c_2\varepsilon_2$，$\zeta = \zeta_1 + \zeta_2$，满足

$$\begin{cases} 0 < \zeta_1 \\ 0 < \zeta_2 \\ 0 < \zeta < 2(1 + \omega_i(t)) \end{cases} \tag{9-44}$$

定理 9-1 若假设 9-1～假设 9-3 成立，则粒子的位置$x_i(t)$将会收敛到P^*。

证明 根据$x_i(t)$的更新过程以及相关的参数ζ、ζ_1和ζ_2，可将粒子位置$x_{i,d}(t)$更新公式改写为

$$x_{i,d}(t+1)=(1+\omega_i(t)-\zeta)x_{i,d}(t)-\omega_i(t)x_{i,d}(t-1)+\zeta_1\cdot \text{pBest}_{i,d}(t)+\zeta_2\cdot \text{gBest}_d(t) \tag{9-45}$$

$x_{i,d}(t)$ 可改写为

$$\begin{bmatrix} x_{i,d}(t+1) \\ x_{i,d}(t) \\ 1 \end{bmatrix}=\varphi_x(t)\begin{bmatrix} x_{i,d}(t) \\ x_{i,d}(t-1) \\ 1 \end{bmatrix} \tag{9-46}$$

$$\varphi_x(t)=\begin{bmatrix} 1+\omega_i(t)-\zeta & -\omega_i(t) & \zeta_1\cdot \text{pBest}_{i,d}(t)+\zeta_2\cdot \text{gBest}_d(t) \\ 1 & 0 & 0 \\ 0 & 0 & 1 \end{bmatrix} \tag{9-47}$$

矩阵 $\varphi_x(t)$ 的特征多项式可以写为

$$(\lambda-1)[\lambda^2-(1+\omega_i(t)-\zeta)\lambda+\omega_i(t)]=0 \tag{9-48}$$

则 $\varphi_x(t)$ 的特征值为

$$\lambda_1=1 \tag{9-49}$$

$$\lambda_2=\frac{1+\omega_i(t)-\zeta+\sqrt{(1+\omega_i(t)-\zeta)^2-4\omega_i(t)}}{2} \tag{9-50}$$

$$\lambda_3=\frac{1+\omega_i(t)-\zeta-\sqrt{(1+\omega_i(t)-\zeta)^2-4\omega_i(t)}}{2} \tag{9-51}$$

根据矩阵的特征多项式和特征值，粒子的位置 $x_{i,d}(t)$ 可改写为

$$x_{i,d}(t)=\tau_1\lambda_1^t+\tau_2\lambda_2^t+\tau_3\lambda_3^t \tag{9-52}$$

其中，λ_1、λ_2 和 λ_3 为特征值；τ_1、τ_2 和 τ_3 为常数。

优化过程的收敛条件为 $\max(|\lambda_2|,|\lambda_3|)<1$，即

$$\frac{1}{2}\left|1+\omega_i(t)-\zeta\pm\sqrt{(1+\omega_i(t)-\zeta)^2-4\omega_i(t)}\right|<1 \tag{9-53}$$

多目标粒子群优化算法的收敛条件为

$$\begin{cases} 0\leqslant \omega_i(t)<1 \\ 0<\zeta<2(1+\omega_i(t)) \end{cases} \tag{9-54}$$

根据假设 9-1～假设 9-3，优化过程中满足 $0 \leqslant \omega_i(t) < 1$，则粒子位置的收敛值可以计算为

$$\lim_{t\to\infty} x_{i,d}(t) = \tau_1 \tag{9-55}$$

考虑 t=0、t=1 和 t=2 时的特征值 λ_1、λ_2 和 λ_3，粒子的位置可以计算为

$$\lim_{t\to\infty} x_{i,d}(t) = \lim_{t\to\infty} (\zeta_1 \cdot \text{pBest}_{i,d}(t) + \zeta_2 \cdot \text{gBest}_d(t)) / (\zeta_1 + \zeta_2) \tag{9-56}$$

根据支配关系可得

$$\text{pBest}_i(t-1) \prec \text{pBest}_i(t) \quad 或 \quad \text{pBest}_i(t-1) \prec\succ \text{pBest}_i(t) \tag{9-57}$$

$$\text{pBest}_i(t) \prec \text{gBest}(t) \quad 或 \quad \text{pBest}_i(t) \prec\succ \text{gBest}(t) \tag{9-58}$$

其中，$\text{pBest}_i(t-1) \prec \text{pBest}_i(t)$ 表示 $\text{pBest}_i(t-1)$ 不被 $\text{pBest}_i(t)$ 支配，$\text{pBest}_i(t-1) \prec\succ \text{pBest}_i(t)$ 表示 $\text{pBest}_i(t-1)$ 和 $\text{pBest}_i(t)$ 互相不支配。

对于 MOPSO 算法，$\text{gBest}(t)$ 能够收敛到 Pareto 稳定解，表示为

$$\lim_{t\to\infty} \text{pBest}_i(t) = P^* \tag{9-59}$$

此外，$\text{gBest}(t)$ 是从非支配解集 $\text{pBest}(t)$ 中选择的，则

$$\lim_{t\to\infty} \text{gBest}(t) = P^* \tag{9-60}$$

因此可得

$$\lim_{t\to\infty} x_i(t) = (\zeta_1 P^* + \zeta_2 P^*) / (\zeta_1 + \zeta_2) = P^* \tag{9-61}$$

至此，完成定理 9-1 的证明。

定理 9-2　如果假设 9-1～假设 9-3 成立，则粒子的速度 $v_i(t)$ 将会收敛到零。

证明　将粒子速度 $v_{i,d}(t)$ 更新公式改写为

$$v_{i,d}(t+1) - (1 + \omega_i(t) - \zeta) v_{i,d}(t) + \omega_i(t) v_{i,d}(t-1) = 0 \tag{9-62}$$

式(9-62)中的 $v_{i,d}(t)$ 可改写为

$$\begin{bmatrix} v_{i,d}(t+1) \\ v_{i,d}(t) \end{bmatrix} = \varphi_v(t) \begin{bmatrix} v_{i,d}(t) \\ v_{i,d}(t-1) \end{bmatrix} \tag{9-63}$$

$$\varphi_v(t)=\begin{bmatrix}1+\omega-\rho & -\omega \\ 1 & 0\end{bmatrix} \tag{9-64}$$

矩阵 $\varphi_v(t)$ 的特征多项式可以写为

$$\lambda^2-(1+\omega_i(t)-\zeta)\lambda+\omega_i(t)=0 \tag{9-65}$$

则特征值为

$$\lambda_4=\frac{1+\omega_i(t)-\zeta+\sqrt{(1+\omega_i(t)-\zeta)^2-4\omega_i(t)}}{2} \tag{9-66}$$

$$\lambda_5=\frac{1+\omega_i(t)-\zeta-\sqrt{(1+\omega_i(t)-\zeta)^2-4\omega_i(t)}}{2} \tag{9-67}$$

根据矩阵的特征多项式和特征值，粒子的速度 $v_{i,d}(t)$ 可改写为

$$v_{i,d}(t)=\tau_4\lambda_4+\tau_5\lambda_5 \tag{9-68}$$

其中，τ_4 和 τ_5 为常数；λ_4 和 λ_5 为特征值。若假设 9-1～假设 9-3 成立，根据定理 9-1 可得

$$\lim_{t\to\infty} v_{i,d}(t)=0 \tag{9-69}$$

进而有

$$\lim_{t\to\infty} v_i(t)=0 \tag{9-70}$$

其中，$v_i(t)=[v_{i,1}(t),v_{i,2}(t),\cdots,v_{i,D}(t)]$。至此，完成定理 9-2 的证明。

由以上证明过程可知，在种群进化过程中，MOPSO 算法的粒子位置最终可以收敛到 Pareto 最优解集，并且粒子速度最终可以收敛到零，保证了所求设定点的有效性。

9.5　多时间尺度协同优化技术实现及应用

为了验证所提出的城市污水处理过程多时间尺度协同优化方法的有效性，本节利用 BSM1 中 14 天的三种天气运行数据对分层优化策略进行验证，根据优化目标模型、辅助模型的预测结果和优化结果分析该方法的性能，并将提出的分层

优化策略与其他优化策略进行优化性能对比。

9.5.1 实验设计

本节采用基准仿真模型 BSM1，验证城市污水处理运行优化策略的有效性。该模型可以在不同的天气(晴天、雨天和暴雨天)对优化策略进行验证。为了分析所提出的城市污水处理过程多时间尺度协同优化策略(cooperative optimization strategy, COS)的有效性，本节结合城市污水处理过程预测控制策略对优化设定点进行跟踪。基于 BSM1 中 14 天的三种天气(晴天、雨天和暴雨天)运行数据对多时间尺度协同优化策略进行验证。为了评价所建立模型的预测结果，采用均方根误差(RMSE)作为标准的性能指标。为了评价所提出的协同优化策略的有效性，将曝气能耗、泵送能耗和出水水质平均值作为评价指标。同时，为了验证所提出的协同优化策略的性能优越性，将提出的分层协同优化策略与其他运行优化策略进行对比，包括动态多目标运行优化策略(dynamic multi-objective operation strategy，DMOOS)、基于非线性模型预测控制的实时运行优化策略(real-time optimization-nonlinear model predictive control，RTO-NMPC)、基于经济模型预测控制的运行优化策略(economic model predictive control-optimization strategy，EMPC-OS)、PID 策略。

9.5.2 运行结果

为了验证多时间尺度 COS 的有效性，本节分别在晴天、雨天和暴雨天三种天气下进行实验。分别对出水水质、曝气能耗和泵送能耗进行建模，研究不同天气条件下算法对于出水水质和能耗的优化能力，具体实验如下。

1. 模型预测结果

1)不同天气下数据驱动的泵送能耗、曝气能耗和出水水质模型预测结果

(1)晴天。

在晴天天气下，基于自适应核函数的数据驱动建模方法，所建立的曝气能耗模型效果如图 9-3 和图 9-4 所示。图 9-3 给出了曝气能耗模型的预测结果，从预测曲线可以看出，基于自适应核函数的曝气能耗模型能够准确拟合实际曝气能耗的变化，完成对曝气能耗值的精确预测。曝气能耗模型预测误差如图 9-4 所示，误差在–0.08～0.01kW·h 范围内。结果表明，在晴天天气下，所提出的曝气能耗模型能够逼近真实的曝气能耗值，实现对运行指标的准确预测。

泵送能耗的自适应核函数模型效果如图 9-5 和图 9-6 所示，图 9-5 给出了泵送能耗模型的预测结果，从图中预测曲线和实际曲线的变化可得，所提出的基于自

适应核函数的泵送能耗模型能够准确拟合实际泵送能耗的变化趋势，完成对泵送能耗值的预测，其预测误差变化曲线如图 9-6 所示，泵送能耗模型的预测误差在 14 天内能够保持在–0.1～0.2kW · h 范围内。因此，在晴天天气下，该模型能够逼近真实的泵送能耗值，实现对运行指标的准确预测。

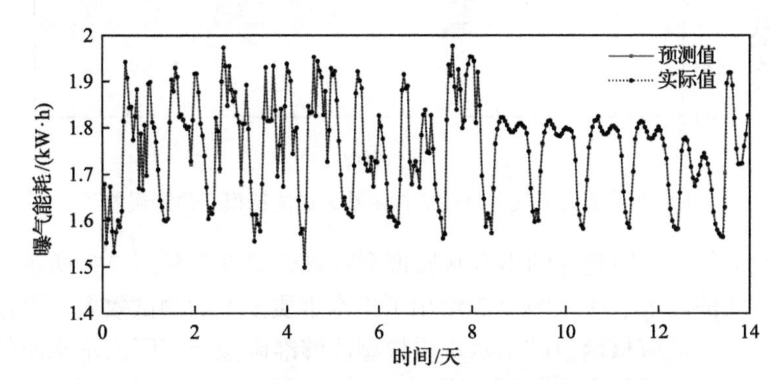

图 9-3　晴天天气下自适应核函数曝气能耗模型预测结果

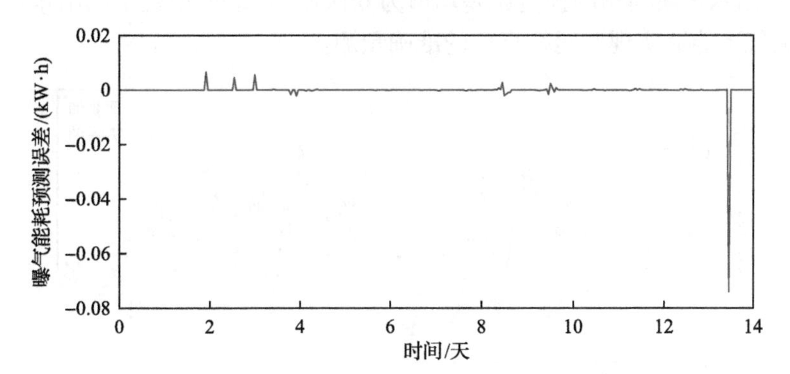

图 9-4　晴天天气下自适应核函数曝气能耗模型预测误差

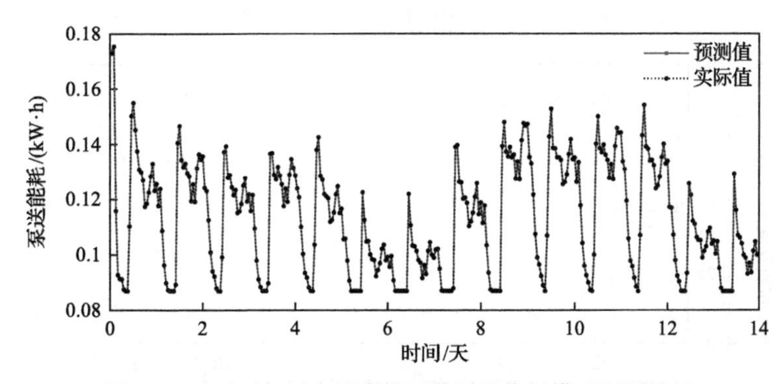

图 9-5　晴天天气下自适应核函数泵送能耗模型预测结果

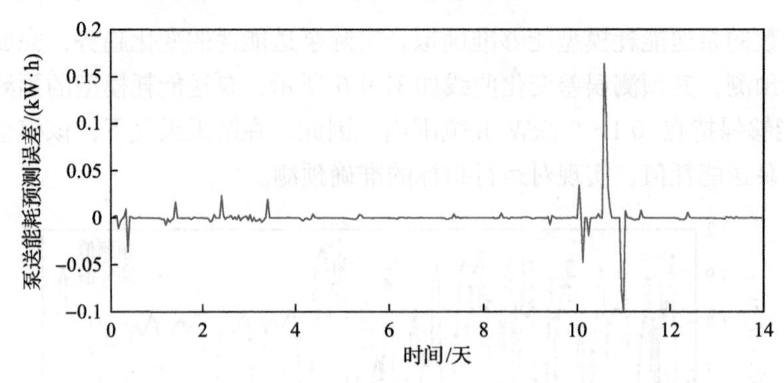

图 9-6　晴天天气下自适应核函数泵送能耗模型预测误差

在晴天天气下，所建立的出水水质模型效果如图 9-7 和图 9-8 所示，该模型能够逼近真实的出水水质。图 9-7 给出了出水水质模型的测试效果，可以看出，所提出的基于自适应核函数的出水水质模型能够准确拟合实际出水水质的变化趋势，实现对出水水质的准确预测。同时，晴天天气下 14 天的预测误差变化如图 9-8 所示，出水水质模型的预测误差均值为 0.1kW·h，表明所提出的出水水质模型在晴天天气下能够实现对运行指标的准确预测。

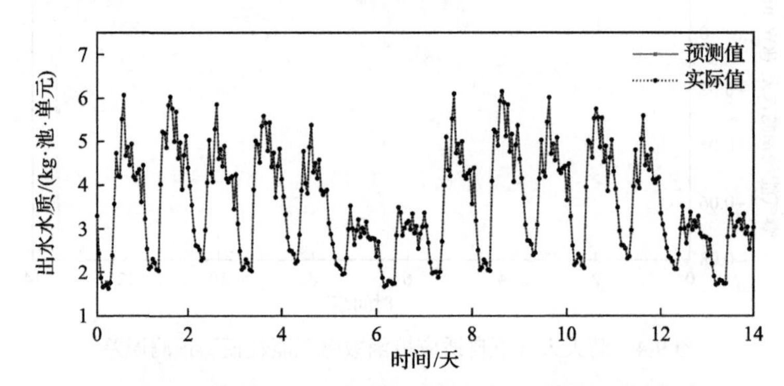

图 9-7　晴天天气下自适应核函数出水水质模型预测结果

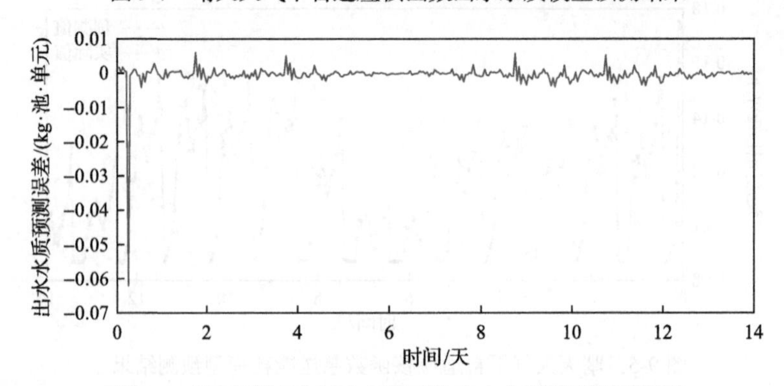

图 9-8　晴天天气下自适应核函数出水水质模型预测误差

(2) 雨天。

在雨天天气下，基于自适应核函数的数据驱动建模方法建立的曝气能耗模型效果如图 9-9 和图 9-10 所示，可以看出所提出的基于自适应核函数的曝气能耗模型能够快速准确地拟合实际曝气能耗的变化，完成对曝气能耗的精确预测。14 天的曝气能耗模型的预测误差均值为 1×10^{-4}kW·h。结果显示所提出的曝气能耗模型在雨天天气下能够实现对运行指标的准确预测。

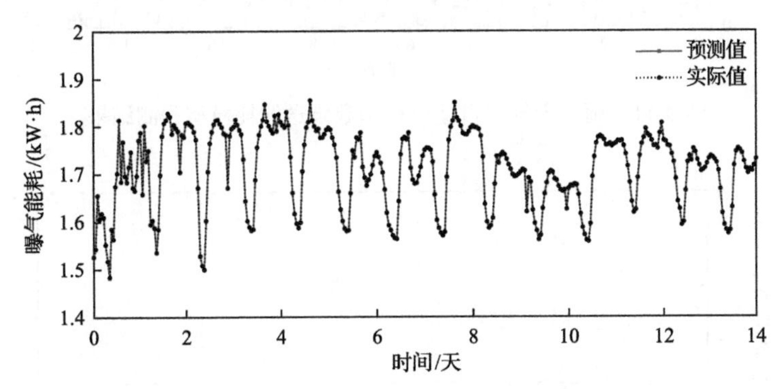

图 9-9　雨天天气下自适应核函数曝气能耗模型预测结果

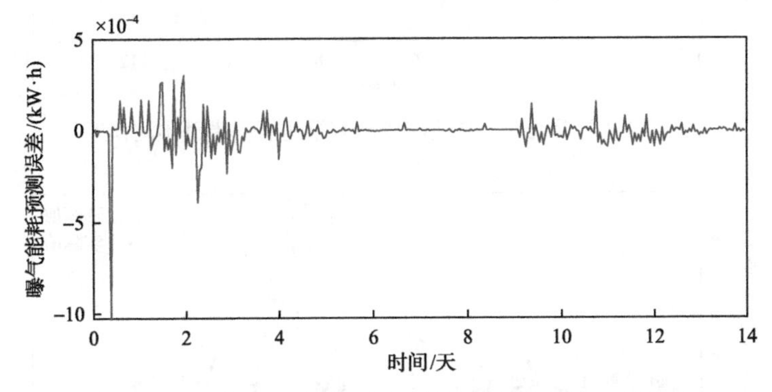

图 9-10　雨天天气下自适应核函数曝气能耗模型预测误差

所建立的泵送能耗模型效果如图 9-11 和图 9-12 所示，从图中可以看出所提出的基于自适应核函数的泵送能耗模型能够拟合实际泵送能耗的变化趋势，完成对泵送能耗的精确预测，且预测误差较小，表明了所提出的泵送能耗模型在雨天天气下，能够实现对运行指标的准确预测。

在雨天天气下，基于自适应核函数的数据驱动建模方法建立的出水水质模型效果如图 9-13 和图 9-14 所示，该模型能够逼近真实的出水水质。图 9-13 给出了出水水质模型的预测结果，可以看出，基于自适应核函数的出水水质模型能够实现实际出水水质的变化的快速准确拟合，完成对出水水质的准确预测，其预测误差如图 9-14 所示，从中可以看出出水水质模型预测结果良好。

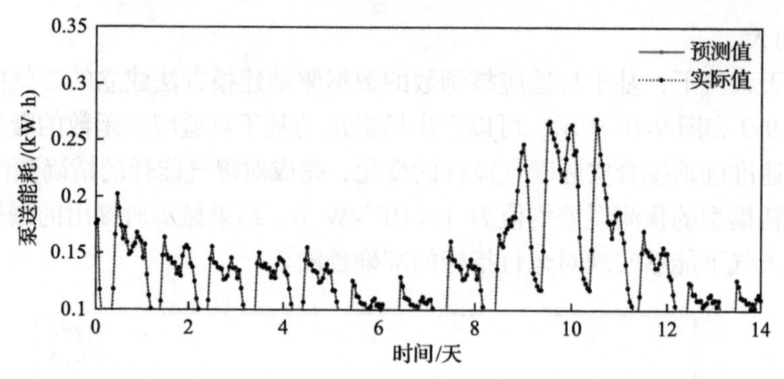

图 9-11　雨天天气下自适应核函数泵送能耗模型预测结果

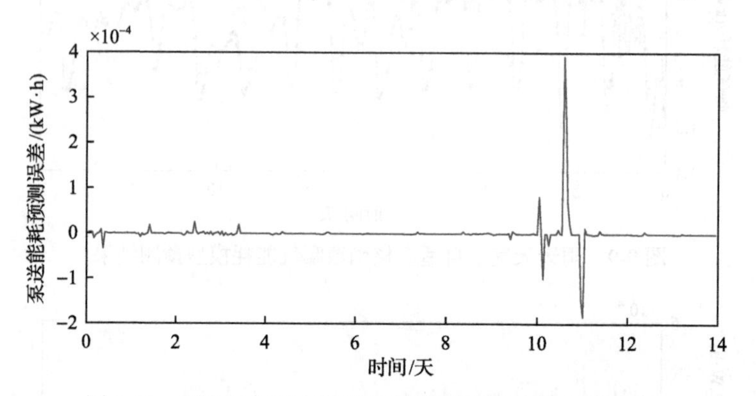

图 9-12　雨天天气下自适应核函数泵送能耗模型预测误差

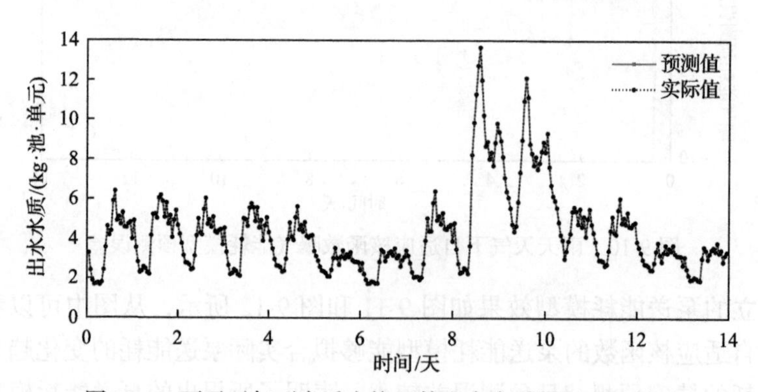

图 9-13　雨天天气下自适应核函数出水水质模型预测结果

(3) 暴雨天。

在暴雨天气下，基于自适应核函数的数据驱动建模方法建立的曝气能耗模型效果如图 9-15 和图 9-16 所示，该模型能够逼近真实的曝气能耗值。图 9-15 给出了曝气能耗模型的测试效果，从图中可以看出曝气能耗模型能够快速地预测实际曝气能耗的变化趋势，其预测误差如图 9-16 所示，从中可以看出曝气能耗模型的预测误差精度较高，证明了曝气能耗模型在暴雨天气下，能够准确预测运行指标的变化。

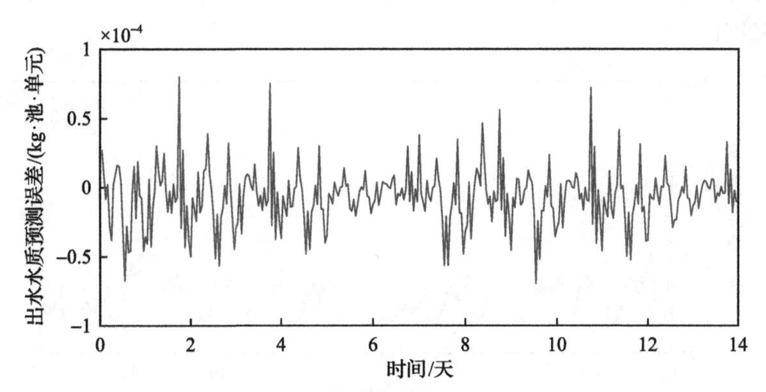

图 9-14　雨天天气下自适应核函数出水水质模型预测误差

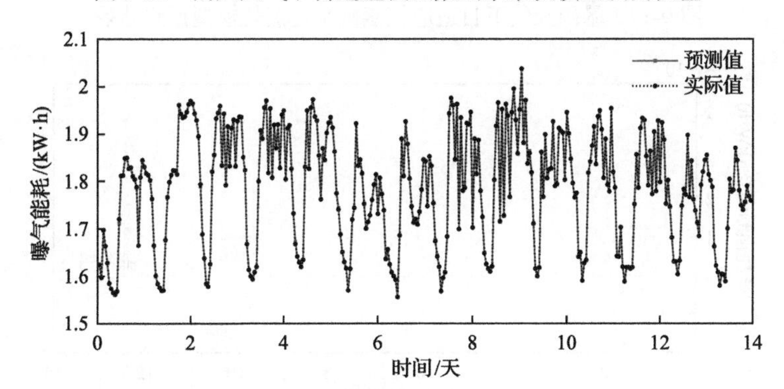

图 9-15　暴雨天气下自适应核函数曝气能耗模型预测结果

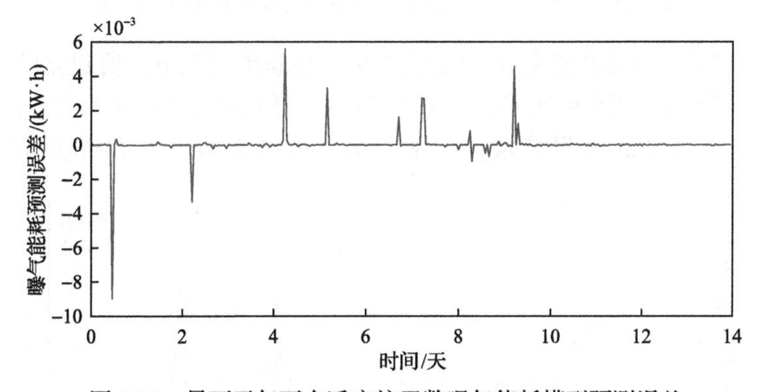

图 9-16　暴雨天气下自适应核函数曝气能耗模型预测误差

暴雨天气下泵送能耗的目标模型效果如图 9-17 和图 9-18 所示，该模型能够逼近真实的泵送能耗。图 9-17 给出了泵送能耗模型的预测结果，从图中可知，基于自适应核函数的泵送能耗模型能够实现实际泵送能耗的变化趋势的准确拟合，完成对泵送能耗的精确预测。其 14 天预测误差变化如图 9-18 所示，泵送能耗模型的预测误差较小，证明了所提出的泵送能耗模型在暴雨天气下能够准确预测运行指标的变化。

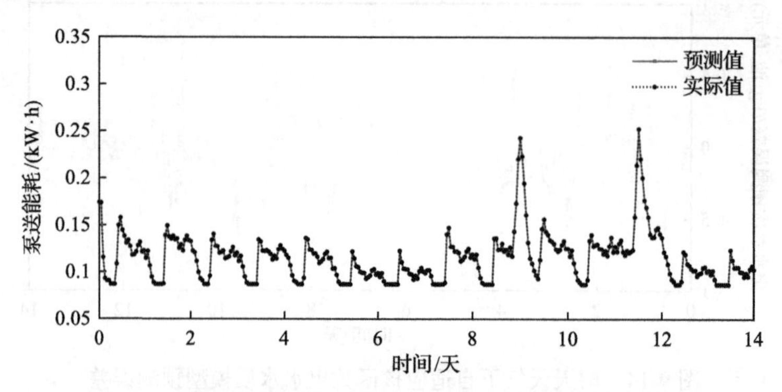

图 9-17　暴雨天气下自适应核函数泵送能耗模型预测结果

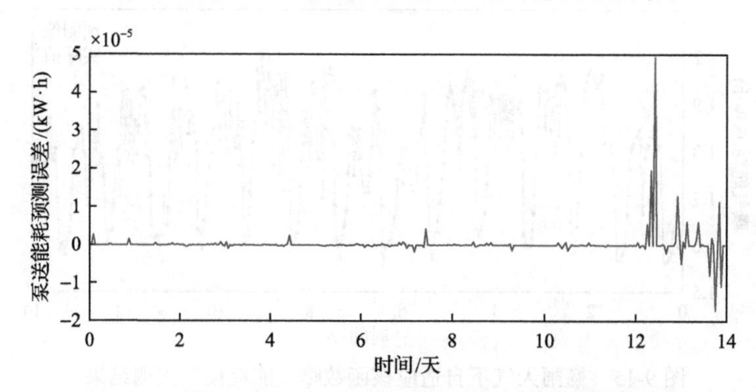

图 9-18　暴雨天气下自适应核函数泵送能耗模型预测误差

基于自适应核函数的数据驱动建模方法，在暴雨天气下，所建立的出水水质模型效果如图 9-19 和图 9-20 所示，该模型能够逼近真实的出水水质。图 9-19 给出了出水水质模型的预测结果，如图所示，所提出的出水水质模型预测拟合

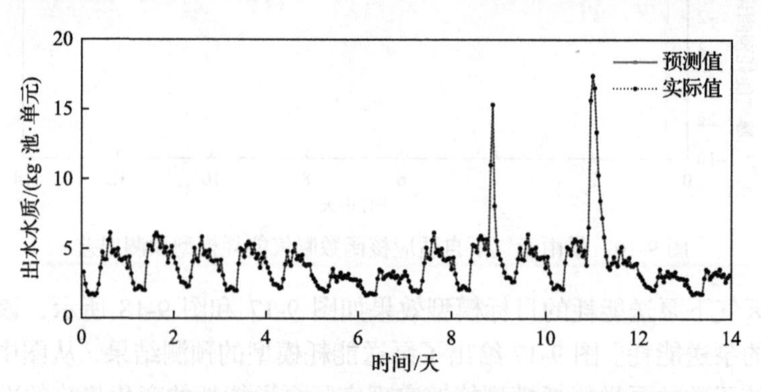

图 9-19　暴雨天气下自适应核函数出水水质模型预测结果

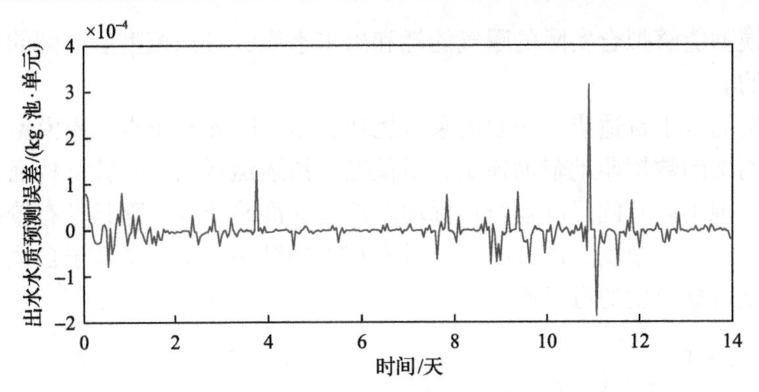

图 9-20　暴雨天气下自适应核函数出水水质模型预测误差

效果较好。14 天预测误差曲线变化如图 9-20 所示，从中可以看出出水水质模型的预测误差维持在较低的水平，结果表明该模型在暴雨天气下，能够实现对运行指标的准确预测。

2）数据驱动辅助模型预测结果

基于数据驱动辅助模型的预测结果如图 9-21 所示。结果显示，所建立的数据

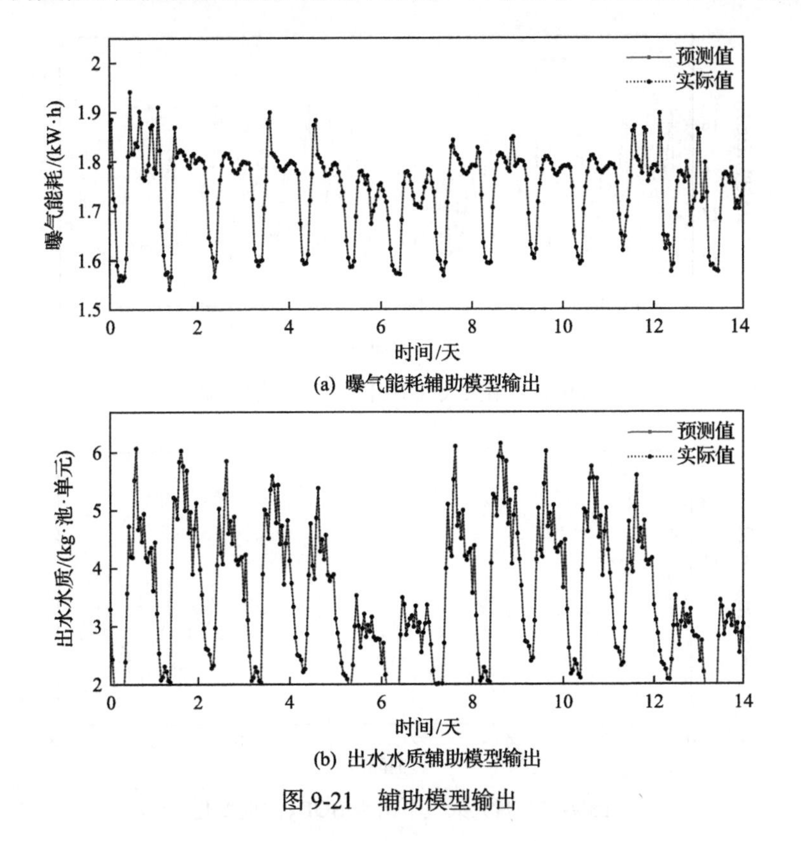

(a) 曝气能耗辅助模型输出

(b) 出水水质辅助模型输出

图 9-21　辅助模型输出

驱动辅助模型能够拟合实际的曝气能耗和出水水质，且该模型所得到的最优设定点是有效的。

所提出的基于自适应核函数的泵送能耗、曝气能耗和出水水质模型以及基于函数神经网络的数据驱动辅助模型，不仅能够描述运行指标与关键特征变量之间的关系，实现不同时间尺度运行指标动态特性的准确获取，而且具有较快的计算速度和较高的模型精度。通过图 9-3～图 9-21 的结果，证明了基于自适应核函数建立的优化目标模型的可靠性。

2. 优化结果

这里利用 BSM1 中 14 天晴天、雨天和暴雨天三种天气运行数据对协同优化策略进行验证。

晴天天气下的出水水质各组分浓度变化曲线如图 9-22～图 9-26 所示。结果显示，在所提出的协同优化策略下，各个出水污染物 TSS 浓度、BOD_5浓度、NH 浓度、COD 浓度和 TN 浓度均能够维持在国家标准之内。因此，在晴天时，多时间尺度协同优化策略能够获得较好的出水水质和满意的优化性能。

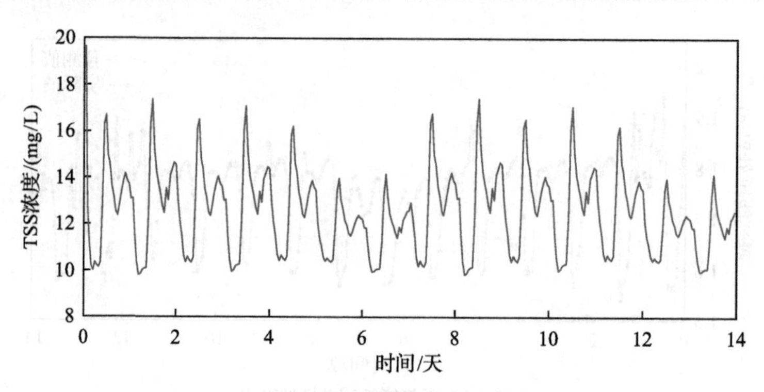

图 9-22　晴天天气下出水 TSS 浓度变化

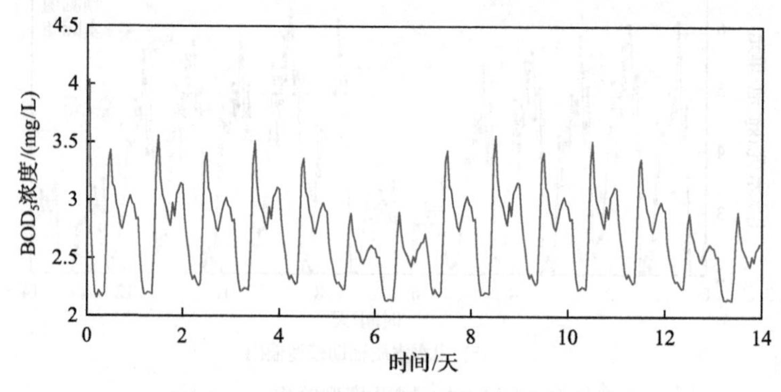

图 9-23　晴天天气下出水 BOD_5浓度变化

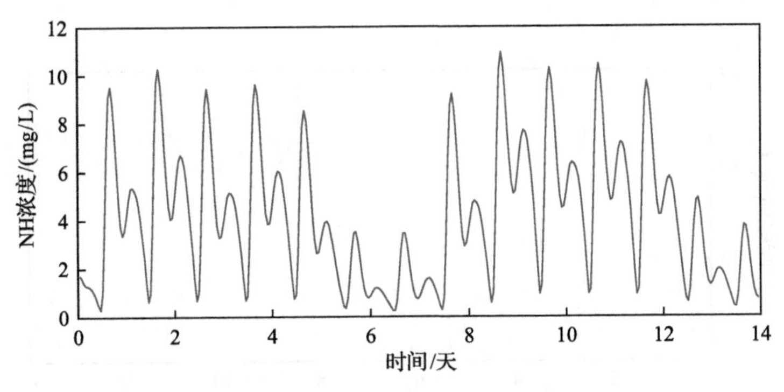

图 9-24　晴天天气下出水 NH 浓度变化

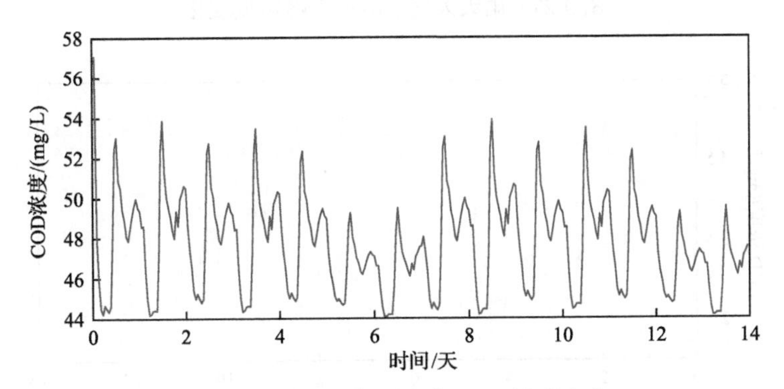

图 9-25　晴天天气下出水 COD 浓度变化

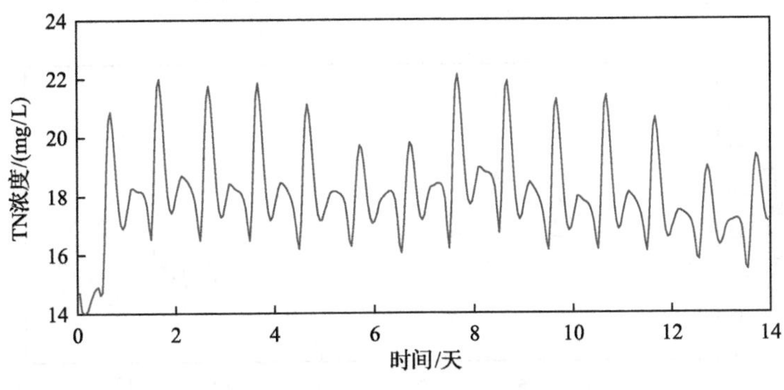

图 9-26　晴天天气下出水 TN 浓度变化

图 9-27～图 9-31 给出了雨天天气下出水水质各组分浓度变化曲线。从协同优化策略的结果可知，在第 8～12 天的四天降雨条件下，所采用的协同优化策略在雨天天气下可以获得满意的优化效果，且所设计的协同优化策略具有一定的抗干扰能力，验证了所提出的多时间尺度协同优化算法的有效性。

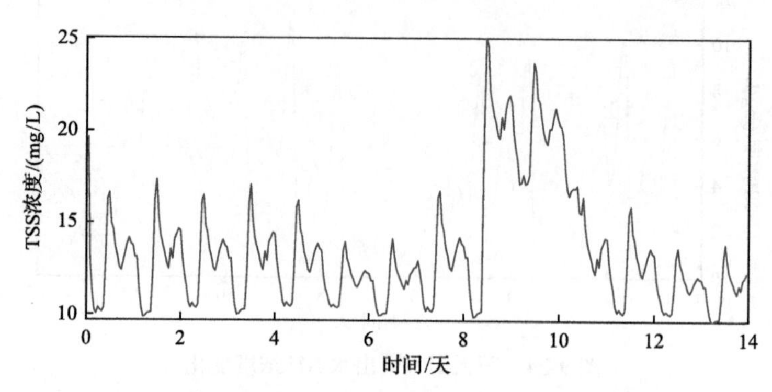

图 9-27　雨天天气下出水 TSS 浓度变化

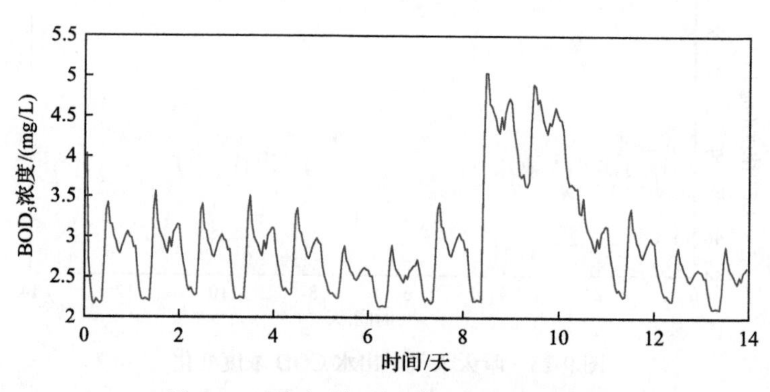

图 9-28　雨天天气下出水 BOD_5 浓度变化

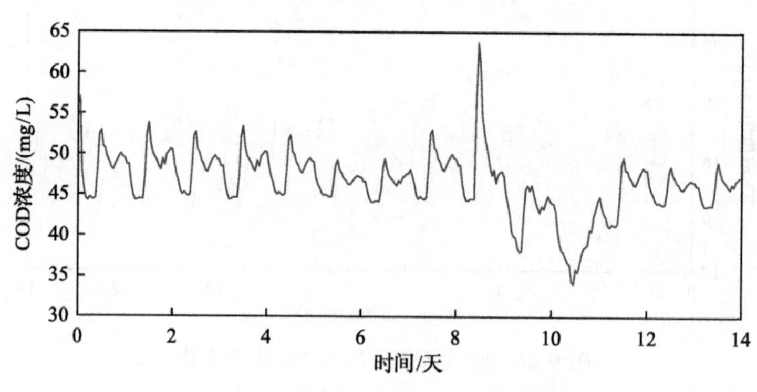

图 9-29　雨天天气下出水 COD 浓度变化

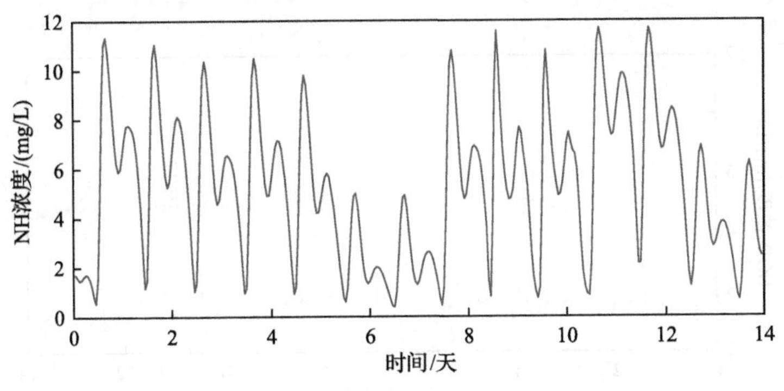

图 9-30　雨天天气下出水 NH 浓度变化

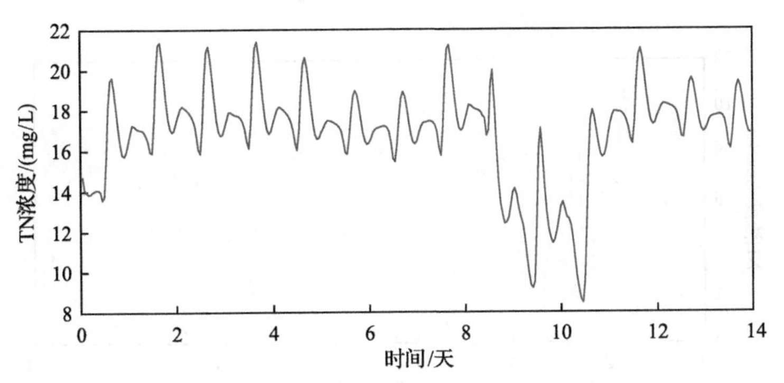

图 9-31　雨天天气下出水 TN 浓度变化

图 9-32～图 9-36 给出了暴雨天气下出水水质各组分浓度变化曲线。在第 8～12 天发生了两次强降雨，从基于协同优化策略得到的结果可知，所提出的优化策略在强降雨条件下，仍然可以获取满意的运行优化效果，所设计的协同优化策略具有较强的抗干扰能力，进一步验证了多时间尺度协同优化策略的有效性。

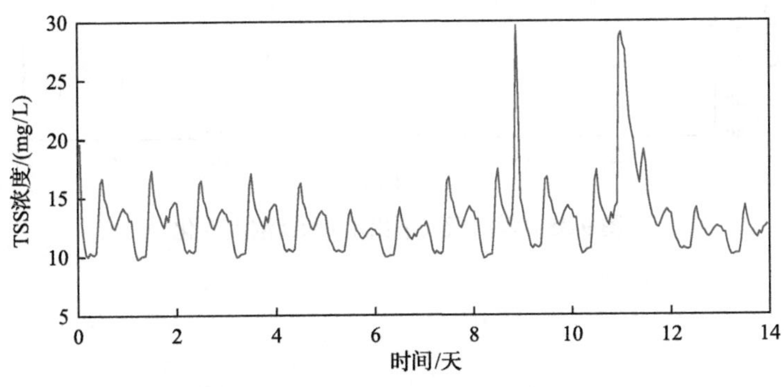

图 9-32　暴雨天气下出水 TSS 浓度变化

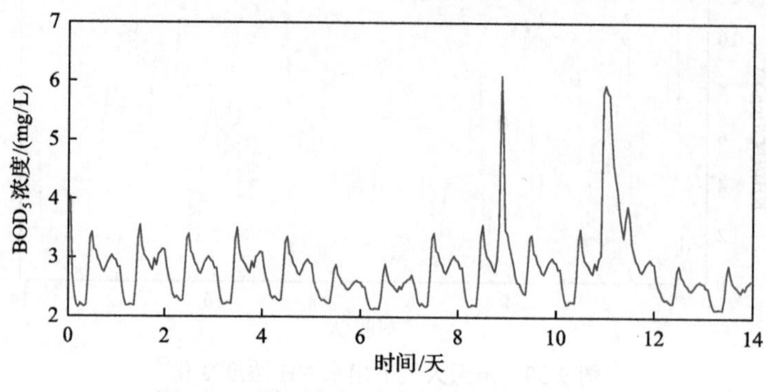

图 9-33　暴雨天气下出水 BOD_5 浓度变化

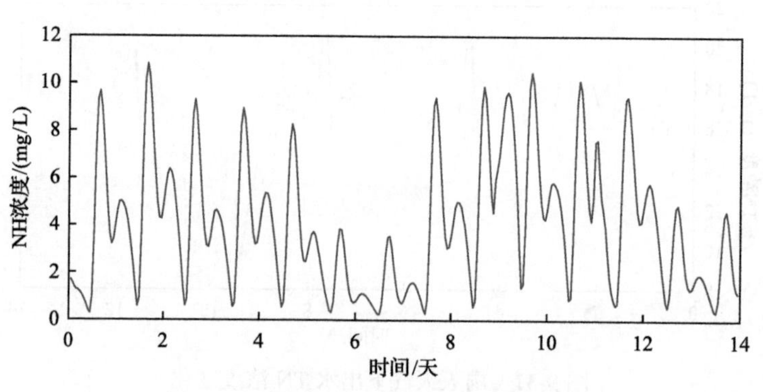

图 9-34　暴雨天气下出水 NH 浓度变化

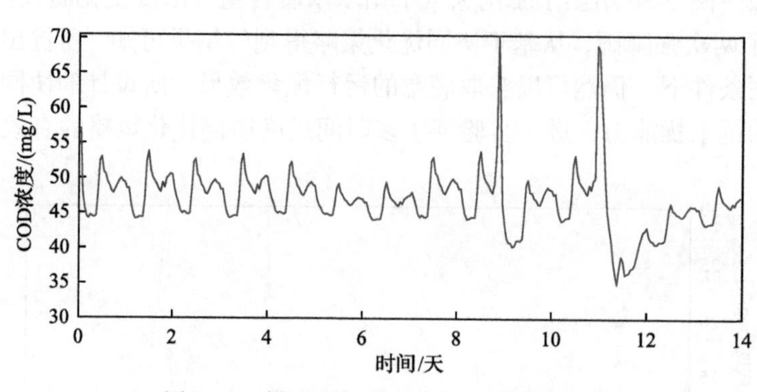

图 9-35　暴雨天气下出水 COD 浓度变化

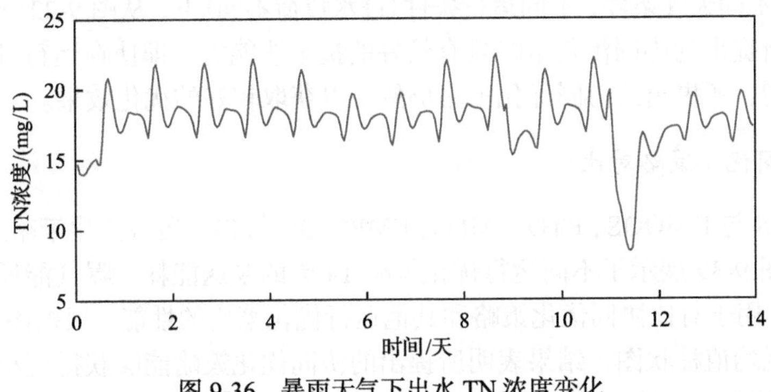

图 9-36　暴雨天气下出水 TN 浓度变化

此外，表 9-2 给出了不同天气条件下出水各项有机物浓度的平均值，可以得到协同优化策略在三种不同天气条件下均能够保证出水有机物的达标排放。表 9-3 给出了不同天气条件下的泵送能耗、曝气能耗和出水水质平均值，由结果可以看出在三种不同天气条件下协同优化策略能够获得较低的泵送能耗、曝气能耗和出水水质平均值，且基本能够克服天气情况的干扰，保持城市污水处理过程的稳定进行。

表 9-2　协同优化策略的平均出水有机物浓度

天气	TSS 浓度/(mg/L)	BOD_5 浓度/(mg/L)	NH 浓度/(mg/L)	COD 浓度/(mg/L)	TN 浓度/(mg/L)
约束	30	10	4	100	18
晴天	13.47	2.88	3.18	47.61	15.72
雨天	13.48	2.89	3.67	47.65	16.03
暴雨天	13.48	2.94	3.91	47.63	16.24

表 9-3　不同天气条件下的泵送能耗、曝气能耗和出水水质平均值

运行指标	晴天	雨天	暴雨天
AE/(kW·h)	3211	3309	3434
PE/(kW·h)	218	223	220
EQ/(kg·池·单元)	6537	6688	7811

图 9-22～图 9-36 以及表 9-2 和表 9-3 的实验结果验证了多时间尺度协同优化策略的有效性。通过实验结果可知，所设计的优化策略适用于城市污水处理过程中，其操作特点可总结如下：

(1)所提出的协同优化策略可以保证城市污水处理过程的运行优化性能，能够在降低曝气能耗和泵送能耗的同时保证出水水质达标，实现不同时间尺度运行指标的优化。

(2)在不同天气条件，不同运行条件(进水负荷不同)下，从图 9-22～图 9-36 中可以看出所提出的协同优化策略具有较好的抗干扰能力。即使在运行过程中的进水负荷不同，所提出的协同优化策略仍然可以获取较好的优化效果。

3. 不同优化策略对比

将 COS 与 DMOOS、RTO-NMPC、EMPC-OS 和 PID 运行优化策略进行对比。图 9-37～图 9-39 展示了不同运行优化策略 14 天的泵送能耗、曝气能耗和出水水质平均值，用于对比协同优化策略和其他运行优化策略的性能。根据图 9-37 所示的泵送能耗均值柱状图，结果表明所提出的协同优化策略能够获得更小的泵送能耗值。根据图 9-38 所示的曝气能耗均值柱状图，结果表明所提出的协同优化策略

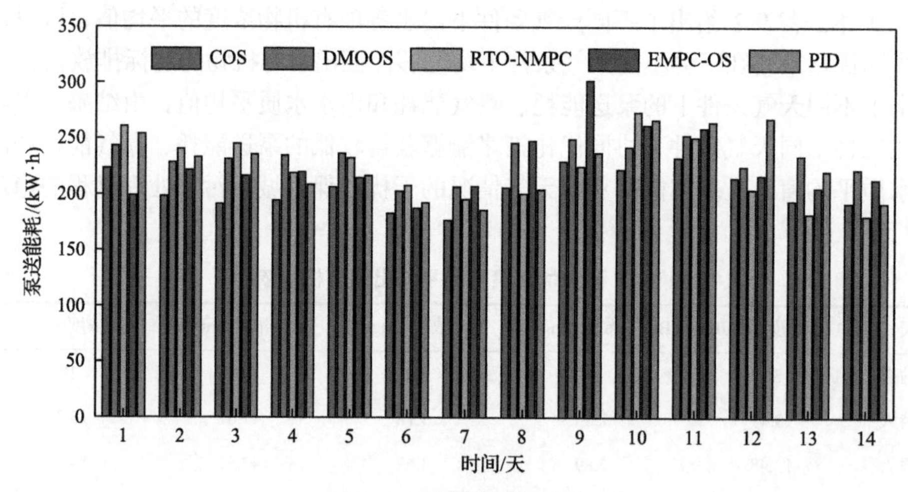

图 9-37　泵送能耗平均值

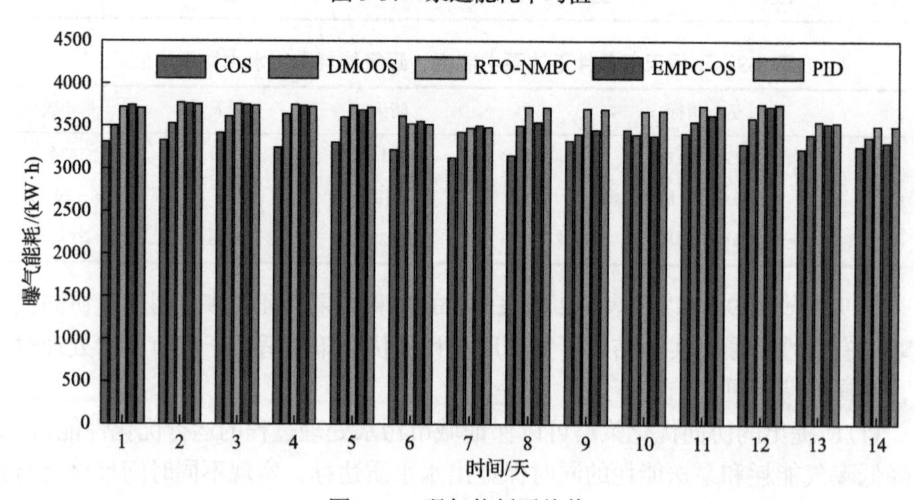

图 9-38　曝气能耗平均值

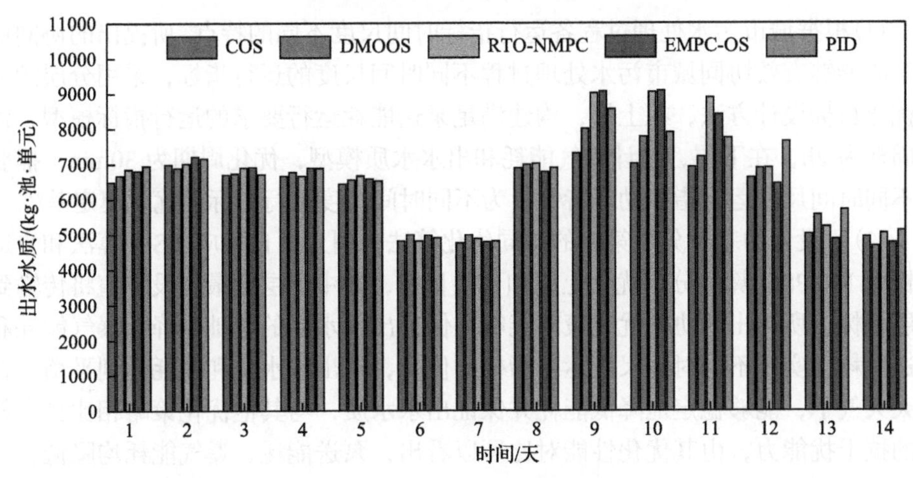

图 9-39　出水水质平均值

能够获得更小的曝气能耗值。图 9-39 展示了出水水质的平均值，结果显示所提出的协同优化策略能够有效平衡曝气能耗和出水水质的关系。如图 9-37～图 9-39 所示，所提出的协同优化策略能够有效平衡运行指标之间的关系。同时，实验结果也间接验证了所求得的 S_O 和 S_{NO} 最优设定点的有效性。

表 9-4 展示了不同优化运行策略下，14 天泵送能耗、曝气能耗、能耗、出水水质的平均值。从表中可以看出，在所提出的协同优化策略下，泵送能耗、曝气能耗、能耗的平均值，相比其他运行优化策略均显著降低；出水水质平均值达到标准要求。结果表明，协同优化策略能够获得较小的能耗，降低操作成本，保证出水水质达标排放。

表 9-4　优化性能对比

运行优化策略	PE/(kW·h)	AE/(kW·h)	EC/(kW·h)	EQ/(mg/L)
COS	208	3291	3499	7434
DMOOS	222	3531	3753	7406
RTO-NMPC	220	3599	3819	7329
EMPC-OS	216	3356	3572	7663
PID	223	3674	3897	7274

实验结果证明了多时间尺度协同优化策略的优越性。该策略能够充分利用污水处理过程的大量相关变量数据，建立基于自适应核函数的优化目标模型，以实时准确优化运行指标，并设计协同优化算法求解动态的溶解氧浓度与硝态氮浓度设定点，以最优化运行指标。所设计的协同优化策略与其他运行优化策略相比，能够有效降低能耗，同时保证出水水质达标排放，更加适用于城市污水处理过程，其操作特点可总结如下：

(1)根据城市污水处理过程各运行指标时间尺度不同的特点，所提出的协同优化策略能够有效协同城市污水处理过程不同时间尺度的运行指标，采用分层的运行优化目标设计方法，在上层，构建满足泵送能耗运行要求的运行指标模型，优化周期为 2h，在下层，设计曝气能耗和出水水质模型，优化周期为 30min，捕获了不同时间尺度运行指标动态特性，为不同时间尺度运行指标的优化奠定基础。

(2)所设计的基于分层策略的协同优化算法，引入了自适应 PSO 算法和自适应梯度 MOPSO 算法分别优化上层和下层目标，其中上层的最佳设定值将传输到下层目标。所提出的协同优化策略能够在保证出水水质的基础上降低曝气能耗和泵送能耗，实现不同时间尺度运行指标的优化，使出水水质和能耗达到平衡。在雨天天气下，能够稳定地降低能耗并保证出水水质，与其他优化策略相比具有较好的抗干扰能力，由其优化性能对比可以看出，泵送能耗、曝气能耗均降低，且出水水质达标。

9.6 城市污水处理运行多时间尺度协同优化系统应用平台

为了促进城市污水处理过程多时间尺度协同优化策略的实际运行与应用验证，本节以活性污泥法城市污水处理过程为研究背景，开发城市污水处理运行多时间尺度协同优化系统，搭建和集成协同优化系统平台，并展示应用效果。

9.6.1 城市污水处理运行多时间尺度协同优化系统平台搭建

1. 多时间尺度协同优化系统需求分析

城市污水处理过程包含多个反应过程，且运行指标具有不同的时间尺度。随着城市污水处理工艺的日渐复杂和处理规模的不断增加，城市污水处理过程的运行成本居高不下，国家对出水水质排放要求日益严格。因此，城市污水处理过程运行优化系统的构建已成为城市污水处理行业发展的重要需求。

1)在线数据的检测与获取

在线数据的检测与获取是城市污水处理过程优化控制系统连续稳定运行的基础。在城市污水处理过程中，在线过程数据包含从进水端到出水端的全部数据，包括进水水质数据、过程变量数据、出水水质数据、设备运行状态数据等。城市污水处理过程在线数据的检测与获取过程具有检测周期不同、数据信息缺失、数据检测异常等特点。然而，城市污水处理过程的高效稳定运行依赖于在线过程数据的完整性和有效性。因此，如何实现在线过程数据的检测与准确获取，是城市污水处理过程优化控制系统要解决的首要问题。

2)在线运行指标状态的预测

城市污水处理过程同时包含多种运行指标，如出水水质、曝气能耗、泵送能耗等。对运行指标动态特性的准确获取，是描述城市污水处理过程运行状态的关键，也是实时获取控制变量最优设定值，提高城市污水处理过程运行性能的重要依据。但是，城市污水处理是一个动态复杂的非线性过程，各运行指标相互冲突，且具有不同时间尺度的特点，因此如何实现对城市污水处理过程运行指标、运行状态的在线预测，是实现城市污水处理过程优化控制的关键。

2. 城市污水处理运行多时间尺度协同优化系统设计

本节开发的城市污水处理运行多时间尺度协同优化系统架构如图 9-40 所示，主要包含在线过程数据的实时检测与获取模块、污水处理过程协同优化目标构建模块、污水处理过程多时间尺度协同优化设定模块，模块功能介绍如下：

(1) 在线过程数据的实时检测与获取模块的主要功能是提供反应过程、工况、状态数据采集。

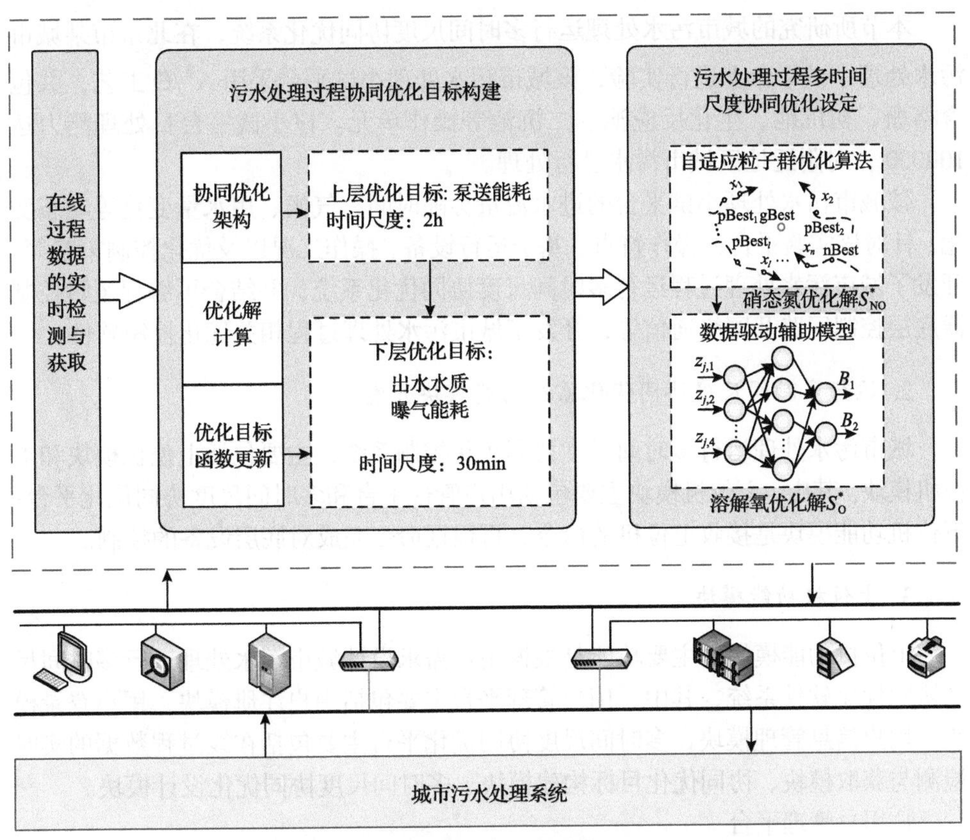

图 9-40　城市污水处理运行多时间尺度协同优化系统架构

(2) 污水处理过程协同优化目标构建模块的主要功能是进行运行指标的多时

间尺度动态实时预测，实时预测出水水质、能耗等的运行状态，用于评价模型的算法，通过合理配置植入模块中，并根据需求功能实时输出信号，为优化控制提供依据。

(3)污水处理过程多时间尺度协同优化设定模块的主要功能是根据运行指标信息，分层优化获取设定值。该模块将植入多目标动态优化算法，求解关于多时间尺度目标优化问题。

为了实现城市污水处理运行多时间尺度协同优化系统的落地应用，在城市污水处理过程控制界面上完成开发，选用具有较高兼容性的 Visual Studio 开发平台，开发环境为 Microsoft Visual Studio 2016。

9.6.2 城市污水处理运行多时间尺度协同优化系统平台集成

1. 多时间尺度协同优化系统运行环境分析

本节所研究的城市污水处理运行多时间尺度协同优化系统，在北京市某城市污水处理小试平台上进行实验，该城市污水处理小试平台采用 A^2/O 工艺，共包含格栅、初沉池、生化反应池、二沉池等操作单元。该小试平台日处理能力达 100000t，对附近地区城市污水进行处理。

该城市污水处理小试平台的进水流量会随时间、气候、用水量变化等动态变化。针对该实验平台的操作特点，基于运行设备、操作工况以及优化控制策略等，开发了城市污水处理过程运行多时间尺度协同优化系统，并结合可编程逻辑控制器底层控制回路及网络通信等，开发了城市污水处理过程相关优化控制软件。

2. 运行多时间尺度协同优化系统功能模块开发

城市污水处理运行多时间尺度协同优化控制系统，主要包括上位机模块和下位机模块。其中，上位机模块主要包括用户管理平台和多时间尺度协同优化平台；下位机功能模块是接收上位机的命令，再根据命令完成对底层设备的控制。

3. 上位机功能模块

上位机功能模块的主要功能是根据用户需求设计城市污水处理运行多时间尺度协同优化软件系统，其中，用户管理平台主要包括用户注册模块、用户登录模块、用户信息管理模块，多时间尺度协同优化平台主要包括在线过程数据的实时检测与获取模块、协同优化目标构建模块、多时间尺度协同优化设计模块。

1)用户管理平台

用户管理平台主要包括以下两个功能：

(1)新用户的注册。根据用户注册界面，进行用户登录授权，保证新用户可通过用户名、登录密码或邮箱等完成注册；同时，为了防止用户记错或忘记登录密码，设置了密码找回功能。

(2)用户信息的管理。设计用户管理模块来存储用户的相关信息，便于用户或管理员随时查看，并保护用户的个人隐私。

2)多时间尺度协同优化平台

多时间尺度协同优化平台的主要功能是完成数据的获取、存储与传输，实现多时间尺度运行指标的预测以及协同优化设定值的求取等。

(1)在线过程数据的实时检测与获取模块：获取与存储污水处理过程的运行数据，将传感器采集的数据转化为“.xls”格式，存储至结构化查询语言数据库中，并通过传输接口与城市污水处理厂中控室上位机进行通信，为城市污水处理多时间尺度协同优化提供数据基础。

(2)协同优化目标构建模块：实时预测污水处理过程多时间尺度优化运行指标，将出水水质和能耗等优化目标的运行趋势动态呈现出来。该模块中包含自适应核函数等，基于 C 语言与 MATLAB 混合编程，调用编好的优化目标模型程序，利用获取的在线运行数据对模型进行训练；同时，将优化目标模型的训练结果和误差、预测结果和误差等的变化曲线在界面中呈现并保存，供用户随时查看。

(3)多时间尺度协同优化设计模块：基于协同优化目标模型，动态求得不同时间尺度控制变量的最优设定值，实现污水处理多时间尺度协同优化。该模块包含 DMOPSO 算法，基于 C 语言与 MATLAB 混合编程，调用分层多目标优化程序，并将获取的控制变量最优设定值呈现在界面中，供用户查看和调用。

4. 下位机功能模块

下位机功能模块主要是通过通信协议完成对上位机命令的接收，并根据上位机的命令完成底层设备的控制，其底层设备包括可编程逻辑控制器、鼓风机及其变频器等电气设备。

1)可编程逻辑控制器

该系统选择西门子 S7-300 系列的可编程逻辑控制器作为主站，该设备具有结构简单、抗冲击效果好、可进行分布式控制和电磁兼容性强的优点，CPU 具有数字量和模拟量输入/输出点，以及 PROFIBUS-DP 通信接口，能够满足城市污水处理过程优化控制的需求。同时，选择 S7-200 系列的可编程逻辑控制器作为从站，其具有结构紧凑、速度快、实时性好、通信功能强大的优点，且该可编程逻辑控制器没有 CPU，只能与基本操作单元相连接，用于扩展输入/输出点数。

2)鼓风机

该系统选择罗茨鼓风机，其风机进气口和排气口均使用螺旋结构，能够实现风机运转平衡；且该风机的转子曲线采用复合曲线，密封好，其输出空气不包含任何油质。同时，由于风机齿轮经过 20CrMnTi 的渗碳处理，齿面耐磨，且轴承采用双排滚子进口轴承，具有承载能力强的优点，延长了风机的使用寿命。此外，在鼓风机的工作过程中，主要通过变频器来控制启停与调速等，该系统采用ABB公司生产的大功率变频器，其频率值与转速相对应，可通过1或0来控制鼓风机的运行状况。

9.6.3　城市污水处理运行多时间尺度协同优化系统平台应用验证

所设计的城市污水处理运行多时间尺度协同优化系统采用“分布式操作、集中式管理”的设计原则，城市污水处理厂中控室上位机系统实现在线数据的检测与获取、协同优化目标构建、多时间尺度协同优化获取动态最优设定值等功能，下层可编程逻辑控制器设备通过通信协议接收上位机命令，完成对鼓风机的控制，从而保证城市污水处理过程的安全稳定运行。同时，为了实现上位机系统和下层设备间的协同优化运行，该系统通过OPC技术和以太网等实现与下层可编程逻辑控制器设备的连接，实现设备的启停与模式选择等。

该系统操作界面如图9-41所示。图中左部为城市污水处理多时间尺度协同优化系统所封装的模块单元，可直接在组态软件上进行调用。

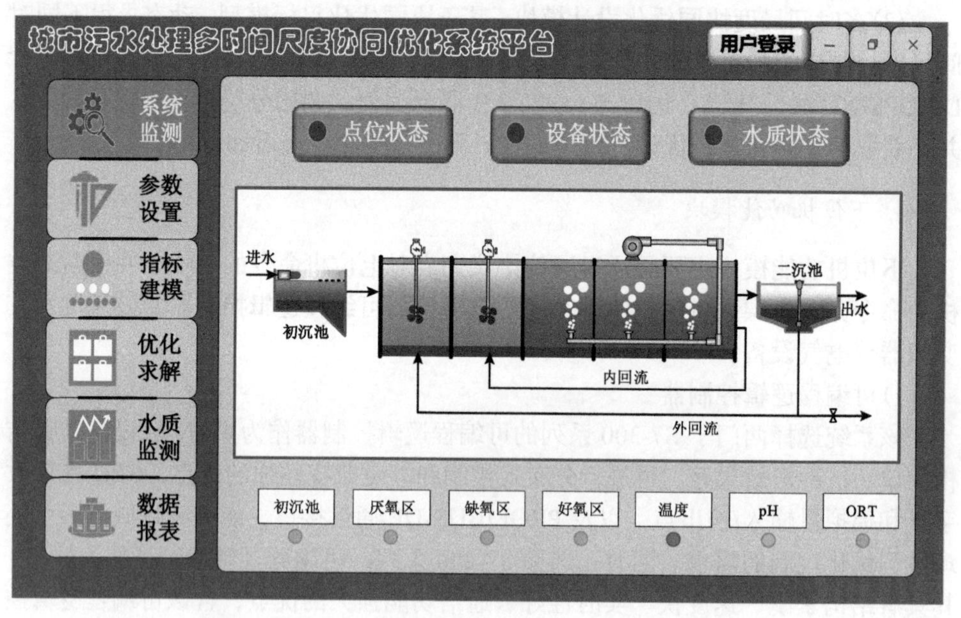

图9-41　多时间尺度协同优化系统上位机操作主界面

该系统污水处理优化运行效果如图9-42所示。在城市污水处理厂实际应用中，该系统能够将检测的数据实时呈现在屏幕上，实现对出水水质的实时监控。图9-42实时展示了出水总氮浓度的变化，证明了该系统能够实现污水处理过程多时间尺度的运行优化。

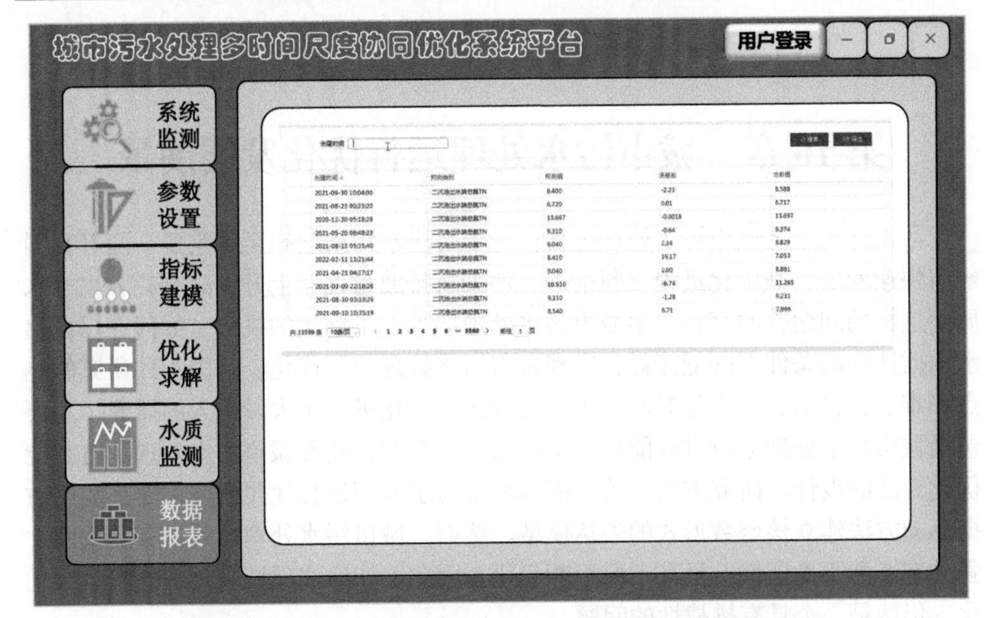

图 9-42　多时间尺度协同优化系统污水处理过程优化运行效果

根据以上结果分析，利用组态软件开发的城市污水处理运行多时间尺度协同优化策略，能够随着进水水量的动态变化，实时获得不同时间尺度的控制变量最优设定值，并将其传输至下位机设备，通过可编程逻辑控制器、鼓风机及其变频器的配合完成接收到的命令，实现城市污水处理过程的运行优化，降低运行能耗的同时保证出水水质达标排放。

通过分析城市污水处理运行多时间尺度协同优化的操作需求，本章开发了基于组态软件的城市污水处理运行多时间尺度协同优化系统，设计了包括在线数据的检测与获取、协同优化目标构建、多时间尺度协同优化设计等模块。同时，基于该系统的应用需求，选择了合适的上位机系统以及下位机相关设备，并进行了设备安装和调试，对系统进行了应用验证。该系统在城市污水处理小试平台上的成功应用，验证了该运行优化系统能够实现城市污水处理过程中的多时间尺度协同优化，保证城市污水处理过程的安全稳定运行。此外，该运行优化系统的开发为解决复杂工业过程中的运行优化提供了思路，具有重要的实际意义。

第 10 章　城市污水处理运行优化发展前景

活性污泥工艺城市污水处理过程，对于解决水污染问题至关重要。随着我国经济快速发展，城市化进程不断推进，污染物排放量逐年上升，高能耗和出水水质不达标的问题普遍存在，给城市污水处理厂带来了巨大的挑战。如何在保证出水水质达标的条件下降低能耗，实现城市污水处理运行优化，是国内外研究的热点和难点。目前，国内外对城市污水处理运行优化进行了大量深入的研究，主要包括城市污水处理运行过程能耗、出水水质模型的构建和城市污水处理运行智能优化算法的设计。研究方法涵盖了搭建城市污水处理运行优化研究框架，利用数据驱动方法建立核函数形式的表达模型。然而，城市污水处理过程具有非线性、强动态性和不确定性，且其工况不断变化。因此，如何实现城市污水处理运行优化，仍然是一个具有挑战性的问题。

10.1　城市污水处理过程运行指标模型构建方法

有效的城市污水处理过程运行指标模型，能够准确描述污水处理运行状态，表征污水处理内部反应与运行指标的关联关系，是实施运行优化技术的基础。目前，运行指标模型构建主要分为基于污水处理过程运行机理和基于污水处理过程数据两种方法，并已广泛应用于运行指标建模中。基于污水处理过程运行机理构建的运行指标模型，重点分析城市污水处理过程运行机理，描述污水处理过程中的生化反应过程。基于污水处理过程数据构建的运行指标模型，重点挖掘污水处理系统中进水组分、过程变量以及运行指标之间的关系。本节主要对城市污水处理运行指标建模方法进行展望，如下所述。

1. 基于人工经验的运行指标建模方法

单纯基于机理和数据建立的运行指标模型完备性不足。在实际的污水处理系统中，污水处理过程中众多环节需要有相关操作人员参与，他们的操作经验对污水处理过程生化反应过程影响显著。因此，在运行指标模型的建立过程中，人工经验至关重要。

针对该问题，需要结合机理、数据和人工经验的建模优势，研究基于污水处理反应机理、动力学方程和人工经验的综合建模方法。由于通过机理或者数据的形式难以对人工经验有效表达，如何对人工经验进行知识提取并建立有效的数学表征仍然是一个巨大的挑战。另外，一些现有建模方法，如基于机理和知识、基于数据和知识等，存在人工经验提取困难、不同经验知识之间关联性缺乏、经验知识规则表达简单等问题，且人工经验知识的理论和方法的研究仍处于起步阶段，缺少可借鉴的理论成果。

2. 基于知识迁徙的运行指标建模方法

城市污水处理过程中，不同工况条件下的出水水质和能耗表达具有相似的机理，但数据驱动的运行指标建模方法需要对进水组分、过程变量以及优化运行指标的关系进行重新构建。城市污水处理过程是一个强干扰、时变、不确定的动态系统，其运行数据可能存在缺失或异常的情况，同时变量间具有不同的时间尺度，如何利用知识迁徙补充数据模型的缺陷，并建立精确的模型方法是一个重要的研究问题。

针对以上分析，基于知识迁徙的城市污水处理过程运行指标建模方法，成为一个重要的研究方向。在知识迁徙过程中，知识表达、知识推理以及知识评价是知识有效迁徙的重要因素。如何对污水处理过程的隐含知识进行深度挖掘，对人工经验知识进行自主推理，实现污水处理过程机理、数据和知识三者的高效融合，是目前污水处理过程运行指标模型设计的重点。

3. 多工况状态下运行指标建模方法

城市污水处理过程运行工况的实时变化，会导致运行指标关键过程变量也随之变化。例如，影响出水总氮浓度的关键过程变量，根据排放浓度是否达标而不同，若不满足排放要求，则调整外部碳源降低出水总氮浓度；若满足排放要求，则外部碳源保持不变。因此，如何根据实时变化的运行工况，对运行指标特征变量进行动态挖掘，对城市污水处理过程运行指标的构建仍是一个具有挑战性的难题。

针对以上问题，设计不同运行工况下的运行指标建模方法，成为未来城市污水处理运行优化的重要手段。在该背景下，基于机理分析和数据-知识驱动的方式，建立不同工况下的运行指标模型是一个重要的研究问题。另外，如何根据不同工况的运行条件和具体特点选择关键变量，建立相应的指标模型也是一个亟待解决的问题。

10.2　城市污水处理过程运行优化方法

城市污水处理过程运行优化方法，能够通过构建的优化目标模型，获取控制变量的优化设定点，为城市污水处理过程控制提供可靠的控制变量参考值，是实现城市污水处理过程“保质降耗”的基础。基于单目标和多目标的优化方法广泛应用于城市污水处理过程优化中。基于单目标优化的城市污水处理运行优化，重点分析了能耗或出水水质与控制变量之间的关系，以满足出水水质条件下使能耗最低，或者满足合理能耗条件下使出水水质达到最好为优化目标，得到控制变量优化设定值，实现能耗的降低或者出水水质的提高。基于多目标优化的城市污水处理运行优化方法同时分析了城市污水处理过程能耗、出水水质与控制变量之间的关系，并通过多目标优化的方式获取实时动态的控制变量优化设定值，实现能耗和出水水质的有效平衡。为了对城市污水处理过程进行更深入的研究，本节结合现有的研究成果和城市污水处理过程实际运行中遇到的问题，总结对城市污水处理运行优化方法研究的几点展望。

1. 城市污水处理过程多工况运行优化方法

城市污水处理过程受外部环境、进水流量、进水水质、微生物活性等影响显著，使得污水处理过程在不同的时间段呈现出不同的工况状态，如出水总氮、出水氨氮超标等，此时，出水水质不达标。决策者为了保证出水水质达标，需要调整控制变量的优化设定点，增加能耗和药耗。在该工况下，优化目标设计为出水污染物浓度最小化，实现城市污水处理运行优化。因此，如何在变化的工况下，设计优化目标，并求解控制变量优化设定值，快速适应特定环境变化是城市污水处理运行优化中亟待解决的问题。

针对以上问题，根据城市污水处理运行优化需求，综合考虑多种因素，将污水处理过程划分为多种工况，并针对性地设计不同的优化目标和优化方法获取控制变量优化设定值，是城市污水处理运行优化的重要研究方向。另外，在城市污水处理过程中，不同工况的切换具有一定的相关性，如何利用这些相关性信息求解控制变量优化设定点也是一个重要的研究问题。

2. 城市污水处理过程多任务优化方法

城市污水处理过程的主要目标是去除污水中的氮元素和磷元素，即城市污水处理过程具有多任务特性，主要包含两个任务：脱氮和除磷。与多目标优化不同，多任务优化能够实现不同过程同时优化。为了同时实现脱氮和除磷，设计优化策略以提高多任务环境下的城市污水处理过程操作性能是一项具有挑战性的工作。

针对以上问题，根据城市污水处理运行工艺，综合考虑多种因素，设计脱氮和除磷的多任务优化目标，并利用任务间潜在的相关性，设计多任务优化方法获取控制变量优化设定值，是一个有前景的研究方向。另外，城市污水处理过程是一个动态变化且包含多个操作时间尺度的操作过程，如何根据其运行特点设计一种动态多任务优化控制策略，也是一个亟待解决的挑战性难题。

3. 基于决策信息的城市污水处理运行优化方法

城市污水处理过程是一个动态变化的非线性过程，根据动态特性、多时间尺度特性和耦合特性等性能指标特性，难以求解出可行且解释性强的控制变量优化设定值。因此，如何根据城市污水处理过程的运行性能指标和相关动态校正信息，实现控制变量设定值的多目标优化决策，仍然是处理过程性能指标优化亟待解决的难题之一。

针对以上问题，考虑更多城市污水处理过程中与运行性能指标和相关动态校正信息相关联的需求信息，对比实际污水处理过程不同控制变量优化设定值的优劣势，获取符合实际城市污水处理过程需求的控制变量优化设定值是一个重要的研究方向。

4. 城市污水处理过程全流程运行优化

城市污水处理过程全流程主要包括曝气、内回流等多个过程。然而，在实际的城市污水处理运行优化中，受城市污水处理过程可控制变量数量的影响，城市污水处理运行优化过程中的优化设定点的选择具有局限性，主要原因是城市污水处理厂部分变量难以检测和调节，导致运行优化效果不佳。

针对以上问题，在硬件设备有限的情况下，如何运用基于全流程历史数据和相关信息的数据驱动软测量方式对变量进行检测，并通过优化控制器，实现全流程的变量跟踪控制，成为未来的一个研究方向。

10.3　城市污水处理运行优化系统

城市污水处理过程优化控制通过构建运行指标模型、实时获取控制变量优化设定值以及跟踪调整控制变量优化设定值，实现城市污水处理过程高效稳定的运行，保证在出水水质达标排放的同时，降低操作能耗，设计研发城市污水处理过程多目标运行优化系统，推动城市污水处理过程运行优化策略的实际应用。然而，城市污水处理过程多单元、时变、不确定性等特性，导致城市污水处理过程多目标运行优化策略的落地应用及示范推广难以实现，这是一个需要重点研究的课题。

1. 过程数据的实时检测与获取

过程数据的实时检测与获取，是保证城市污水处理过程优化控制系统连续稳定运行的基础。城市污水处理过程中的过程数据，包含从进水端到出水端的全部数据，即进水水质数据、过程变量数据、出水水质数据和设备运行状态数据。进水水质数据包括进水水量、进水氨氮浓度、进水总氮浓度等。过程变量数据包括氨氮浓度、溶解氧浓度、硝态氮浓度等。出水水质数据由出水氨氮浓度、出水总氮浓度、出水化学需氧量等数据组成。设备运行状态数据则由设备预警等级、设备异常报警等数据组成。城市污水处理过程数据检测与获取过程，主要存在数据信息缺失、数据检测异常及数据检测周期不同等问题。然而，过程数据的完整性和有效性，对城市污水处理过程的高效稳定运行起着至关重要的作用。因此，如何实现过程数据的实时检测与准确获取，是城市污水处理过程运行优化系统首要解决的问题。

2. 运行指标状态的在线预测

城市污水处理过程包含出水水质、曝气能耗、泵送能耗、外部碳源能耗等多种运行指标，准确获取这些具有动态特性的运行指标，对精确描述污水处理过程运行状态至关重要，同时也是实时获取控制变量优化设定值、提高污水处理过程操作性能的重要依据。但是，城市污水处理是动态变化、各运行指标相互冲突的复杂非线性操作过程，并且多种相关过程变量会对其造成影响。因此，如何在线预测城市污水处理过程运行指标的运行状态，也是实现城市污水处理过程优化控制的关键。

3. 运行优化系统性能评价

城市污水处理过程运行优化策略落地应用和示范推广的前提，是污水处理过程运行优化系统的性能评价满足要求，评价指标主要包括系统操作成本、运行优化系统的稳定性能以及可移植性等。城市污水处理过程各处理模块的性能参数及性能评价指标的获取，是建立完备城市污水处理运行优化系统性能评价体系的前提。然而，城市污水处理过程的复杂性，使得需要量化的指标参数繁多，导致难以构建统一规范的评价体系。因此，如何构建统一规范的性能评价体系，实现对运行过程规范化评价仍是一个需要解决的难题。

以城市污水处理过程运行特点和实践操作经验为依据，利用模糊神经网络控制器优化控制技术和多目标动态优化技术，可实现对污水处理过程优化目标的动态平衡和控制变量优化设定值的实时获取，降低操作成本的同时提高城市污水处理过程运行效率。然而，目前城市污水处理过程运行优化理论和技术体系尚未统一和完善，利用智能运行优化方法的城市污水处理运行系统在国内外仍有较大的缺口。因此，多目标运行优化系统的研发，对于促进城市污水处理过程运行优化策略的实际落地，攻克污水处理过程中关键技术难题具有重要意义，为我国城市污水处理行业的进一步发展奠定基础。

参考文献

[1] 联合国教科文组织. 2021 年世界水资源发展报告[R]. 巴黎: 联合国教科文组织, 2021.

[2] 世界经济论坛. 2021 年全球风险报告[R]. 日内瓦: 世界经济论坛, 2021.

[3] 水污染防治行动计划[Z]. 北京：中华人民共和国国务院, 2015.

[4] 中华人民共和国水污染防治法(2017 年修正)[Z]. 中华人民共和国第十二届全国人民代表大会常务委员会, 2017.

[5] Salehi M. Global water shortage and potable water safety; Today's concern and tomorrow's crisis[J]. Environment International, 2022, 158: 106936.

[6] Wang S, Zhang X, Jiang C, et al. Facile preparation of Janus polymer film and application in alleviating water crisis[J]. Materials Chemistry and Physics, 2020, 240: 122256.

[7] Nie Z, Huo M, Wang F, et al. Pilot study on urban sewage treatment with micro pressure swirl reactor[J]. Bioresource Technology, 2021, 320: 124305.

[8] 2020 中国生态环境状况公报[Z]. 北京: 中华人民共和国生态环境部, 2021.

[9] Li H, Jin C, Zhang Z Y, et al. Environmental and economic life cycle assessment of energy recovery from sewage sludge through different anaerobic digestion pathways[J]. Energy, 2017, 126: 649-657.

[10] Liu F, Hu X M, Zhao X, et al. Rapid nitrification process upgrade coupled with succession of the microbial community in a full-scale municipal wastewater treatment plant (WWTP)[J]. Bioresource Technology, 2018, 249: 1062-1065.

[11] Qu J, Wang H, Wang K, et al. Municipal wastewater treatment in China: Development history and future perspectives[J]. Frontiers of Environmental Science & Engineering, 2019, 13(6): 1-7.

[12] Nadiri A A, Shokri S, Tsai F T C, et al. Prediction of effluent quality parameters of a wastewater treatment plant using a supervised committee fuzzy logic model[J]. Journal of Cleaner Production, 2018, 180: 539-549.

[13] Han H, Qiao J. Nonlinear model-predictive control for industrial processes: An application to wastewater treatment process[J]. IEEE Transactions on Industrial Electronics, 2014, 61(4): 1970-1982.

[14] Yoo C K, Villez K, van Hulle S W H, et al. Enhanced process monitoring for wastewater treatment systems[J]. Environmetrics, 2008, 19(6): 602-617.

[15] Lotfi K, Bonakdari H, Ebtehaj I, et al. Predicting wastewater treatment plant quality parameters using a novel hybrid linear-nonlinear methodology[J]. Journal of Environmental Management, 2019, 240(15): 463-474.

[16] Newhart K B, Holloway R W, Hering A S, et al. Data-driven performance analyses of wastewater treatment plants: A review[J]. Water Research, 2019, 157(1): 498-513.

[17] Thürlimann C M, Dürrenmatt D J, Villez K. Soft-sensing with qualitative trend analysis for wastewater treatment plant control[J]. Control Engineering Practice, 2018, 70: 121-133.

[18] Luo L, Dzakpasu M, Yang B, et al. A novel index of total oxygen demand for the comprehensive evaluation of energy consumption for urban wastewater treatment[J]. Applied Energy, 2019, 236: 253-261.

[19] Lin Z, Wang Y, Huang W, et al. Single-stage denitrifying phosphorus removal biofilter utilizing intracellular carbon source for advanced nutrient removal and phosphorus recovery[J]. Bioresource Technology, 2019, 277: 27-36.

[20] Gao L, Han F, Zhang X, et al. Simultaneous nitrate and dissolved organic matter removal from wastewater treatment plant effluent in a solid-phase denitrification biofilm reactor[J]. Bioresource Technology, 2020, 314: 123714.

[21] Su X, Yuan J, Dong W, et al. Organic and nitrogenous pollutants removal paths in vegetation activated sludge process (V-ASP) for decentralized wastewater treatment by using stable isotope technique[J]. Bioresource Technology, 2021, 330: 124959.

[22] Zhang P, Qu Y, Feng Y, et al. The influence of the filtration membrane air-cathode biofilm on wastewater treatment[J]. Bioresource Technology, 2018, 256: 17-21.

[23] Wang W, Yang T, Guan W, et al. Ecological wetland paradigm drives water source improvement in the stream network of Yangtze River Delta[J]. Journal of Environmental Sciences, 2021, 110: 55-72.

[24] Liu X, Yuan W, Di M, et al. Transfer and fate of microplastics during the conventional activated sludge process in one wastewater treatment plant of China[J]. Chemical Engineering Journal, 2019, 362: 176-182.

[25] Luo Y, Yao J, Wang X, et al. Efficient municipal wastewater treatment by oxidation ditch process at low temperature: Bacterial community structure in activated sludge[J]. Science of the Total Environment, 2020, 703: 135031.

[26] Gao Z, Cai L, Liu M, et al. Total mercury and methylmercury migration and transformation in an A^2/O wastewater treatment plant[J]. Science of the Total Environment, 2020, 710: 136384.

[27] van Schaik M O, Sucu S, Cappon H J, et al. Mathematically formulated key performance indicators for design and evaluation of treatment trains for resource recovery from urban wastewater[J]. Journal of Environmental Management, 2021, 282: 111916.

[28] Li Y, Zhang M, Xu D, et al. Potential of anammox process towards high-efficient nitrogen removal in wastewater treatment: Theoretical analysis and practical case with a SBR[J]. Chemosphere, 2021, 281: 130729.

[29] Bao Z, Sun S, Sun D. Assessment of greenhouse gas emission from A/O and SBR wastewater treatment plants in Beijing, China[J]. International Biodeterioration & Biodegradation, 2016, 108: 108-114.

[30] Brockmann D, Gérand Y, Park C, et al. Wastewater treatment using oxygenic photogranule-based process has lower environmental impact than conventional activated sludge process[J]. Bioresource Technology, 2021, 319: 124204.

[31] Wei Z, Li W, Zhao D, et al. Electrophilicity index as a critical indicator for the biodegradation of the pharmaceuticals in aerobic activated sludge processes[J]. Water Research, 2019, 160: 10-17.

[32] Peng J, Wang X, Yin F, et al. Characterizing the removal routes of seven pharmaceuticals in the activated sludge process[J]. Science of the Total Environment, 2019, 650: 2437-2445.

[33] Orhon D. Evolution of the activated sludge process: The first 50 years[J]. Journal of Chemical Technology & Biotechnology, 2015, 90(4): 608-640.

[34] Ludzack F J, Ettinger M B. Controlling operation to minimize activated sludge effluent nitrogen[J]. Journal, 1962, 34(9): 920-931.

[35] Bamard J L. The development of nutrient-removal process[J]. Water and Environment Journal, 1988, 12(5): 303-388.

[36] Bamard J L. A review of biological phosphorus removal in the activated sludge process[J]. Water SA, 1976, 2(3): 136-144.

[37] Rabinowitz B. Chemical and biological phosphorus removal in the activated sludge process[D]. Cape Town: University of Cape Town, 1980.

[38] Kang X S, Liu C Q, Zhang B, et al. Application of reversed A^2/O process on removing nitrogen and phosphorus from municipal wastewater in China[J]. Water Science and Technology, 2011, 63(10): 2138-2142.

[39] Liu B T, Zhang F Z, Zhang L, et al. Study on energy saving methods for A^2/O process in urban wastewater treatment plants[J]. Advanced Materials Research, 2012, 374-377(1): 1081-1084.

[40] Zhu W, Wang Z, Zhang Z. Renovation of automation system based on industrial Internet of things: A case study of a sewage treatment plant[J]. Sensors, 2020, 20(8): 2175-2192.

[41] Iwai H. Removal of trace levels of Cu(II) from seawater by co-precipitation with humic acids[J]. Analytical Sciences, 2017, 33(11): 1231-1236.

[42] Patziger M, Günthert F W, Jardin N, et al. On the design and operation of primary settling tanks in state of the art wastewater treatment and water resources recovery[J]. Water Science and Technology, 2016, 74(9): 2060-2067.

[43] Chen Y, Li B, Ye L, et al. The combined effects of COD/N ratio and nitrate recycling ratio on nitrogen and phosphorus removal in anaerobic/anoxic/aerobic (A^2/O)-biological aerated filter (BAF) systems[J]. Biochemical Engineering Journal, 2015, 93: 235-242.

[44] Katsoyiannis A, Samara C. The fate of dissolved organic carbon（DOC）in the wastewater treatment process and its importance in the removal of wastewater contaminants[J]. Environmental Science and Pollution Research—International, 2007, 14 (5) : 284-292.

[45] Palansooriya K N, Yang Y, Tsang Y F, et al. Occurrence of contaminants in drinking water sources and the potential of biochar for water quality improvement: A review[J]. Critical Reviews in Environmental Science and Technology, 2020, 50 (6) : 549-611.

[46] Li J, Liu G, Li C, et al. Effects of different solid carbon sources on water quality, biofloc quality and gut microbiota of Nile tilapia（Oreochromis niloticus）larvae[J]. Aquaculture, 2018, 495: 919-931.

[47] Meng Q, Zeng W, Wang B, et al. New insights in the competition of polyphosphate-accumulating organisms and glycogen-accumulating organisms under glycogen accumulating metabolism with trace Poly-P using flow cytometry[J]. Chemical Engineering Journal, 2020, 385: 123915.

[48] Wang H G, Huang H, Liu R L, et al. Investigation on polyphosphate accumulation in the sulfur transformation-centric EBPR（SEBPR）process for treatment of high-temperature saline wastewater[J]. Water Research, 2019, 167: 115138.

[49] Wang N, Gao J, Liu Y, et al. Realizing the role of N-acyl-homoserine lactone-mediated quorum sensing in nitrification and denitrification: A review[J]. Chemosphere, 2021, 274: 129970.

[50] Tang L, Yu J, Pang Y, et al. Sustainable efficient adsorbent: Alkali-acid modified magnetic biochar derived from sewage sludge for aqueous organic contaminant removal[J]. Chemical Engineering Journal, 2018, 336: 160-169.

[51] Li Y, Miao Y, Zhang W, et al. Sertraline inhibits top-down forces（predation）in microbial food Web and promotes nitrification in sediment[J]. Environmental Pollution, 2020, 267: 115580.

[52] Peng S, Deng S, Li D, et al. Iron-carbon galvanic cells strengthened anaerobic/anoxic/oxic process（Fe/C-A^2/O）for high-nitrogen/phosphorus and low-carbon sewage treatment[J]. Science of the Total Environment, 2020, 722: 137657.

[53] Goldar A, Revollar S R, Lamanna R, et al. Neural NLMPC schemes for the control of the activated sludge process[C]. The 11th IFAC Symposium on Dynamic and Control of Process Systems, 2016: 913-918.

[54] Liu W, Wu Y, Zhang S, et al. Successful granulation and microbial differentiation of activated sludge in anaerobic/anoxic/aerobic（A^2/O）reactor with two-zone sedimentation tank treating municipal sewage[J]. Water Research, 2020, 178: 115825.

[55] Saravanan A, Kumar P S, Jeevanantham S, et al. Effective water/wastewater treatment methodologies for toxic pollutants removal: Processes and applications towards sustainable development[J]. Chemosphere, 2021, 280: 130595.

[56] Zou J, Tao Y, Li J, et al. Cultivating aerobic granular sludge in a developed continuous-flow reactor with two-zone sedimentation tank treating real and low-strength wastewater[J]. Bioresource Technology, 2018, 247: 776-783.

[57] Benvenuti T, Hamerski F, Giacobbo A, et al. Constructed floating wetland for the treatment of domestic sewage: A real-scale study[J]. Journal of Environmental Chemical Engineering, 2018, 6(5): 5706-5711.

[58] Wang Y, Li L, Han Y, et al. Intestinal bacteria in bioaerosols and factors affecting their survival in two oxidation ditch process municipal wastewater treatment plants located in different regions[J]. Ecotoxicology and Environmental Safety, 2018, 154: 162-170.

[59] Wu S, Wu H, Button M, et al. Impact of engineered nanoparticles on microbial transformations of carbon, nitrogen, and phosphorus in wastewater treatment processes—A review[J]. Science of the Total Environment, 2019, 660: 1144-1154.

[60] Thakur I S, Medhi K. Nitrification and denitrification processes for mitigation of nitrous oxide from waste water treatment plants for biovalorization: Challenges and opportunities[J]. Bioresource Technology, 2019, 282: 502-513.

[61] Zheng W, Wen X, Zhang B, et al. Selective effect and elimination of antibiotics in membrane bioreactor of urban wastewater treatment plant[J]. Science of the Total Environment, 2019, 646: 1293-1303.

[62] Chen X, Hu Z, Qi Y, et al. The interactions of algae-activated sludge symbiotic system and its effects on wastewater treatment and lipid accumulation[J]. Bioresource Technology, 2019, 292: 122017.

[63] Yu N, Zhao C, Ma B, et al. Impact of ampicillin on the nitrogen removal, microbial community and enzymatic activity of activated sludge[J]. Bioresource Technology, 2019, 272: 337-345.

[64] Huang F, Shen W, Zhang X, et al. Impacts of dissolved oxygen control on different greenhouse gas emission sources in wastewater treatment process[J]. Journal of Cleaner Production, 2020, 274: 123233.

[65] Musazura W, Odindo A O, Tesfamariam E H, et al. Nitrogen and phosphorus dynamics in plants and soil fertigated with decentralised wastewater treatment effluent[J]. Agricultural Water Management, 2019, 215: 55-62.

[66] Gao S X, Zhang X, Fan W Y, et al. Molecular insight into the variation of dissolved organic phosphorus in a wastewater treatment plant[J]. Water Research, 2021, 203: 117529.

[67] Fatone F, Di Fabio S, Bolzonella D, et al. Fate of aromatic hydrocarbons in Italian municipal wastewater systems: An overview of wastewater treatment using conventional activated-sludge processes (CASP) and membrane bioreactors (MBRs) [J]. Water Research, 2011, 45 (1): 93-104.

[68] Lei Y, Narsing S, Saakes M, et al. Calcium carbonate packed electrochemical precipitation

column: New concept of phosphate removal and recovery[J]. Environmental Science & Technology, 2019, 53(18): 10774-10780.

[69] Wang Q, Ding J, Xie H, et al. Phosphorus removal performance of microbial-enhanced constructed wetlands that treat saline wastewater[J]. Journal of Cleaner Production, 2021, 288: 125119.

[70] Sun H, Peng X, Zhang S, et al. Activation of peroxymonosulfate by nitrogen-functionalized sludge carbon for efficient degradation of organic pollutants in water[J]. Bioresource Technology, 2017, 241: 244-251.

[71] Rather R A, Lo I M C. Photoelectrochemical sewage treatment by a multifunctional g-C_3N_4/Ag/AgCl/$BiVO_4$ photoanode for the simultaneous degradation of emerging pollutants and hydrogen production, and the disinfection of *E. coli*[J]. Water Research, 2020, 168: 115166.

[72] Sriwiriyarat T, Jangkorn S, Charoenpanich J, et al. Occurrence of aerobic denitrifying bacteria in integrated fixed film activated sludge system[J]. Chemosphere, 2021, 285: 131504.

[73] Brehar M A, Melinda V, Cristea V M, et al. Influent temperature effects on the activated sludge process at a municipal wastewater treatment plant[J]. Studia Universitatis Babes-Bolyai Chemia, 2019, 64(1): 113-123.

[74] Yi K, Wang D, Li X, et al. Effect of ciprofloxacin on biological nitrogen and phosphorus removal from wastewater[J]. Science of the Total Environment, 2017, 605: 368-375.

[75] 国家环境保护总局. 城镇污水处理厂污染物排放标准[S]. GB 18918—2002. 北京: 国家环境保护总局, 2002.

[76] Hejabi N, Saghebian S M, Aalami M T, et al. Evaluation of the effluent quality parameters of wastewater treatment plant based on uncertainty analysis and post-processing approaches (case study) [J]. Water Science and Technology, 2021, 83(7): 1633-1648.

[77] Liao Q, Rong H, Zhao M, et al. Interaction between tetracycline and microorganisms during wastewater treatment: A review[J]. Science of the Total Environment, 2021, 757: 143981.

[78] Wang Z, Ishii S, Novak P J. Encapsulating microorganisms to enhance biological nitrogen removal in wastewater: Recent advancements and future opportunities[J]. Environmental Science: Water Research & Technology, 2021, 7(8): 1402-1416.

[79] Ding L, Lv Z, Han M, et al. Forecasting China's wastewater discharge using dynamic factors and mixed-frequency data[J]. Environmental Pollution, 2019, 255: 113148.

[80] Cai W, Long F, Wang Y, et al. Enhancement of microbiome management by machine learning for biological wastewater treatment[J]. Microbial Biotechnology, 2021, 14(1): 59-62.

[81] Alam A U, Clyne D, Jin H, et al. Fully integrated, simple, and low-cost electrochemical sensor array for in situ water quality monitoring[J]. ACS Sensors, 2020, 5(2): 412-422.

[82] Bucak T, Trolle D, Tavşanoğlu Ü N, et al. Modeling the effects of climatic and land use changes

on phytoplankton and water quality of the largest Turkish freshwater lake: Lake Beyşehir[J]. Science of the Total Environment, 2018, 621: 802-816.

[83] Das D, Baitalik S, Haldar B, et al. Preparation and characterization of macroporous SiC ceramic membrane for treatment of waste water[J]. Journal of Porous Materials, 2018, 25(4): 1183-1193.

[84] Celma A, Sancho J V, Salgueiro-González N, et al. Simultaneous determination of new psychoactive substances and illicit drugs in sewage: Potential of micro-liquid chromatography tandem mass spectrometry in wastewater-based epidemiology[J]. Journal of Chromatography A, 2019, 1602: 300-309.

[85] Blanco-Rodríguez A, Camara V F, Campo F, et al. Development of an electronic nose to characterize odours emitted from different stages in a wastewater treatment plant[J]. Water Research, 2018, 134: 92-100.

[86] Talepour N, Hassanvand M S, Abbasi-Montazeri E, et al. Spatio-temporal variations of airborne bacteria from the municipal wastewater treatment plant: A case study in Ahvaz, Iran[J]. Journal of Environmental Health Science and Engineering, 2020, 18(2): 423-432.

[87] Xu H, Li Y, Ding M, et al. Simultaneous removal of dissolved organic matter and nitrate from sewage treatment plant effluents using photocatalytic membranes[J]. Water Research, 2018, 143: 250-259.

[88] Zhu S, Qin L, Feng P, et al. Treatment of low C/N ratio wastewater and biomass production using co-culture of Chlorella vulgaris and activated sludge in a batch photobioreactor[J]. Bioresource Technology, 2019, 274: 313-320.

[89] Wang D, Guo F, Wu Y, et al. Technical, economic and environmental assessment of coagulation/filtration tertiary treatment processes in full-scale wastewater treatment plants[J]. Journal of Cleaner Production, 2018, 170: 1185-1194.

[90] 栗三一，乔俊飞，李文静，等. 污水处理决策优化控制[J]. 自动化学报，2018，44(12): 2198-2209.

[91] Xu X, Wang G, Zhou L, et al. Start-up of a full-scale SNAD-MBBR process for treating sludge digester liquor[J]. Chemical Engineering Journal, 2018, 343: 477-483.

[92] Xiao R, Wei Y, An D, et al. A review on the research status and development trend of equipment in water treatment processes of recirculating aquaculture systems[J]. Reviews in Aquaculture, 2019, 11(3): 863-895.

[93] Pretel R, Robles A, Ruano M V, et al. A plant-wide energy model for wastewater treatment plants: Application to anaerobic membrane bioreactor technology[J]. Environmental Technology, 2016, 37(18): 2298-2315.

[94] Silva C, Saldanha Matos J, Rosa M J. Performance indicators and indices of sludge management

in urban wastewater treatment plants[J]. Journal of Environmental Management, 2016, 184: 307-317.

[95] Troutman S C, Schambach N, Love N G, et al. An automated toolchain for the data-driven and dynamical modeling of combined sewer systems [J]. Water Research, 2017, 126: 88-100.

[96] Machado V C, Gabriel D, Lafuente J, et al. Cost and effluent quality controllers design based on the relative gain array for a nutrient removal WWTP[J]. Water Research, 2009, 43(20): 5129-5141.

[97] van Staden A J, Zhang J F, Xia X H. A model predictive control strategy for load shifting in a water pumping scheme with maximum demand charges[J]. Applied Energy, 2011, 88(12): 4785-4794.

[98] Guerrero J, Guisasola A, Vilanova R, et al. Improving the performance of a WWTP control system by model-based setpoint optimisation[J]. Environmental Modelling & Software, 2011, 26(4): 492-497.

[99] Hernández-Sancho F, Molinos-Senante M, Sala-Garrido R. Energy efficiency in Spanish wastewater treatment plants: A non-radial DEA approach[J]. Science of the Total Environment, 2011, 409(14): 2693-2699.

[100] Yang Y, Yang J K, Zuo J L, et al. Study on two operating conditions of a full-scale oxidation ditch for optimization of energy consumption and effluent quality by using CFD model[J]. Water Research, 2011, 45(11): 3439-3452.

[101] El Shorbagy W E, Radif N N, Droste R L. Optimization of A^2/O BNR processes using ASM and EAWAG bio-P models: Model performance[J]. Water Environment Research, 2013, 85(12): 2271-2284.

[102] Gussem K D, Fenu A, Wambecq T, et al. Energy saving on wastewater treatment plants through improved online control: Case study wastewater treatment plant Antwerp-South[J]. Water Science and Technology, 2014, 69(5): 1074-1079.

[103] Kirchem D, Lynch M, Bertsch V, et al. Modelling demand response with process models and energy systems models: Potential applications for wastewater treatment within the energy-water nexus[J]. Applied Energy, 2020, 260: 114321.

[104] Ostace G S, Cristea V M, Agachi P Ş. Cost reduction of the wastewater treatment plant operation by MPC based on modified ASM1 with two-step nitrification/denitrification model[J]. Computers & Chemical Engineering, 2011, 35(11): 2469-2479.

[105] Lu H, Wang J, Wang T, et al. Crystallization techniques in wastewater treatment: An overview of applications[J]. Chemosphere, 2017, 173: 474-484.

[106] Solon K, Flores-Alsina X, Kazadi M C, et al. Plant-wide modelling of phosphorus transformations in wastewater treatment systems: Impacts of control and operational strategies

[J]. Water Research, 2017, 113: 97-110.

[107] Benthack C, Srinivasan B, Bonvin D, An optimal operating strategy for fixed-bed bioreactors used in wastewater treatment[J]. Biotechnology & Bioengineering, 2001, 72(1): 34-40.

[108] Plósz B G. Optimization of the activated sludge anoxic reactor configuration as a means to control nutrient removal kinetically[J]. Water Research, 2007, 41(8): 1763-1773.

[109] Shen W, Chen X, Corriou J P. Application of model predictive control to the BSM1 benchmark of wastewater treatment process[J]. Computers & Chemical Engineering, 2008, 32(12): 2849-2856.

[110] Ekama G A. Using bioprocess stoichiometry to build a plant-wide mass balance based steady-state WWTP model[J]. Water Research, 2009, 43(8): 2101-2120.

[111] Nopens I, Benedetti L, Jeppsson U, et al. Benchmark Simulation Model No_2: Finalisation of plant layout and default control strategy[J]. Water Science and Technology, 2010, 62(9): 1967-1974.

[112] Jeong E, Kim H W, Nam J Y, et al. Enhancement of bioenergy production and effluent quality by integrating optimized acidification with submerged anaerobic membrane bioreactor[J]. Bioresource Technology, 2010, 101(1): S7-S12.

[113] Bolyard S C, Reinhart D R. Evaluation of leachate dissolved organic nitrogen discharge effect on wastewater effluent quality[J]. Waste Management, 2017, 65: 47-53.

[114] Pallavhee T, Sundaramoorthy S, Sivasankaran M A. Optimal control of small size single tank activated sludge process with regulated aeration and external carbon addition[J]. Industrial & Engineering Chemistry Research, 2018, 57(46): 15811-15823.

[115] Mannina G, Cosenza A, Viviani G. Uncertainty assessment of a model for biological nitrogen and phosphorus removal: Application to a large wastewater treatment plant[J]. Physics and Chemistry of the Earth, 2012, 42-44: 61-69.

[116] Chen Z B, Nie S K, Ren N Q, et al. RETRACTED: Improving the efficiencies of simultaneous organic substance and nitrogen removal in a multi-stage loop membrane bioreactor-based PWWTP using an on-line Knowledge-Based Expert System[J]. Water Research, 2011, 45(16): 5266-5278.

[117] Alsina F X, Arnell M, Amerlinck Y, et al. Balancing effluent quality, economic cost and greenhouse gas emissions during the evaluation of (plant-wide) control/operational strategies in WWTPs[J]. Science of the Total Environment, 2014, 466-467: 616-624.

[118] Alsina F X, Corominas L, Snip L, et al. Including greenhouse gas emissions during benchmarking of wastewater treatment plant control strategies[J]. Water Research, 2011, 45(16): 4700-4710.

[119] Zeng J, Liu J F. Economic model predictive control of wastewater treatment processes[J]. Industrial & Engineering Chemistry Research, 2015, 54(21): 5710-5721.

[120] Flores-Alsina X, Gallego A, Feijoo G, et al. Multiple-objective evaluation of wastewater treatment plant control alternatives[J]. Journal of Environmental Management, 2010, 91(5): 1193-1201.

[121] Asadi M, Guo H, McPhedran K. Biogas production estimation using data-driven approaches for cold region municipal wastewater anaerobic digestion[J]. Journal of Environmental Management, 2020, 253: 109708.

[122] Kusiak A, Wei X. A data-driven model for maximization of methane production in a wastewater treatment plant[J]. Water Science and Technology, 2012, 65(6): 1116-1122.

[123] Fernández F J, Castro M C, Rodrigo M A, et al. Reduction of aeration costs by tuning a multi-set point on/off controller: A case study[J]. Control Engineering Practice, 2011, 19(10): 1231-1237.

[124] Kusiak A, Zeng Y H, Zhang Z J. Modeling and analysis of pumps in a wastewater treatment plant: A data-mining approach[J]. Engineering Applications of Artificial Intelligence, 2013, 26(7): 1643-1651.

[125] Zeng Y H, Zhang Z J, Kusiak A, et al. Optimizing wastewater pumping system with data-driven models and a greedy electromagnetism-like algorithm[J]. Stochastic Environmental Research and Risk Assessment, 2016, 30(4): 1263-1275.

[126] Zhang Z J, Kusiak A, Zeng Y H, et al. Modeling and optimization of a wastewater pumping system with data-mining methods[J]. Applied Energy, 2016, 164: 303-311.

[127] Torregrossa D, Hansen J, Hernández-Sancho F, et al. A data-driven methodology to support pump performance analysis and energy efficiency optimization in waste water treatment plants[J]. Applied Energy, 2017, 208(1): 1430-1440.

[128] Filipe J, Bessa R J, Reis M, et al. Data-driven predictive energy optimization in a wastewater pumping station[J]. Applied Energy, 2019, 252: 113423.

[129] Noori R, Yeh H D, Abbasi M, et al. Uncertainty analysis of support vector machine for online prediction of five-day biochemical oxygen demand[J]. Journal of Hydrology, 2015, 527: 833-843.

[130] Nezhad M F, Mehrdadi N, Torabian A, et al. Artificial neural network modeling of the effluent quality index for municipal waste water treatment plants using quality variables: South of Tehran waste water treatment plant[J]. Journal of Water Supply Research and Technology-Aqua, 2015: jws2015030.

[131] Manu D S, Thalla A K. Artificial intelligence models for predicting the performance of biological wastewater treatment plant in the removal of Kjeldahl Nitrogen from wastewater[J]. Applied Water Science, 2017, 7(7): 3783-3791.

[132] Lu J Y, Wang X M, Liu H Q, et al. Optimizing operation of municipal wastewater treatment

plants in China: The remaining barriers and future implications[J]. Environment International, 2019, 129: 273-278.

[133] Tejaswini E S S, Panjwani S, Gara U B B, et al. Multi-objective optimization based controller design for improved wastewater treatment plant operation[J]. Environmental Technology & Innovation, 2021, 23(9): 101591.

[134] Cheng B A, Wang J, Liu W B, et al. Membrane fouling reduction in a cost-effective integrated system of microbial fuel cell and membrane bioreactor[J]. Water Science and Technology, 2017, 76(3): 653-661.

[135] 丛秋梅, 柴天佑, 余文. 污水处理过程的递阶神经网络建模[J]. 控制理论与应用, 2009, 26(1): 8-14.

[136] Maere T, Verrecht B, Moerenhout S, et al. BSM-MBR: A benchmark simulation model to compare control and operational strategies for membrane bioreactors[J]. Water Research, 2011, 45(6): 2181-2190.

[137] Dürrenmatt D J, Gujer W. Data-driven modeling approaches to support wastewater treatment plant operation[J]. Environmental Modelling & Software, 2012, 30(1): 47-56.

[138] Wu X L, Han H G, Liu Z, et al. Data-knowledge-based fuzzy neural network for nonlinear system identification[J]. IEEE Transactions on Fuzzy Systems, 2020, 28(9): 2209-2221.

[139] Sweeney M W, Kabouris J C. Modeling, instrumentation, automation, and optimization of wastewater treatment facilities[J]. Water Environment Research, 2009, 81(10): 1419-1439.

[140] Han H G, Zhang H J, Liu Z, et al. Data-driven decision-making for wastewater treatment process[J]. Control Engineering Practice, 2020, 96: 104305.

[141] Chen W L, Lu X W, Yao C H. Optimal strategies evaluated by multi-objective optimization method for improving the performance of a novel cycle operating activated sludge process[J]. Chemical Engineering Journal, 2015, 260: 492-502.

[142] Huang M Z, Ma Y W, Wan J Q, et al. A sensor-software based on a genetic algorithm-based neural fuzzy system for modeling and simulating a wastewater treatment process[J]. Applied Soft Computing, 2015, 27: 1-10.

[143] Qiao J F, Zhang W. Dynamic multi-objective optimization control for wastewater treatment process[J]. Neural Computing and Applications, 2018, 29(11): 1261-1271.

[144] Yang C, Zhang Y C, Huang M Z, et al. Adaptive dynamic prediction of effluent quality in wastewater treatment processes using partial least squares embedded with relevance vector machine[J]. Journal of Cleaner Production, 2021, 314: 1-11.

[145] Lee J W, Suh C, Hong Y S T, et al. Sequential modelling of a full-scale wastewater treatment plant using an artificial neural network[J]. Bioprocess and Biosystems Engineering, 2011, 34(8): 963-973.

[146] Muschalla D. Optimization of integrated urban wastewater systems using multi-objective evolution strategies[J]. Urban Water Journal, 2008, 5(1): 59-67.

[147] Huang Y, Dong X, Zeng S, et al. An integrated model for structure optimization and technology screening of urban wastewater systems[J]. Frontiers of Environmental Science & Engineering, 2015, 9(6): 1036-1048.

[148] Han H G, Qian H H, Qiao J F. Nonlinear multiobjective model-predictive control scheme for wastewater treatment process[J]. Journal of Process Control, 2014, 24(3): 47-59.

[149] Zhang W, Wang C, Li Y, et al. Seeking sustainability: Multiobjective evolutionary optimization for urban wastewater reuse in China[J]. Environmental Science & Technology, 2014, 48(2): 1094-1102.

[150] Chachuat B, Roche N, Latifi M A. Optimal aeration control of industrial alternating activated sludge plants[J]. Biochemical Engineering Journal, 2005, 23(3): 277-289.

[151] Sharma Y, Li B. Optimizing hydrogen production from organic wastewater treatment in batch reactors through experimental and kinetic analysis[J]. International Journal of Hydrogen Energy, 2009, 34(15): 6171-6180.

[152] Duzinkiewicz K, Brdys M A, Kurek W, et al. Genetic hybrid predictive controller for optimized dissolved-oxygen tracking at lower control level[J]. IEEE Transactions on Control Systems Technology, 2009, 17(5): 1183-1192.

[153] Amand L, Carlsson B. The optimal dissolved oxygen profile in a nitrifying activated sludge process-comparisons with ammonium feedback control[J]. Water Science and Technology, 2013, 68(3): 641-649.

[154] Delgado San Martin J A, Cruz Bournazou M N C, Neubauer P, et al. Mixed integer optimal control of an intermittently aerated sequencing batch reactor for wastewater treatment[J]. Computers & Chemical Engineering, 2014, 71(1): 298-306.

[155] Sadeghassadi M, Macnab C J B, Gopaluni B, et al. Application of neural networks for optimal-setpoint design and MPC control in biological wastewater treatment[J]. Computers & Chemical Engineering, 2018, 115: 150-160.

[156] Odriozola J, Beltrán S, Dalmau M, et al. Model-based methodology for the design of optimal control strategies in MBR plants[J]. Water Science and Technology, 2017, 75(11): 2546-2553.

[157] Ruano M V, Ribes J, Seco A, et al. An advanced control strategy for biological nutrient removal in continuous systems based on pH and ORP sensors[J]. Chemical Engineering Journal, 2012, 183(15): 212-221.

[158] Åmand L, Carlsson B. Optimal aeration control in a nitrifying activated sludge process[J]. Water Research, 2012, 46(7): 2101-2110.

[159] Gabarrón S, Dalmau M, Porro J, et al. Optimization of full-scale membrane bioreactors for

wastewater treatment through a model-based approach[J]. Chemical Engineering Journal, 2015, 267: 34-42.

[160] Asadi A, Verma A, Yang K, et al. Wastewater treatment aeration process optimization: A data mining approach[J]. Journal of Environmental Management, 2017, 203: 630-639.

[161] Zhou H, Qiao J F. Multiobjective optimal control for wastewater treatment process using adaptive MOEA/D[J]. Applied Intelligence, 2019, 49(3): 1098-1126.

[162] Saeid T, Reza N M, Mojtaba S. A fuzzy multi-objective optimization approach for treated wastewater allocation[J]. Environmental Monitoring and Assessment, 2019, 191(7): 468.

[163] Beraud B, Steyer J P, Lemoine C, et al. Optimization of WWTP control by means of multi-objective genetic algorithms and sensitivity analysis[J]. Computer Aided Chemical Engineering, 2008, 25: 539-544.

[164] Qiao J F, Bo Y C, Chai W, et al. Adaptive optimal control for a wastewater treatment plant based on a data-driven method[J]. Water Science and Technology, 2013, 67(10): 2314-2320.

[165] Bayo J, López-Castellanos J. Principal factor and hierarchical cluster analyses for the performance assessment of an urban wastewater treatment plant in the Southeast of Spain[J]. Chemosphere, 2016, 155(1): 152-162.

[166] 韩红桂, 张璐, 乔俊飞. 基于多目标粒子群算法的污水处理智能优化控制[J]. 化工学报, 2017, 68(4): 1474-1481.

[167] 乔俊飞, 韩改堂, 周红标. 基于知识的污水生化处理过程智能优化方法[J]. 自动化学报, 2017, 43(6): 1038-1046.

[168] 李霏, 杨翠丽, 李文静, 等. 基于均匀分布 NSGAII 算法的污水处理多目标优化控制[J]. 化工学报, 2019, 70(5): 1868-1878.

[169] 杨壮, 杨翠丽, 顾锞, 等. 多目标进化算法的污水处理过程优化控制[J]. 控制理论与应用, 2020, 37(1): 169-175.

[170] Kegl T, Kovač-Kralj A. Multi-objective optimization of anaerobic digestion process using a gradient-based algorithm[J]. Energy Conversion and Management, 2020, 226: 113560.

[171] Majlessi-Nasr M, Rafiee M, Amereh F, et al. Multi-objective optimization of electrocoagulation-flotation (ECF) process for treatment of real dairy wastewater[J]. Desalination and Water Treatment, 2020, 206(1): 44-57.

[172] An J, Xu S. A multi-objective dynamic differential evolution algorithm based on population strategy[J]. Metallurgical and Mining Industry, 2015, 7(5): 290-296.

[173] Qiu Y, Li J, Huang X A, et al. A feasible data-driven mining system to optimize wastewater treatment process design and operation[J]. Water, 2018, 10(10): 1342-1356.

[174] Han H, Zhu S, Qiao J, et al. Data-driven intelligent monitoring system for key variables in wastewater treatment process[J]. Chinese Journal of Chemical Engineering, 2018, 26(10):

2093-2101.

[175] Egea J A, Gracia I. Dynamic multiobjective global optimization of a waste water treatment plant for nitrogen removal[J]. IFAC Proceedings Volumes, 2012, 45(2): 374-379.

[176] Zhang R, Xie W M, Yu H Q, et al. Optimizing municipal wastewater treatment plants using an improved multi-objective optimization method[J]. Bioresource Technology, 2014, 157: 161-165.

[177] Vega P, Revollar S, Francisco M, et al. Integration of set point optimization techniques into nonlinear MPC for improving the operation of WWTPs[J]. Computers & Chemical Engineering, 2014, 68: 78-95.

[178] Sweetapple C, Fu G, Butler D, et al. Multi-objective optimisation of wastewater treatment plant control to reduce greenhouse gas emissions [J]. Water Research, 2014, 55(15): 52-62.

[179] Dominic S, Shardt Y A W, Ding S X, et al. An adaptive, advanced control strategy for KPI-based optimization of industrial processes[J]. IEEE Transactions on Industrial Electronics, 2016, 63(5): 3252-3260.

[180] de Faria A B B, Ahmadi A, Tiruta-Barna L, et al. Feasibility of rigorous multi-objective optimization of wastewater management and treatment plants[J]. Chemical Engineering Research and Design, 2016, 115(1): 394-406.

[181] Han H G, Liu Z, Lu W, et al. Dynamic MOPSO-based optimal control for wastewater treatment process[J]. IEEE Transactions on Cybernetics, 2021, 51(5): 2518-2528.

[182] Chen W L, Dai H L, Han T, et al. Mathematical modeling and modification of a cycle operating activated sludge process via the multi-objective optimization method[J]. Journal of Environmental Chemical Engineering, 2020, 8(6): 104470.

[183] Heo S, Nam K, Tariq K, et al. A hybrid machine learning-based multi-objective supervisory control strategy of a full-scale wastewater treatment for cost-effective and sustainable operation under varying influent conditions[J]. Journal of Cleaner Production, 2021, 291(2): 125853.

[184] 张璐, 张嘉成, 韩红桂, 等. 基于动态分解多目标粒子群优化的城市污水处理过程优化控制[J]. 北京工业大学学报, 2021, 47(3): 239-245.

[185] Li F, Su Z, Wang G M. An effective integrated control with intelligent optimization for wastewater treatment process[J]. Journal of Industrial Information Integration, 2021, 24: 100237.

[186] Xu T, Jia H, Wang Z, et al. SWMM-based methodology for block-scale LID-BMPs planning based on site-scale multi-objective optimization: A case study in Tianjin[J]. Frontiers of Environmental Science & Engineering, 2017, 11(4): 1-12.

[187] Meysami R, Niksokhan M H. Evaluating robustness of waste load allocation under climate change using multi-objective decision making[J]. Journal of Hydrology, 2020, 588: 125091.

[188] Li Y, Huang Y, Ye Q, et al. Multi-objective optimization integrated with life cycle assessment for rainwater harvesting systems[J]. Journal of Hydrology, 2018, 558: 659-666.

[189] Hakanen J, Miettinen K, Sahlstedt K. Wastewater treatment: New insight provided by interactive multiobjective optimization[J]. Decision Support Systems, 2011, 51 (2): 328-337.

[190] Béraud B, Steyer J P, Lemoine C, et al. Towards a global multi objective optimization of wastewater treatment plant based on modeling and genetic algorithms[J]. Water Science and Technology, 2007, 56 (9): 109-116.

[191] Ong M C, Leong Y T, Wan Y K, et al. Multi-objective optimization of integrated water system by FUCOM-VIKOR approach[J]. Process Integration and Optimization for Sustainability, 2021, 5 (1): 43-62.

[192] Ross B N, Lancellotti B V, Brannon E Q, et al. Greenhouse gas emissions from advanced nitrogen-removal onsite wastewater treatment systems[J]. Science of the Total Environment, 2020, 737: 140399.

[193] Carducci A, Morici P, Pizzi F, et al. Study of the viral removal efficiency in a urban wastewater treatment plant[J]. Water Science and Technology, 2008, 58 (4): 893-897.

[194] Zhang J B, Shao Y T, Wang H C, et al. Current operation state of wastewater treatment plants in urban china[J]. Environmental Research, 2021, 195: 110843.

[195] Di Fraia S, Massarotti N, Vanoli L. A novel energy assessment of urban wastewater treatment plants[J]. Energy Conversion and Management, 2018, 163 (1): 304-313.

[196] Kassymbekov Z, Akmalaiuly K, Kassymbekov G. Application of hydrocyclones to improve membrane technologies for urban wastewater treatment[J]. Journal of Ecological Engineering, 2021, 22 (4): 148-155.

[197] Baldisserotto C, Demaria S, Accoto O, et al. Removal of nitrogen and phosphorus from thickening effluent of an urban wastewater treatment plant by an isolated green microalga[J]. Plants, 2020, 9 (12): 1802.

[198] van Puijenbroek P T J M, Beusen A H M, Bouwman A F. Global nitrogen and phosphorus in urban waste water based on the shared socio-economic pathways[J]. Journal of Environmental Management, 2019, 231: 446-456.

[199] Jiang Y, Yang X, Liang P, et al. Microbial fuel cell sensors for water quality early warning systems: Fundamentals, signal resolution, optimization and future challenges[J]. Renewable and Sustainable Energy Reviews, 2018, 81: 292-305.

[200] Kim D, Bowen J D, Ozelkan E C. Optimization of wastewater treatment plant operation for greenhouse gas mitigation[J]. Journal of Environmental Management, 2015, 163: 39-48.

[201] Waqas S, Bilad M R, Man Z, et al. Recent progress in integrated fixed-film activated sludge process for wastewater treatment: A review[J]. Journal of Environmental Management, 2020,

268: 110718.

[202] Yadav D, Singh N K, Pruthi V, et al. Ensuring sustainability of conventional aerobic wastewater treatment system via bio-augmentation of aerobic bacterial consortium: An enhanced biological phosphorus removal approach[J]. Journal of Cleaner Production, 2020, 262: 121328.

[203] Chen Y Y, Ge J Y, Wang S J, et al. Insight into formation and biological characteristics of aspergillus tubingensis-based aerobic granular sludge（AT-AGS）in wastewater treatment[J]. Science of the Total Environment, 2020, 739: 140128.

[204] Ganora D, Hospido A, Husemann J, et al. Opportunities to improve energy use in urban wastewater treatment: A European-scale analysis[J]. Environmental Research Letters, 2019, 14(4): 044028.

[205] Azzaz A A, Khiari B, Jellali S, et al. Hydrochars production, characterization and application for wastewater treatment: A review[J]. Renewable and Sustainable Energy Reviews, 2020, 127: 109882.

[206] Qiao J F, Hou Y, Zhang L, et al. Adaptive fuzzy neural network control of wastewater treatment process with multiobjective operation[J]. Neurocomputing, 2018, 275: 383-393.

[207] 杨翠丽，武战红，韩红桂，等. 城市污水处理过程优化设定方法研究进展[J]. 自动化学报, 2020, 46(10): 2092-2108.